RBS 建筑结构设计技术研究系列丛书

# 结构地震反应分析编程与软件应用

# Structural Seismic Response Analysis Programming and Application

崔济东　沈雪龙　杨明灿　编著

中国建筑工业出版社

**图书在版编目（CIP）数据**

结构地震反应分析编程与软件应用 = Structural Seismic Response Analysis Programming and Application/崔济东，沈雪龙，杨明灿编著．—北京：中国建筑工业出版社，2021.11
（RBS建筑结构设计技术研究系列丛书）
ISBN 978-7-112-26685-2

Ⅰ.①结… Ⅱ.①崔…②沈…③杨… Ⅲ.①建筑结构-地震反应分析-研究 Ⅳ.①TU311.3

中国版本图书馆CIP数据核字（2021）第208457号

本书介绍了结构地震反应分析的主要方法及其原理，包括逐步积分法、振型叠加法、振型分解反应谱法等方法，涵盖了弹性体系、非弹性体系、消能减震结构、隔震结构等结构体系，并对能量分析、阻尼矩阵构造进行了专题介绍。各主要章节均给出了详细的原理公式推导和具体算例，各算例除给出完整的MATLAB编程代码，还在SAP2000及midas Gen软件中建模分析，并将分析结果进行对比，以对书中的公式推导及MATLAB编程代码的正确性进行验证。

本书可作为一线结构工程师和相关技术人员理论学习与技术应用的参考书，也可作为相关专业本科生、研究生结构动力学和工程抗震设计等课程的学习参考书。

责任编辑：刘瑞霞 李天虹
责任校对：李美娜

RBS建筑结构设计技术研究系列丛书
**结构地震反应分析编程与软件应用**
**Structural Seismic Response Analysis Programming and Application**
崔济东 沈雪龙 杨明灿 编著

*

中国建筑工业出版社出版、发行（北京海淀三里河路9号）
各地新华书店、建筑书店经销
北京科地亚盟排版公司制版
北京建筑工业印刷厂印刷

*

开本：787毫米×1092毫米 1/16 印张：22¼ 字数：555千字
2022年1月第一版 2022年1月第一次印刷
定价：**78.00**元
ISBN 978-7-112-26685-2
（38541）

# 丛书序言

广州容柏生建筑结构设计事务所（普通合伙）（简称 RBS）是国内率先成立的规模最大的单专业甲级结构设计事务所。自 2003 年成立以来，RBS 秉承“创造结构精品是我们的目标”的企业宗旨，以及“追求卓越、专业专注、创新发展”的企业精神，致力于提供结构设计、咨询顾问、技术管理、软件开发、专项研发等多方面的专业服务，积累了丰富的工程经验，特别是在超高层、大跨及空间结构设计与咨询方面取得了丰硕的研究成果，在业内获得了良好的声誉。

在为广大客户提供专业技术服务的同时，RBS 尚以“传播技术、承启思想”为己任，通过“柏济公益基金”（RBSf）、“传·承”系列访谈节目、“结构思享汇”沙龙等多种形式，致力于建筑行业的技术分享以及人文传承。RBS 每年度均设有技术研发基金，鼓励员工在技术及理论研究上积极创新，支持成立研究小组，推动技术的进步。“RBS 建筑结构设计技术研究系列丛书”是 RBS 技术分享的重要组成部分，主要通过公开出版书籍的形式与广大工程师分享 RBS 在建筑结构设计相关领域方面的积累，其内容涵盖结构基础理论、结构设计概念、结构计算分析、结构专项研究、结构计算机编程、结构参数化设计、复杂工程案例等多个方面。

希望“RBS 建筑结构设计技术研究系列丛书”的出版，能与广大工程师朋友交流结构工程的理论知识，分享业内新技术的应用，共同提高工程师的综合能力。RBS 愿与广大同行、客户朋友一起，立足专业、创造精品，为建筑结构领域的发展贡献一份力量！

智周万物，道济天下。

**李盛勇**

RBS 执行合伙人、总经理

2021 年 11 月

# 序

结构地震动力分析涵盖的内容十分丰富，包括分析模型的建立、运动方程的建立及方程的求解等内容，其中涉及了地震工程学、结构动力学和数学方面的知识和概念。随着设计计算软件的日益完善，这些较为复杂的计算求解工程已经被封装成类似黑盒子的工具包，便于设计中直接调用。但作为结构工程师，深入理解并掌握结构地震动力分析的相关理论和应用仍然是非常必要的，而最有效的学习方式，莫过于自己动手去实践这些求解算法。

崔济东博士作为广州容柏生建筑结构设计事务所（RBS）的设计骨干，在参与诸多高难度设计项目的同时，始终坚持编程计算与设计并行的工作方式，大大加深了对算法的理解，达到了事半功倍的效果。

这本著作可以视为结构动力学的编程实践教材，作者立足结构地震动力分析，由浅入深，给出了详细的理论推导公式和完整的编程代码，并与软件应用相结合，提供了一种实用有效的学习方法。希望本书能为广大工程技术人员提供有益的参考和帮助。

**周定**

广州容柏生建筑结构设计事务所（RBS）总工程师

2021 年 11 月

# 前　言

我国是一个地震多发国家，全国一半以上的城市位于地震基本烈度 7 度及 7 度以上地区，新版《中国地震动参数区划图》GB 18306—2015 更是全面取消了不设防地区，实现了抗震设防全覆盖，结构抗震设计已成为我国结构工程师必须掌握的技能。结构地震反应分析是结构抗震设计的重要组成部分，作者在从事结构抗震设计的工作中，深感掌握结构地震反应分析相关理论和技术的重要性，因此对地震反应分析中常用的知识模块分别进行了归纳整理，除了动手编程实现相关理论，还在有限元软件中建模分析，以验证编程结果的正确性。同时也感到这是一种实用有效的学习方式，因此决定将平时学习整理的资料编辑成册，与读者分享，以期能为广大工程技术人员和相关专业的在校学生提供参考与帮助。

本书共 15 章，主要可分为以下几个部分。

第 1 章为基础部分，主要对结构动力学基础及结构地震反应分析相关的知识进行梳理，使读者对地震反应分析有一个稍微全面的认识，便于后续具体章节内容的学习。

第 2 章至第 11 章对结构地震反应分析中的常用方法分专题讲解，每个专题讲解的内容包括基本理论、编程实现及软件应用。各章节之间不是简单的堆砌，而是以循序渐进的方式对结构地震反应分析进行较为系统的讲解。

（1）第 2 章作为本书主体部分的开篇，从最简单的单自由度体系入手，介绍单自由度体系的动力时程分析方法，涵盖了杜哈梅积分及常用的逐步积分方法，具体包括分段解析法、中心差分法、Newmark-β 法、Wilson-θ 法等。

（2）基于第 2 章的分析方法，在第 3 章中介绍地震波反应谱计算的基本原理、编程方法及软件（SeismoSignal，SPECTR）应用案例。

（3）结构的固有振型及频率是多自由度体系的固有特性，也是学习多自由度体系动力反应分析逃避不了的话题。第 4 章从多自由度体系的自由振动问题入手讨论，引出结构固有振型和固有频率的基本概念，并讲解多自由度体系模态分析的编程方法与软件应用。

（4）第 5 章、第 6 章及第 7 章，同属弹性多自由度体系地震动力分析方法专题。第 2 章的单自由度体系动力时程分析与第 4 章的多自由度体系模态分析，构成了第 5 章多自由度体系振型分解法的基础，而第 3 章的反应谱分析和第 4 章的多自由度体系模态分析则构成了第 6 章多自由度体系振型分解反应谱法的基础。第 7 章多自由度体系动力时程分析可认为是第 2 章单自由度体系动力时程分析的扩展。

（5）第 8 章和第 9 章属于非线性动力时程分析专题。第 8 章介绍单自由度体系的非线性动力时程分析，对常用的积分方法（中心差分法、Newmark-β 法、Wilson-θ 法）、非线性迭代方案（Newton-Raphson 法、修正的 Newton-Raphson 法及极速牛顿法）及非线性分析涉及的本构状态确定过程进行讲解，并给出了具体的编程代码及软件应用案例。第 9 章介绍多自由度体系的非线性动力时程分析，可视为第 8 章的扩展，通过类比单自由度体系的非线性动力时程分析，讲解多自由度体系非线性动力时程分析的实现方法。

(6) 第 10 章、第 11 章在上述常规结构地震动力反应分析的基础上，进一步介绍消能减震结构、隔震结构的动力时程分析。

第 12 章至第 14 章为结构地震反应分析的延伸部分。第 12 章通过算例对比的方式，讨论不同地震反应计算方法（逐步积分法、振型分解法和振型分解反应谱法等）的差异。第 13 章介绍三联反应谱的概念及编程实现。第 14 章为地震作用下结构的能量分析，从地震下结构的能量平衡方程出发，着重讨论了动力时程分析中各类能量的求解方法及编程实现。

第 15 章介绍了几种经典阻尼矩阵的构造及不同阻尼模型的动力时程分析案例。由于阻尼属于结构动力分析的一个专题，不但影响结构的动力反应，对分析方法也有影响，且在前面多个章节均有所涉及，因此专门放在第 15 章进行单独介绍。

如果将上述章节安排比作一棵知识树不断生长的茎干，则各章中的公式推导、MATLAB 编程和 SAP2000、midas Gen 有限元软件应用实例，则构成了树上的叶与花，真心希望读者通过本书的学习，能够收获到丰硕的知识果实。

本书延续了作者此前著作的一贯风格，对于每个知识点的讲解，除给出详细的公式推导之外，还给出了具体的算例分析，且配有完整的 MATLAB 编程计算代码，并将计算结果与 SAP2000、midas Gen 等主流结构分析软件进行对比，理论分析、编程、软件操作同步进行，可以极大地提高学习效率。

本书读者对象广泛，既可作为一线结构工程师和相关技术人员理论学习与技术应用的参考书，也可作为相关专业本科生、研究生结构动力学和工程抗震设计等课程的学习参考书。

为方便读者阅读本书，在作者的博客网站上专门为本书开设了页面。欢迎读者在学习结构地震反应分析的过程中到网站上提出问题、下载学习资料及分享学习心得。本书的勘误和相关更新也会及时上传到该网站上，对于读者尤为关心的问题，作者也可以专门整理后上传到该网站上。希望通过该网站促进学习与交流。

特别感谢广州容柏生建筑结构设计事务所（RBS）李盛勇总经理、周定总工程师、廖耘副总工程师对本书编写的支持与肯定。感谢广州容柏生建筑结构设计事务所高等结构分析部的同事给书本提出了许多意见和建议。

感谢与我一同为出书而努力的伙伴沈雪龙、杨明灿师弟，没有你们的辛勤付出，该书无法顺利完成，这是继《PERFORM-3D 原理与实例》《有限单元法——编程与软件应用》后，我们编写的第三本著作，感谢你们对我的信任和认可，愿我们继续一同前行，做更多有趣的事情。

感谢家人、朋友对我的默默支持，你们的支持和照顾是我写作的动力和创作的灵感。

感谢博客支持者的支持，希望读者与我联系，一同交流，共同进步。

本书成稿后，中国建筑工业出版社刘瑞霞编辑为本书正式出版做了细致的校审工作，在此一并表示感谢。

由于时间有限，作者水平有限，书中难免存在不足、疏漏甚至错误之处，恳请广大读者批评指正！欢迎通过电子邮件（jidong_cui@163. com）进行沟通。

**崔济东**

2021 年 8 月 20 日

于广州容柏生建筑结构设计事务所

# 目　　录

# 第 1 章　结构地震反应分析基础

## 1.1　动力学基础及运动方程

### 1.1.1　单自由度体系

#### 1.1.1.1　运动方程

考虑图 1-1 所示的线弹性单自由度体系，图中 $m$ 表示单自由度体系的质量，$k$ 表示水平刚度，$c$ 表示阻尼体系的线性黏性系数，$u(t)$ 表示与时间相关的体系位移，$u_g(t)$ 表示与时间相关的地面位移。则质点受到的力有：

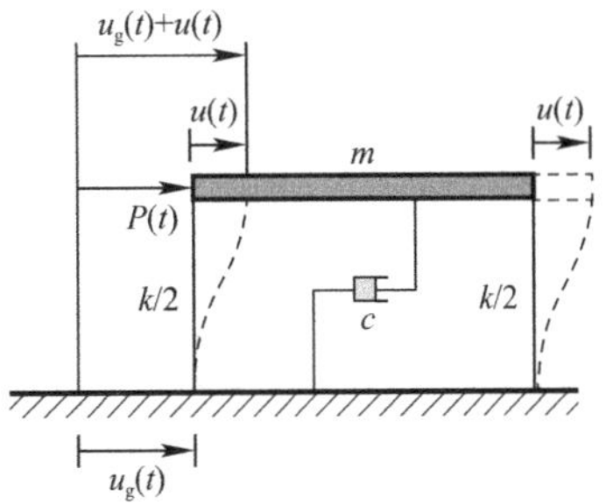


图 1-1　单自由度振动体系

惯性力：$-m[\ddot{u}_g(t)+\ddot{u}(t)]$

水平外力：$P(t)$

恢复力：$-k\cdot u(t)$

阻尼力：$-c\cdot \dot{u}(t)$

根据 D' Alembert 原理，任意时刻作用在质点上的外力与惯性力之和为 0，则有

$$P(t)-c\cdot\dot{u}(t)-k\cdot u(t)-m_i[\ddot{u}_g(t)+\ddot{u}(t)]=0 \tag{1-1}$$

与时间相关的（$t$）不计，并移项得

$$m\ddot{u}+c\dot{u}+ku=-m\ddot{u}_g+P \tag{1-2}$$

当仅考虑地震加速度 $\ddot{u}_g(t)$ 时，线弹性单自由度体系运动方程可写为

$$m\ddot{u}+c\dot{u}+ku=-m\ddot{u}_g \tag{1-3}$$

当不考虑外荷载作用，即结构自由振动时，则线弹性单自由度体系运动方程可写为

$$m\ddot{u}+c\dot{u}+ku=0 \tag{1-4}$$

#### 1.1.1.2　无阻尼体系自由振动

对于无阻尼体系，则公式（1-4）变为

$$m\ddot{u}+ku=0 \tag{1-5}$$

公式（1-5）是一个二阶齐次常微分方程，可设解的形式为

$$u(t)=A\mathrm{e}^{st} \tag{1-6}$$

式中 $s$ 是待定常数，$A$ 是常系数，e 是自然常数。

用常微分方程的分析方法可得到方程的解为

$$u(t)=u(0)\cos\omega_n t+\frac{\dot{u}(0)}{\omega_n}\sin\omega_n t \tag{1-7}$$

式中 $u(0)$、$\dot{u}(0)$ 分别是体系的初始位移和初始速度，$\omega_n$ 称为圆频率（或角速度），且有

$$\omega_n = \sqrt{\frac{k}{m}} \tag{1-8}$$

由公式（1-7）可知，单自由度体系无阻尼自由振动是一个简谐运动，即运动是时间的正弦函数或余弦函数，其自振周期 $T_n$ 为

$$T_n = \frac{2\pi}{\omega_n} \tag{1-9}$$

则结构自振频率 $f_n$ 为

$$f_n = \frac{1}{T_n} = \frac{\omega_n}{2\pi} \tag{1-10}$$

### 1.1.1.3　有阻尼体系自由振动

对于有阻尼单自由度体系自由振动方程（1-4），同样令 $u(t) = Ae^{st}$，代入公式（1-4）可得

$$s_{1,2} = -\frac{c}{2m} \pm \sqrt{\left(\frac{c}{2m}\right)^2 - \omega_n^2} \tag{1-11}$$

上式中，当根号下的值大于 0 时，$s_1$、$s_2$ 是两个实数，体系不发生往复振动；当根号下的值小于 0 时，$s_1$、$s_2$ 是两个不同的复数，其解代表着振动；当根号下的值等于 0 时，即 $\frac{c}{2m} = \omega_n$，代表着上述两种运动状态的分界，此时的阻尼值称为临界阻尼系数，记作 $c_{cr}$，有

$$c_{cr} = 2m\omega_n = 2\sqrt{km} \tag{1-12}$$

结构动力分析时，常采用阻尼比的概念，即阻尼系数 $c$ 与临界阻尼 $c_{cr}$ 的比值，记作 $\zeta$，有

$$\zeta = \frac{c}{c_{cr}} = \frac{c}{2m\omega_n} \tag{1-13}$$

由公式（1-13），可将阻尼系数表示为：

$$c = \zeta c_{cr} = 2\zeta m\omega_n = \frac{2\zeta k}{\omega_n} \tag{1-14}$$

由公式（1-14）可知，结构的阻尼系数与阻尼比、刚度成正比，与自振圆频率成反比。阻尼比 $\zeta$ 是一个无量纲系数。

（1）当阻尼比 $\zeta < 1$ 时为低阻尼（Under damped），相应的结构体系称为低阻尼体系。

（2）当阻尼比 $\zeta = 1$ 时，称为临界阻尼（Critically damped）。

（3）当阻尼比 $\zeta > 1$ 时，称为过阻尼（Over damped），相应的结构体系称为过阻尼体系。

上述三种阻尼的单自由度结构典型自由振动时程曲线如图 1-2 所示。

对于低阻尼体系，采用与无阻尼自由振动相同的分析方法，可得到自由振动方程解

$$u(t) = e^{-\zeta\omega_n t}\left\{u(0)\cos\omega_D t + \left[\frac{\dot{u}(0) + \zeta\omega_n u(0)}{\omega_D}\right]\sin\omega_D t\right\} \tag{1-15}$$

式中 $\omega_D$ 是有阻尼体系的振动圆频率，有

$$\omega_D = \omega_n\sqrt{1-\zeta^2} \tag{1-16}$$

则有阻尼体系的自振周期 $T_D$ 为

$$T_{\mathrm{D}}=\frac{2\pi}{\omega_n\sqrt{1-\zeta^2}}=\frac{T_n}{\sqrt{1-\zeta^2}} \tag{1-17}$$

由公式（1-17）可见，有阻尼单自由度体系结构的自振周期为无阻尼单自由度体系的$\frac{1}{\sqrt{1-\zeta^2}}$倍，阻尼的存在，使体系的自振频率减小，周期延长。

## 1.1.2 多自由度体系

### 1.1.2.1 运动方程

线弹性多自由度体系的运动方程与单自由度体系类似，只是方程需要用矩阵形式表达，即

$$[M]\{\ddot{u}\}+[C]\{\dot{u}\}+[K]\{u\}=-[M]\{I\}\ddot{u}_{\mathrm{g}}+\{P\} \tag{1-18}$$

当仅考虑地震加速度 $\ddot{u}_{\mathrm{g}}(t)$ 作用时，运动方程可写为

$$[M]\{\ddot{u}\}+[C]\{\dot{u}\}+[K]\{u\}=-[M]\{I\}\ddot{u}_{\mathrm{g}} \tag{1-19}$$

当仅考虑地震加速度 $\ddot{u}_{\mathrm{g}}(t)$ 作用，且体系为无阻尼体系时，运动方程可写为

$$[M]\{\ddot{u}\}+[K]\{u\}=-[M]\{I\}\ddot{u}_{\mathrm{g}} \tag{1-20}$$

上述公式中，$[M]$、$[C]$、$[K]$ 分别是体系的质量矩阵、阻尼矩阵和刚度矩阵，$\{\ddot{u}\}$、$\{\dot{u}\}$、$\{u\}$ 分别是体系的加速度向量、速度向量和位移向量，$\{I\}$ 是维度与体系自由度相同的单位列向量。

由于多自由度体系阻尼矩阵 $[C]$ 的构造是一个专门的课题，涉及不同的阻尼模型且与计算方法也有关联，因此，阻尼矩阵的构造放在第 15 章专门讲解，并给出相关分析实例。下面以无阻尼剪切层模型地震作用下的动力平衡方程推导为例，介绍多自由度体系质量矩阵 $[M]$ 及刚度矩阵 $[K]$ 的构造过程。

对于剪切层模型，可作受力分析如图 1-3 所示。

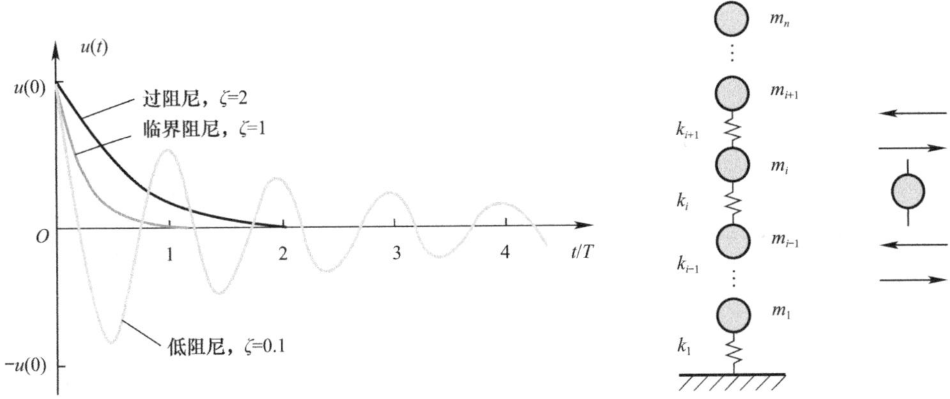


图 1-2 低阻尼、临界阻尼和过阻尼体系自由振动曲线示意

图 1-3 剪切层模型示意

第 $i$ 个质点所受的惯性力：$-m_i[\ddot{u}_{\mathrm{g}}(t)+\ddot{u}_i(t)]$

第 $i$ 个质点所受的恢复力：$-k_i\cdot[u_i(t)-u_{i-1}(t)]+k_{i+1}\cdot[u_{i+1}(t)-u_i(t)]$

根据 D'Alembert 原理，任意时刻作用在质点上的外力与惯性力之和为 0，对于第 $i$

个质点，则有

$$-k_i\cdot[u_i(t)-u_{i-1}(t)]+k_{i+1}\cdot[u_{i+1}(t)-u_i(t)]-m_i[\ddot{u}_g(t)+\ddot{u}_i(t)]=0 \quad (1\text{-}21)$$

整理得

$$m_i\ddot{u}_i(t)-k_i\cdot u_{i-1}(t)+(k_i+k_{i+1})\cdot u_i(t)-k_{i+1}\cdot u_{i+1}(t)=-m_i\ddot{u}_g(t) \quad (1\text{-}22)$$

结构的运动方程可写为

$$\begin{cases} m_1\ddot{u}_1(t)+(k_1+k_2)\cdot u_1(t)-k_2\cdot u_2(t)=-m_1\ddot{u}_g(t) \\ m_2\ddot{u}_2(t)-k_2\cdot u_1(t)+(k_2+k_3)\cdot u_2(t)-k_3\cdot u_3(t)=-m_2\ddot{u}_g(t) \\ \qquad\vdots \\ m_{n-1}\ddot{u}_{n-1}(t)-k_{n-1}\cdot u_{n-2}(t)+(k_{n-1}+k_n)\cdot u_{n-1}(t)-k_n\cdot u_n(t)=-m_{n-1}\ddot{u}_g(t) \\ m_n\ddot{u}_n(t)-k_n\cdot u_{n-1}(t)+k_n\cdot u_n(t)=-m_i\ddot{u}_g(t) \end{cases} \quad (1\text{-}23)$$

整理为矩阵的形式可得

$$\begin{bmatrix} m_1 & & & & \\ & m_2 & & & \\ & & \ddots & & \\ & & & m_{n-1} & \\ & & & & m_n \end{bmatrix}\begin{Bmatrix} \ddot{u}_1(t) \\ \ddot{u}_2(t) \\ \vdots \\ \ddot{u}_{n-1}(t) \\ \ddot{u}_n(t) \end{Bmatrix}+\begin{bmatrix} k_1+k_2 & -k_2 & & & \\ -k_2 & k_2+k_3 & -k_3 & & \\ & \ddots & \ddots & \ddots & \\ & & -k_{n-1} & k_{n-1}+k_n & -k_n \\ & & & -k_n & k_n \end{bmatrix}\begin{Bmatrix} u_1(t) \\ u_2(t) \\ \vdots \\ u_{n-1}(t) \\ u_n(t) \end{Bmatrix}$$

$$=-\begin{bmatrix} m_1 & & & & \\ & m_2 & & & \\ & & \ddots & & \\ & & & m_{n-1} & \\ & & & & m_n \end{bmatrix}\begin{Bmatrix} 1 \\ 1 \\ \vdots \\ 1 \\ 1 \end{Bmatrix}\ddot{u}_g(t) \quad (1\text{-}24)$$

方程（1-20）与方程（1-24）是对应的，由此可得整个结构的质量矩阵为

$$[M]=\begin{bmatrix} m_1 & & & \\ & m_2 & & \\ & & \ddots & \\ & & & m_n \end{bmatrix} \quad (1\text{-}25)$$

整个结构的刚度矩阵为

$$[K]=\begin{bmatrix} k_1+k_2 & -k_2 & & & \\ -k_2 & k_2+k_3 & -k_3 & & \\ & \ddots & \ddots & \ddots & \\ & & -k_{n-1} & k_{n-1}+k_n & -k_n \\ & & & -k_n & k_n \end{bmatrix} \quad (1\text{-}26)$$

#### 1.1.2.2　无阻尼体系自由振动

对于无阻尼多自由度体系，当不考虑外荷载作用，即结构自由振动时，其运动方程可由公式（1-20）改写为

$$[M]\{\ddot{u}\}+[K]\{u\}=\{0\} \tag{1-27}$$

设方程的解为如下简谐形式

$$\{u(t)\}=\{\phi\}\sin(\omega t+\theta) \tag{1-28}$$

式中 $\{\phi\}$ 是与时间无关的 $N$ 阶向量，$N$ 是体系自由度数量，$\omega$ 是振动圆频率，$\theta$ 是相位。

将式（1-28）代入式（1-27）中，可得到

$$([K]-\lambda[M])\{\phi\}=\{0\} \tag{1-29}$$

上式称为 $N$ 阶广义特征值问题，式中 $\lambda=\omega^2$。

根据齐次线性方程组的特性，上式有非零解的充要条件是系数行列式等于零，即

$$p(\lambda)=|[K]-\lambda[M]|=0 \tag{1-30}$$

上式是一个关于 $\lambda$ 的一元 $N$ 次方程，称为多自由度体系的频率方程。求解可得 $N$ 个特征根 $\lambda_n$（$n=1$，2，…，$N$），将 $N$ 个特征根 $\lambda_n$ 分别代入式（1-29），可求得相应的 $N$ 个特征向量 $\{\phi\}_n$（$n=1$，2，…，$N$）。特征向量 $\{\phi\}_n$ 的意义表示结构体系的第 $n$ 阶振型，特征值 $\lambda_n$ 则等于相应的第 $n$ 阶振动圆频率 $\omega_n$ 的平方。

最后通过振型频率可求得振型的周期

$$T_n=2\pi/\omega_n \tag{1-31}$$

结构的振型及振型对应的频率（周期）均是结构的固有属性，只与结构的质量及刚度分布有关。上述求解结构的固有振型及其频率的过程常称为模态分析，第 4 章将对模态分析进行详细介绍，并给出具体的 MATLAB 编程代码及软件分析实例。

振型向量的一个重要特性是其关于质量矩阵和刚度矩阵的正交性（详细证明见第 4.2 节），即

$$\{\phi\}_i^{\mathrm{T}}[M]\{\phi\}_j=0 \tag{1-32}$$

$$\{\phi\}_i^{\mathrm{T}}[K]\{\phi\}_j=0 \tag{1-33}$$

根据振型的正交性，弹性多自由度体系自由振动方程的解可表示为各阶振型的组合，即

$$\{u(t)\}=\{\phi\}_1q_1(t)+\{\phi\}_2q_2(t)+\cdots\{\phi\}_Nq_N(t)=[\Phi]\{q\} \tag{1-34}$$

式中 $[\Phi]$ 是体系的振型矩阵（或模态矩阵），$\{q\}$ 是广义坐标向量，有

$$[\Phi]=[\{\phi\}_1\quad\{\phi\}_2\quad\cdots\quad\{\phi\}_N] \tag{1-35}$$

$$\{q\}=\{q_1\quad q_2\quad\cdots\quad q_N\}^{\mathrm{T}} \tag{1-36}$$

则无阻尼多自由度自由振动方程（1-27）可记作

$$[M][\Phi]\{\ddot{q}\}+[K][\Phi]\{q\}=\{0\} \tag{1-37}$$

对上式两边左乘 $[\Phi]^{\mathrm{T}}$ 并利用振型正交性，可求得 $N$ 个关于 $q_n$ 的方程

$$M_n\ddot{q}_n+K_nq_n=0, n=1,2,\cdots,N \tag{1-38}$$

因此无阻尼多自由度体系自由振动方程可表示为 $N$ 个独立的无阻尼单自由度体系的自由振动方程。其中 $M_n$、$K_n$ 分别为第 $n$ 阶振型的振型质量和振型刚度，且有

$$\begin{cases}\{\phi\}_n^{\mathrm{T}}[M]\{\phi\}_n=M_n\\\{\phi\}_n^{\mathrm{T}}[K]\{\phi\}_n=K_n\end{cases} \tag{1-39}$$

对公式（1-34）两边左乘 $\{\phi\}_n^{\mathrm{T}}$ $[M]$ 并利用振型正交性，可求得广义坐标 $q_n$ 的表达式

$$q_n(t)=\frac{\{\phi\}_n^{\mathrm{T}}[M]\{u(t)\}}{\{\phi\}_n^{\mathrm{T}}[M]\{\phi\}_n}=\frac{\{\phi\}_n^{\mathrm{T}}[M]\{u(t)\}}{M_n} \tag{1-40}$$

根据上节中无阻尼单自由度体系自由振动分析，可得方程（1-38）的解为

$$q_n(t)=q_n(0)\cos\omega_n t+\frac{\dot{q}_n(0)}{\omega_n}\sin\omega_n t, n=1,2,\cdots,N \tag{1-41}$$

式中 $q_n(0)$ 及 $\dot{q}_n(0)$ 分别为广义坐标向量及其导数的初始值，与体系初始位移 $\{u(0)\}$ 及初始速度 $\{\dot{u}(0)\}$ 对应，通过公式（1-42）进行计算，$\omega_n$ 是第 $n$ 阶振型的圆频率，通过公式（1-43）进行计算

$$\begin{cases}q_n(0)=\dfrac{\{\phi\}_n^{\mathrm{T}}[M]\{u(0)\}}{M_n}\\ \dot{q}_n(0)=\dfrac{\{\phi\}_n^{\mathrm{T}}[M]\{\dot{u}(0)\}}{M_n}\end{cases} \tag{1-42}$$

$$K_n=\omega_n^2 M_n \tag{1-43}$$

将求得的各阶振型的广义坐标 $q_n(t)$ 按公式（1-34）进行组合，可得无阻尼多自由度体系的自由振动解为

$$u(t)=\sum_{n=1}^{N}\{\phi\}_n\left[q'_n(0)\cos\omega_n t+\frac{\dot{q}'_n(0)}{\omega_n}\sin\omega_n t\right], n=1,2,\cdots,N \tag{1-44}$$

式中 $q'_n=\gamma_n q_n$，$\gamma_n=\dfrac{\{\phi\}_n^{\mathrm{T}}\ [M]\ \{I\}}{\{\phi\}_n^{\mathrm{T}}\ [M]\ \{\phi\}_n}$，称为第 $n$ 阶振型参与系数。

#### 1.1.2.3　有阻尼体系自由振动

对于具有黏滞阻尼的多自由度体系，当不考虑外荷载作用，即结构自由振动时，运动方程可写为

$$[M]\{\ddot{u}\}+[C]\{\dot{u}\}+[K]\{u\}=\{0\} \tag{1-45}$$

1. 经典阻尼

对于有阻尼多自由度体系的自由振动，需考虑阻尼矩阵［$C$］的形式，当阻尼为经典阻尼时，结构的振型与无阻尼多自由度体系的振型一致，方程（1-45）的解也可类似无阻尼体系，表示为各振型的叠加。关于经典阻尼的详细介绍，见第15章，可以证明，对于经典阻尼，阻尼矩阵［$C$］能被振型矩阵［$\Phi$］对角化，即有

$$[\Phi]^{\mathrm{T}}[C][\Phi]=\begin{bmatrix}C_1 & & & \\ & C_2 & & \\ & & \ddots & \\ & & & C_n\end{bmatrix}=[C_n] \tag{1-46}$$

其中，［$C_n$］是体系振型阻尼矩阵，$C_n$ 为第 $n$ 阶振型的振型阻尼，按公式（1-47）计算，［$\Phi$］为无阻尼体系的振型矩阵。

$$\{\phi\}_n^{\mathrm{T}}[C]\{\phi\}_n=C_n \tag{1-47}$$

进一步将有阻尼体系的解表示为公式（1-34）的形式，并代入方程（1-45），可将有阻尼多自由度体系自由振动方程表示为 $N$ 个独立的与振型对应的有阻尼单自由度体系自由振动方程，即

$$M_n\ddot{q}_n+C_n\dot{q}_n+K_n q_n=0, n=1,2,\cdots,N \tag{1-48}$$

同样按有阻尼单自由度体系自由振动分析方法，可得方程（1-48）的解

$$q_n(t)=\mathrm{e}^{-\zeta_n\omega_n t}\left\{q_n(0)\cos\omega_{\mathrm{D}}t+\left[\frac{\dot{q}_n(0)+\zeta_n\omega_n q_n(0)}{\omega_{\mathrm{D}}}\right]\sin\omega_{\mathrm{D}}t\right\} \tag{1-49}$$

式中 $\omega_D$ 是有阻尼体系的振动圆频率，有

$$\omega_D = \omega_n \sqrt{1-\zeta_n^2} \tag{1-50}$$

将 $q_n(t)$ 按公式（1-34）进行组合，可得有阻尼多自由度体系的自由振动解为

$$u(t) = \sum_{n=1}^{N} \{\phi\}_n e^{-\zeta_n \omega_n t} \left\{ q'_n(0)\cos\omega_D t + \left[\frac{\dot{q}'_n(0) + \zeta_n \omega_n q'_n(0)}{\omega_D}\right] \sin\omega_D t \right\} \tag{1-51}$$

2. 非经典阻尼

当阻尼为非经典阻尼时，结构的振型不满足关于阻尼矩阵的正交条件，即 $[\Phi]^T[C][\Phi]$ 不是一个对角矩阵，采用振型坐标变换后得到的方程将成为一组耦合的运动方程，而不是前面满足阻尼正交条件时得到的非耦合的一系列单自由度的运动方程。此时，有阻尼体系的自由振动需要采用 1.2 节提到的逐步积分法或复振型分解法进行求解。

## 1.2 运动方程求解方法

运动方程的求解方法可分为解析法和数值方法。解析法仅适用于少数外部激励能被解析描述的情况，对于像地震作用这样外部激励比较复杂的情况，一般采用数值方法进行求解。数值求解方法大致可分为三类[1]：时程分析法、振型分解法和频域分析法。以下分别加以介绍。

### 1.2.1 时程分析法

时程分析法就是在时域内进行结构动力反应分析的数值分析方法，根据求解方法的原理，可分为 3 大类：Duhamel 积分法、逐步积分法和求解微分方程法[1]。

1. Duhamel 积分

根据 Duhamel 积分法原理，对于每个荷载时程，可以看作由一系列连续的脉冲组成，体系的总反应可用各个脉冲产生的反应叠加得到。Duhamel 积分法给出了计算线性单自由度体系在任意荷载作用下动力反应的一般解，适用于单自由度体系，又由于采用了叠加原理，因此该方法仅限于弹性范围而不能用于非线性分析。

第 2 章将对 Duhamel 积分进行详细介绍，并给出具体编程代码。

2. 逐步积分法

逐步积分法是最常用的时程分析方法。该类方法在每个时间增量段内建立结构的动力平衡方程，近似计算在 $\Delta t$ 范围内的结构反应，再利用本计算时间区段终点的速度和位移作为下一时刻的初始值，进而逐步递推得到结构在整个时间段内的反应[1]。因此，逐步积分法适用于单自由度和多自由度体系，既适用于线性结构也适用于非线性结构。

常用的逐步积分方法有分段解析法、中心差分法、线性加速度法、Newmark-β 法、Wilson-θ 法等，第 2 章将对其中几种常用的逐步积分方法进行详细介绍，并给出具体编程代码。

3. 求解微分方程法

对于线弹性结构，其运动方程（1-8）实际上是一个常微分方程，且结构反应的初始值是已知的，因此从数学上讲，求解线弹性结构的运动方程即是一个求解初始值已知的常微分方程的过程，即微分方程的初值问题，因此，可以采用数值分析中的相关方法进行求

解，如 Runge-Kutta 法、状态转移矩阵法、精细积分法等[1]。该类方法适用于单自由度体系和多自由度体系，但由于求解的是常微分方程，因此该类方法要求结构是线弹性的。

### 1.2.2 振型分解法

1. 实振型分解法

实振型分解法的基本概念是，假定结构的阻尼为比例阻尼，利用结构的固有振型及振型正交性，将 $N$ 个自由度的总体方程组，解耦为 $N$ 个独立的与固有振型对应的单自由度方程，然后对这些方程进行解析或数值求解，得到每个振型的动力反应，然后将各振型的动力反应按一定的方式叠加，得到多自由度体系的总动力反应。

地震作用下多自由度体系运动方程为

$$[M]\{\ddot{u}\}+[C]\{\dot{u}\}+[K]\{u\}=-[M]\{I\}\ddot{u}_g \tag{1-52}$$

根据 1.1.2 节介绍，将位移 $\{u\}$ 做正则坐标变换如下

$$\{u\}=[\Phi]\{q\} \tag{1-53}$$

式中 $[\Phi]$ 是体系的振型矩阵（或模态矩阵），$\{q\}$ 是广义坐标向量。

将公式（1-53）代入方程（1-52），多自由度体系运动方程变为

$$[M][\Phi]\{\ddot{q}\}+[C][\Phi]\{\dot{q}\}+[K][\Phi]\{q\}=-[M]\{I\}\ddot{u}_g \tag{1-54}$$

上式两端分别左乘 $[\Phi]^{\mathrm{T}}$ 得

$$[\Phi]^{\mathrm{T}}[M][\Phi]\{\ddot{q}\}+[\Phi]^{\mathrm{T}}[C][\Phi]\{\dot{q}\}+[\Phi]^{\mathrm{T}}[K][\Phi]\{q\}=-[\Phi]^{\mathrm{T}}[M]\{I\}\ddot{u}_g \tag{1-55}$$

其中振型关于质量矩阵 $[M]$ 和刚度矩阵 $[K]$ 满足正交特性，$[\Phi]^{\mathrm{T}}[M]$ $[\Phi]$ 和 $[\Phi]^{\mathrm{T}}[K]$ $[\Phi]$ 是对角阵，又由于假定结构的阻尼为比例阻尼，因此 $[\Phi]^{\mathrm{T}}[C]$ $[\Phi]$ 也为对角矩阵，$[\Phi]^{\mathrm{T}}[M]$ $[\Phi]$、$[\Phi]^{\mathrm{T}}[K]$ $[\Phi]$ 及 $[\Phi]^{\mathrm{T}}[C]$ $[\Phi]$ 的对角元素分别为 $M_n$、$K_n$ 及 $C_n$，按下式计算

$$\begin{cases}\{\phi\}_n^{\mathrm{T}}[M]\{\phi\}_n=M_n\\ \{\phi\}_n^{\mathrm{T}}[K]\{\phi\}_n=K_n\\ \{\phi\}_n^{\mathrm{T}}[C]\{\phi\}_n=C_n\end{cases} \tag{1-56}$$

则通过上述变换，多自由度体系的运动方程（1-55）可解耦为 $N$ 个独立的单自由度体系运动方程，即

$$M_n\ddot{q}_n+C_n\dot{q}_n+K_nq_n=-\{\phi\}_n^{\mathrm{T}}[M]\{I\}\ddot{u}_g\quad(n=1,2,\cdots,N) \tag{1-57}$$

$M_n$、$K_n$、$C_n$ 及 $-\{\phi\}_n^{\mathrm{T}}[M]$ $\{I\}\ddot{u}_g$ 分别称为第 $n$ 阶振型的振型质量、振型阻尼、振型刚度和振型荷载。

对于上述方程，可采用解析法或 1.2.1 节介绍的运动方程求解方法进行求解，将求得的单自由度体系的动力反应进行叠加，可得到结构的总反应。上述方法常称为振型分解法。由于根据公式（1-29）表示的广义特征值问题求得的多自由度体系的特征值及特征向量，即自振频率及振型，均为实数，为区别后续介绍的复振型分解法，此处将该方法称为实振型分解法。

实振型分解法采用了叠加原理，严格来说只适用于线性多自由度体系。本书在第 5 章中详细讲解实振型分解法的编程及软件应用。

2. 复振型分解法

实际工程中，许多结构体系为非经典阻尼体系，$[\Phi]^{\mathrm{T}}[C][\Phi]$ 不是对角矩阵，方程

(1-55) 存在阻尼（速度）耦联，无法解耦为 $N$ 个独立的单自由度体系运动方程，实振型分解法不再适用，为解决这类体系中非比例阻尼解耦问题，人们发展了复振型分解法。

首先介绍状态变量。在描述体系运动的所有变量中，必存在数量最少的一组变量足以描述体系的所有运动，这一组变量称为体系的状态变量。对于一般的线性结构体系，速度和位移是该体系的状态变量。以体系的 $N$ 个状态变量组成的 $N$ 维空间称为状态空间，体系的任一状态都可以用状态空间中的一点来描述。由线性定常动力体系的微分方程经变量代换可得到体系的状态方程[2]。复振型叠加法首先将运动方程转换为状态方程。

已知多自由度体系运动微分方程为

$$[M]\{\ddot{u}\}+[C]\{\dot{u}\}+[K]\{u\}=-[M]\{I\}\ddot{u}_{\mathrm{g}} \tag{1-58}$$

设状态变量 $\{v\}=\begin{Bmatrix}\{u\}\\\{\dot{u}\}\end{Bmatrix}$，则有 $\{\dot{v}\}=\begin{Bmatrix}\{\dot{u}\}\\\{\ddot{u}\}\end{Bmatrix}$。

引入辅助恒等式

$$[M]\{\dot{u}\}-[M]\{\dot{u}\}=\{0\} \tag{1-59}$$

将上式联立运动方程可将体系的运动微分方程转化为关于状态变量 $\{v\}$ 的一阶微分方程

$$[M_{\mathrm{e}}]\{\dot{v}\}+[K_{\mathrm{e}}]\{v\}=-[M_{\mathrm{e}}]\{I_{\mathrm{e}}\}\ddot{u}_{\mathrm{g}} \tag{1-60}$$

其中 $[M_{\mathrm{e}}]=\begin{bmatrix}[C] & [M]\\ [M] & [0]\end{bmatrix}$，$[K_{\mathrm{e}}]=\begin{bmatrix}[K] & [0]\\ [0] & -[M]\end{bmatrix}$，$\{I_{\mathrm{e}}\}=\begin{Bmatrix}\{I\}\\\{0\}\end{Bmatrix}$。

方程（1-60）即为多自由度有阻尼体系地震作用下运动方程对应的状态方程。同理可得多自由度有阻尼体系自由振动方程对应的状态方程为

$$[M_{\mathrm{e}}]\{\dot{v}\}+[K_{\mathrm{e}}]\{v\}=\{0\} \tag{1-61}$$

方程（1-61）形式与无阻尼体系自由振动方程（1-27）完全一样。对方程（1-61）可同样分析其特征值和特征向量，即自振频率及振型，而其振型也满足关于 $[M_{\mathrm{e}}]$ 和 $[K_{\mathrm{e}}]$ 的正交性，可利用振型对状态方程（1-60）进行解耦，对解耦后得到的独立方程进行求解，然后进行振型叠加获得体系的总反应。由于方程（1-61）求得的自振频率及振型均是复数，因此该方法称为复振型分解法。

由于采用了叠加原理，复振型分解法和实振型分解法类似，均只适用于线性多自由度体系。本书主要讨论实振型分解法的编程及软件应用，对于复振型分解法本书不着重讨论，感兴趣的读者可以查阅相关文献[1,3]进行学习。除特别说明外，本书后续提到的振型分解法均指实振型分解法。

### 1.2.3　频域分析法

上述介绍的时程分析法及振型分解法，处理的外荷载均为时间 $t$ 的函数，并在时间域内（自变量为时间 $t$）进行平衡方程的求解，所以均属于时域分析方法。此外，动力分析还可采用频域分析方法。频域分析方法基于 Fourier 变换，将问题从时间域（自变量为时间 $t$）变换到频率域（自变量为频率 $\omega$），在频率域完成频域解的求解，再采用 Fourier 逆变换将频域解转化为时域解[1,2]。

Fourier 变换定义为

$$\begin{cases}\text{正变换}:U(\omega)=\int_{-\infty}^{\infty}u(t)\mathrm{e}^{-i\omega t}\mathrm{d}t\\ \text{逆变换}:u(t)=\dfrac{1}{2\pi}\int_{-\infty}^{\infty}U(\omega)\mathrm{e}^{i\omega t}\mathrm{d}\omega\end{cases}\tag{1-62}$$

式中 $U(\omega)$ 称为位移 $u(t)$ 的 Fourier 谱。

同理，速度和加速度的 Fourier 变换为

$$\begin{cases}\int_{-\infty}^{\infty}\dot{u}(t)\mathrm{e}^{-i\omega t}\mathrm{d}t=i\omega U(\omega)\\ \int_{-\infty}^{\infty}\ddot{u}(\omega)\mathrm{e}^{-i\omega t}\mathrm{d}t=-\omega^2U(\omega)\end{cases}\tag{1-63}$$

以单自由度体系为例，对单自由度体系运动方程

$$\ddot{u}(t)+2\zeta\omega_n\dot{u}(t)+\omega_n^2u(t)=P(t)/m\tag{1-64}$$

两边进行 Fourier 正变换，可得

$$-\omega^2U(\omega)+i2\zeta\omega_n\omega U(\omega)+\omega_n^2U(\omega)=P(\omega)/m\tag{1-65}$$

其中 $U(\omega)$ 和 $P(\omega)$ 分别为 $u(t)$ 和 $P(t)$ 的 *Fourier* 谱。此时将问题从自变量为 $t$ 的时间域变换到自变量为 $\omega$ 的频率域。对频域的运动方程（1-65）进行求解得到 $U(\omega)$，再利用公式（1-62）中的 Fourier 逆变换，由频率解 $U(\omega)$ 得到方程的时域解 $u(t)$。频域分析法采用了叠加原理，因此只适用于弹性体系。关于频域分析法的更多介绍，感兴趣的读者可以查阅相关文献[1,2,4]进行学习，本书不作重点介绍。

## 1.3　结构地震反应分析

### 1.3.1　分析模型

为求解结构地震动力反应，首先需要把结构抽象为一个合理的力学模型。一个完整的模型包含分析所需的结构质量信息、刚度信息、阻尼信息和荷载信息，对于非弹性结构，还需给出构件或材料的本构模型。结构动力分析模型的建立过程就是对实际结构进行简化和抽象，求得上述各项结构信息，最终形成动力方程的过程。由于实际结构往往非常复杂，因此在建立力学模型时，应根据所关注的结构反应特性和分析目的，合理选取不同精度的分析模型[5]。针对同一结构，当采用不同的分析模型时，其运动方程中各项结构信息的形式也不同。从模型精细化程度的角度，可将结构分析模型大致分为如下几种。

1. 单自由度体系分析模型

单自由度体系分析模型是最简单的结构动力分析模型（图 1-4），该模型采用集中质量模型，体系所有的振动质量集中于一点，结构刚度由一个没有质量的弹簧表示，对于非弹性结构，则需要赋予非弹性弹簧的恢复力-变形关系。很多实际的动力问题都可以简化为单自由度体系进行分析。单自由度弹性体系是结构动力分析中最简单的体系，但其涉及了结构动力分析中的许多物理量和基本概念，也是多自由度体系动力分析的基础。

2. 层模型

层模型以结构层为单位，假定结构质量全部集中在楼层处，并采用等效的无质量弹簧代替各层抗侧力构件，形成底部固定且在楼层处具有集中质量的串联多自由度体系，结构刚度矩阵则由各层刚度串联得到（图 1-5）。根据结构的变形特征，层模型又可分为剪切型层

模型、弯曲型层模型、弯剪型层模型和考虑扭转影响的平-扭耦联型层模型。层模型假定楼板在自身平面内刚度无穷大，水平地震作用下各层竖向构件侧向位移相同，模型自由度较少，计算效率高，能较好地获得楼层和结构总体地震反应，如层间剪力、层间位移、基底总地震剪力、结构顶点位移等，从而较快地了解体系的宏观反应，评价体系的整体动力性能。

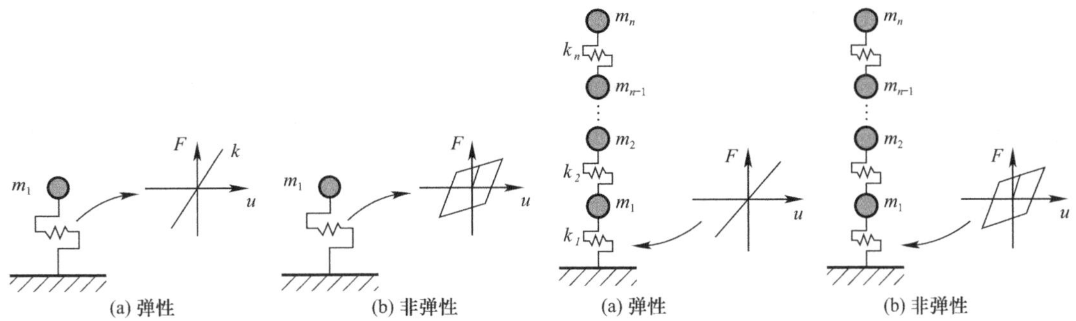


图 1-4 单自由度体系模型示意　　　　图 1-5 多自由度剪切层模型示意

3. 平面杆系模型

层模型自由度少，分析简单，但由于简化较多，只能反映层间总体受力情况，往往难以获得结构各构件的地震反应。对于质量和侧向刚度分布接近对称且楼屋盖可视为刚性隔板的结构，可采用平面结构模型进行抗震分析。平面结构模型将梁、柱、墙等简化为杆件，然后基于有限元法进行计算（图 1-6）。

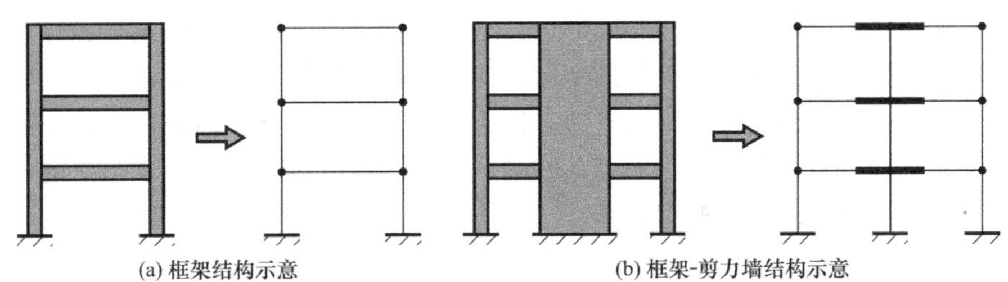


图 1-6 杆系模型示意

4. 三维有限元模型

随着计算机技术和有限元软件的发展，三维有限元分析在结构地震反应分析与设计中已得到广泛应用。在分析模型中，除了常用的三维桁架单元、三维梁单元、板壳单元，还可采用分布质量，并可采用基于材料层面的力学模型，如实体单元模型。三维有限元模型分析结果更接近实际结构情况，适用于各种复杂的结构（图 1-7）。

对于实际结构，除了质量和刚度，还需要考虑阻尼的作用。然而由于阻尼的复杂性，试图通过从结构的尺度、结构构件尺寸、结构材料阻尼的性质等方面像形成刚度矩阵或质量矩阵那样直接构造阻尼矩阵是非常困难的，在结构动力反应问题中一般采用高度理想化的方法来考虑阻尼。通常结构的阻尼矩阵可由实测的阻尼比换算得到。对于材料单一、各部分阻尼性质相同的结构，得到的阻尼矩阵一般满足正交性条件，这种阻尼称为比例阻尼或经典阻尼，如常用的 Rayleigh 阻尼、Caughey 阻尼等；对于结构各部分阻尼存在明显差异时，经典阻尼的假定不再成立，此时需按阻尼特性对结构进行子结构划分，求得子结构的阻尼矩阵，叠加得到结构的总体阻尼矩阵[1]。关于阻尼矩阵的构造方法详见本书第 15 章的讲解。

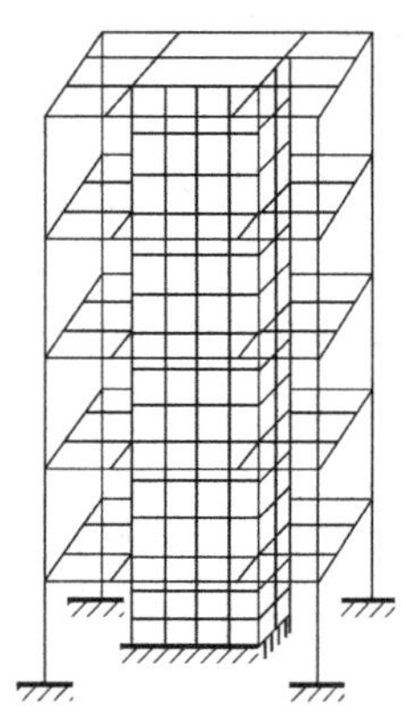

图 1-7　三维有限元模型示意

在现阶段结构地震反应分析中，三维有限元模型的应用已十分普遍，而合理的简化模型不仅能减少工作量，还有助于深入理解振动现象的本质，因而仍有一定的应用空间。本书在结合软件应用的同时，主要侧重点在于结构动力分析原理的介绍和编程实现，因此后续各章节中主要采用简化的层模型进行介绍，力求用较为简单的模型将原理表达清楚，便于读者学习和理解。而对于不同精细化程度的模型，各章中讲解的地震分析方法原理是相似的，可以直接推广到采用其他模型的结构地震反应分析中去。

### 1.3.2　分析方法

1. 弹性结构地震反应分析

弹性结构地震反应分析方法主要有时程分析法、振型分解反应谱法和底部剪力法等。一般情况下，高度较小、以剪切变形为主且质量和刚度沿高度分布比较均匀的结构，以及近似于单质点体系的结构，可采用底部剪力法等简化方法。除此以外的结构，宜采用振型分解反应谱法进行地震作用分析。对于特别不规则的结构及超过规范规定高度的高层建筑，应采用时程分析法进行补充计算[6]。

时程分析法是在时域内进行结构动力反应分析的数值分析方法，又称为直接动力法。时程分析法通过直接输入地震动进行运动方程求解，可以同时考虑地震动的振幅、频谱和持时特性，相比振型分解反应谱法和底部剪力法，时程分析法的最大特点是能够计算结构和构件在地震动持续过程中任意时刻的变形和内力反应。时程分析法的计算结果能够更加真实地反映结构在特定地震作用下的反应，但由于地震波的差异和离散性，往往需要采用多条地震波对结构进行时程分析，取多条波的平均值或包络值。1.2.1 节介绍的各种时程分析方法均可用于结构的弹性时程分析。

振型分解反应谱法是应用最广泛的一种地震作用分析方法。时程分析法中不同地震作用下的计算结果具有离散性，而对工程设计最有意义的是结构最大地震反应，尤其是地震内力的最大值。振型分解反应谱法基于设计反应谱，可以获取特定场地和震中距下结构的最大地震反应，可直接用于工程设计。振型分解反应谱法将在本书第 6 章中详细介绍。

底部剪力法是振型分解反应谱法的一种简化，该方法假定结构的地震反应可用第一振型的反应进行表征，适用于质量、刚度分布均匀、以剪切变形为主的中低层结构。在底部剪力法中，各楼层一般取一个自由度，以结构基底剪力与等效单自由度体系水平地震作用相等的原则来确定结构总地震作用。在实际应用中，当结构周期较长时，高阶振型影响不可忽略，通过在结构顶部附加地震作用的方法考虑高阶振型的影响，对于建筑物有突出屋面的小建筑而导致质量和刚度突变时，尚应考虑鞭梢效应。

2. 弹塑性结构地震反应分析

弹塑性地震反应分析方法可分为静力弹塑性分析和动力弹塑性分析。

静力弹塑性分析方法是指借助结构推覆分析结果确定结构弹塑性抗震性能或结构弹塑性地震反应的方法，也称为 Pushover 方法。该方法通过对结构逐步施加某种形式的水平荷载，用静力推覆分析计算得到结构的内力和变形，并借助地震需求谱或直接估算的目标性能需求点，近似得到结构在预期地震作用下的抗震性能状态，由此实现对结构的抗震性能评估[7]。静力弹塑性分析方法简便易行而又有一定的精度，在结构抗震设计和抗震性能评估中得到了广泛应用。对于由第一阶振型控制的结构，用静力弹塑性分析方法预测地震弹塑性反应可达到较好的效果，对高阶振型参与成分较多的复杂结构，需对静力弹塑性分析方法进行改进，如引入多模态推覆分析方法等。

动力弹塑性分析从选定合适的地震动输入出发，采用结构有限元动力计算模型建立地震动力方程，然后采用数值方法对方程进行求解。动力弹塑性分析一般采用逐步积分法，可求得地震过程中每一时刻的结构反应，分析出结构在地震作用下弹性和非弹性阶段的内力变化和构件逐步损坏的过程，获得结构的弹塑性变形和延性要求，从而判断结构的屈服机制、薄弱环节及可能的破坏类型[7]。

相对于弹性分析，结构弹塑性分析最大的不同是，需要指定结构、构件或材料的弹塑性恢复力模型，如对于层模型，恢复力模型描述的是一个楼层的弹塑性行为，对于构件层次的力学模型，则需要为梁、柱、墙等不同构件设置不同的基于弯矩-转角或者力-变形关系的弹塑性恢复力模型；对于基于材料的力学模型，则需要给出材料的弹塑性本构关系。

## 1.4 小结

本章主要对结构动力学及结构地震反应分析相关的基础知识进行梳理：

(1) 对弹性单自由度体系和弹性多自由度体系的运动方程及自由振动进行讲解，总结与结构地震反应分析相关的最基础的知识点和概念。

(2) 对结构运动方程的求解方法进行分类介绍，具体包括时程分析法、振型分解法和频域分析法，对不同分析方法的适用条件及异同点进行总结。

(3) 对结构地震反应分析常用的几种分析模型和分析方法进行介绍。

## 参考文献

[1] 党育，韩建平，等. 结构动力分析的 MATLAB 实现 [M]. 北京：科学出版社，2014.

[2] 刘晶波，杜修力. 结构动力学 [M]. 北京：机械工业出版社，2011.

[3] 徐斌，高跃飞，余龙. MATLAB 有限元结构动力学分析与工程应用 [M]. 北京：清华大学出版社，2009.

[4] R. 克拉夫，J. 彭津. 结构动力学 [M]. 2 版（修订版）. 北京：高等教育出版社，2006.

[5] 潘鹏，张耀庭. 建筑结构抗震设计理论与方法 [M]. 北京：科学出版社，2017 年 11 月.

[6] 建筑抗震设计规范：GB 50011—2010 [S]. 北京：中国建筑工业出版社，2016.

[7] 陆新征，叶列平，等. 建筑抗震弹塑性分析——原理、模型与在 ABAQUS，MSC. MARC 和 SAP2000 上的实践 [M]. 北京：中国建筑工业出版社，2009.

# 第 2 章　单自由度体系弹性动力时程分析

## 2.1　动力学方程

结构动力分析中最简单的结构是单自由度体系（Single-Degree Freedom System，简称 SDOF），如图 2-1 所示。根据 D'Alembert 原理，任意时刻作用在体系上的外力与惯性力之和为0，即

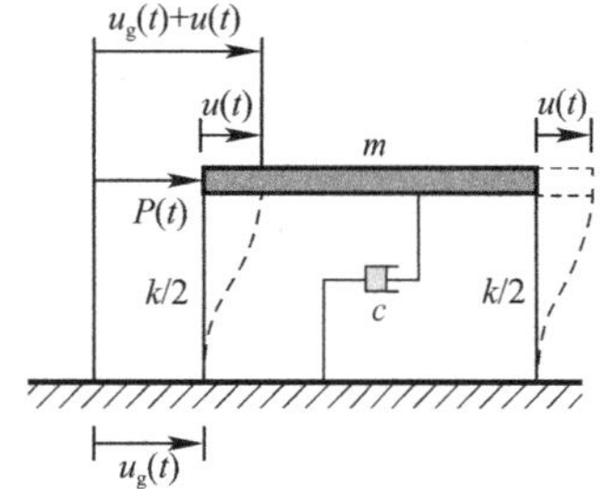


图 2-1　单自由度振动体系

$$f_I + f_D + f_S + P(t) = 0 \tag{2-1}$$

其中

$$f_I = -m(\ddot{u} + \ddot{u}_g) \tag{2-2}$$

$$f_D = -c\dot{u} \tag{2-3}$$

$$f_S = -ku \tag{2-4}$$

式中 $f_I$、$f_D$、$f_S$、$P(t)$ 分别表示体系受到的惯性力、阻尼力、弹性恢复力和外荷载；$m$、$c$、$k$ 分别表示体系的质量、阻尼系数和刚度；$u$、$\dot{u}$、$\ddot{u}$ 分别表示体系相对地面的位移、速度和加速度；$u_g$ 及 $\ddot{u}_g$ 分别表示地面的位移及加速度。

当体系只受动力荷载 $P(t)$ 时，$\ddot{u}_g=0$，式（2-1）简化为

$$m\ddot{u} + c\dot{u} + ku = P(t) \tag{2-5}$$

当体系的动力反应不是由直接作用在体系上的动力引起，而是由地震引起的结构基础的运动引起时，式（2-1）简化为

$$m\ddot{u} + c\dot{u} + ku = -m\ddot{u}_g \tag{2-6}$$

公式（2-5）即为单自由度体系受动力荷载 $P(t)$ 作用下的动力平衡方程。公式（2-6）即为单自由度体系受地震加速度 $\ddot{u}_g$ 作用时的动力平衡方程。对比公式（2-5）及公式（2-6），可发现形式上是一样的，$-m\ddot{u}_g$ 可理解为地基运动产生的等效荷载，大小等于结构的质量与地面加速度的乘积，方向与地面加速度方向相反。此外，当体系只受动力荷载 $P(t)$ 时，由于 $u_g$ 及 $\ddot{u}_g$ 为 0，此时反应的相对值与绝对值相等，公式（2-5）中的 $u$、$\dot{u}$ 及 $\ddot{u}$ 表示的是体系的绝对位移、绝对速度及绝对加速度。当基础存在运动时，此时反应有相对值与绝对值之分，即公式（2-6）中的 $u$、$\dot{u}$ 及 $\ddot{u}$ 表示的是体系的相对位移、相对速度及相对加速度，相对反应要加上地面反应才能得到绝对反应。

根据第 1 章 1.2 节的介绍，对于单自由度体系运动方程的求解，主要有时程分析法及频域分析法，其中时程分析法主要包括 Duhamel 积分法、逐步积分法和求解微分方程法等，Duhamel 积分法在介绍单自由度理论时运用较多，而逐步积分法则是实际数值分析时应用最多，因此，本章主要介绍这两类方法。

## 2.2 Duhamel 积分法

对于每一个荷载时程，可以看作由一系列连续的脉冲组成（图 2-2）。对于作用时间很短、冲量等于 1 的荷载，称为单位脉冲。体系在单位脉冲下的反应称为单位脉冲反应函数，即

无阻尼体系单位脉冲反应函数

$$h(t-\tau)=u(t)=\frac{1}{m\omega_n}\sin[\omega_n(t-\tau)]\ (t\geqslant\tau) \tag{2-7}$$

有阻尼体系单位脉冲反应函数

$$h(t-\tau)=u(t)=\frac{1}{m\omega_{\mathrm{D}}}\mathrm{e}^{-\zeta\omega_n(t-\tau)}\sin[\omega_{\mathrm{D}}(t-\tau)]\quad(t\geqslant\tau) \tag{2-8}$$

式中 $t$ 表示体系反应的时间，$\tau$ 表示单位脉冲作用的时刻，$\omega_n$ 和 $\omega_{\mathrm{D}}$ 分别表示无阻尼和有阻尼体系的自振圆频率，有 $\omega_{\mathrm{D}}=\omega_n\sqrt{1-\zeta^2}$，$\zeta$ 表示体系阻尼比。

则任意脉冲 $P(\tau)\mathrm{d}\tau$ 作用下结构动力反应为

$$\mathrm{d}u(t)=P(\tau)\mathrm{d}\tau\cdot h(t-\tau) \tag{2-9}$$

体系在任意时刻 $t$ 的反应，等于 $t$ 以前所有单位脉冲作用的反应之和，则有

$$u(t)=\int_0^t\mathrm{d}u=\int_0^t P(\tau)h(t-\tau)\mathrm{d}\tau \tag{2-10}$$

将公式（2-7）及公式（2-8）分别代入公式（2-10），可得到无阻尼体系和有阻尼体系动力反应的 Duhamel 积分公式。

无阻尼体系动力反应的 Duhamel 积分公式

$$u(t)=\frac{1}{m\omega_n}\int_0^t P(\tau)\sin[\omega_n(t-\tau)]\mathrm{d}\tau \tag{2-11}$$

有阻尼体系动力反应的 Duhamel 积分公式

$$u(t)=\frac{1}{m\omega_{\mathrm{D}}}\int_0^t P(\tau)\mathrm{e}^{-\zeta\omega_n(t-\tau)}\sin[\omega_{\mathrm{D}}(t-\tau)]\mathrm{d}\tau \tag{2-12}$$

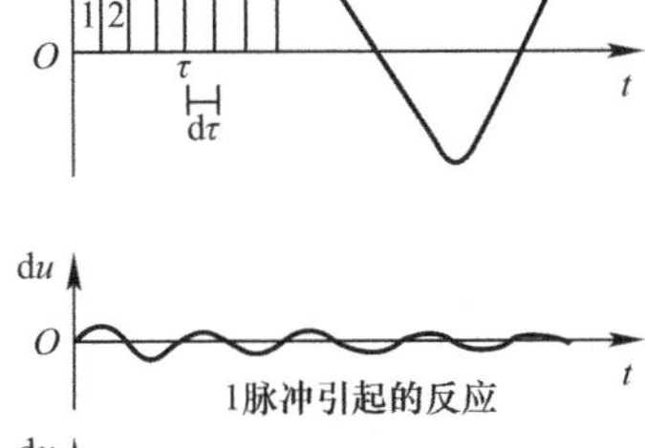


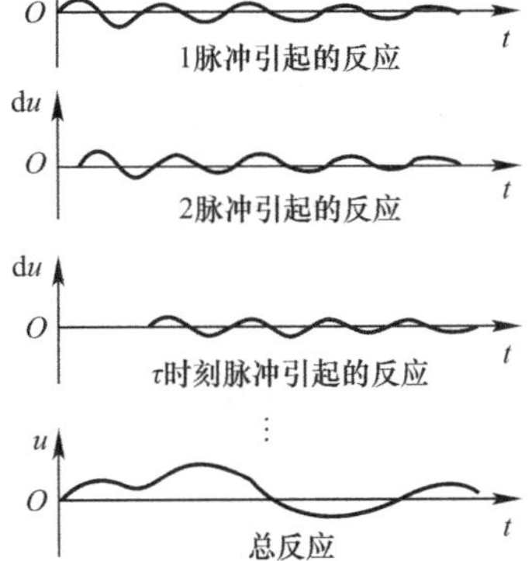


图 2-2 任意荷载离散及各个脉冲动力反应

由以上分析可见，Duhamel 积分法给出了计算线性单自由度体系在任意荷载作用下动力反应的一般解，适用于线弹性体系。由于使用了叠加原理，因此仅适用于线弹性体系，不适用于非线性分析。如果荷载 $P(\tau)$ 是简单函数，用 Duhamel 积分可得到封闭解 (Closed-form)。如果 $P(\tau)$ 是复杂函数，公式（2-11）及公式（2-12）也可通过数值积分求解，其计算仅涉及简单的代数运算。但从实际应用来看，Duhamel 积分的数值求解效率并不高，因为对于任意一个时刻 $t$ 的反应，积分都要从 0 积分到 $t$，当时间点比较多时，计算效率很低[1]。此时可采用 2.3 节介绍的逐步积分法，效率更高。

## 2.3 逐步积分法

逐步积分法将分析时程划分为许多微小时段 $\Delta t$，利用体系在 $t_i$ 时刻的运动状态——

位移 $u_i$、速度 $\dot{u}_i$ 和加速度 $\ddot{u}_i$，推测时间步长 $\Delta t$ 之后（即 $t_{i+1}$ 时刻）的运动状态 $u_{i+1}$、$\dot{u}_{i+1}$ 和 $\ddot{u}_{i+1}$，然后逐步递推，可得到体系的完整时程反应[2]，如图 2-3 所示。

以下介绍几种常用的逐步积分方法，包括分段解析法、中心差分法、Newmark-β 法及 Wilson-θ 法。

## 2.3.1　分段解析法

### 2.3.1.1　基本公式

分段解析法又称为 Nigam－Jennings 法，最早由 Nigam 和 Jennings 于 1969 年提出[3]。在分段解析法中，对外荷载 $P(t)$ 进行离散化处理，相当于对连续函数的采样。在采样点之间的荷载值采用线性内插取值，分段解析法对外荷载的离散如图 2-4 所示。体系在每个采样点间的运动通过求解运动微分方程得到，体系的运动在连续的时间轴上均满足运动微分方程。

如图 2-4 所示，$P_i$ 及 $P_{i+1}$ 分别为 $t_i$ 及 $t_{i+1}$ 时刻的荷载，假设在 $t_i \leqslant \tau \leqslant t_{i+1}$ 时段内，$P(\tau)=P_i+\alpha_i\tau$，其中 $\alpha_i=(P_{i+1}-P_i)/\Delta t_i$，$\tau$ 为局部坐标。

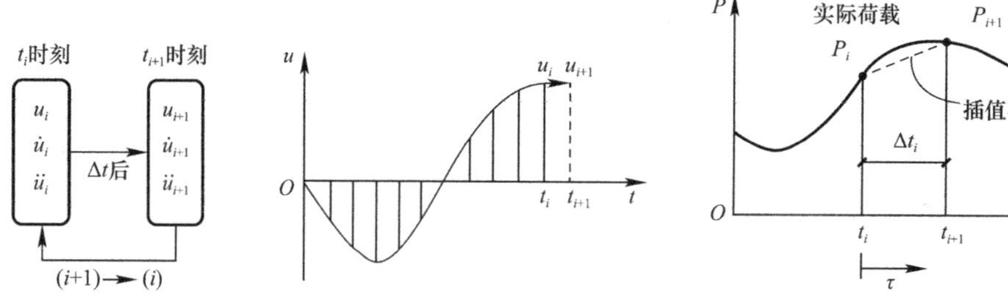


图 2-3　逐步积分法原理示意[2]　　　　图 2-4　分段解析法外荷载离散

假定在时间段$[t_i, t_{i+1}]$内，结构是线性的，则单自由度体系运动方程为

$$m\ddot{u}(\tau)+c\dot{u}(\tau)+ku(\tau)=P(\tau)=P_i+\alpha_i\tau \tag{2-13}$$

取初始条件$u(\tau)|_{\tau=0}=u_i$，$\dot{u}(\tau)|_{\tau=0}=\dot{u}_i$，可得运动方程（2-13）的特解和通解。

运动方程（2-13）的特解为

$$u_{\mathrm{p}}(\tau)=\frac{1}{k}(P_i+\alpha_i\tau)-\frac{\alpha_i}{k^2}c \tag{2-14}$$

通解为

$$u_{\mathrm{c}}(\tau)=\mathrm{e}^{-\zeta\omega_n\tau}(A\cos\omega_{\mathrm{D}}\tau+B\sin\omega_{\mathrm{D}}\tau) \tag{2-15}$$

将全解代入初始条件，可求得系数 $A$ 和 $B$，得到

$$\begin{cases} u(\tau)=A_0+A_1\tau+A_2\mathrm{e}^{-\zeta\omega_n\tau}\cos\omega_{\mathrm{D}}\tau+A_3\mathrm{e}^{-\zeta\omega_n\tau}\sin\omega_{\mathrm{D}}\tau \\ \dot{u}(\tau)=A_1+(\omega_{\mathrm{D}}A_3-\zeta\omega_nA_2)\mathrm{e}^{-\zeta\omega_n\tau}\cos\omega_{\mathrm{D}}\tau-(\omega_{\mathrm{D}}A_2-\zeta\omega_nA_3)\mathrm{e}^{-\zeta\omega_n\tau}\sin\omega_{\mathrm{D}}\tau \end{cases} \tag{2-16}$$

其中 $A_0=\dfrac{P_i}{k}-\dfrac{2\zeta\alpha_i}{k\omega_n}$，$A_1=\dfrac{\alpha_i}{k}$，$A_2=u_i-A_0$，$A_3=\dfrac{1}{\omega_{\mathrm{D}}}(\dot{u}_i+\zeta\omega_nA_2-A_1)$

当 $\tau=\Delta t$ 时，由公式（2-16）得

$$\begin{cases} u_{i+1}=Au_i+B\dot{u}_i+CP_i+DP_{i+1} \\ \dot{u}_{i+1}=A'u_i+B'\dot{u}_i+C'P_i+D'P_{i+1} \end{cases} \tag{2-17}$$

其中系数 $A\sim D$、$A'\sim D'$分别为

$$A=\mathrm{e}^{-\zeta\omega_n\Delta t}\left(\frac{\zeta}{\sqrt{1-\zeta^2}}\sin\omega_{\mathrm{D}}\Delta t+\cos\omega_{\mathrm{D}}\Delta t\right)$$

$$B=\mathrm{e}^{-\zeta\omega_n\Delta t}\left(\frac{1}{\omega_{\mathrm{D}}}\sin\omega_{\mathrm{D}}\Delta t\right)$$

$$C=\frac{1}{k}\left\{\frac{2\zeta}{\omega_n\Delta t}+\mathrm{e}^{-\zeta\omega_n\Delta t}\left[\left(\frac{1-2\zeta^2}{\omega_{\mathrm{D}}\Delta t}-\frac{\zeta}{\sqrt{1-\zeta^2}}\right)\sin\omega_{\mathrm{D}}\Delta t-\left(1+\frac{2\zeta}{\omega_n\Delta t}\right)\cos\omega_{\mathrm{D}}\Delta t\right]\right\}$$

$$D=\frac{1}{k}\left[1-\frac{2\zeta}{\omega_n\Delta t}+\mathrm{e}^{-\zeta\omega_n\Delta t}\left(\frac{2\zeta^2-1}{\omega_{\mathrm{D}}\Delta t}\sin\omega_{\mathrm{D}}\Delta t+\frac{2\zeta}{\omega_n\Delta t}\cos\omega_{\mathrm{D}}\Delta t\right)\right]$$

$$A'=-\mathrm{e}^{-\zeta\omega_n\Delta t}\left(\frac{\omega_n}{\sqrt{1-\zeta^2}}\sin\omega_{\mathrm{D}}\Delta t\right)$$

$$B'=\mathrm{e}^{-\zeta\omega_n\Delta t}\left(\cos\omega_{\mathrm{D}}\Delta t-\frac{\zeta}{\sqrt{1-\zeta^2}}\sin\omega_{\mathrm{D}}\Delta t\right)$$

$$C'=\frac{1}{k}\left\{-\frac{1}{\Delta t}+\mathrm{e}^{-\zeta\omega_n\Delta t}\left[\left(\frac{\omega_n}{\sqrt{1-\zeta^2}}+\frac{\zeta}{\Delta t\sqrt{1-\zeta^2}}\right)\sin\omega_{\mathrm{D}}\Delta t+\frac{1}{\Delta t}\cos\omega_{\mathrm{D}}\Delta t\right]\right\}$$

$$D'=\frac{1}{k\Delta t}\left[1-\mathrm{e}^{-\zeta\omega_n\Delta t}\left(\frac{\zeta}{\sqrt{1-\zeta^2}}\sin\omega_{\mathrm{D}}\Delta t+\cos\omega_{\mathrm{D}}\Delta t\right)\right]$$

其中，$\omega_{\mathrm{D}}=\omega_n\sqrt{1-\zeta^2}$，$\omega_n=\sqrt{k/m}$，$\Delta t$ 为时间步长。

公式（2-17）给出了分段解析法的逐步积分计算公式，根据 $t_i$ 时刻运动反应及外荷载计算 $t_{i+1}$时刻运动，给定初始条件，不断按上式循环，即可得到所有离散时间点的结构反应。

如果结构是线性的，并采用等时间步长，则系数 $A\sim D'$均为常数，分段解析法的计算效率很高。但如果在计算的不同时间段采用了不相等的时间步长，则系数 $A\sim D'$对应于不同的时间步长均为变量，计算效率则会大为降低。分段解析法一般适用于单自由度体系的动力反应分析。

#### 2.3.1.2 精度与稳定

分段解析法不存在稳定问题，分段解析法仅对外荷载进行了离散化处理，但对运动方程是严格满足的，体系的运动在连续时间轴上均满足运动微分方程，分段解析法的误差仅来自对外荷载采样点之间的线性假设[1]。

### 2.3.2 中心差分法

#### 2.3.2.1 基本公式

中心差分法是用有限差分代替位移对时间的求导，如果采用等时间步长，则速度和加速度的中心差分近似为

$$\dot{u}_i=\frac{u_{i+1}-u_{i-1}}{2\Delta t} \tag{2-18}$$

$$\ddot{u}_i=\frac{u_{i+1}-2u_i+u_{i-1}}{\Delta t^2} \tag{2-19}$$

将式（2-18）、式（2-19）代入式（2-1）整理可得递推公式为

$$\left(\frac{m}{\Delta t^2}+\frac{c}{2\Delta t}\right)u_{i+1}=P_i-\left(k-\frac{2m}{\Delta t^2}\right)u_i-\left(\frac{m}{\Delta t^2}-\frac{c}{2\Delta t}\right)u_{i-1} \tag{2-20}$$

由式（2-20）可根据 $t_i$ 及 $t_{i-1}$ 时刻的位移，求得 $t_{i+1}$ 时刻的位移 $u_{i+1}$，在求得 $u_{i+1}$ 后，可根据式（2-18）及式（2-19）求得 $t_i$ 时刻的速度和加速度，然后逐步向前递推。由式（2-20）可见，在计算 $u_{i+1}$ 时，需要知道 $u_i$ 及 $u_{i-1}$，也就是说，中心差分法属于两步法。采用两步法进行计算时存在起步问题，因为仅根据已知的初始位移及速度，并不能自动进行计算，还必须给出两个相邻时刻的位移值，方可进行逐步积分计算[1]。对于地震作用下结构的反应问题和一般的零初始条件下的动力问题，可以假设初始的两个时间点（一般取 $i=0$，$-1$）的位移等于零（即 $u_0=u_{-1}=0$）。但是对于非零初始条件或零时刻外荷载很大时，需要进行一定的分析，建立两个起步时刻（即 $i=0$，$-1$）的位移值，下面介绍一种中心差分法的起步处理方法。

假设给定的初始条件为

$$\begin{cases} u_0 = u(0) \\ \dot{u}_0 = \dot{u}(0) \end{cases} \tag{2-21}$$

令 $i=0$，根据式（2-18）、式（2-19）可得

$$\dot{u}_0 = \frac{u_1 - u_{-1}}{2\Delta t}, \ddot{u}_0 = \frac{u_1 - 2u_0 + u_{-1}}{\Delta t^2} \tag{2-22}$$

由式（2-22）中的第一式解得 $u_1$，并代入第二式可得

$$u_{-1} = u_0 - \Delta t\dot{u}_0 + \frac{\Delta t^2}{2}\ddot{u}_0 \tag{2-23}$$

其中初始位移 $u_0$ 及初始速度 $\dot{u}_0$ 是已知的，而零时刻的加速度值 $\ddot{u}_0$ 可由零时刻的运动方程按式（2-24）确定

$$\ddot{u}_0 = \frac{1}{m}(P_0 - c\dot{u}_0 - ku_0) \tag{2-24}$$

#### 2.3.2.2　精度与稳定

中心差分法的逐步计算公式具有二阶精度，即误差 $\varepsilon \propto O(\Delta t^2)$；且是有条件稳定的，其稳定条件为[1,4]

$$\Delta t \leqslant \frac{2}{\omega_n} = \frac{T_n}{\pi} \tag{2-25}$$

式中 $\Delta t$ 是时间步长，$T_n$ 是结构的自振周期，对于多自由度体系则为结构最小周期。

### 2.3.3　Newmark-β 法

#### 2.3.3.1　基本公式

Newmark-β 法同样将时间离散化，运动方程仅在离散的时间点上满足，该方法通过 $t_i$ 至 $t_{i+1}$ 时段内加速度变化规律的假设，以 $t_i$ 时刻的运动量为初始值，通过积分方法得到计算 $t_{i+1}$ 时刻的运动公式。

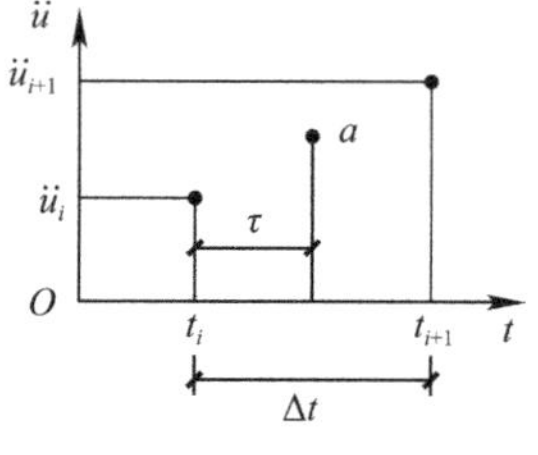

图 2-5　Newmark-β 法离散时间点及加速度假设

如图 2-5 所示，Newmark-β 法假设在 $t_i$ 至 $t_{i+1}$ 之间的加速度值是介于 $\ddot{u}_i$ 及 $\ddot{u}_{i+1}$ 之间的某一常量，记为 $a$，用控制参数 $\gamma$ 和 $\beta$ 表示为

$$a = (1-\gamma)\ddot{u}_i + \gamma\ddot{u}_{i+1} (0 \leqslant \gamma \leqslant 1) \tag{2-26}$$

$$a = (1-2\beta)\ddot{u}_i + 2\beta\ddot{u}_{i+1} (0 \leqslant \beta \leqslant 1/2) \tag{2-27}$$

通过在 $t_i$ 至 $t_{i+1}$ 时间段上对加速度 $a$ 积分，可得 $t_{i+1}$ 时刻的速度和位移

$$\dot{u}_{i+1} = \dot{u}_i + \Delta t a \tag{2-28}$$

$$u_{i+1} = u_i + \Delta t \dot{u}_i + \frac{1}{2}\Delta t^2 a \tag{2-29}$$

分别将式（2-26）代入式（2-28）、将式（2-27）代入式（2-29）可得 Newmark-β 法的两个基本递推公式

$$\begin{cases} \ddot{u}_{i+1} = \dfrac{1}{\beta\Delta t^2}(u_{i+1} - u_i) - \dfrac{1}{\beta\Delta t}\dot{u}_i - \left(\dfrac{1}{2\beta} - 1\right)\ddot{u}_i \\ \dot{u}_{i+1} = \dfrac{\gamma}{\beta\Delta t}(u_{i+1} - u_i) + \left(1 - \dfrac{\gamma}{\beta}\right)\dot{u}_i + \left(1 - \dfrac{\gamma}{2\beta}\right)\ddot{u}_i\Delta t \end{cases} \tag{2-30}$$

式（2-30）满足 $t_{i+1}$ 时刻的运动平衡方程

$$m\ddot{u}_{i+1} + c\dot{u}_{i+1} + ku_{i+1} = P_{i+1} \tag{2-31}$$

将式（2-30）代入式（2-31）可得 $t_{i+1}$ 时刻的位移 $u_{i+1}$ 的计算公式

$$u_{i+1} = \hat{P}_{i+1}/\hat{k} \tag{2-32}$$

其中

$$\hat{k} = k + \frac{1}{\beta\Delta t^2}m + \frac{\gamma}{\beta\Delta t}c$$

$$\hat{P}_{i+1} = P_{i+1} + \left[\frac{1}{\beta\Delta t^2}u_i + \frac{1}{\beta\Delta t}\dot{u}_i + \left(\frac{1}{2\beta} - 1\right)\ddot{u}_i\right]m + \left[\frac{\gamma}{\beta\Delta t}u_i + \left(\frac{\gamma}{\beta} - 1\right)\dot{u}_i + \frac{\Delta t}{2}\left(\frac{\gamma}{\beta} - 2\right)\ddot{u}_i\right]c$$

为方便列式，可记 $a_0 = \dfrac{1}{\beta\Delta t^2}$，$a_1 = \dfrac{\gamma}{\beta\Delta t}$，$a_2 = \dfrac{1}{\beta\Delta t}$，$a_3 = \dfrac{1}{2\beta} - 1$，$a_4 = \dfrac{\gamma}{\beta} - 1$，$a_5 = \dfrac{\Delta t}{2}\left(\dfrac{\gamma}{\beta} - 2\right)$，$a_6 = \Delta t\ (1 - \gamma)$，$a_7 = \gamma\Delta t$，递推公式（2-30）可进一步表示为

$$\begin{cases} \ddot{u}_{i+1} = a_0(u_{i+1} - u_i) - a_2\dot{u}_i - a_3\ddot{u}_i \\ \dot{u}_{i+1} = \dot{u}_i + a_6\ddot{u}_i + a_7\ddot{u}_{i+1} \end{cases} \tag{2-33}$$

式（2-32）及式（2-33）构成了 Newmark-β 法逐步积分的计算公式。由上述公式可见，Newmark-β 法为单步法，即体系每一时刻运动的计算仅与上一时刻的运动有关，不需要额外处理计算的“起步”问题。

2.3.3.2 **精度与稳定**

在 Newmark-β 法中，控制参数 $\beta$ 和 $\gamma$ 的取值影响算法的精度和稳定性[1,4]。可以证明，只有当 $\gamma = 1/2$ 时，方法才具有二阶精度，因此一般取 $\gamma = 1/2$，$0 \leqslant \beta \leqslant 1/4$。

Newmark-β 法的稳定条件为

$$\Delta t \leqslant \frac{1}{\pi\sqrt{2}}\frac{1}{\sqrt{\gamma - 2\beta}}T_n \tag{2-34}$$

可见当 $\gamma = 1/2$、$\beta = 1/4$ 时，稳定条件为 $\Delta t \leqslant \infty$，此时算法成为无条件稳定。

### 2.3.4 Wilson-θ 法

2.3.4.1 **基本公式**

Wilson-θ 法的基本思路是假设加速度在 $[t_i,\ t_i + \theta\Delta t]$ 时段内线性变化，首先采用线性加速度法计算体系在 $t_i + \theta\Delta t$ 时刻的运动，其中参数 $\theta \geqslant 1$，然后再利用内插法，计算体系

在 $t_i+\Delta t$ 时刻的运动。原理示意如图 2-6 所示。

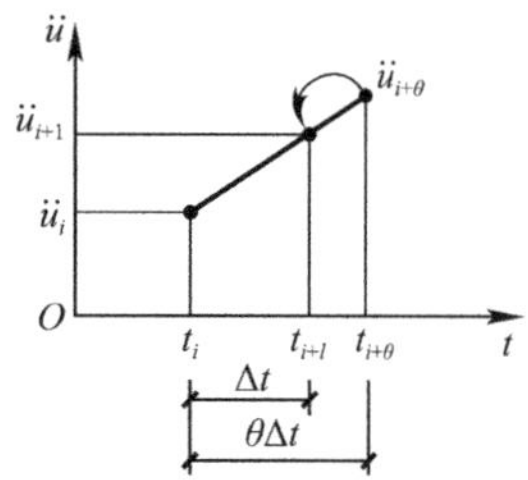


图 2-6　Wilson-θ 法原理示意

根据线性加速度假设，加速度 $a$ 在区间 $[t_i,\ t_i+\theta\Delta t]$ 的取值可表示为

$$a(\tau)=\ddot{u}(t_i)+\frac{\tau}{\theta\Delta t}[\ddot{u}(t_i+\theta\Delta t)-\ddot{u}(t_i)] \tag{2-35}$$

其中 $\tau$ 为局部坐标，坐标原点位于 $t_i$。

对式（2-35）积分，可得到速度和位移

$$\dot{u}(t_i+\tau)=\dot{u}(t_i)+\tau\ddot{u}(t_i)+\frac{\tau^2}{2\theta\Delta t}[\ddot{u}(t_i+\theta\Delta t)-\ddot{u}(t_i)] \tag{2-36}$$

$$u(t_i+\tau)=u(t_i)+\tau\dot{u}(t_i)+\frac{\tau^2}{2}\ddot{u}(t_i)+\frac{\tau^3}{6\theta\Delta t}[\ddot{u}(t_i+\theta\Delta t)-\ddot{u}(t_i)] \tag{2-37}$$

当 $\tau=\theta\Delta t$ 时，由式（2-36）、式（2-37）可得

$$\dot{u}(t_i+\theta\Delta t)=\dot{u}(t_i)+\theta\Delta t\ddot{u}(t_i)+\frac{\theta\Delta t}{2}[\ddot{u}(t_i+\theta\Delta t)-\ddot{u}(t_i)] \tag{2-38}$$

$$u(t_i+\theta\Delta t)=u(t_i)+\theta\Delta t\dot{u}(t_i)+\frac{(\theta\Delta t)^2}{6}[\ddot{u}(t_i+\theta\Delta t)+2\ddot{u}(t_i)] \tag{2-39}$$

由式（2-38）、式（2-39）可解得用 $u(t_i+\theta\Delta t)$ 表示的 $\dot{u}(t_i+\theta\Delta t)$ 和 $\ddot{u}(t_i+\theta\Delta t)$，即

$$\ddot{u}(t_i+\theta\Delta t)=\frac{6}{(\theta\Delta t)^2}[u(t_i+\theta\Delta t)-u(t_i)]-\frac{6}{\theta\Delta t}\dot{u}(t_i)-2\ddot{u}(t_i) \tag{2-40}$$

$$\dot{u}(t_i+\theta\Delta t)=\frac{3}{\theta\Delta t}[u(t_i+\theta\Delta t)-u(t_i)]-2\dot{u}(t_i)-\frac{\theta\Delta t}{2}\ddot{u}(t_i) \tag{2-41}$$

在 $t_i+\theta\Delta t$ 时刻，体系的运动应满足运动微分方程

$$m\ddot{u}(t_i+\theta\Delta t)+c\dot{u}(t_i+\theta\Delta t)+ku(t_i+\theta\Delta t)=P(t_i+\theta\Delta t) \tag{2-42}$$

其中外荷载 $P(t_i+\theta\Delta t)$ 可用线性外推得到

$$P(t_i+\theta\Delta t)=P(t_i)+\theta[P(t_i+\Delta t)-P(t_i)] \tag{2-43}$$

将式（2-38）、式（2-39）、式（2-43）代入式（2-42），可得

$$\hat{k}u(t_i+\theta\Delta t)=\hat{P}(t_i+\theta\Delta t) \tag{2-44}$$

其中

$$\hat{k}=k+\frac{6}{(\theta\Delta t)^2}m+\frac{3}{\theta\Delta t}c$$

$$\hat{P}(t_i+\theta\Delta t)=P_i+\theta(P_{i+1}-P_i)+\left[\frac{6}{(\theta\Delta t)^2}u_i+\frac{6}{\theta\Delta t}\dot{u}_i+2\ddot{u}_i\right]m+\left(\frac{3}{\theta\Delta t}u_i+2\dot{u}_i+\frac{\theta\Delta t}{2}\ddot{u}_i\right)c$$

由式（2-44）得到的 $u(t_i+\theta\Delta t)$ 代入式（2-40）求得 $\ddot{u}(t_i+\theta\Delta t)$，再把 $\ddot{u}(t_i+\theta\Delta t)$ 代入式（2-35），并取 $\tau=\Delta t$，得 $t+\Delta t$ 时刻的加速度

$$\ddot{u}(t_i+\Delta t)=\ddot{u}_{i+1}=\ddot{u}_i+\frac{1}{\theta}[\ddot{u}(t_i+\theta\Delta t)-\ddot{u}(t_i)] \tag{2-45}$$

进一步将式（2-40）代入式（2-35），可得

$$\ddot{u}_{i+1}=\frac{6}{\theta^3\Delta t^2}[u(t_i+\theta\Delta t)-u_i]-\frac{6}{\theta^2\Delta t}\dot{u}_i+\left(1-\frac{3}{\theta}\right)\ddot{u}_i \tag{2-46}$$

再令式（2-36）、式（2-37）中的 $\theta=1$，并取 $\tau=\Delta t$，可得到 $t+\Delta t$ 时刻的速度和位移为

$$\dot{u}_{i+1}=\dot{u}_i+\frac{\Delta t}{2}(\ddot{u}_{i+1}+\ddot{u}_i) \tag{2-47}$$

$$u_{i+1}=\dot{u}_i+\Delta t\dot{u}_i+\frac{\Delta t^2}{6}(\ddot{u}_{i+1}+2\ddot{u}_i) \tag{2-48}$$

式（2-44）～式（2-48）构成了 Wilson-θ 法逐步积分的计算公式。

#### 2.3.4.2　精度与稳定

Wilson-θ 法的动力平衡方程是在 $t_i+\theta\Delta t$ 时保持成立。当 $\theta=1$ 时，与 Newmark-β 法（$\beta=1/6$，线性加速度法）一致。可以证明，当 $\theta>1.37$ 时，Wilson-θ 法是无条件稳定的。θ 值的大小对积分结果的精度有影响，实际分析一般取 $\theta=1.4$[1,5]。

## 2.4　实例 1：简谐荷载作用下单自由度体系动力时程分析

如图 2-7 所示，质量 $m=1\text{kg}$ 上受外力 $P(t)=\sin(2\pi t)$ 作用，体系的刚度为 $k=100\text{N/m}$、阻尼比为 $\zeta=0.05$，在 MATLAB 中分别采用 Duhamel 积分、分段解析法、中心差分法、Newmark-β 法、Wilson-θ 法编程求解体系的动力反应 $u(t)$、$\dot{u}(t)$、$\ddot{u}(t)$，并将结果与 SAP2000、midas Gen 计算结果进行对比。

### 2.4.1　Duhamel 积分

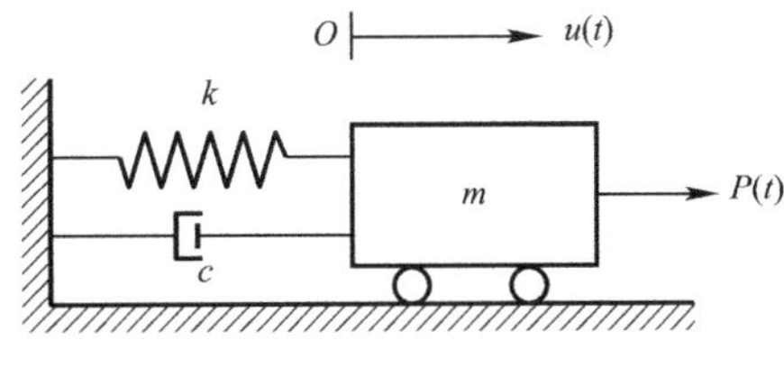


图 2-7　实例 1 模型示意图

#### 2.4.1.1　MATLAB 编程

```
%SDOF-简协力-Duhamel 积分
clear;clc;
%结构参数输入(质量、刚度、阻尼比)
m=1;k=100;kesi=0.05;
%外荷载输入(峰值、周期、时间间隔、时间步数、积分步数)
Pmax=1;T=1;dt=0.02;n1=500;
for i=1:n1
    t=(i-1)*dt;
    T1(1,i)=t;
    Pt=Pmax*sin(2*pi*t/T);
    P(1,i)=Pt;
end
%求解无阻尼体系自振频率
wn=sqrt(k/m);
%求解有阻尼体系自振频率
wD=wn*sqrt(1-kesi^2);
```

该段代码根据图 2-7 给出了体系质量、刚度、阻尼等基本属性及简谐荷载定义，其中荷载步长为 0.02s，共计 500 步，总时长 10s，因为简谐荷载周期为 1s，所以共取了 10 个加载周期。并求出无阻尼体系和有阻尼体系的自振频率。

```
%指定初始运动条件
u0=0;
v0=0;
aa0=0;
```

```
%输入积分步数
n2=1000;
%求解结构反应
u(1,1)=u0;
v(1,1)=v0;
aa(1,1)=aa0;
T2(1,1)=0;
for i=2:n2
    T2(1,i)=(i-1)*dt;
    if i>n1
        P(1,i)=0;
    end
    for j=2:i
        ut(1,j)=P(1,j)/(m*wD)*dt*exp(-kesi*wn*(T2(1,i)-T2(1,j)))*sin(wD*(T2(1,i)-T2(1,j)));
    end
    u(1,i)=sum(ut);
end
for i=1:n2-1
    T3(1,i)=(i-1)*dt;
    v(1,i)=(u(1,i+1)-u(1,i))/dt;
end
for i=1:n2-2
    T4(1,i)=(i-1)*dt;
    aa(1,i)=(v(1,i+1)-v(1,i))/dt;
end
```

该段代码采用 Duhamel 积分求解体系运动方程。

```
%求解动力反应最大值与最小值
umax=max(u);umin=min(u);
vmax=max(v);vmin=min(v);
aamax=max(aa);aamin=min(aa);
%绘制相对位移时程图
figure(1)
plot(T2,u)
xlabel('Time(s)'),ylabel('Displacement(m)')
title('Displacement vs Time')
saveas(gcf,'Displacement vs Time. png');
%绘制相对速度时程图
figure(2)
plot(T3,v)
xlabel('Time(s)'),ylabel('Velocity(m/s)')
title('Velocity vs Time')
saveas(gcf,'Velocity vs Time. png');
%绘制加速度时程图
```

```
figure(3)
plot(T4,aa)
xlabel('Time(s)'),ylabel('Acceleration(m/s2)')
title('Acceleration vs Time')
saveas(gcf,'Acceleration vs Time.png');
```

该段代码用于绘制体系反应的时程曲线。

#### 2.4.1.2　计算结果

计算结果见图 2-8～图 2-10。

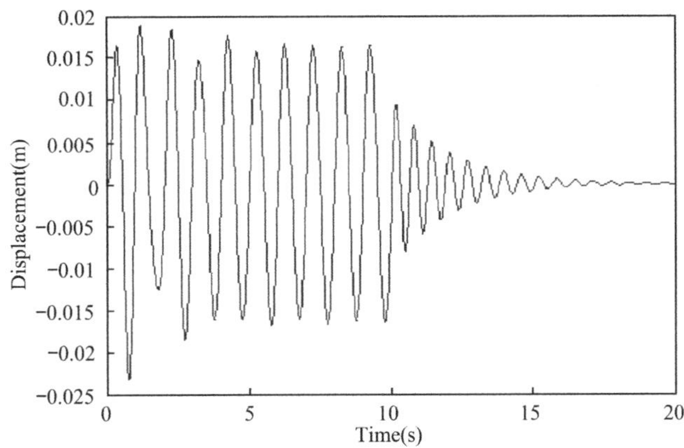


图 2-8　实例 1 相对位移时程图（Duhamel 积分）

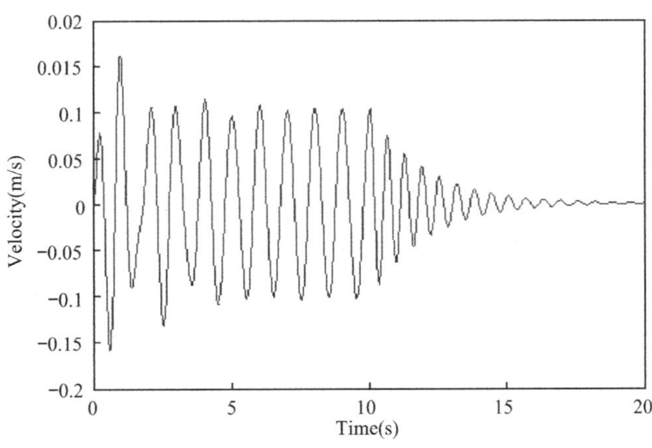


图 2-9　实例 1 相对速度时程图（Duhamel 积分）

### 2.4.2　分段解析法

#### 2.4.2.1　MATLAB 编程

```
%SDOF-简谐荷载-分段解析法
% Author : JiDong Cui(崔济东)
% Website : www.jdcui.com
clear;clc;
```

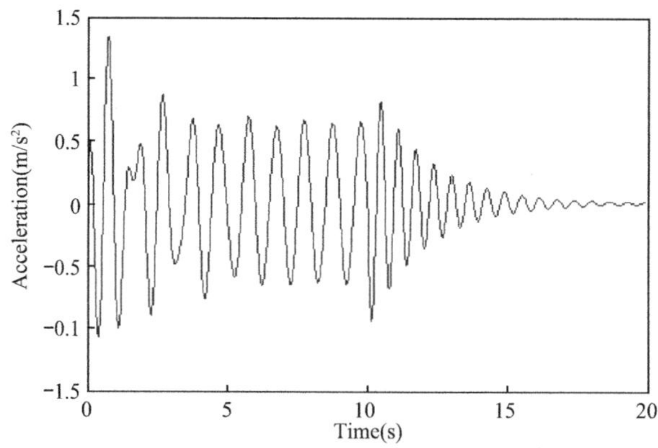


图 2-10　实例 1 加速度时程图(Duhamel 积分)

```
%结构参数输入(质量、刚度、阻尼比)
m=1;k=100;kesi=0.05;
%外荷载输入(峰值、周期、时间间隔、时间步数、积分步数)
Pmax=1;T=1;dt=0.02;n1=500;
for i=1:n1
    t=(i-1)*dt;
    T1(1,i)=t;
    Pt=Pmax*sin(2*pi*t/T);
    P(1,i)=Pt;
end
%求解无阻尼体系自振频率
wn=sqrt(k/m);
%求解有阻尼体系自振频率
wD=wn*sqrt(1-kesi^2);
```

该段代码根据图 2-7 给出了体系质量、刚度、阻尼等基本属性及简谐荷载定义，其中荷载步长为 0.02s，共计 500 步，总时长 10s，因为简谐荷载周期为 1s，所以共取了 10 个加载周期。并求出无阻尼体系和有阻尼体系的自振频率。

```
%求解计算参数
wDdt=wD*dt;
e=exp(-kesi*wn*dt);
A=e*(kesi/sqrt(1-kesi^2)*sin(wDdt)+cos(wDdt));
B=e*sin(wDdt)/wD;
C=1/k*(2*kesi/(wn*dt)+e*(((1-2*kesi^2)/(wD*dt)-kesi/sqrt(1-kesi^2))*sin(wD*dt)-(1+2*kesi/(wn*dt))*cos(wD*dt)));
D=1/k*(1-2*kesi/(wn*dt)+e*((2*kesi^2-1)/(wD*dt)*sin(wD*dt)+2*kesi/(wn*dt)*cos(wD*dt)));
A1=-e*(wn/sqrt(1-kesi^2)*sin(wDdt));
B1=e*(cos(wDdt)-kesi/sqrt(1-kesi^2)*sin(wDdt));
C1=1/k*(-1/dt+e*((wn/sqrt(1-kesi^2)+kesi/(dt*sqrt(1-kesi^2)))*sin(wD*dt)+1/dt*cos(wD*
```

```
dt)));
    D1=1/(k*dt)*(1-e*(kesi/sqrt(1-kesi^2)*sin(wD*dt)+cos(wD*dt)));
```

该段代码用于求解分段解析法递推公式中的系数 $A \sim D$、$A' \sim D'$，详见公式(2-17)。

```
%指定初始运动条件
u0=0;
v0=0;
%输入积分步数
n2=1000;
%求解结构反应
u(1,1)=u0;
v(1,1)=v0;
aa(1,1)=-2*kesi*wn*v(1,1)-k/m*u(1,1)+P(1,1)/m;
T2(1,1)=0;
%迭代分析
for j=2:n2
    T2(1,j)=(j-1)*dt;
    if j<=n1
        u(1,j)=A*u(1,j-1)+B*v(1,j-1)+C*P(1,j-1)+D*P(1,j);
        v(1,j)=A1*u(1,j-1)+B1*v(1,j-1)+C1*P(1,j-1)+D1*P(1,j);
        aa(1,j)=-2*kesi*wn*v(1,j)-k/m*u(1,j)+P(1,j)/m;
    else
        P(1,j)=0;
        u(1,j)=A*u(1,j-1)+B*v(1,j-1)+C*P(1,j-1)+D*P(1,j);
        v(1,j)=A1*u(1,j-1)+B1*v(1,j-1)+C1*P(1,j-1)+D1*P(1,j);
        aa(1,j)=-2*kesi*wn*v(1,j)-k/m*u(1,j)+P(1,j)/m;
    end
end
```

该段代码是采用分段解析法逐步积分的计算过程，对应的迭代公式详见公式(2-17)。

```
%求解动力反应最大值与最小值
umax=max(u);umin=min(u);
vmax=max(v);vmin=min(v);
aamax=max(aa);aamin=min(aa);
%绘制相对位移时程图
figure(1)
plot(T2,u)
xlabel('Time(s)'),ylabel('Displacement(m)')
title('Displacement vs Time')
saveas(gcf,'Displacement vs Time.png');
%绘制相对速度时程图
figure(2)
plot(T2,v)
```

```
xlabel('Time(s)'),ylabel('Velocity(m/s)')
title('Velocity vs Time')
saveas(gcf,'Velocity vs Time.png');
%绘制加速度时程图
figure(3)
plot(T2,aa)
xlabel('Time(s)'),ylabel('Acceleration(m/s2)')
title('Acceleration vs Time')
saveas(gcf,'Acceleration vs Time.png');
```

该段代码用于绘制体系反应的时程曲线。

#### 2.4.2.2　计算结果

计算结果见图 2-11～图 2-13。

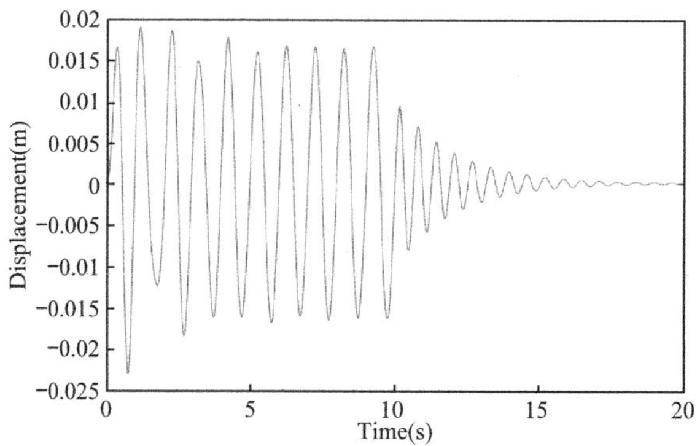


图 2-11　实例 1 相对位移时程图（分段解析法）

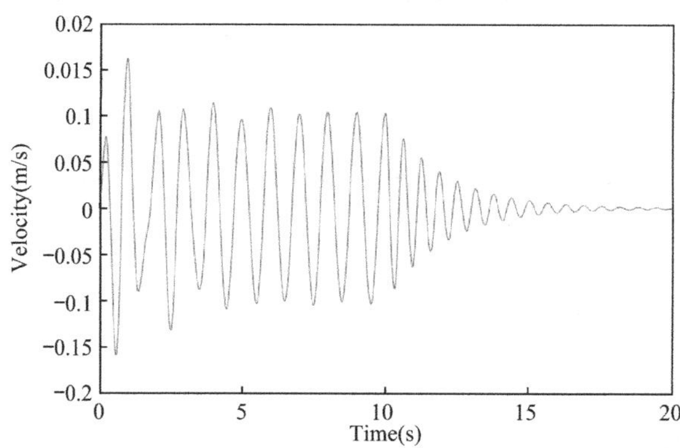


图 2-12　实例 1 相对速度时程图（分段解析法）

### 2.4.3　中心差分法

#### 2.4.3.1　MATLAB 编程

```
%SDOF-简谐荷载-中心差分法
% Author：JiDong Cui(崔济东)
```

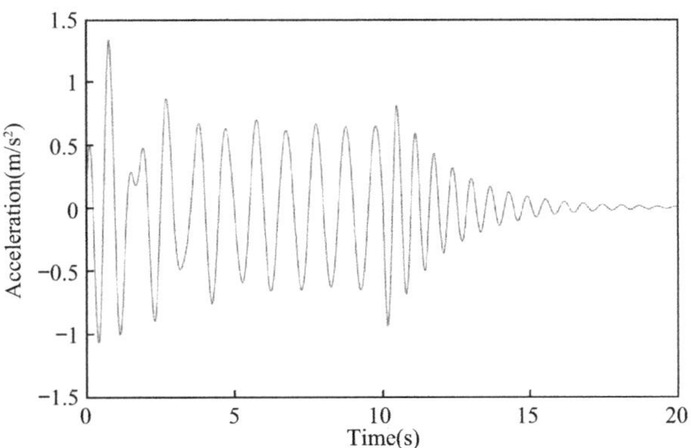


图 2-13　实例 1 加速度时程图(分段解析法)

```
% Website : www.jdcui.com
clear;clc;

%结构参数输入(质量、刚度、阻尼比)
m=1;k=100;kesi=0.05;
%外荷载输入(峰值、周期、时间间隔、时间步数、积分步数)
Pmax=1;T=1;dt=0.02;n1=500;
for i=1:n1
    t=(i-1)*dt;
    T1(1,i)=t;
    Pt=Pmax*sin(2*pi*t/T);
    P(1,i)=Pt;
end
%求解无阻尼体系自振频率
wn=sqrt(k/m);
%求解有阻尼体系自振频率
wD=wn*sqrt(1-kesi^2);
%求阻尼
c=2*kesi*m*wn;
```

该段代码给出了体系质量、刚度、阻尼等基本属性及简谐荷载定义，其中荷载定义与上节代码中的荷载形式相同，求得无阻尼体系和有阻尼体系的自振频率。

```
%为简单起见，只考虑体系满足稳定条件的情况
if dt>=(2/wn);
    '该算法不稳定！'
    return
end
%指定初始运动条件
u0=0;v0=0;
a0=(P(1,1)-c*v0-k*u0)/m;
```

```
uu=u0-dt*v0+dt^2*a0/2;%u(-1)时刻的位移
%输入积分步数
n2=1000;
%求解计算参数
kk=m/(dt^2)+c/(2*dt);
a=k-2*m/(dt^2);
b=m/(dt^2)-c/(2*dt);
```

该段代码给出了采用中心差分法进行分析的初始条件、递推公式系数等参数，详见公式(2-20)。由于中心差分法是两步法，因此在指定运动初始条件时，给出了 $u_{-1}$ 的值，详见公式(2-23)。

```
%求解结构反应
for j=1:n2
    T2(1,j)= (j-1)*dt;
    if j<=n1
        if j==1
            u(1,j)=u0;
            v(1,j)=v0;
        elseif j==2
            PP(1,j-1)=P(1,j-1)-a*u(1,j-1)-b*uu;
            u(1,j)=PP(1,j-1)/kk;
            aa(1,j-1)=(u(1,j)-2*u(1,j-1)+uu)/(dt^2);
        else
            PP(1,j-1)=P(1,j-1)-a*u(1,j-1)-b*u(1,j-2);
            u(1,j)=PP(1,j-1)/kk;
            v(1,j-1)=(u(1,j)-u(1,j-2))/(2*dt);
            aa(1,j-1)=(u(1,j)-2*u(1,j-1)+u(1,j-2))/(dt^2);
        end
        else
        P(1,j)=0;
        PP(1,j-1)=P(1,j-1)-a*u(1,j-1)-b*u(1,j-2);
        u(1,j)=PP(1,j-1)/kk;
        v(1,j-1)=(u(1,j)-u(1,j-2))/(2*dt);
        aa(1,j-1)=(u(1,j)-2*u(1,j-1)+u(1,j-2))/(dt^2);
        end
end
for i=1:(n2-1)
    T3(1,i)=T2(1,i);
end
```

该段代码是采用中心差分法逐步积分的计算过程。

```
%求解动力反应最大值与最小值
umax=max(u);umin=min(u);
vmax=max(v);vmin=min(v);
```

```
aamax=max(aa);aamin=min(aa);
%绘制相对位移时程图
figure(1)
plot(T2,u)
xlabel('Time(s)'),ylabel('Displacement(m)')
title('Displacement vs Time')
saveas(gcf,'Displacement vs Time.png');
%绘制相对速度时程图
figure(2)
plot(T3,v)
xlabel('Time(s)'),ylabel('Velocity(m/s)')
title('Velocity vs Time')
saveas(gcf,'Velocity vs Time.png');
%绘制加速度时程图
figure(3)
plot(T3,aa)
xlabel('Time(s)'),ylabel('Acceleration(m/s2)')
title('Acceleration vs Time')
saveas(gcf,'Acceleration vs Time.png');
```

#### 2.4.3.2 计算结果

计算结果见图 2-14～图 2-16。

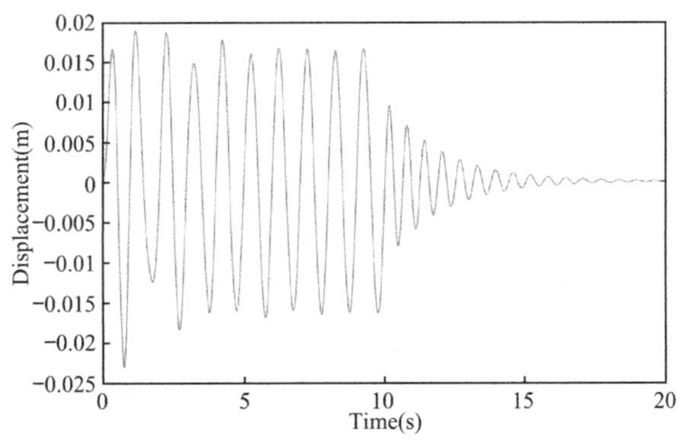


图 2-14 实例 1 相对位移时程图（中心差分法）

### 2.4.4 Newmark-β 法

#### 2.4.4.1 MATLAB 编程

```
%SDOF-简谐荷载-Newmark-β法
% Author：JiDong Cui(崔济东)
% Website：www.jdcui.com
clear;clc;

%结构参数输入(质量、刚度、阻尼比)
```

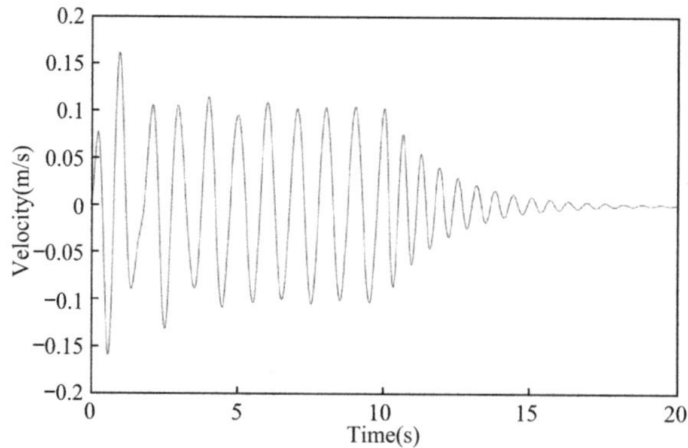


图 2-15　实例 1 相对速度时程图(中心差分法)

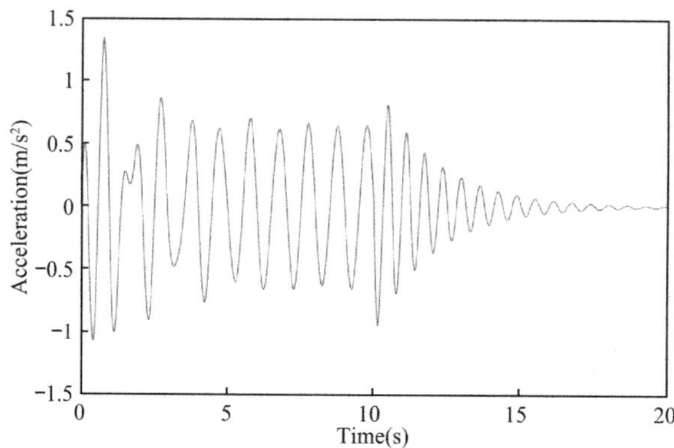


图 2-16　实例 1 加速度时程图(中心差分法)

```
m=1;k=100;kesi=0.05;
%外荷载输入(峰值、周期、时间间隔、时间步数、积分步数)
Pmax=1;T=1;dt=0.02;n1=500;
for i=1:n1
    t=(i-1)*dt;
    T1(1,i)=t;
    Pt=Pmax*sin(2*pi*t/T);
    P(1,i)=Pt;
end
%求解无阻尼体系自振频率
wn=sqrt(k/m);
%求解有阻尼体系自振频率
wD=wn*sqrt(1-kesi^2);
%求阻尼
c=2*kesi*m*wn;
```

该段代码给出了体系质量、刚度、阻尼等基本属性及简谐荷载定义,并求出无阻尼体系和有阻尼体系的自振频率。

```
%指定控制参数γ(gama)、β(beta)的值
gama=0.5;beta=1/4;
%计算积分常数
a0=1/(beta*dt^2);
a1=gama/(beta*dt);
a2=1/(beta*dt);
a3=1/(2*beta)-1;
a4=gama/beta-1;
a5=dt/2*(gama/beta-2);
a6=dt*(1-gama);
a7=gama*dt;
%计算等效刚度
K=k+a0*m+a1*c;
```

该段代码用于求解 Newmark-β 法递推公式中的系数及等效刚度，详见公式(2-30)～公式(2-32)。

```
%指定初始运动条件
u0=0;
v0=0;
%输入积分步数
n2=1000;
%求解结构反应
u(1,1)=u0;
v(1,1)=v0;
aa(1,1)=(P(1,1)-c*v(1,1)-k*u(1,1))/m;
T2(1,1)=0;
for j=2:n2
    T2(1,j)=(j-1)*dt;
    if j>n1
        P(1,j)=0;
    end
    PP(1,j)=P(1,j)+m*(a0*u(1,j-1)+a2*v(1,j-1)+a3*aa(1,j-1))+c*(a1*u(1,j-1)+a4*v(1,j-1)
    +a5*aa(1,j-1));
    u(1,j)=PP(1,j)/K;
    aa(1,j)=a0*(u(1,j)-u(1,j-1))-a2*v(1,j-1)-a3*aa(1,j-1);
    v(1,j)=v(1,j-1)+a6*aa(1,j-1)+a7*aa(1,j);
end
```

该段代码是采用 Newmark-β 法逐步积分的计算过程，详见公式(2-30)～公式(2-32)。

```
%求解动力反应最大值与最小值
umax=max(u);umin=min(u);
vmax=max(v);vmin=min(v);
aamax=max(aa);aamin=min(aa);
%绘制相对位移时程图
```

```
figure(1)
plot(T2,u)
xlabel('Time(s)'),ylabel('Displacement(m)')
title('Displacement vs Time')
saveas(gcf,'Displacement vs Time.png');
%绘制相对速度时程图
figure(2)
plot(T2,v)
xlabel('Time(s)'),ylabel('Velocity(m/s)')
title('Velocity vs Time')
saveas(gcf,'Velocity vs Time.png');
%绘制加速度时程图
figure(3)
plot(T2,aa)
xlabel('Time(s)'),ylabel('Acceleration(m/s2)')
title('Acceleration vs Time')
saveas(gcf,'Acceleration vs Time.png');
```

#### 2.4.4.2　计算结果

计算结果见图 2-17～图 2-19。

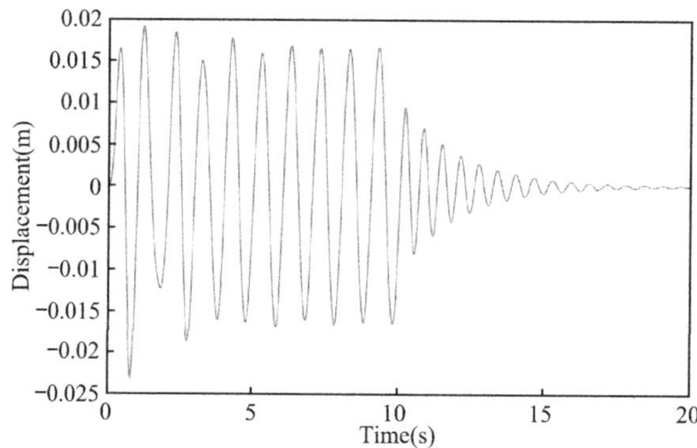


图 2-17　实例 1 相对位移时程图（Newmark-β 法）

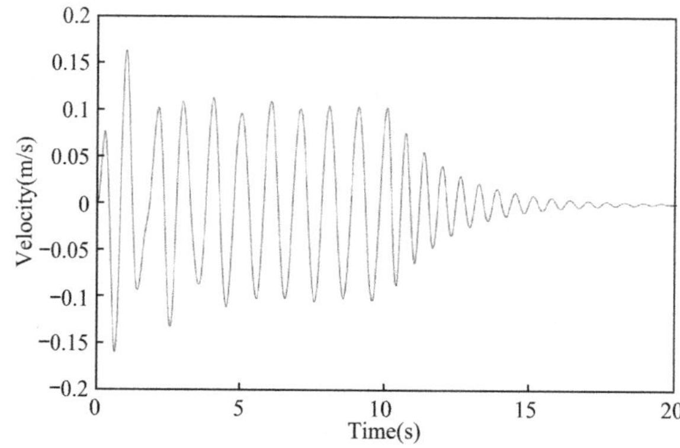


图 2-18　实例 1 相对速度时程图（Newmark-β 法）

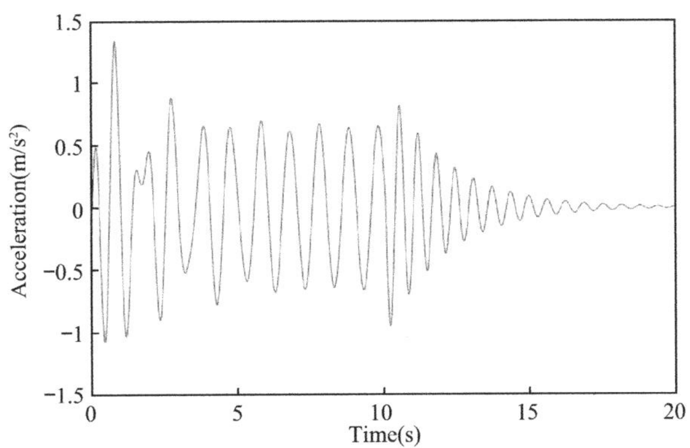


图 2-19 实例 1 加速度时程图（Newmark-β 法）

### 2.4.5 Wilson-θ 法

#### 2.4.5.1 MATLAB 编程

```
%SDOF-简谐荷载-Wilson-θ法
% Author：JiDong Cui(崔济东)
% Website：www.jdcui.com
clear;clc;

%结构参数输入(质量、刚度、阻尼比)
m=1;k=100;kesi=0.05;
%外荷载输入(峰值、周期、时间间隔、时间步数、积分步数)
Pmax=1;T=1;dt=0.02;n1=500;
for i=1:n1
    t=(i-1)*dt;
    T1(1,i)=t;
    Pt=Pmax*sin(2*pi*t/T);
    P(1,i)=Pt;
end
%求解无阻尼体系自振频率
wn=sqrt(k/m);
%求解有阻尼体系自振频率
wD=wn*sqrt(1-kesi^2);
%求阻尼
c=2*kesi*m*wn;
```

该段代码给出了体系质量、刚度、阻尼等基本属性及简谐荷载定义，并求出无阻尼体系和有阻尼体系的自振频率。

```
%指定θ值
sita=1.42;
%求解等效刚度
K=k+6*m/(sita*dt)^2+3*c/(sita*dt);
```

该段代码用于 Wilson-θ 法分析参数，求得等效刚度，用于迭代分析。

```
%指定初始运动条件
u0=0;
v0=0;
%输入积分步数
n2=1000;
%求解结构反应
u(1,1)=u0;
v(1,1)=v0;
aa(1,1)=(P(1,1)-c*v(1,1)-k*u(1,1))/m;
T2(1,1)=0;
for j=2:n2
    T2(1,j)=(j-1)*dt;
    if(j>n1)
        P(1,j)=0;
    end
PP(1,j-1)=P(1,j-1)+sita*(P(1,j)-P(1,j-1))+m*(6*u(1,j-1)/(sita*dt)^2+6*v(1,j-1)/(sita*dt)+
2*aa(1,j-1))+c*(3*u(1,j-1)/(sita*dt)+2*v(1,j-1)+sita*dt*aa(1,j-1)/2);
    uu(1,j-1)=PP(1,j-1)/K;
    aa(1,j)=6/(sita^3*dt^2)*(uu(1,j-1)-u(1,j-1))-6/(sita^2*dt)*v(1,j-1)+(1-3/sita)*aa(1,j-1);
    v(1,j)=v(1,j-1)+dt/2*(aa(1,j)+aa(1,j-1));
    u(1,j)=u(1,j-1)+dt*v(1,j-1)+dt^2/6*(aa(1,j)+2*aa(1,j-1));
end
```

该段代码是采用 Wilson-θ 法逐步积分的计算过程，详见公式(2-44)～公式(2-48)。

```
%求解动力反应最大值与最小值
umax=max(u);umin=min(u);
vmax=max(v);vmin=min(v);
aamax=max(aa);aamin=min(aa);
%绘制相对位移时程图
figure(1)
plot(T2,u)
xlabel('Time(s)'),ylabel('Displacement(m)')
title('Displacement vs Time')
saveas(gcf,'Displacement vs Time.png');
%绘制相对速度时程图
figure(2)
plot(T2,v)
xlabel('Time(s)'),ylabel('Velocity(m/s)')
title('Velocity vs Time')
saveas(gcf,'Velocity vs Time.png');
%绘制加速度时程图
```

```
figure(3)
plot(T2,aa)
xlabel('Time(s)'),ylabel('Acceleration(m/s2)')
title('Acceleration vs Time')
saveas(gcf,'Acceleration vs Time.png');
```

#### 2.4.5.2　计算结果

计算结果见图 2-20～图 2-22。

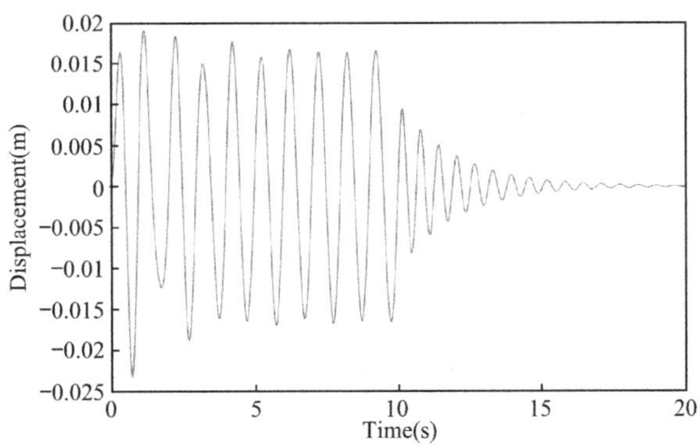


图 2-20　实例 1 相对位移时程图（Wilson-$\theta$ 法）

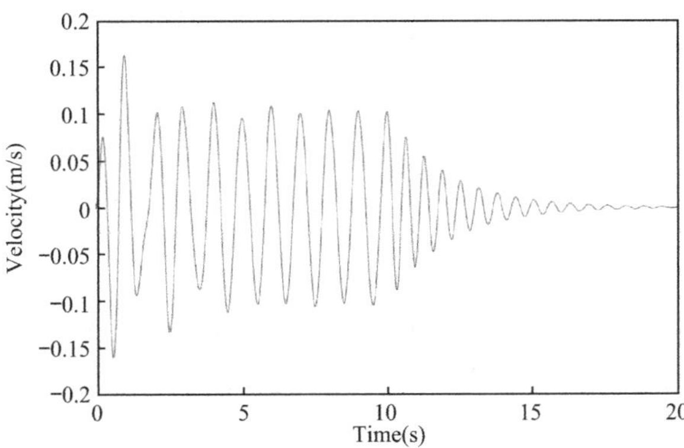


图 2-21　实例 1 相对速度时程图（Wilson -$\theta$ 法）

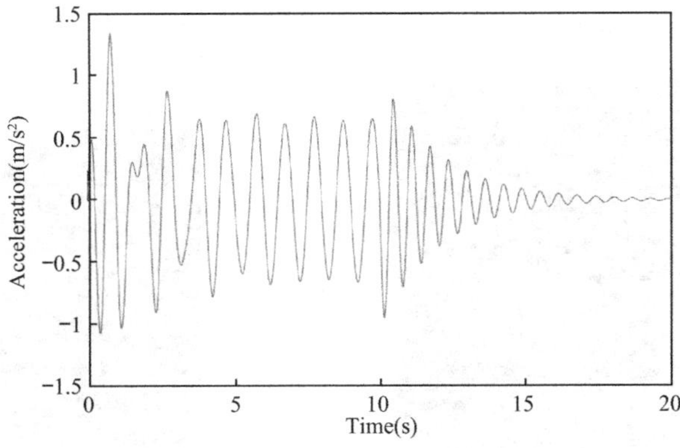


图 2-22　实例 1 加速度时程图（Wilson-$\theta$ 法）

## 2.4.6　SAP2000 分析

### 2.4.6.1　建立模型

1. 添加模型

根据图 2-7 中的算例参数，可将算例抽象为一个单自由度体系的剪切层模型，在 SAP2000 中用 2 节点 Link 单元模拟弹簧，用质点模拟质量块。

首先设置 SAP2000 单位系统为“N，m”，此时对应的质量单位为 kg。点击【定义】-【截面属性】-【连接/支座属性】，添加新的连接/支座属性，类型为 Linear，激活 U2 方向（默认对应整体坐标 $X$ 向）自由度，指定 U2 方向刚度值为 100，如图 2-23 所示。

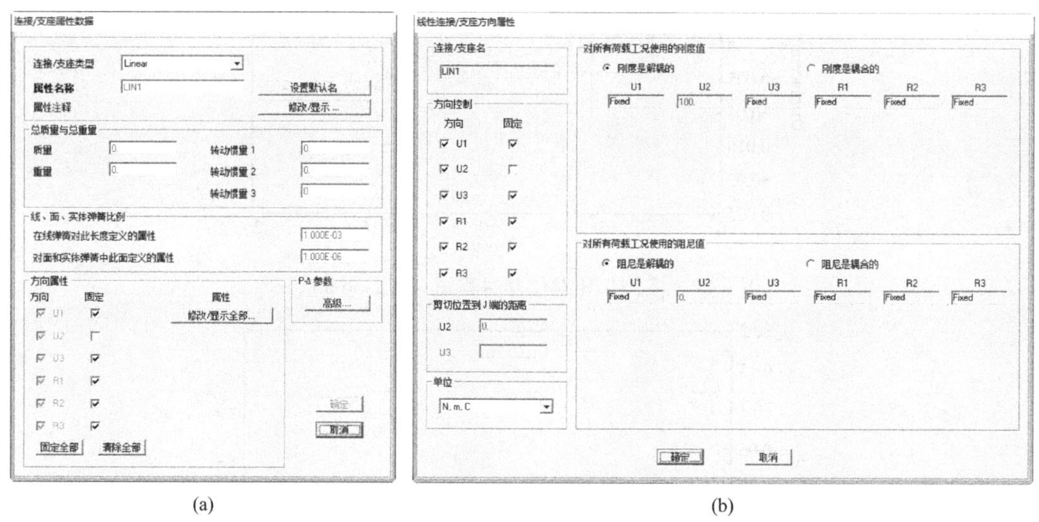


(a)　　　　　　　　　　(b)

图 2-23　定义 Link 单元

添加 2 个节点，指定上节点 U1 方向（默认对应整体坐标 $X$ 向）质量为 1，指定下节点约束为嵌固，点击【绘图】-【绘制 2 节点连接】，添加上述定义的连接/支座单元，如图 2-24 所示。

由于本例中质点受到的是简谐荷载，因此需要为节点 2 添加一个节点荷载，大小为 1，方向为全局坐标 $X$ 方向，荷载样式可采用默认的荷载样式“DEAD”，也可自定义其他荷载样式，用于后续简谐荷载时程工况的定义，如图 2-25 所示。

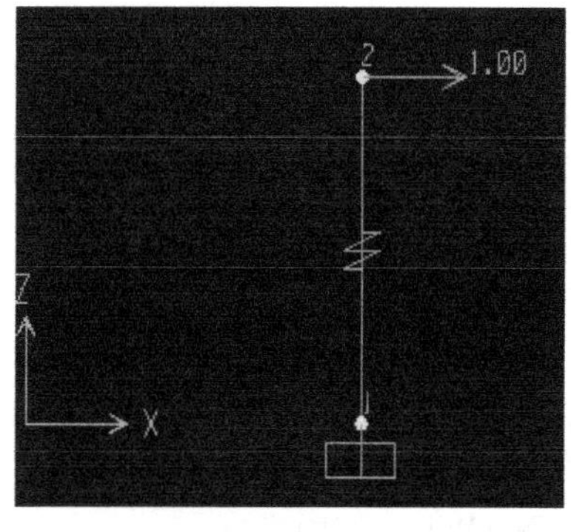


图 2-24　模型示意

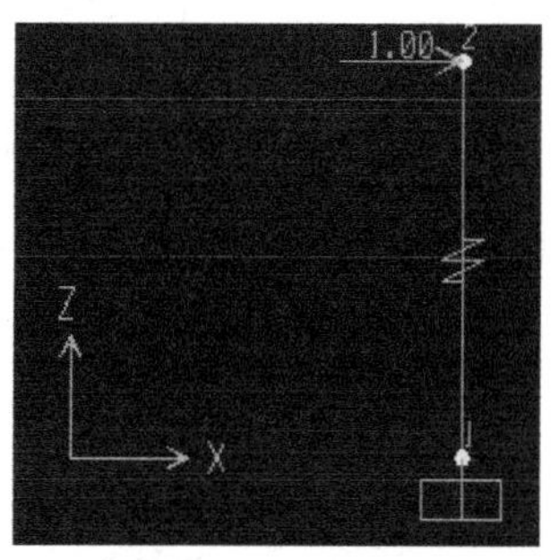


图 2-25　添加荷载

2. 定义分析工况

定义时程分析工况之前，首先需要添加时程函数。点击【定义】-【函数】-【时程】，打开时程函数定义界面，选择函数类型为“sin”，添加正弦函数。本例简谐荷载的周期是 1s，与 MATLAB 分析参数相对应，取时间步为 0.02s，因此每个周期的时间步数为 50，则 500 分析步需要 10 个加载周期。输入参数后，“时间-值”数据一列自动更新，如图 2-26 所示。

点击【定义】-【工况】，打开荷载工况定义界面。选择荷载工况类型为“Time History”，即时程分析工况类型，时程类型选择“直接积分”；施加荷载类型为“Load Pattern”，荷载名称为上述定义的节点荷载“DEAD”，函数即为上述定义的正弦时程函数；为了查看加载结束后的体系自由振动过程，此处时间步数据中的输出时段数 1000 大于加载时间步数 500，输出时段长度与时间步长度 0.02 相同，如图 2-27 所示。

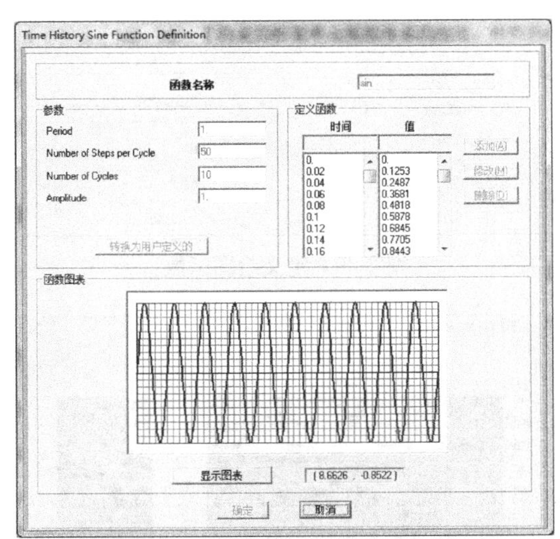


图 2-26　简谐荷载时程图

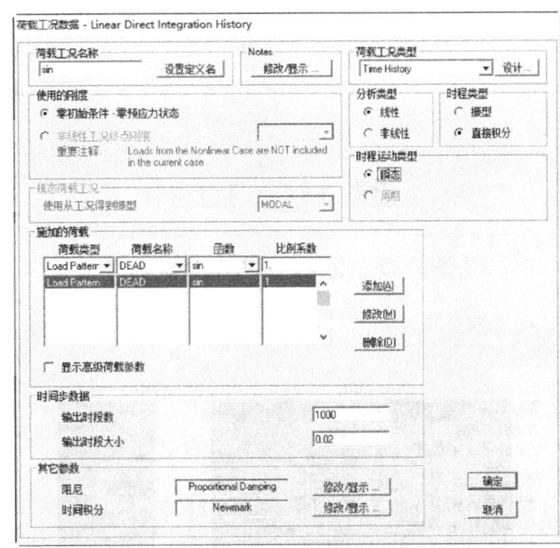


图 2-27　定义时程分析工况

在其他参数中的“阻尼”项中点击【修改/显示】，与 MATLAB 对应，由于体系自振频率 $f=1.59155\text{Hz}$，阻尼比 $\zeta=0.05$，则质量比例阻尼系数为 $A_0=2\zeta\omega=2\times0.05\times(2\pi f)=1$，刚度比例阻尼系数为 0，如图 2-28 所示。

在其他参数中的“时间积分”项中点击【修改/显示】，选择“Newmark”方法（即 Newmark-β 法），指定 Gamma 值为 0.5，Beta 值为 0.25，与 MATLAB 中 Newmark-β 分析方法参数一致，如图 2-29 所示。

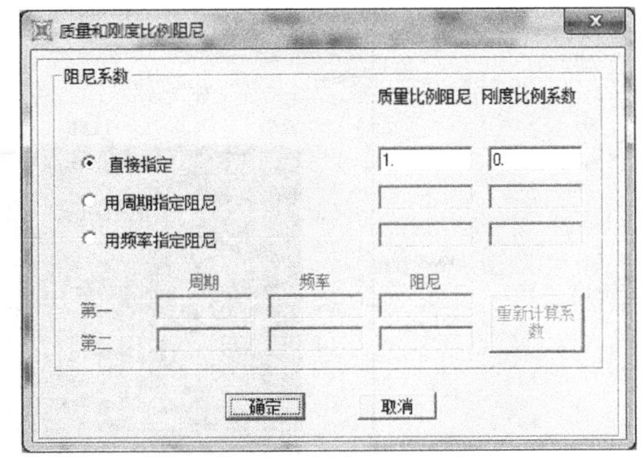


图 2-28　定义阻尼

运行分析。

#### 2.4.6.2　计算结果

点击菜单【显示】-【显示绘图函数】，选择所绘曲线的水平轴为 TIME（时间），竖直轴分别为节点相对位移、节点相对速度、节点绝对加速度，可以绘制相关时程曲线，定义界面如图 2-30 所示，时程曲线分别如图 2-31～图 2-33 所示。

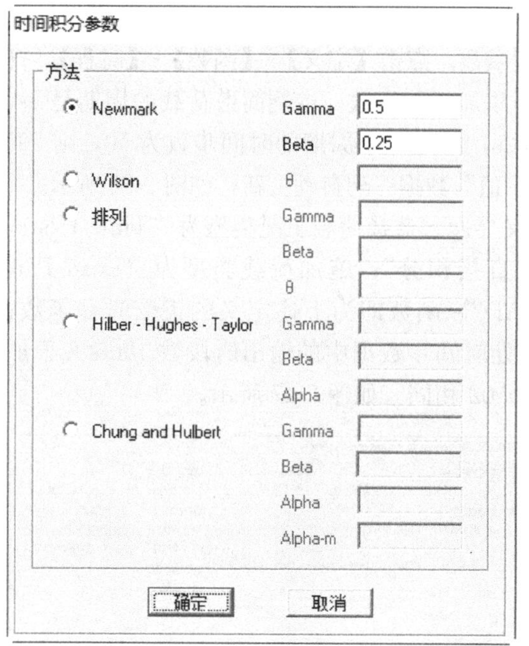


图 2-29　定义分析方法及参数

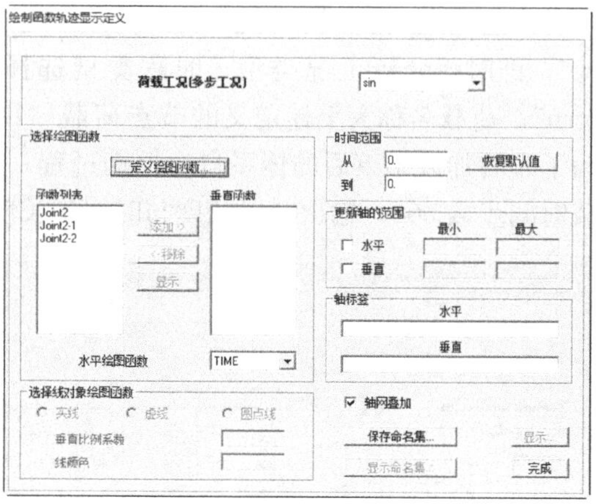

图 2-30　定义绘图函数

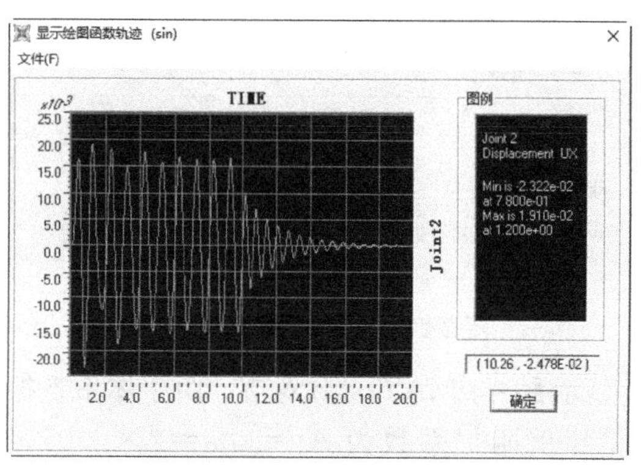


图 2-31　实例 1 相对位移时程图（SAP2000）

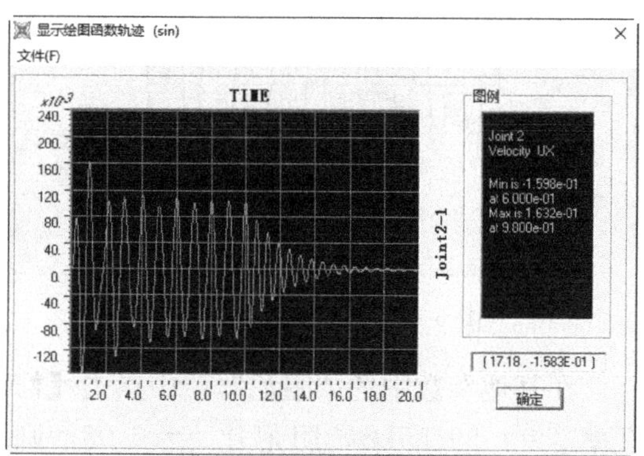


图 2-32　实例 1 相对速度时程图（SAP2000）

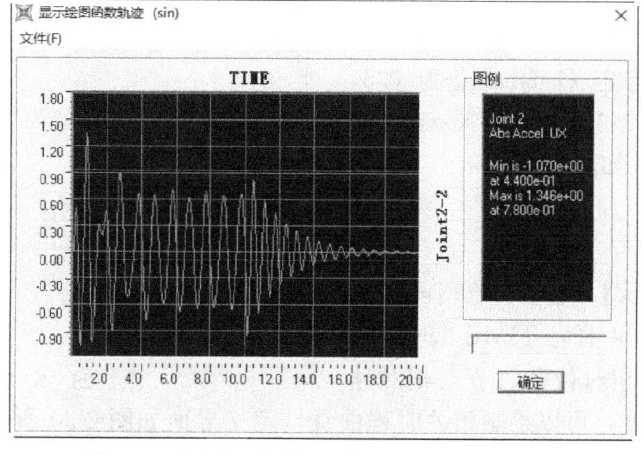


图 2-33　实例 1 绝对加速度时程图（SAP2000）

表2-1是MATLAB中不同分析方法得到的体系各项指标与SAP2000分析结果的对比，由表可以看出，几种分析方法得到的结果与SAP2000分析结果吻合很好，其中Newmark-β法计算结果与SAP2000分析结果是一致的，因为两者采用的分析方法及其控制参数都是相同的。

**实例1计算结果对比** **表2-1**

| 计算方法 | 相对位移最大值（m） | 相对位移最小值（m） | 相对速度最大值（m/s） | 相对速度最小值（m/s） | 绝对加速度最大值（$m/s^2$） | 绝对加速度最小值（$m/s^2$） |
|---|---|---|---|---|---|---|
| SAP2000 | 0.019096 | −0.023225 | 0.163200 | −0.159800 | 1.345740 | −1.070380 |
| Duhamel积分 | 0.018800 | −0.023200 | 0.161600 | −0.159600 | 1.337700 | −1.067700 |
| 与SAP2000相对偏差（%） | −1.550063 | −0.107643 | −0.980392 | −0.125156 | −0.597441 | −0.250378 |
| 分段解析法 | 0.018850 | −0.023163 | 0.161752 | −0.159533 | 1.337657 | −1.067673 |
| 与SAP2000相对偏差（%） | −1.289363 | −0.267632 | −0.887154 | −0.166851 | −0.600658 | −0.252871 |
| 中心差分法 | 0.018781 | −0.023212 | 0.161146 | −0.159483 | 1.341568 | −1.073087 |
| 与SAP2000相对偏差（%） | −1.650316 | −0.057609 | −1.258845 | −0.198569 | −0.310030 | 0.252871 |
| Newmark-β法 | 0.019096 | −0.023225 | 0.163219 | −0.159830 | 1.345738 | −1.070377 |
| 与SAP2000相对偏差（%） | −0.000798 | −0.000811 | 0.011685 | 0.018485 | −0.000167 | −0.000240 |
| Wilson-θ法 | 0.019465 | −0.023382 | 0.164810 | −0.160032 | 1.347849 | −1.068124 |
| 与SAP2000相对偏差（%） | 1.934454 | 0.674446 | 0.986693 | 0.145142 | 0.156743 | −0.210773 |

### 2.4.7 midas Gen分析

#### 2.4.7.1 建立模型

采用midas Gen对上述例子进行模拟分析，在midas Gen中用2节点【弹性连接】或【一般连接】模拟弹簧，用质点模拟质量块。

（1）首先设置midas Gen单位系统为“N，m”，此时对应的质量单位为kg。点击【节点/单元】-【建立节点】，通过输入坐标的方式新建节点。由于本例采用的连接单元位于【边界】菜单下，属于广义上的“边界条件”，如果模型中只含有连接单元，则在计算的时候会提示“[错误] 没有输入单元”，从而无法计算。本例的处理方式是在模型嵌固端附近新建一个节点，两点之间建立一小段梁单元，梁截面尺寸和材料可在【特性】菜单下添加定义。本书后续章节的算例也按此方法处理。

（2）点击【边界】-【连接】-【弹性连接】，添加“弹性连接”属性，激活SDz方向（默认对应整体坐标X向）自由度，指定SDz方向刚度值为100，输入连接单元的两个节点编号，将弹性连接属性添加到模型中，如图2-34所示。本例也可以采用“一般连接”模拟，此时需要定义一般连接特性值，再添加一般连接，如图2-35所示。

（3）点击【边界】-【一般支承】，选择模型底部两个节点，约束节点所有自由度。点击【荷载】，选择荷载类型为“静力荷载”，在【结构荷载/质量】中选择“节点质量”，输入mX方向质量为100N/g。在【荷载】-【静力荷载工况】中选择“静力荷载工况”，新建一个荷载工况DL；在【结构荷载/质量】中选择“节点荷载”，选择模型顶部节点，指定荷载工况名称为上述定义的DL，为模型节点添加单位荷载。定义好的模型如图2-36所示。

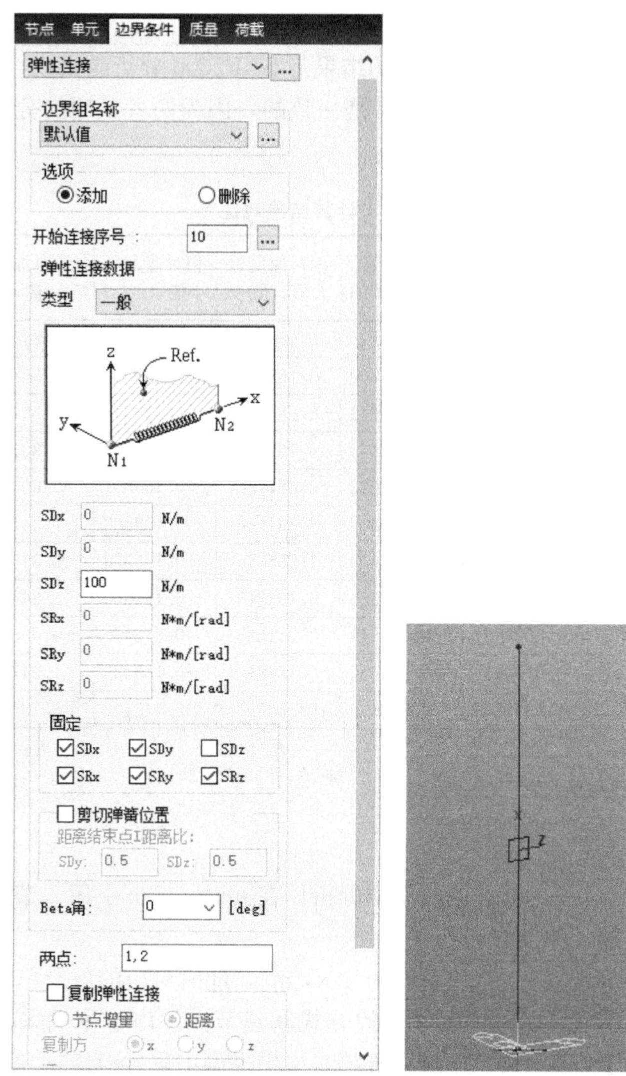


图 2-34　采用弹性连接单元建模

（4）定义分析工况。首先添加时程函数，点击【荷载】-【地震作用】-【时程函数】，打开时程函数定义界面，添加正弦函数。本例简谐荷载与上述 SAP2000 一致，周期是 1s，时间步为 0.02s，每个周期的时间步数为 50，共 10 个加载周期，如图 2-37 所示。

定义荷载工况。点击【荷载】-【荷载工况】，选择分析类型为“线性”，分析方法采用“直接积分法”，分析时间为 20s，分析时间步长为 0.02s，输出时间步长为 1。在阻尼一栏中输入质量因子为 1，刚度因子为 0。时间积分参数选择常加速度法（$\gamma=0.5$，$\beta=0.25$）。如图 2-38 所示。

添加动力荷载。由于本例施加的是节点动力时程，因此需在【荷载】-【动力】下为模型质点添加动力时程，选择需要加载的质点，指定荷载工况名称和时程函数，点击适用加载完成，如图 2-39 所示。

运行分析。

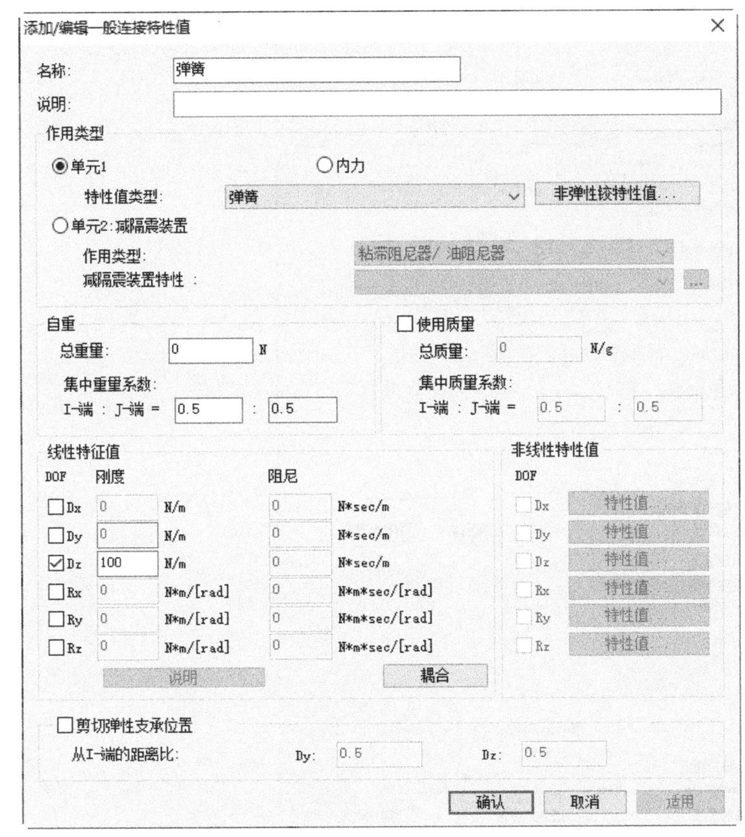


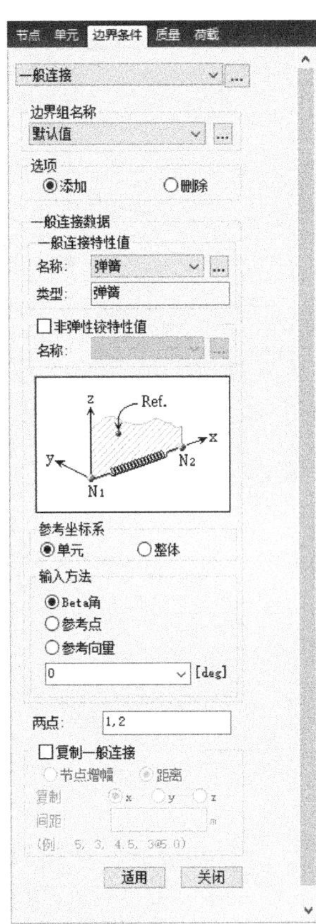


图 2-35 采用一般连接单元建模

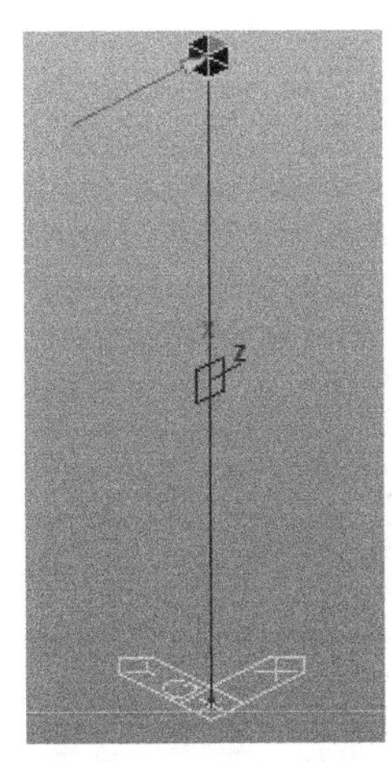

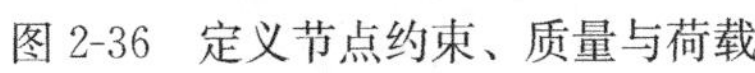
图 2-36 定义节点约束、质量与荷载

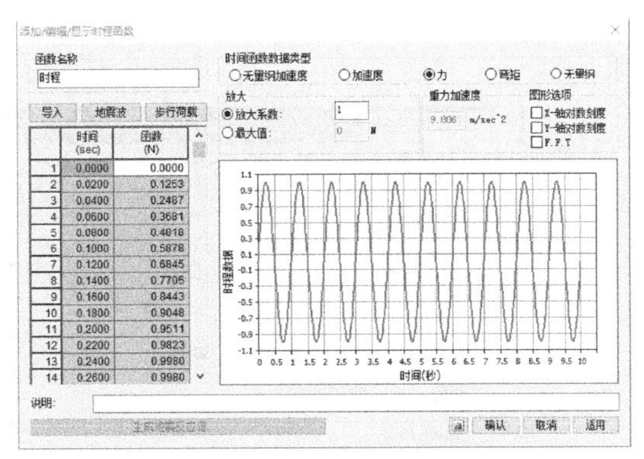


图 2-37 简谐荷载时程图

### 2.4.7.2 计算结果

在菜单【结果】-【时程】下可查看时程结果，在【时程图表/文本】下可以自定义绘图函数，从而绘制相应的结果曲线。本例需要查看顶点的相对位移时程、相对速度时程和绝对加速度时程，定义界面如图 2-40 所示，相应的时程曲线分别如图 2-41～图 2-43 所示。

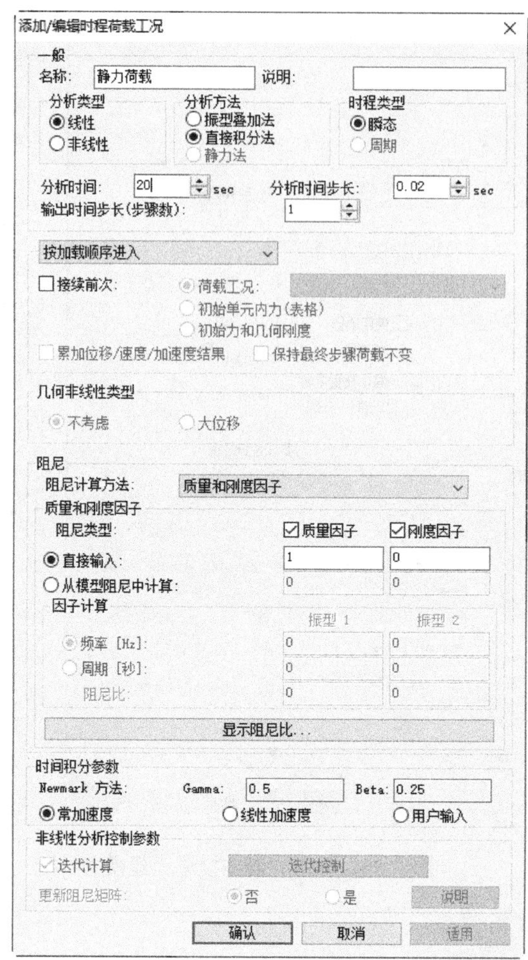


图 2-38　定义时程分析工况

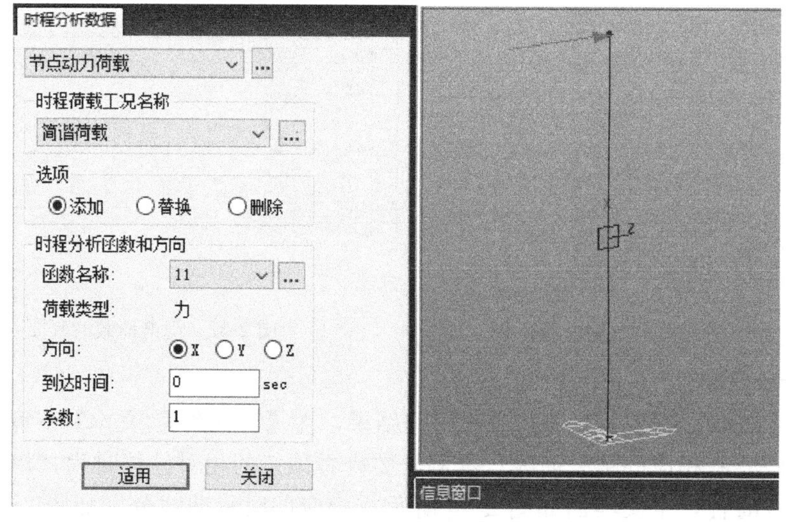


图 2-39　添加动力时程荷载

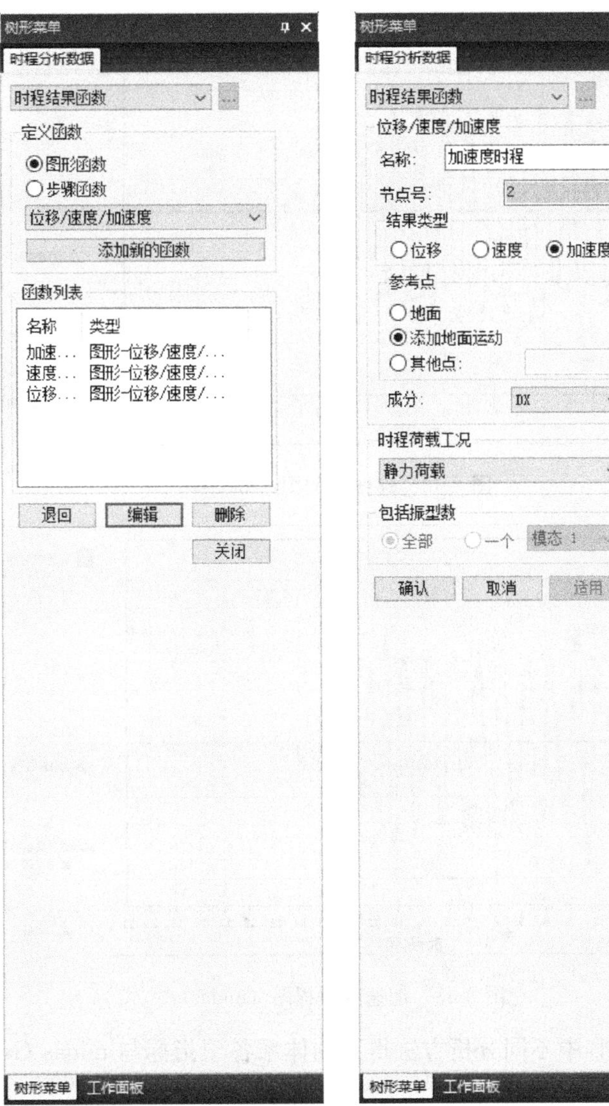


图 2-40　定义绘图函数

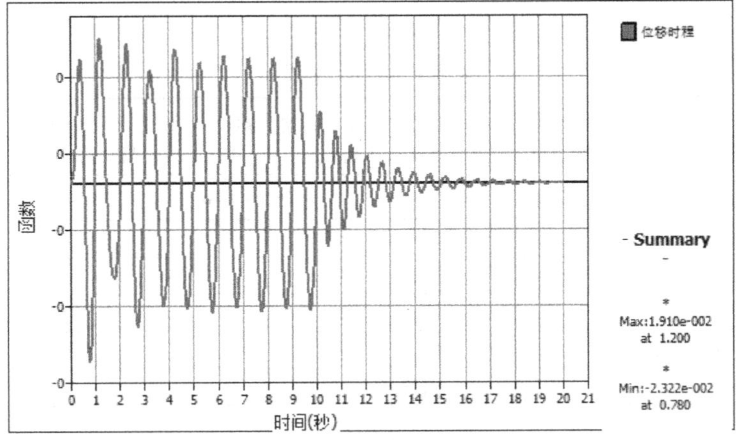


图 2-41　位移时程图（midas）

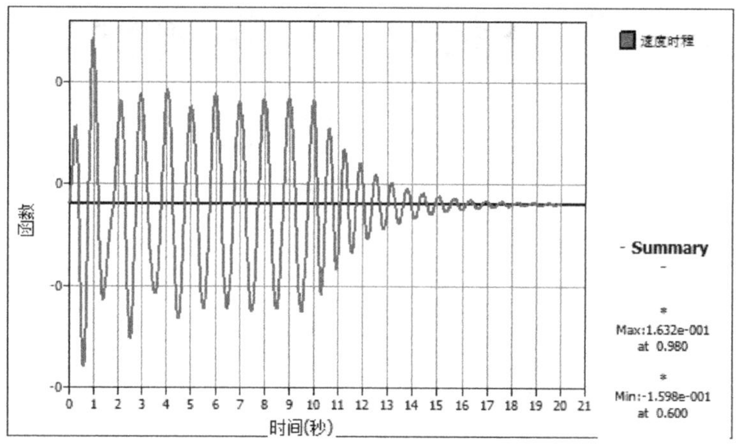


图 2-42　速度时程图（midas）

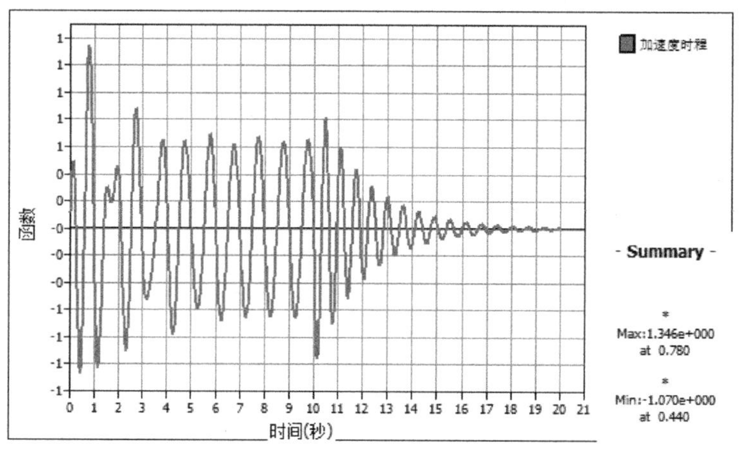


图 2-43　加速度时程图（midas）

表 2-2 是 MATLAB 中不同分析方法得到的体系各项指标与 midas Gen 分析结果的对比，由表可以看出，几种分析方法得到的结果与 midas Gen 分析结果吻合很好，其中 Newmark-β 法计算结果与 midas Gen 分析结果是一致的，因为两者采用的分析方法及其控制参数都是相同的。

**实例 1 计算结果对比**　　　　**表 2-2**

| 计算方法 | 相对位移最大值（m） | 相对位移最小值（m） | 相对速度最大值（m/s） | 相对速度最小值（m/s） | 绝对加速度最大值（m/s²） | 绝对加速度最小值（m/s²） |
|---|---|---|---|---|---|---|
| midas Gen | 0.019100 | −0.023220 | 0.163200 | −0.159800 | 1.346000 | −1.070000 |
| Duhamel 积分 | 0.018800 | −0.023200 | 0.161600 | −0.159600 | 1.337700 | −1.067700 |
| 与 midas Gen 相对偏差（%） | −1.570681 | −0.086133 | −0.980392 | −0.125156 | −0.616642 | −0.214953 |
| 分段解析法 | 0.018850 | −0.023163 | 0.161752 | −0.159533 | 1.337657 | −1.067673 |
| 与 midas Gen 相对偏差（%） | −1.310035 | −0.246156 | −0.887154 | −0.166851 | −0.619859 | −0.217447 |
| 中心差分法 | 0.018781 | −0.023212 | 0.161146 | −0.159483 | 1.341568 | −1.073087 |
| 与 midas Gen 相对偏差（%） | −1.670913 | −0.036088 | −1.258845 | −0.198569 | −0.329287 | 0.288475 |
| Newmark-β 法 | 0.019096 | −0.023225 | 0.163219 | −0.159830 | 1.345738 | −1.070377 |

续表

| 计算方法 | 相对位移最大值（m） | 相对位移最小值（m） | 相对速度最大值（m/s） | 相对速度最小值（m/s） | 绝对加速度最大值（m/s²） | 绝对加速度最小值（m/s²） |
|---|---|---|---|---|---|---|
| 与 midas Gen 相对偏差（%） | −0.021740 | 0.020722 | 0.011685 | 0.018485 | −0.019484 | 0.035274 |
| Wilson-θ 法 | 0.019465 | −0.023382 | 0.164810 | −0.160032 | 1.347849 | −1.068124 |
| 与 midas Gen 相对偏差（%） | 1.913107 | 0.696124 | 0.986693 | 0.145142 | 0.137396 | −0.175334 |

## 2.5 实例 2：地震作用下单自由度体系动力时程分析

本节实例模型与实例 1 相同，但外荷载形式不同，本节实例考虑承受地面加速度 $\ddot{u}_g(t)$ 激励，分别采用 Duhamel 积分、分段解析法、中心差分法、Newmark-β 法、Wilson-θ 法求解体系的动力反应 $u(t)$、$\dot{u}(t)$、$\ddot{u}(t)$，并将结果与 SAP2000、midas Gen 计算结果进行对比。地面加速度激励 $\ddot{u}_g(t)$ 时程曲线如图 2-44 所示。

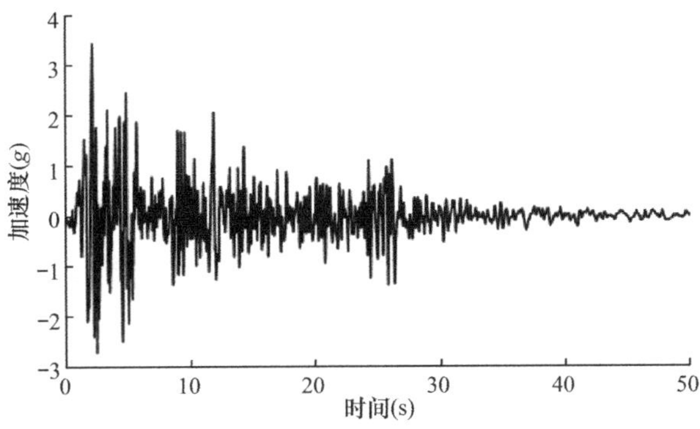


图 2-44　地震加速度时程曲线

### 2.5.1 Duhamel 积分

#### 2.5.1.1 MATLAB 编程

```
%SDOF-ELCENTRO 波-Duhamel 积分
clear;clc;
%结构参数输入(质量、刚度、阻尼比)
m=1;k=100;kesi=0.05;
%地震波导入
load('elcentro');
ug=e(2,:);
n1=length(ug);
dt=0.02;
%求解无阻尼体系自振频率
wn=sqrt(k/m);
%求解有阻尼体系自振频率
wD=wn*sqrt(1-kesi^2);
```

```
%指定初始运动条件
u0=0;
v0=0;
aa0=0;
%输入积分步数
n2=n1+100;
%求解结构反应
u(1,1)=u0;
v(1,1)=v0;
aa(1,1)=aa0;
P(1,1)=-m*ug(1,1);
aaa(1,1)=aa(1,1)+ug(1,1);
T2(1,1)=0;
for i=2:n2
    T2(1,i)=(i-1)*dt;
    if i<=n1
        P(1,i)=-m*ug(1,i);
    else
        ug(1,i)=0;
        P(1,i)=-m*ug(1,i);
    end
    for j=2:i
        ut(1,j)=P(1,j)/(m*wD)*dt*exp(-kesi*wn*(T2(1,i)-T2(1,j)))*sin(wD*(T2(1,i)-T2(1,
        j)));
    end
    u(1,i)=sum(ut);
end
for i=1:n2-1
    T3(1,i)=(i-1)*dt;
    v(1,i)=(u(1,i+1)-u(1,i))/dt;
end
for i=1:n2-2
    T4(1,i)=(i-1)*dt;
    aa(1,i)=(v(1,i+1)-v(1,i))/dt;
    aaa(1,i)=aa(1,i)+ug(1,i);
end

%求解动力反应最大值与最小值
umax=max(u);umin=min(u);
vmax=max(v);vmin=min(v);
aaamax=max(aaa);aaamin=min(aaa);
%绘制相对位移时程图
figure(1)
```

```
plot(T2,u)
xlabel('Time(s)'),ylabel('Displacement(m)')
title('Displacement vs Time')
saveas(gcf,'Displacement vs Time.png');
%绘制相对速度时程图
figure(2)
plot(T3,v)
xlabel('Time(s)'),ylabel('Velocity(m/s)')
title('Velocity vs Time')
saveas(gcf,'Velocity vs Time.png');
%绘制绝对加速度时程图
figure(3)
plot(T4,aaa)
xlabel('Time(s)'),ylabel('Acceleration(m/s2)')
title('Acceleration vs Time')
saveas(gcf,'Acceleration vs Time.png');
```

### 2.5.1.2 计算结果

计算结果见图 2-45～图 2-47。

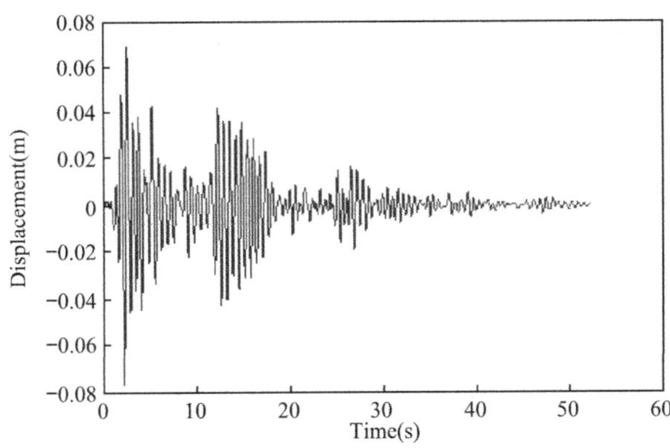


图 2-45 实例 2 相对位移时程图（Duhamel 积分）

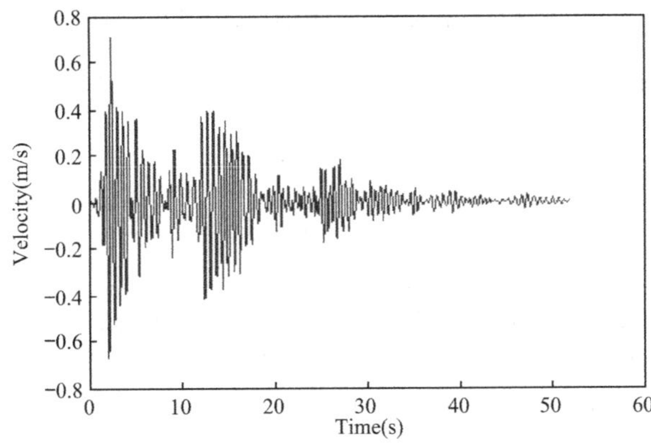


图 2-46 实例 2 相对速度时程图（Duhamel 积分）

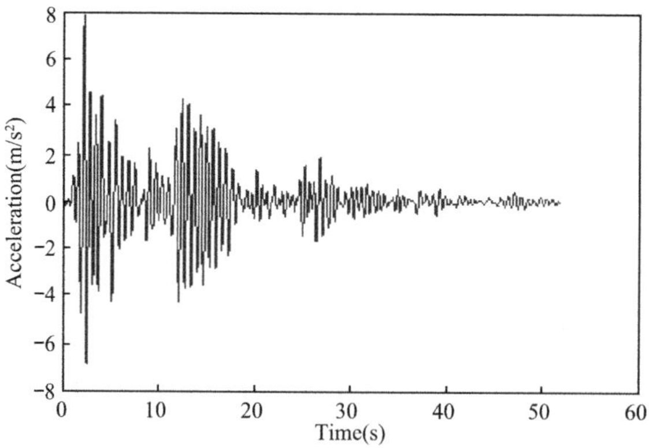


图 2-47　实例 2 绝对加速度时程图（Duhamel 积分）

## 2.5.2　分段解析法

### 2.5.2.1　MATLAB 编程

```
%SDOF-ELCENTRO 波-分段解析法
clear;clc;

%结构参数输入(质量、刚度、阻尼比)
m=1;k=100;kesi=0.05;
%地震波导入
load('elcentro');
ug=e(2,:);
n1=length(ug);
dt=0.02;
%求解无阻尼体系自振频率
wn=sqrt(k/m);
%求解有阻尼体系自振频率
wD=wn*sqrt(1-kesi^2);
```

该段代码给出了体系质量、刚度、阻尼等基本属性，导入加速度时程，加速度时程时间步长为 0.02s，总持时 50s，共计 2500 步，并求出无阻尼体系和有阻尼体系的自振频率。

```
%求解计算参数
wDdt=wD*dt;
e=exp(-kesi*wn*dt);
A=e*(kesi/sqrt(1-kesi^2)*sin(wDdt)+cos(wDdt));
B=e*sin(wDdt)/wD;
C=1/k*(2*kesi/(wn*dt)+e*(((1-2*kesi^2)/(wD*dt)-kesi/sqrt(1-kesi^2))*sin(wD*dt)-(1+2*kesi/(wn*dt))*cos(wD*dt)));
D=1/k*(1-2*kesi/(wn*dt)+e*((2*kesi^2-1)/(wD*dt)*sin(wD*dt)+2*kesi/(wn*dt)*cos(wD*dt)));
A1=-e*(wn/sqrt(1-kesi^2)*sin(wDdt));
```

```
B1=e*(cos(wDdt)-kesi/sqrt(1-kesi^2)*sin(wDdt));
C1=1/k*(-1/dt+e*((wn/sqrt(1-kesi^2)+kesi/(dt*sqrt(1-kesi^2)))*sin(wD*dt)+1/dt*cos(wD*
dt)));
D1=1/(k*dt)*(1-e*(kesi/sqrt(1-kesi^2)*sin(wD*dt)+cos(wD*dt)));
```

该段代码用于求解分段解析法递推公式中的系数 $A\sim D$、$A'\sim D'$，详见公式(2-17)。

```
%指定初始运动条件
u0=0;v0=0;
%输入积分步数
n2=n1+100;
%求解结构反应
P(1,1)=-m*ug(1,1);
u(1,1)=u0;
v(1,1)=v0;
aa(1,1)=-2*kesi*wn*v(1,1)-k/m*u(1,1)+P(1,1)/m;
aaa(1,1)=aa(1,1)+ug(1,1);
T2(1,1)=0;
for j=2:n2
    T2(1,j)=(j-1)*dt;
    if j<=n1
        P(1,j)=-m*ug(1,j);
        u(1,j)=A*u(1,j-1)+B*v(1,j-1)+C*P(1,j-1)+D*P(1,j);
        v(1,j)=A1*u(1,j-1)+B1*v(1,j-1)+C1*P(1,j-1)+D1*P(1,j);
        aa(1,j)=-2*kesi*wn*v(1,j)-k/m*u(1,j)+P(1,j)/m;
        aaa(1,j)=aa(1,j)+ug(1,j);
    else
        P(1,j)=0;
        u(1,j)=A*u(1,j-1)+B*v(1,j-1)+C*P(1,j-1)+D*P(1,j);
        v(1,j)=A1*u(1,j-1)+B1*v(1,j-1)+C1*P(1,j-1)+D1*P(1,j);
        aa(1,j)=-2*kesi*wn*v(1,j)-k/m*u(1,j)+P(1,j)/m;
        aaa(1,j)=aa(1,j);
    end
end
```

该段代码是采用分段解析法逐步积分的计算过程，对应的迭代公式详见公式(2-17)。

```
%求解动力反应最大值与最小值
umax=max(u);umin=min(u);
vmax=max(v);vmin=min(v);
aamax=max(aaa);aamin=min(aaa);
%绘制相对位移时程图
figure(1)
plot(T2,u)
xlabel('Time(s)'),ylabel('Displacement(m)')
```

```
title('Displacement vs Time')
saveas(gcf,'Displacement vs Time.png');
%绘制相对速度时程图
figure(2)
plot(T2,v)
xlabel('Time(s)'),ylabel('Velocity(m/s)')
title('Velocity vs Time')
saveas(gcf,'Velocity vs Time.png');
%绘制绝对加速度时程图
figure(3)
plot(T2,aaa)
xlabel('Time(s)'),ylabel('Acceleration(m/s2)')
title('Acceleration vs Time')
saveas(gcf,'Acceleration vs Time.png');
```

该段代码用于绘制体系反应的时程曲线。

### 2.5.2.2 计算结果

计算结果见图2-48~图2-50。

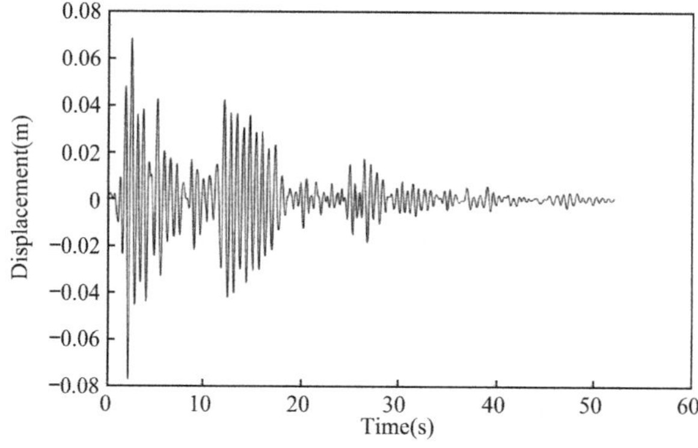


图2-48 实例2相对位移时程图（分段解析法）

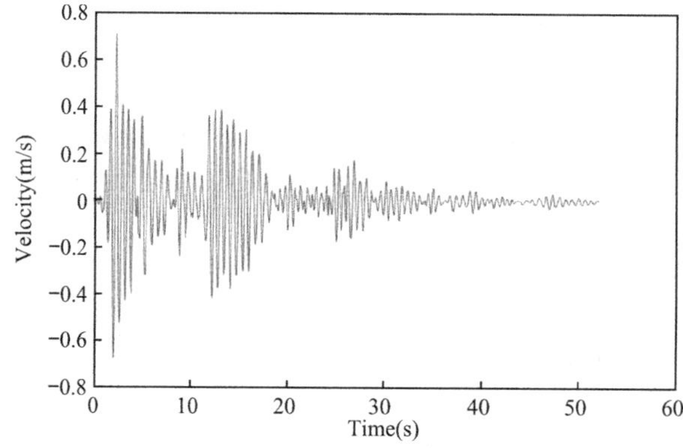


图2-49 实例2相对速度时程图（分段解析法）

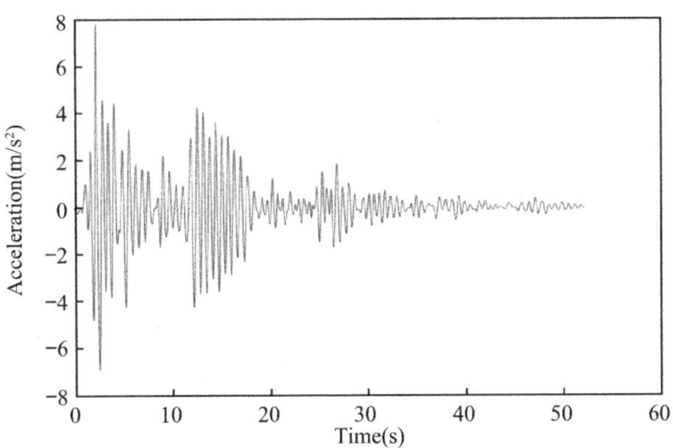


图 2-50　实例 2 绝对加速度时程图（分段解析法）

### 2.5.3　中心差分法

#### 2.5.3.1　MATLAB 编程

```
%SDOF-ELCENTRO 波-中心差分法
clear;clc;

%结构参数输入(质量、刚度、阻尼比)
m=1;k=100;kesi=0.05;
%地震波导入
load('elcentro');
ug=e(2,:);
n1=length(ug);
dt=0.02;
%求解无阻尼体系自振频率
wn=sqrt(k/m);
%求解有阻尼体系自振频率
wD=wn*sqrt(1-kesi^2);
%求解结构阻尼比
c=2*kesi*wn*m;
```

该段代码给出了体系质量、刚度、阻尼等基本属性，导入加速度时程，其中荷载定义与上节代码中的荷载形式相同，求得无阻尼体系和有阻尼体系的自振频率。

```
%为简单起见,只考虑体系满足稳定条件的情况
if dt>=(2/wn);
        '该算法不稳定!'
        return
end
%指定初始运动条件
u0=0;v0=0;P(1,1)=-m*ug(1,1);
a0=(P(1,1)-c*v0-k*u0)/m;
```

```
uu=u0-dt*v0+dt^2*a0/2;%u(-1)时刻的位移
%输入积分步数
n2=n1+100;
%求解计算参数
kk=m/(dt^2)+c/(2*dt);
a=k-2*m/(dt^2);
b=m/(dt^2)-c/(2*dt);
```

该段代码给出了采用中心差分法进行分析的初始条件、递推公式系数等参数，详见公式(2-20)。由于中心差分法是两步法，因此在指定运动初始条件时，给出了 $u_{-1}$ 的值，详见公式(2-23)。

```
%求解结构反应
for j=1:n2
    t2=(j-1)*dt;
    T2(1,j)=t2;
    if j<=n1
        if j==1
            u(1,j)=u0;
            v(1,j)=v0;
        elseif j==2
            P(1,j-1)=-m*ug(1,j-1);
            PP(1,j-1)=P(1,j-1)-a*u(1,j-1)-b*uu;
            u(1,j)=PP(1,j-1)/kk;
            aa(1,j-1)=(u(1,j)-2*u(1,j-1)+uu)/(dt^2)+ug(1,j-1);
        else
            P(1,j-1)=-m*ug(1,j-1);
            PP(1,j-1)=P(1,j-1)-a*u(1,j-1)-b*u(1,j-2);
            u(1,j)=PP(1,j-1)/kk;
            v(1,j-1)=(u(1,j)-u(1,j-2))/(2*dt);
            aa(1,j-1)=(u(1,j)-2*u(1,j-1)+u(1,j-2))/(dt^2)+ug(1,j-1);
        end
    else
        ug(1,j)=0;
        P(1,j-1)=-m*ug(1,j-1);
        PP(1,j-1)=P(1,j-1)-a*u(1,j-1)-b*u(1,j-2);
        u(1,j)=PP(1,j-1)/kk;
        v(1,j-1)=(u(1,j)-u(1,j-2))/(2*dt);
        aa(1,j-1)=(u(1,j)-2*u(1,j-1)+u(1,j-2))/(dt^2)+ug(1,j-1);
    end
end
for i=1:(n2-1)
    T3(1,i)=T2(1,i);
end
```

该段代码是采用中心差分法逐步积分的计算过程。

```
%求解动力反应最大值与最小值
umax=max(u);umin=min(u);
vmax=max(v);vmin=min(v);
aamax=max(aa);aamin=min(aa);
%绘制相对位移时程图
figure(1)
plot(T2,u)
xlabel('Time(s)'),ylabel('Displacement(m)')
title('Displacement vs Time')
saveas(gcf,'Displacement vs Time.png');
%绘制相对速度时程图
figure(2)
plot(T3,v)
xlabel('Time(s)'),ylabel('Velocity(m/s)')
title('Velocity vs Time')
saveas(gcf,'Velocity vs Time.png');
%绘制绝对加速度时程图
figure(3)
plot(T3,aa)
xlabel('Time(s)'),ylabel('Acceleration(m/s2)')
title('Acceleration vs Time')
saveas(gcf,'Acceleration vs Time.png');
```

#### 2.5.3.2 计算结果

计算结果见图 2-51～图 2-53。

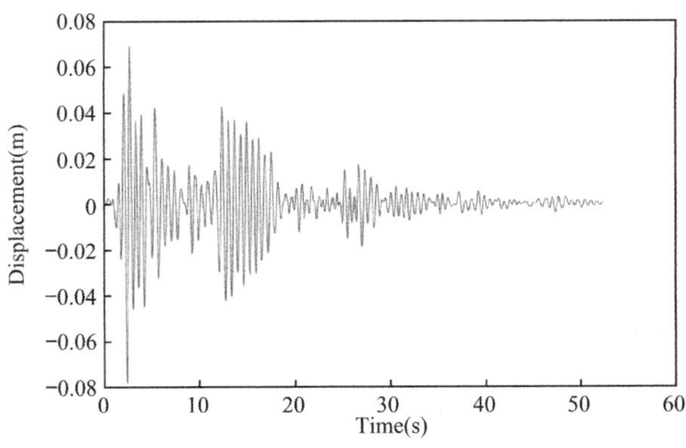


图 2-51 实例 2 相对位移时程图（中心差分法）

### 2.5.4 Newmark-β 法

#### 2.5.4.1 MATLAB 编程

```
%SDOF-ELCENTRO 波-Newmark-β法
clear;clc;
```

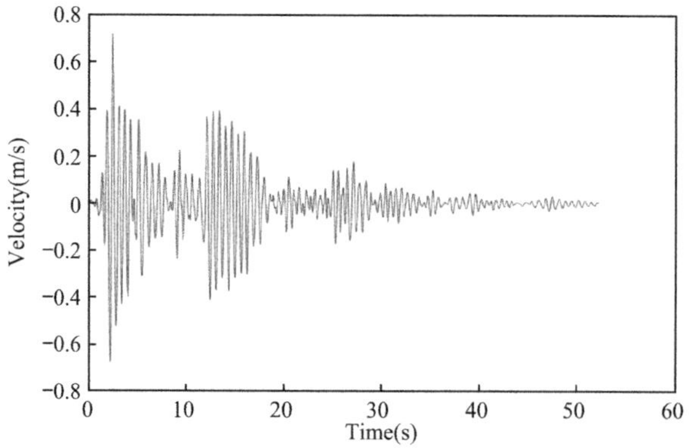


图 2-52　实例 2 相对速度时程图(中心差分法)

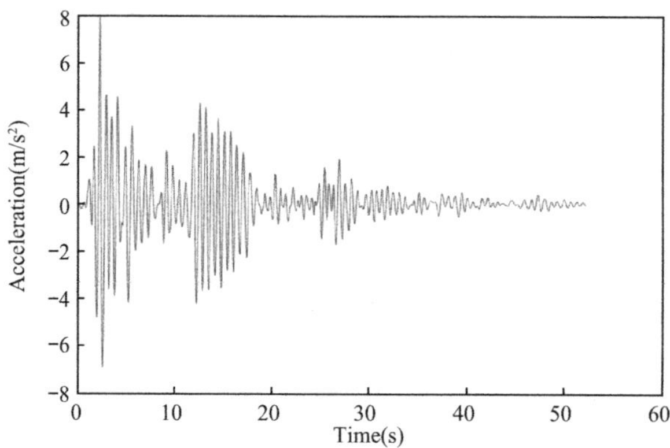


图 2-53　实例 2 绝对加速度时程图(中心差分法)

```
%结构参数输入(质量、刚度、阻尼比)
m=1;k=100;kesi=0.05;
%地震波导入
load('elcentro');
ug=e(2,:);
n1=length(ug);
dt=0.02;
%求解无阻尼体系自振频率
wn=sqrt(k/m);
%求解有阻尼体系自振频率
wD=wn*sqrt(1-kesi^2);
%求解结构阻尼比
c=2*kesi*wn*m;
```

该段代码给出了体系质量、刚度、阻尼等基本属性,导入加速度时程,并求出无阻尼体系和有阻尼体系的自振频率。

```
%指定控制参数 γ(gama)、β(beta)的值
gama=0.5;beta=1/4;
```

```
%计算积分常数
a0=1/(beta*dt^2);
a1=gama/(beta*dt);
a2=1/(beta*dt);
a3=1/(2*beta)-1;
a4=gama/beta-1;
a5=dt/2*(gama/beta-2);
a6=dt*(1-gama);
a7=gama*dt;
%计算等效刚度
K=k+a0*m+a1*c;
```

该段代码用于求解 Newmark-β 法递推公式中的系数及等效刚度，详见公式(2-30)、公式(2-31)。

```
%指定初始运动条件
u0=0;v0=0;
%输入积分步数
n2=n1+100;
%求解结构反应
u(1,1)=u0;
v(1,1)=v0;
P(1,1)=-m*ug(1,1);
aa(1,1)=(P(1,1)-c*v(1,1)-k*u(1,1))/m;
aaa(1,1)=aa(1,1)+ug(1,1);
T2(1,1)=0;
for j=2:n2
    T2(1,j)=(j-1)*dt;
    if j<=n1
        P(1,j)=-m*ug(1,j);
    else
        ug(1,j)=0;
        P(1,j)=-m*ug(1,j);
    end
    PP(1,j)=P(1,j)+m*(a0*u(1,j-1)+a2*v(1,j-1)+a3*aa(1,j-1))+c*(a1*u(1,j-1)+a4*v(1,j-1)
    +a5*aa(1,j-1));
    u(1,j)=PP(1,j)/K;
    aa(1,j)=a0*(u(1,j)-u(1,j-1))-a2*v(1,j-1)-a3*aa(1,j-1);
    v(1,j)=v(1,j-1)+a6*aa(1,j-1)+a7*aa(1,j);
    aaa(1,j)=aa(1,j)+ug(1,j);
end
```

该段代码是采用 Newmark-β 法逐步积分的计算过程，详见公式(2-30)～公式(2-32)。

```
%求解动力反应最大值与最小值
umax=max(u);umin=min(u);
```

```
vmax=max(v);vmin=min(v);
aaamax=max(aaa);aaamin=min(aaa);
%绘制相对位移时程图
figure(1)
plot(T2,u)
xlabel('Time(s)'),ylabel('Displacement(m)')
title('Displacement vs Time')
saveas(gcf,'Displacement vs Time. png');
%绘制相对速度时程图
figure(2)
plot(T2,v)
xlabel('Time(s)'),ylabel('Velocity(m/s)')
title('Velocity vs Time')
saveas(gcf,'Velocity vs Time. png');
%绘制绝对加速度时程图
figure(3)
plot(T2,aaa)
xlabel('Time(s)'),ylabel('Acceleration(m/s2)')
title('Acceleration vs Time')
saveas(gcf,'Acceleration vs Time. png');
```

#### 2.5.4.2　计算结果

计算结果见图 2-54～图 2-56。

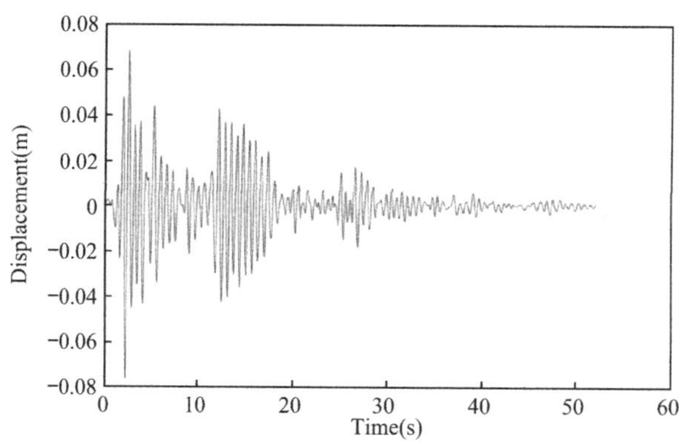


图 2-54　实例 2 相对位移时程图（Newmark-β 法）

### 2.5.5　Wilson-θ 法

#### 2.5.5.1　MATLAB 编程

```
%SDOF-ELCENTRO 波-wilson-θ 法
clear;clc;

%结构参数输入(质量、刚度、阻尼比)
m=1;k=100;kesi=0.05;
```

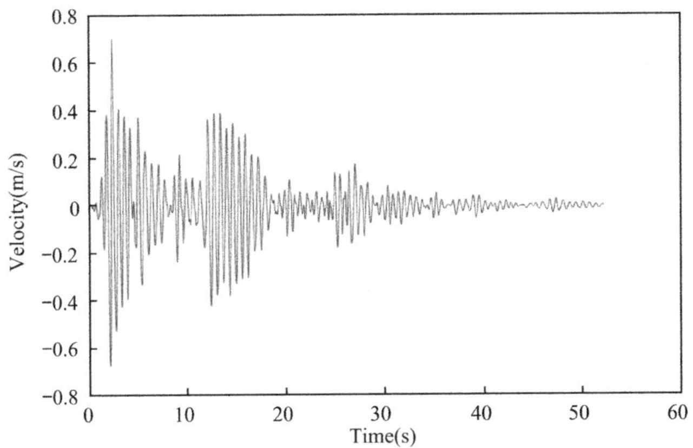


图 2-55 实例 2 相对速度时程图（Newmark-β 法）

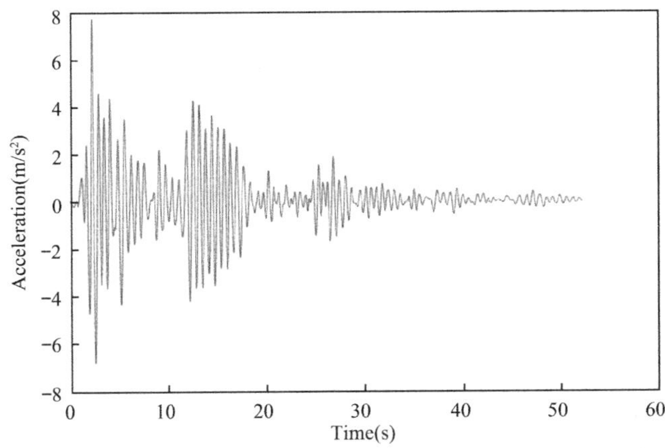


图 2-56 实例 2 绝对加速度时程图（Newmark-β 法）

```
%地震波导入
load('elcentro');
ug=e(2,:);
n1=length(ug);
dt=0.02;
%求解无阻尼体系自振频率
wn=sqrt(k/m);
%求解有阻尼体系自振频率
wD=wn*sqrt(1-kesi^2);
%求解结构阻尼比
c=2*kesi*wn*m;
```

该段代码给出了体系质量、刚度、阻尼等基本属性，导入地震加速度时程，并求出无阻尼体系和有阻尼体系的自振频率。

```
%指定θ值
sita=1.42;
%求解等效刚度
```

```
K=k+6*m/(sita*dt)^2+3*c/(sita*dt);
```

该段代码用于 Wilson-θ 法分析参数，求得等效刚度，用于迭代分析。

```
%指定初始运动条件
u0=0;v0=0;
%输入积分步数
n2=n1+100;
%求解结构反应
u(1,1)=u0;
v(1,1)=v0;
P(1,1)=-m*ug(1,1);
aa(1,1)=(P(1,1)-c*v(1,1)-k*u(1,1))/m;
aaa(1,1)=aa(1,1)+ug(1,1);
T2(1,1)=0;
for j=2:n2
    T2(1,j)=(j-1)*dt;
    if j<=n1
        P(1,j)=-m*ug(1,j);
    else
        ug(1,j)=0;
        P(1,j)=-m*ug(1,j);
    end
PP(1,j-1)=P(1,j-1)+sita*(P(1,j)-P(1,j-1))+m*(6*u(1,j-1)/(sita*dt)^2+6*v(1,j-1)/(sita*dt)+2
*aa(1,j-1))+c*(3*u(1,j-1)/(sita*dt)+2*v(1,j-1)+sita*dt*aa(1,j-1)/2);
    uu(1,j-1)=PP(1,j-1)/K;
    aa(1,j)=6/(sita^3*dt^2)*(uu(1,j-1)-u(1,j-1))-6/(sita^2*dt)*v(1,j-1)+(1-3/sita)*aa(1,j-1);
    v(1,j)=v(1,j-1)+dt/2*(aa(1,j)+aa(1,j-1));
    u(1,j)=u(1,j-1)+dt*v(1,j-1)+dt^2/6*(aa(1,j)+2*aa(1,j-1));
    aaa(1,j)=aa(1,j)+ug(1,j);
end
```

该段代码是采用 Wilson-θ 法逐步积分的计算过程，详见公式(2-44)～公式(2-48)。

```
%求解动力反应最大值与最小值
umax=max(u);umin=min(u);
vmax=max(v);vmin=min(v);
aaamax=max(aaa);aaamin=min(aaa);
%绘制相对位移时程图
figure(1)
plot(T2,u)
xlabel('Time(s)'),ylabel('Displacement(m)')
title('Displacement vs Time')
saveas(gcf,'Displacement vs Time.png');
%绘制相对速度时程图
```

```
figure(2)
plot(T2,v)
xlabel('Time(s)'),ylabel('Velocity(m/s)')
title('Velocity vs Time')
saveas(gcf,'Velocity vs Time.png');
%绘制绝对加速度时程图
figure(3)
plot(T2,aaa)
xlabel('Time(s)'),ylabel('Acceleration(m/s2)')
title('Acceleration vs Time')
saveas(gcf,'Acceleration vs Time.png');
```

#### 2.5.5.2 计算结果

计算结果见图2-57～图2-59。

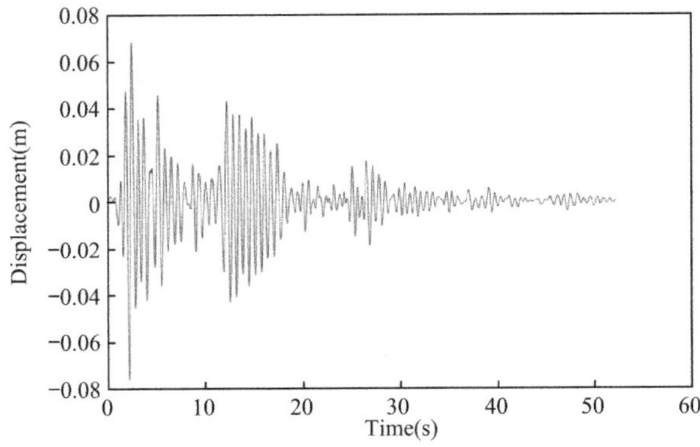


图2-57　实例2相对位移时程图（Wilson-$\theta$法）

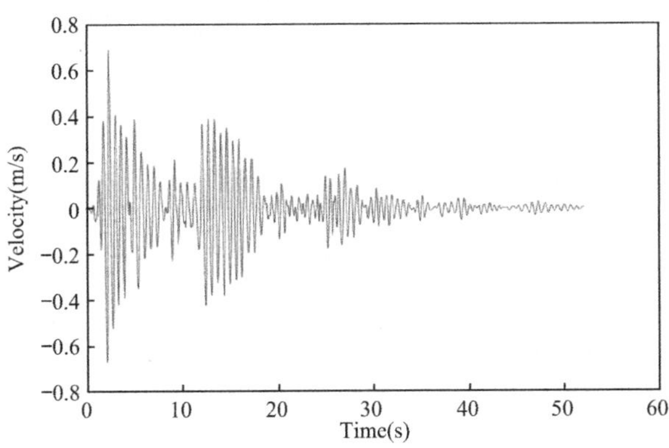


图2-58　实例2相对速度时程图（Wilson-$\theta$法）

### 2.5.6 SAP2000分析

#### 2.5.6.1 建立模型

本算例模型与实例1相同。由于本例进行地震加速度作用下的时程分析，因此不需为质点施加荷载，但时程函数定义略有不同，需要在时程函数定义界面，选择函数类型为“From File”，导入加速度时程数据，如图 2-60 所示。

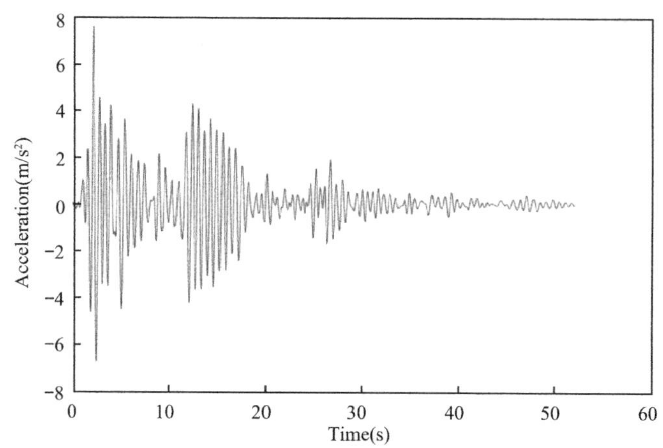


图 2-59　实例 2 绝对加速度时程图（Wilson-θ 法）

时程分析工况设置如图 2-61 所示，此时需选择荷载类型为“Accel”，即加速度，函数则为上述定义的加速度时程函数。其余参数定义与实例 1 相同。

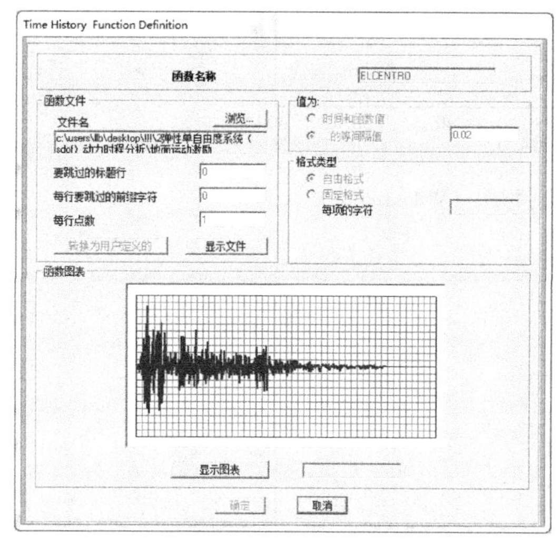


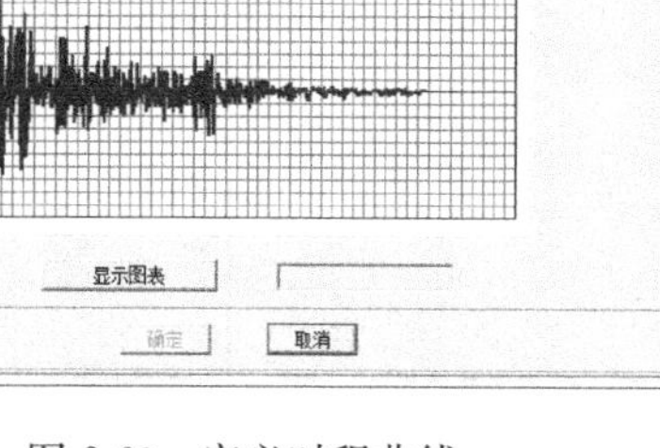

图 2-60　定义时程曲线

图 2-61　定义荷载工况

2.5.6.2　**计算结果**

本例节点相对位移、节点相对速度、节点绝对加速度时程曲线查看方法与实例 1 相同，此处直接给出相关曲线，分别如图 2-62～图 2-64 所示。

表 2-3 是 MATLAB 中不同分析方法得到的体系各项指标与 SAP2000 分析结果的对比，由表可以看出，几种分析方法得到的结果与 SAP2000 分析结果吻合很好，其中 Newmark-β 法计算结果与 SAP2000 分析结果是一致的，因为两者采用的分析方法及其控制参数都是相同的。

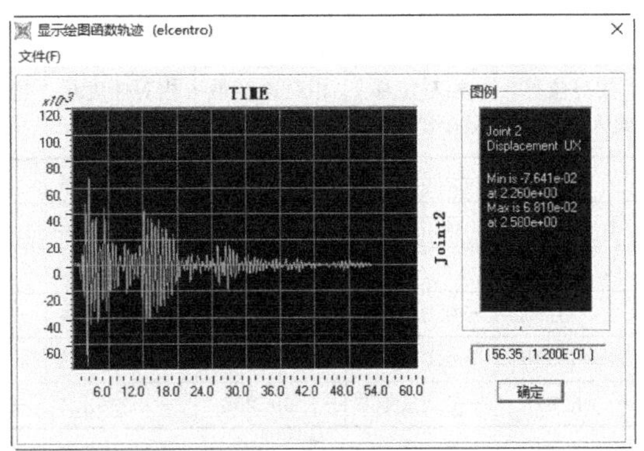


图 2-62　实例 2 相对位移时程图（SAP2000）

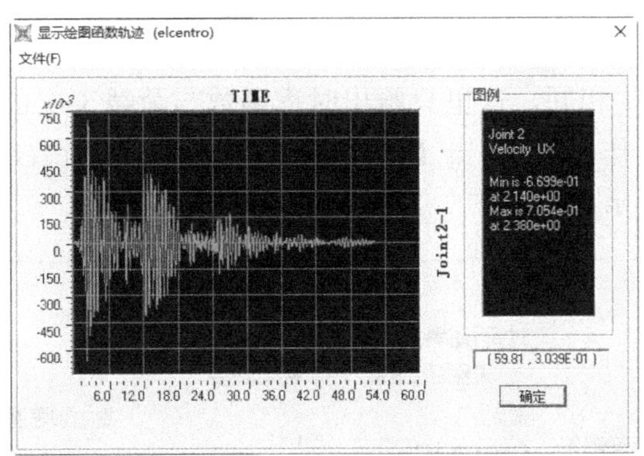


图 2-63　实例 2 相对速度时程图（SAP2000）

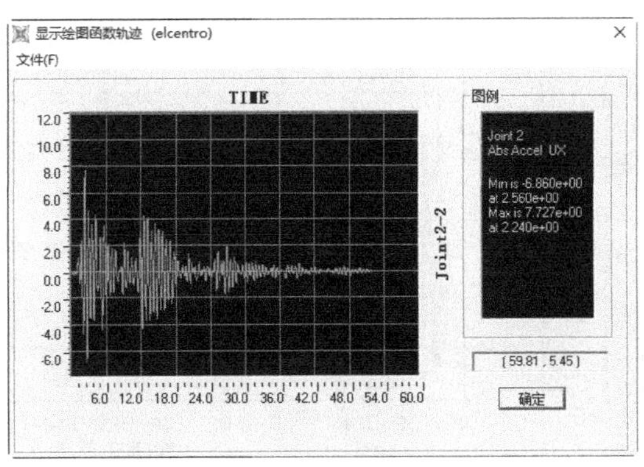


图 2-64　实例 2 绝对加速度时程图（SAP2000）

**实例 2 计算结果对比**　　**表 2-3**

| 计算方法 | 相对位移最大值（m） | 相对位移最小值（m） | 相对速度最大值（m/s） | 相对速度最小值（m/s） | 绝对加速度最大值（$m/s^2$） | 绝对加速度最小值（$m/s^2$） |
|---|---|---|---|---|---|---|
| SAP2000 | 0.068101 | −0.076414 | 0.705400 | −0.669900 | 7.727110 | −6.859870 |
| Duhamel 积分 | 0.068600 | −0.077400 | 0.712300 | −0.671300 | 7.798900 | −6.901500 |
| 与 SAP2000 相对偏差（%） | 0.732735 | 1.290339 | 0.978168 | 0.208986 | 0.929067 | 0.606863 |
| 分段解析法 | 0.068345 | −0.077063 | 0.713707 | −0.671857 | 7.798857 | −6.901455 |
| 与 SAP2000 相对偏差（%） | 0.358626 | 0.848853 | 1.177587 | 0.292175 | 0.928505 | 0.606208 |

续表

| 计算方法 | 相对位移最大值（m） | 相对位移最小值（m） | 相对速度最大值（m/s） | 相对速度最小值（m/s） | 绝对加速度最大值（$m/s^2$） | 绝对加速度最小值（$m/s^2$） |
|---|---|---|---|---|---|---|
| 中心差分法 | 0.069092 | −0.078016 | 0.718739 | −0.673454 | 7.890040 | −6.968867 |
| 与 SAP2000 相对偏差（%） | 1.454596 | 2.095872 | 1.891017 | 0.530553 | 2.108549 | 1.588906 |
| Newmark-β 法 | 0.068101 | −0.076414 | 0.705392 | −0.669892 | 7.727107 | −6.859866 |
| 与 SAP2000 相对偏差（%） | −0.000268 | −0.000136 | −0.001186 | −0.001234 | −0.000038 | −0.000060 |
| Wilson-θ 法 | 0.068058 | −0.076223 | 0.693442 | −0.666283 | 7.584829 | −6.757050 |
| 与 SAP2000 相对偏差（%） | −0.062978 | −0.250460 | −1.695265 | −0.539874 | −1.841321 | −1.498863 |

## 2.5.7　midas Gen 分析

### 2.5.7.1　建立模型

本算例模型与实例 1 相同，这里只给出时程函数与荷载工况的定义。在【荷载】下，选择荷载类型为“地震作用”，点击【时程函数】添加时程函数，时程函数类型需选择“加速度”，如图 2-65 所示。

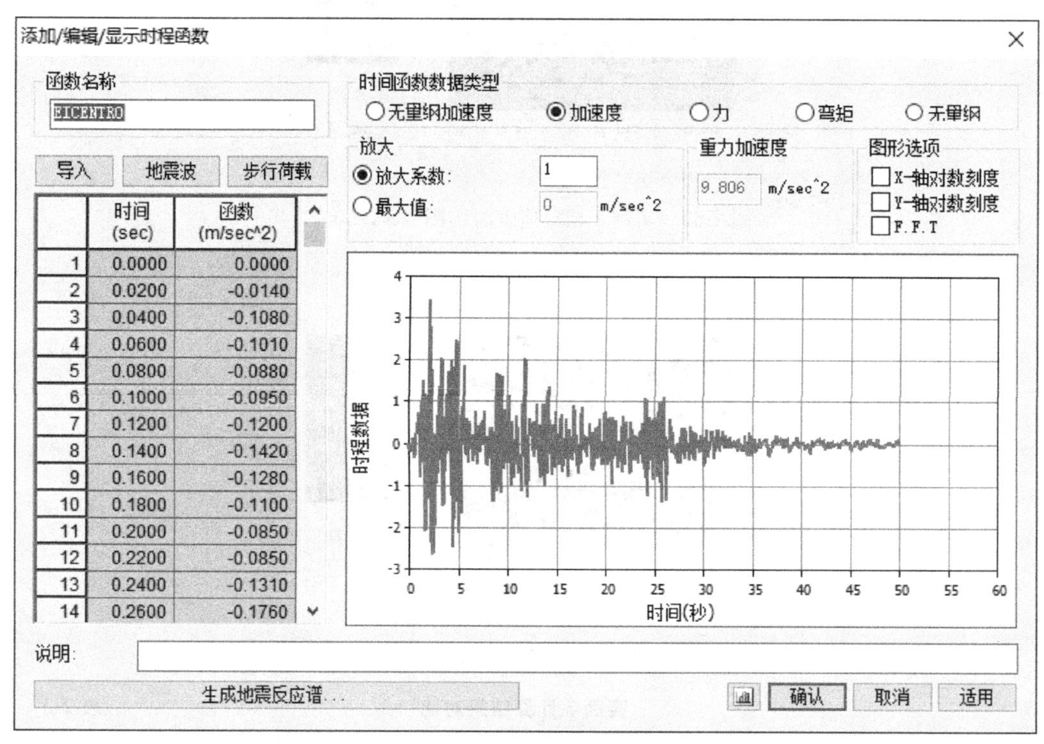


图 2-65　定义时程曲线

荷载工况定义与实例 1 类似，这里仅需按地震波数据输入分析步长和分析时间即可，如图 2-66 所示。

### 2.5.7.2　计算结果

节点相对位移、节点相对速度、节点绝对加速度时程曲线查看方法与实例 1 相同，此处直接给出相关曲线，分别如图 2-67～图 2-69 所示。

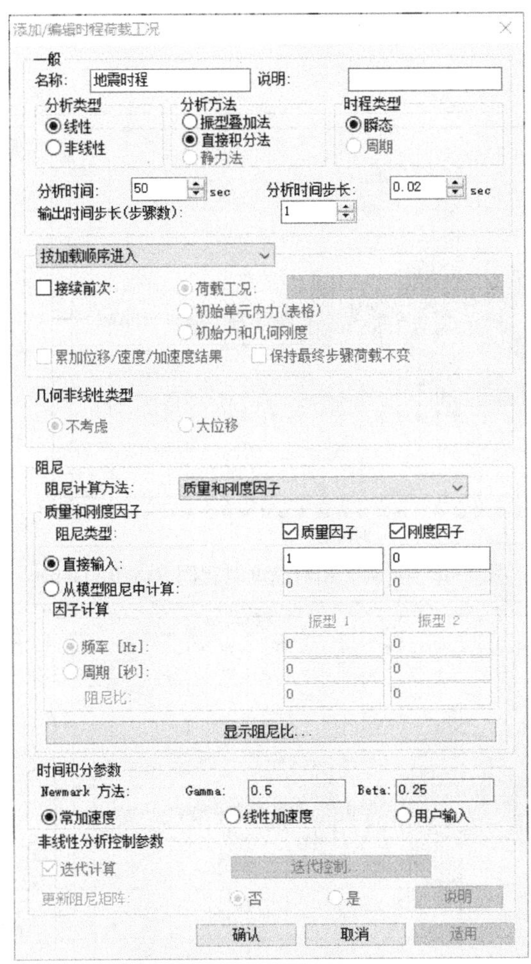


图 2-66　定义荷载工况

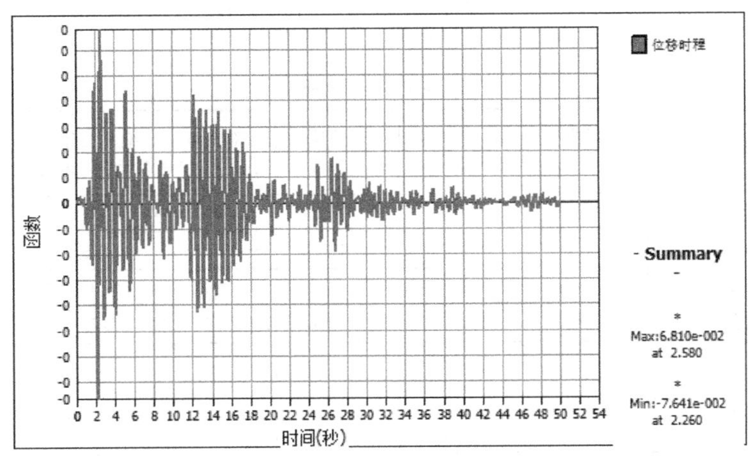


图 2-67　实例 2 相对位移时程图（midas Gen）

表 2-4 是 MATLAB 中不同分析方法得到的体系各项指标与 midas Gen 分析结果的对比，由表可以看出，几种分析方法得到的结果与 midas Gen 分析结果吻合很好，其中 Newmark-β 法计算结果与 midas Gen 分析结果是一致的，因为两者采用的分析方法及其控制参数都是相同的。

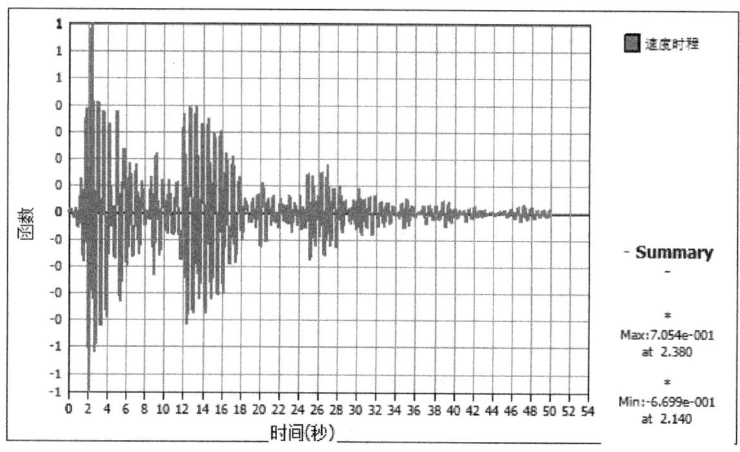


图 2-68　实例 2 相对速度时程图（midas Gen）

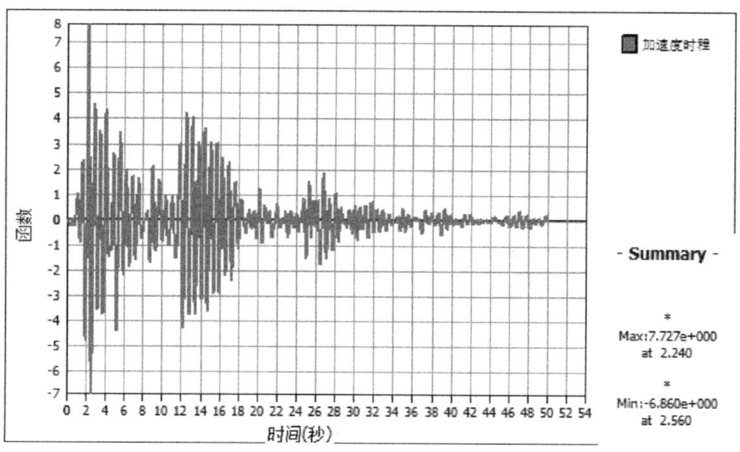


图 2-69　实例 2 绝对加速度时程图（midas Gen）

**实例 2 计算结果对比**　　**表 2-4**

| 计算方法 | 相对位移最大值（m） | 相对位移最小值（m） | 相对速度最大值（m/s） | 相对速度最小值（m/s） | 绝对加速度最大值（$m/s^2$） | 绝对加速度最小值（$m/s^2$） |
|---|---|---|---|---|---|---|
| midas Gen | 0.068100 | −0.076410 | 0.705400 | −0.669900 | 7.727000 | −6.860000 |
| Duhamel 积分 | 0.068600 | −0.077400 | 0.712300 | −0.671300 | 7.798900 | −6.901500 |
| 与 midas Gen 相对偏差（%） | 0.734214 | 1.295642 | 0.978168 | 0.208986 | 0.930503 | 0.604956 |
| 分段解析法 | 0.068345 | −0.077063 | 0.713707 | −0.671857 | 7.798857 | −6.901455 |
| 与 midas Gen 相对偏差（%） | 0.360099 | 0.854132 | 1.177587 | 0.292175 | 0.929942 | 0.604302 |
| 中心差分法 | 0.069092 | −0.078016 | 0.718739 | −0.673454 | 7.890040 | −6.968867 |
| 与 midas Gen 相对偏差（%） | 1.456085 | 2.101217 | 1.891017 | 0.530553 | 2.110002 | 1.586981 |
| Newmark-β 法 | 0.068101 | −0.076414 | 0.705392 | −0.669892 | 7.727107 | −6.859866 |
| 与 midas Gen 相对偏差（%） | 0.001201 | 0.005099 | −0.001186 | −0.001234 | 0.001386 | −0.001955 |
| Wilson-θ 法 | 0.068058 | −0.076223 | 0.693442 | −0.666283 | 7.584829 | −6.757050 |
| 与 midas Gen 相对偏差（%） | −0.061511 | −0.245238 | −1.695265 | −0.539874 | −1.839924 | −1.500729 |

## 2.6 小结

（1）推导了单自由度体系的动力平衡方程，并讨论了仅受动力荷载及仅受地震作用时单自由度体系动力平衡方程的异同。

（2）对求解单自由度体系动力平衡方程的Duhamel积分法及逐步积分法进行讲解，并给出了各方法的详细公式推导。其中逐步积分法着重讨论了分段解析法、中心差分法、Newmark-$\beta$法和Wilson-$\theta$法。

（3）在MATLAB中分别采用Duhamel积分法、分段解析法、中心差分法、Newmark-$\beta$法、Wilson-$\theta$法编程计算了体系在简谐荷载和地面加速度激励下的动力反应，并与SAP2000、midas Gen软件分析结果进行对比验证，结果显示，MATLAB编程结果正确。

（4）虽然单自由度弹性体系是结构动力分析中最简单的体系，但其涉及了结构动力分析中的许多物理量和基本概念，本章介绍的逐步积分法，也很容易扩展到多自由度体系的动力分析。

## 参考文献

[1] 刘晶波，杜修力．结构动力学［M］．北京：机械工业出版社，2011.

[2] （日）柴田明德．结构抗震分析［M］．曲哲．译．北京：中国建筑工业出版社，2020.

[3] Navin C. Nigam，Paul C. Jennings. Calculation of Response Spectra from Strong-Motion Earthquake Records［J］. Bulletin of Seismological Society of America，1969，59（2）：909-922.

[4] Anil K. Chopra. 结构动力学：理论及其在地震工程中的应用［M］. 4版．谢礼立，吕大刚，等．译．北京：高等教育出版社，2016.

# 第 3 章　弹性地震反应谱的概念与计算

采用上一章介绍的动力时程分析方法，可求出单自由度结构在地震过程中任意时刻的结构反应。对于工程结构的抗震设计，最大地震反应具有重要意义，而反应谱的意义，则给出了地震动作用下，不同周期的单自由度结构地震反应的最大值。本章主要介绍弹性地震反应谱的概念和计算原理，通过 MATLAB 编程给出地震加速度时程的反应谱计算实例，并与 SeismoSignal 软件及作者自编的 SPECTR 软件计算结果进行对比。

## 3.1　弹性反应谱基本概念

反应谱是在给定的地震加速度作用下，单质点结构体系的最大位移反应、速度反应和加速度反应随质点自振周期变化的曲线。

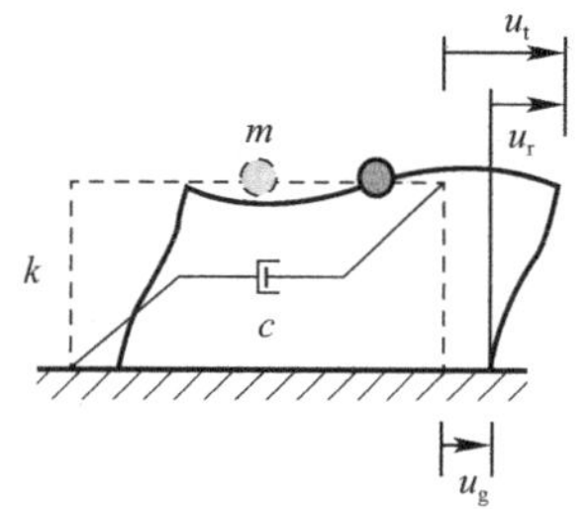


图 3-1　单自由度系统

如图 3-1 所示，单自由度体系地震作用下的动力方程

$$m(\ddot{u}_g+\ddot{u}_r)+c\dot{u}_r+ku_r=0 \tag{3-1}$$

移项得

$$m\ddot{u}_r+c\dot{u}_r+ku_r=-m\ddot{u}_g \tag{3-2}$$

两边同时除以 $m$

$$\ddot{u}_r+\frac{c}{m}\dot{u}_r+\frac{k}{m}u_r=-\ddot{u}_g \tag{3-3}$$

令

$$\zeta=\frac{c}{2m\omega_n},\omega_n=\sqrt{\frac{k}{m}} \tag{3-4}$$

将式（3-4）代入式（3-3）得

$$\ddot{u}_r+2\zeta\omega_n\dot{u}_r+\omega_n^2u_r=-\ddot{u}_g \tag{3-5}$$

式中 $m$ 为单自由度体系质量，$\ddot{u}_g$ 为地面加速度，$\ddot{u}_r$ 为结构的相对加速度，$\ddot{u}_t=(\ddot{u}_g+\ddot{u}_r)$为结构的绝对加速度，$\dot{u}_r$ 为结构的相对速度，$u_r$ 为结构的相对位移，$c$ 为结构的阻尼系数，$k$ 为单自由度体系的刚度，$\zeta$ 为结构的阻尼比，$\omega_n$ 为单自由度体系的自振圆频率，$\omega_n=2\pi/T=2\pi f$，$T$ 和 $f$ 分别为结构自振周期和频率。

由公式（3-5）可知，结构的地震动反应只与以下 3 个变量有关：地震加速度记录 $\ddot{u}_g$、结构的阻尼比 $\zeta$ 和无阻尼结构体系的圆频率 $\omega_n$（自振周期 $T$）。因此对于一个给定的地震动，结构地震反应是圆频率 $\omega_n$（自振周期 $T$）和阻尼比 $\zeta$ 的函数。根据反应谱的概念，对于特定的地震波，只要选定阻尼比 $\zeta$，结构的最大反应（速度、位移和加速度）为频率 $\omega_n$（自振周期 $T$）的函数。将特定的地震波分别输入到多个圆频率（自振周期 $T$）不同的结构进行弹性动力时程分析，获得各结构的地震反应最大值作为纵坐标，相应结构的圆频率（周期）作为横坐标，绘图得到该地震波的反应谱曲线，如图 3-2 所示。

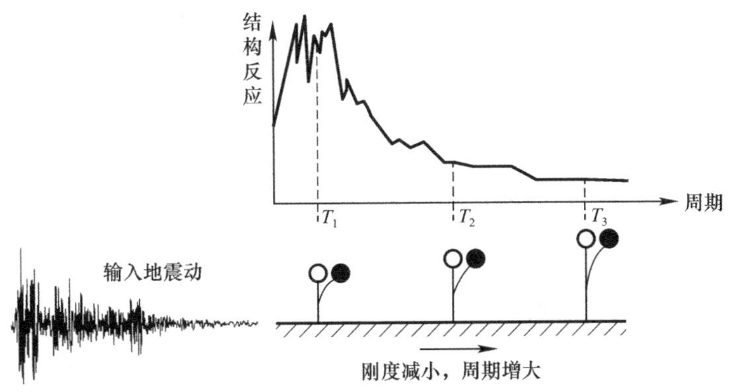


图 3-2　单自由度体系地震动反应谱示意图

## 3.2　反应谱与伪反应谱

### 3.2.1　反应谱

工程中一般用相对位移、相对速度和绝对加速度来反映结构在地震作用下的反应，因此常用的是（相对）位移反应谱、（相对）速度反应谱和（绝对）加速度反应谱。当最大反应分别取相对位移、相对速度、绝对加速度时，我们可获得以下反应谱[1]：

相对位移反应谱

$$SD(\zeta,\omega_n)=\max|u_r| \tag{3-6}$$

相对速度反应谱

$$SV(\zeta,\omega_n)=\max|\dot{u}_r| \tag{3-7}$$

绝对加速度反应谱

$$SA(\zeta,\omega_n)=\max|\ddot{u}_t|=\max|\ddot{u}_g+\ddot{u}_r| \tag{3-8}$$

### 3.2.2　伪反应谱

工程中还常用到伪反应谱。所谓伪反应谱是指，当获得相对位移反应谱 $SD$（$\zeta$，$\omega$）后，通过以下公式获得伪速度反应谱、伪加速度反应谱[1]。

伪速度反应谱

$$PSV(\zeta,\omega_n)=\omega_n SD(\zeta,\omega_n) \tag{3-9}$$

伪加速度反应谱

$$PSA(\zeta,\omega_n)=\omega_n^2 SD(\zeta,\omega_n) \tag{3-10}$$

伪速度反应谱，对应的是单自由度体系的最大应变能，如以下公式所示

$$\begin{aligned}\frac{1}{2}mPSV(\zeta,\omega_n)^2&=\frac{1}{2}m\left[\omega_n SD(\zeta,\omega_n)\right]^2\\&=\frac{1}{2}m\left[\sqrt{\frac{k}{m}}SD(\zeta,\omega_n)\right]^2=\frac{1}{2}kSD(\zeta,\omega_n)^2\\&=\frac{1}{2}F_{\max}SD(\zeta,\omega_n)=E_{\text{strain}}\end{aligned} \tag{3-11}$$

伪加速度反应谱，对应的是单自由度体系的最大抗力，如以下公式所示

$$mPSA(\zeta,\omega_n)=m\left(\sqrt{\frac{k}{m}}\right)^2 SD(\zeta,\omega_n)=kSD(\zeta,\omega_n)=F_{\max} \tag{3-12}$$

在基于承载力的抗震设计方法中，常用的是伪加速度反应谱 $PSA(\zeta,\ \omega_n)$，而不是绝对加速度反应谱 $SA(\zeta,\ \omega_n)$，因为伪加速度反应谱与结构的地震抗力相对应，可直接基于地震抗力对结构或构件进行承载力设计。

### 3.2.3　反应谱和伪反应谱的关系

根据第 2 章的介绍，任意荷载作用下单自由度体系的反应可以用 Duhamel 积分来表示

$$u(t)=\frac{1}{m\omega_{\mathrm{D}}}\int_0^t P(\tau)\mathrm{e}^{-\zeta\omega_n(t-\tau)}\sin[\omega_{\mathrm{D}}(t-\tau)]\mathrm{d}\tau \tag{3-13}$$

将外荷载 $P(\tau)$ 用 $-m\ddot{u}_{\mathrm{g}}(\tau)$ 替换、$u(t)$ 用 $u_{\mathrm{r}}(t)$ 替换，可得地震作用下单自由度体系的位移反应

$$u_{\mathrm{r}}(t)=-\frac{1}{\omega_{\mathrm{D}}}\int_0^t \ddot{u}_{\mathrm{g}}(\tau)\mathrm{e}^{-\zeta\omega_n(t-\tau)}\sin[\omega_{\mathrm{D}}(t-\tau)]\mathrm{d}\tau \tag{3-14}$$

则位移反应谱和加速度反应谱可表示为

$$SD(\zeta,\omega_n)=\max|u_{\mathrm{r}}|=-\frac{1}{\omega_{\mathrm{D}}}\max|S(t)| \tag{3-15}$$

$$SA(\zeta,\omega_n)=\max|\ddot{u}_{\mathrm{t}}|=\max|\omega_n^2(1-2\zeta^2)u_{\mathrm{r}}(t)+2\zeta\omega_n C(t)| \tag{3-16}$$

其中 $S(t)=\int_0^t \ddot{u}_{\mathrm{g}}(\tau)\mathrm{e}^{-\zeta\omega_n(t-\tau)}\sin[\omega_{\mathrm{D}}(t-\tau)]\mathrm{d}\tau$，$C(t)=\int_0^t \ddot{u}_{\mathrm{g}}(\tau)\mathrm{e}^{-\zeta\omega_n(t-\tau)}\cos[\omega_{\mathrm{D}}(t-\tau)]\mathrm{d}\tau$，$\omega_{\mathrm{D}}=\omega_n\sqrt{1-\zeta^2}$，为有阻尼单自由度结构的自振频率。

由公式（3-16）可知，当阻尼比 $\zeta=0$ 时，绝对加速度反应谱有以下关系

$$SA(\zeta,\omega_n)=\max|\omega_n^2 u_{\mathrm{r}}(t)|=\omega_n^2 SD(\zeta,\omega_n)=PSA(\zeta,\omega_n) \tag{3-17}$$

公式（3-17）表明，当不考虑阻尼时，加速度反应谱与伪加速度反应谱相等。当考虑阻尼时，阻尼比越大，两者差异越大[2]。具体某个地震波下，反应谱与伪反应谱的差异及对比分析详见 3.4 节。

## 3.3　弹性反应谱的求解步骤

（1）给定地面加速度时程 $\ddot{u}_{\mathrm{g}}(t)$。

（2）选择单自由度结构体系的阻尼比 $\zeta$ 和需要计算的周期点。周期范围可根据实际情况选取，比如取 $T_{n,\min}=0.01\mathrm{s}$，$T_{n,\max}=6.0\mathrm{s}$，周期增量可取 $\Delta T_n=0.01\mathrm{s}$。

（3）选取当前周期值 $T_n^i$，并选取合适的时程分析方法（如第 2 章介绍的方法）计算周期为 $T_n^i$ 的单自由度体系在地面加速度 $\ddot{u}_{\mathrm{g}}(t)$ 作用下的反应，包括位移、速度、加速度等。考虑到效率及计算精度，通常分段解析法是计算弹性反应谱较好的方法。

（4）按公式（3-6）～公式（3-7）计算周期点 $T_n^i$ 对应的反应谱及伪反应谱值。

（5）选择新的自振周期 $T_n^{i+1}=T_n^i+\Delta T_n$，重复（3）～（4）步。

（6）将上述得到的一系列地震反应（竖轴）及相应的结构周期（横轴）用图形表示，即可得到地面加速度时程 $\ddot{u}_{\mathrm{g}}(t)$ 在结构阻尼比为 $\zeta$ 时的各种反应谱。

## 3.4 MATLAB 反应谱编程

本节以一实际地震波为例，通过 MATLAB 编程计算该地震波的相对位移反应谱、相对速度反应谱、绝对加速度反应谱、伪速度反应谱、伪加速度反应谱，帮助读者掌握反应谱计算的编程方法。

### 3.4.1 地震波

地震波取自 1999 年 9 月 21 日（北京时间）中国台湾集集地震记录的一条地面加速度时程，地震波数据自 PEER 强震数据库中下载，地震波加速度峰值为 0.361$g$，地震波信息如下：

The Chi-Chi (Taiwan, China) earthquake of September 20, 1999.

Source: PEER Strong Motion database

Recording station: TCU045

Frequency range: 0.02～50.0Hz

Maximum Absolute Acceleration: 0.361$g$

地震波加速度时程如图 3-3（a）所示，图 3-3（b）、（c）所示是根据加速度时程积分得到的速度时程和位移时程。

### 3.4.2 积分算法

反应谱计算需要对多个不同周期的单自由度体系进行弹性时程分析，因此需要选择弹性时程分析的算法。本算例 MATLAB 编程采用分段解析法求解单自由度体系的地震反应。根据第 2 章的介绍，在分段解析法中，除假定地震加速度 $\ddot{u}_g$ 在离散时间间隔 $\Delta t$ 内是线性变化外，其在各个离散时间点上的计算结果均是通过求解微分方程得到的，包含了齐次通解和特解，没有引入任何近似计算和截断误差，分段解析法的精度仅取决于离散点与真实地震动加速度时程之间的差异。当加速度离散点采样较密时，采用该方法进行时程分析可以认为是精确的。但是应该注意，虽然方法是精确的，但是在计算反应谱时却不一定是精确的，因为结构的最大反应不一定刚好出现在离散的时间点上，而是出现在 $\Delta t$ 区间内。因此为了确保反应谱计算的精度，地震加速度 $\ddot{u}_g$ 记录的采样需满足[3]：

$$\lambda_h = \Delta t / T_h \leqslant 0.1 \tag{3-18}$$

其中 $\Delta t$ 为采样时间间隔，$T_h = 1/F_h$，$F_h$ 为校正加速度记录 $\ddot{u}_g$ 带通滤波的高频截止频率。

同时还要求在计算单自由度体系时程分析时满足[3]：

$$\lambda_0 = \Delta t / T_n \leqslant 0.1 \tag{3-19}$$

其中 $\Delta t$ 为时程分析的时间步，$T_n$ 为单自由度体系的自振周期。

本实例计算中，取 $\lambda_0 = \Delta t / T_0 \leqslant 0.02$。

### 3.4.3 编程代码

```
%反应谱分析:Chi-Chi(Taiwan,China)地震记录,分段解析法
% Author : JiDong Cui(崔济东)
```

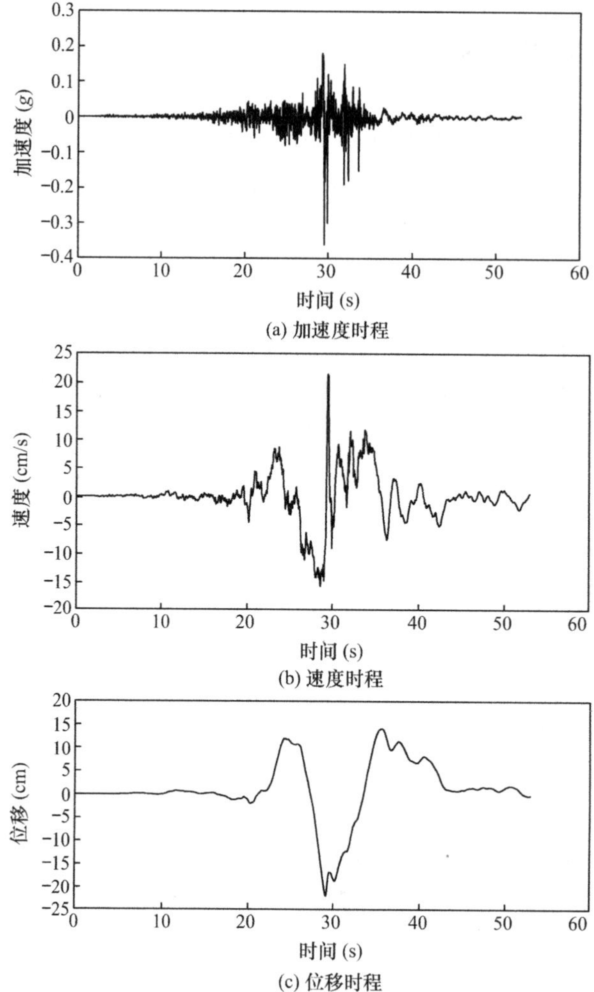


图 3-3 地震加速度、速度、位移时程

```
% Website : www.jdcui.com
clear;clc;

%地震波导入
[t,a]=textread('ChiChi.dat','%f %f','headerlines',5);
g=980;
```

该段代码用于导入需要计算反应谱的加速度时程数据。地震波数据文件前 5 行是说明部分，因此提取数据时跳过了前 5 行的 headlines，数据文件分为两行，第一行为时间，单位为 s，第二行为加速度值，单位为 $g$。由于后续计算用到的位移单位是 cm，与重力加速度 $g$ 的换算关系为 $g=980\text{cm/s}^2$，因此这里定义 $g=980$。

```
%指定阻尼比,质量
%kesi=0;
kesi=0.05;
%kesi=0.10;
%kesi=0.20;
```

```
m=1;
```

假定一个质量为1的单自由度体系，并指定体系阻尼比，因为反应谱与阻尼比相关，对于同一条地震波，当阻尼比不同时，反应谱曲线是不同的，因此求解地震波的反应谱时，需要给定阻尼比。上述代码暂取阻尼比为5%。

```
%反应谱求解
i=1;
SA(1,1)=max(max(a),-min(a));
PSA(1,1)=SA(1,1);
SV(1,1)=0;
SD(1,1)=0;
T T(1,1)=0;
for T=0.01:0.01:6
    i=i+1;
    TT(1,i)=0.01*i;
    dt=0.01;
    %每次循环清空数组
ug=[];P=[];u=[];v=[];aa=[];T2=[];
%判断时间步长是否满足 dt/T<=0.02,若不满足,则以 dt=0.02*T 为时间步长插值出新的地震波
if (dt/T)>0.02;
    dt=T*0.02;
    tt=0:dt:max(t);
    ug=interp1(t,a,tt')*g;
else
    ug=a*g;
end
%求体系无阻尼自振频率,刚度,有阻尼自振频率
wn=2*pi/T;
k=wn*wn*m;
wD=wn*sqrt(1-kesi^2);
%求解计算参数
wDdt=wD*dt;
e=exp(-kesi*wn*dt);
A=e*(kesi/sqrt(1-kesi^2)*sin(wDdt)+cos(wDdt));
B=e*sin(wDdt)/wD;
C=1/k*(2*kesi/(wn*dt)+e*(((1-2*kesi^2)/(wD*dt)-kesi/sqrt(1-kesi^2))*sin(wD*dt)-(1+2*kesi/
(wn*dt))*cos(wD*dt)));
D=1/k*(1-2*kesi/(wn*dt)+e*((2*kesi^2-1)/(wD*dt)*sin(wD*dt)+2*kesi/(wn*dt)*cos(wD*dt)));
A1=-e*(wn/sqrt(1-kesi^2)*sin(wDdt));
B1=e*(cos(wDdt)-kesi/sqrt(1-kesi^2)*sin(wDdt));
C1=1/k*(-1/dt+e*((wn/sqrt(1-kesi^2)+kesi/(dt*sqrt(1-kesi^2)))*sin(wD*dt)+1/dt*cos(wD*dt)));
D1=1/(k*dt)*(1-e*(kesi/sqrt(1-kesi^2)*sin(wD*dt)+cos(wD*dt)));
%指定初始运动条件
```

```
u0=0;v0=0;
%求解结构反应,分段解析法
n1=length(ug);
for j=1:n1
    if j==1
        P(j,1)=-m*ug(j,1);
        u(j,1)=u0;
        v(j,1)=v0;
        aa(j,1)=(-2*kesi*wn*v(j,1)-k/m*u(j,1))/g;
    else
        P(j,1)=-m*ug(j,1);
        u(j,1)=A*u(j-1,1)+B*v(j-1,1)+C*P(j-1,1)+D*P(j,1);
        v(j,1)=A1*u(j-1,1)+B1*v(j-1,1)+C1*P(j-1,1)+D1*P(j,1);
        aa(j,1)=(-2*kesi*wn*v(j,1)-k/m*u(j,1))/g;
    end
end
%求体系最大反应
SD(i,1)=max(max(u),-min(u));    %最大位移
SV(i,1)=max(max(v),-min(v));    %最大速度
SA(i,1)=max(max(aa),-min(aa));  %最大加速度
PSV(i,1)=wn*SD(i,1);            %最大伪速度
PSA(i,1)=wn*wn*SD(i,1)/g;       %最大伪加速度
end
```

该段代码用于求解地震加速度时程的反应谱，其中采用的单自由度体系周期范围从 0.01s 到 6s，周期间隔为 0.01s。对于每个周期点对应的单自由度体系，采用分段解析法计算体系在地震加速度时程激励下的反应，并求出反应的最大值，用于绘制反应谱曲线。

```
%相对位移反应谱
figure(1)
plot(TT,SD(:,1))
xlabel('周期(s)'),ylabel('位移(cm)')
title('位移反应谱')
% saveas(gcf,'位移反应谱.png');
%相对速度反应谱
figure(2)
plot(TT,SV(:,1))
xlabel('周期(s)'),ylabel('速度(cm/s)')
title('速度反应谱')
% saveas(gcf,'速度反应谱.png');
%绝对加速度反应谱
figure(3)
plot(TT,SA(:,1))
xlabel('周期(s)'),ylabel('加速度(g)')
```

```
title('加速度反应谱')
% saveas(gcf,'加速度反应谱.png');
%伪速度反应谱
figure(4)
plot(TT,PSV(:,1))
xlabel('周期(s)'),ylabel('速度(cm/s)')
title('伪速度反应谱')
% saveas(gcf,'伪速度反应谱.png');
%伪加速度反应谱
figure(5)
plot(TT,PSA(:,1))
xlabel('周期(s)'),ylabel('加速度(g)')
title('伪加速度反应谱')
% saveas(gcf,'伪加速度反应谱.png');
```

该段代码用于根据分析数据绘制各种反应谱曲线。

### 3.4.4　计算结果

图 3-4～图 3-8 分别是采用 MATLAB 编程计算得到的实例中地震波的相对位移反应谱、相对速度反应谱、绝对加速度反应谱、伪速度反应谱和伪加速度反应谱，其中阻尼比取的是 5%。

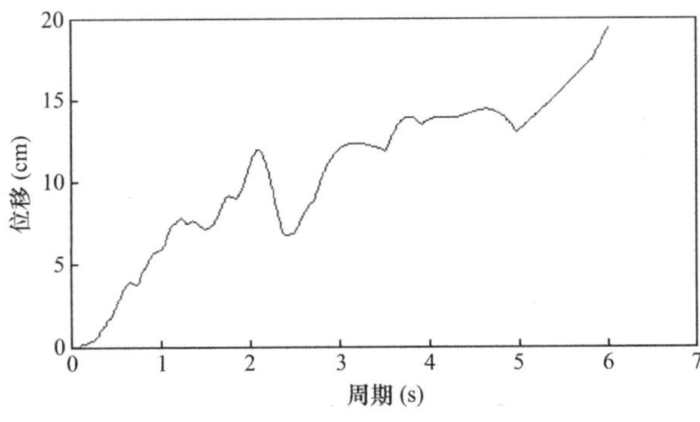


图 3-4　相对位移反应谱

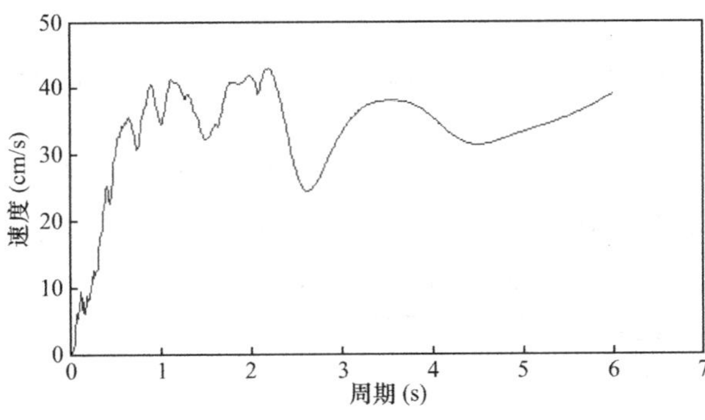


图 3-5　相对速度反应谱

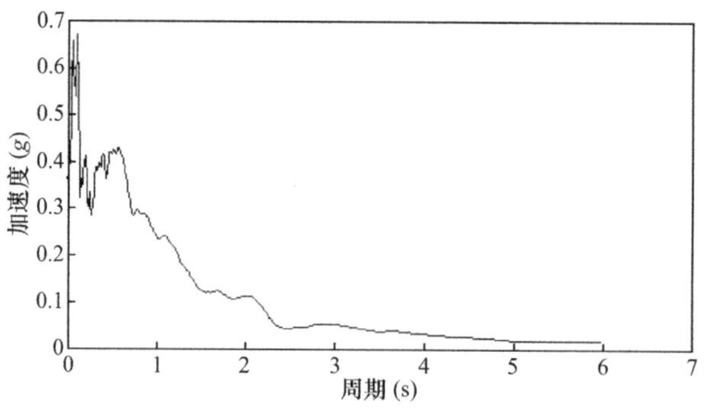


图 3-6　绝对加速度反应谱

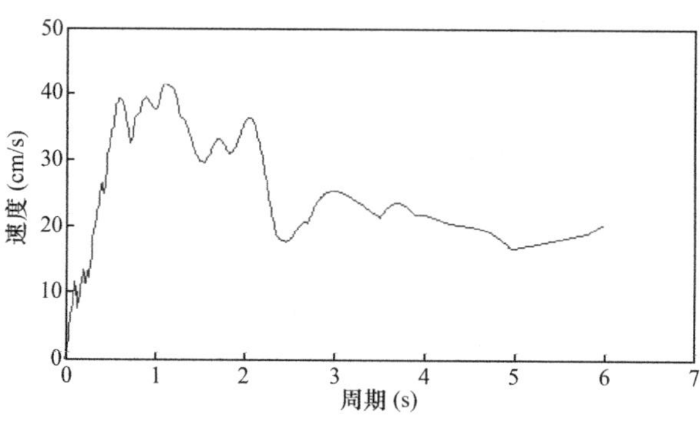


图 3-7　伪速度反应谱

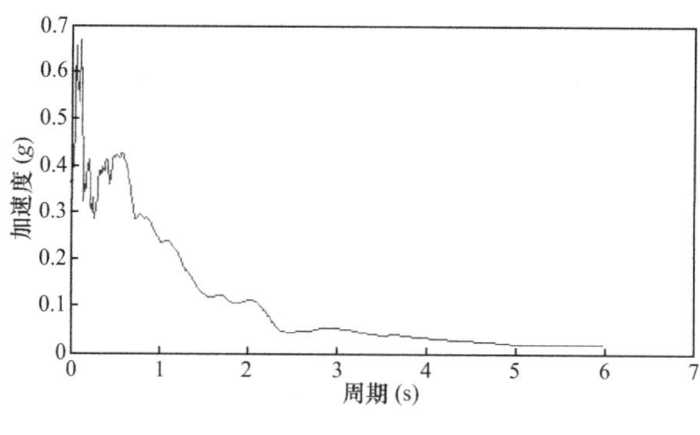


图 3-8　伪加速度反应谱

图 3-9 是不同阻尼比时的加速度反应谱，由图可见，总体上随着阻尼比的增大，反应谱值逐渐减小。

图 3-10 是不同阻尼比时相对速度反应谱与伪速度反应谱对比，由图可见，相对速度反应谱（SV）与伪速度反应谱（PSV）在阻尼比 $\zeta$ 和自振周期 $T_n$ 较小时比较吻合，随着阻尼比 $\zeta$ 和自振周期 $T_n$ 的增大，其差别也逐渐增大。

图 3-11 是不同阻尼比时绝对加速度反应谱与伪加速度反应谱对比，由图可见，绝对加速度反应谱（SA）与伪加速度反应谱（PSA）在阻尼比 $\zeta$ 较小时比较吻合。

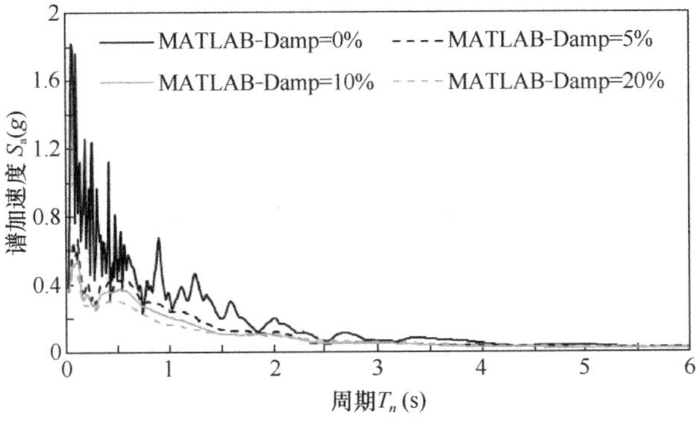


图 3-9 不同阻尼比时的加速度反应谱曲线

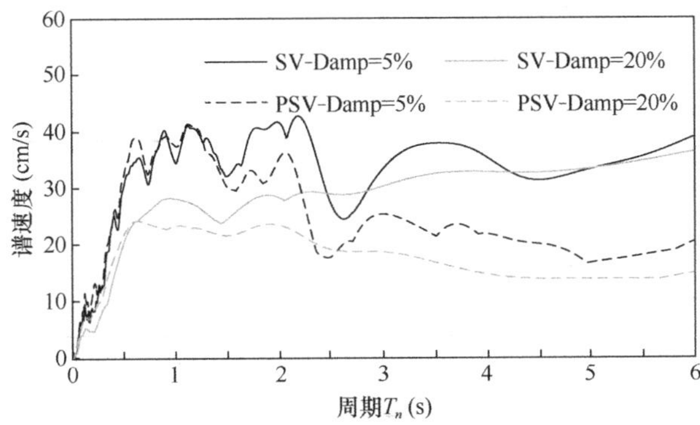


图 3-10 相对速度反应谱与伪速度反应谱

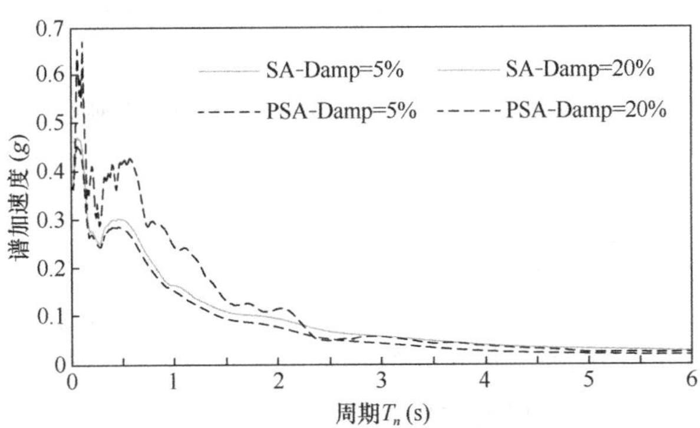


图 3-11 绝对加速度反应谱与伪加速度反应谱

由图 3-10、图 3-11 可以看出，与相对速度反应谱和伪速度反应谱之间的关系相比，在同样阻尼比的情况下，绝对加速度反应谱和伪加速度反应谱之间的差异远小于相对速度反应谱和伪速度反应谱之间的差异。

## 3.5 SPECTR 反应谱计算

本节采用作者开发的 SPECTR[4] 软件计算上一节中地震波的反应谱，并与 MATLAB

计算结果进行对比。

### 3.5.1　SPECTR 简介

SPECTR（下载链接：http：//www. jdcui. com/? p=1875）是由作者开发的一款反应谱分析软件，该软件可以根据地震加速度时程，积分生成相应的速度时程、位移时程，并可以计算相应的加速度反应谱、速度反应谱、位移反应谱、伪加速度反应谱和伪速度反应谱，同时可将分析结果批量导出文本报告。软件界面如图 3-12 所示。

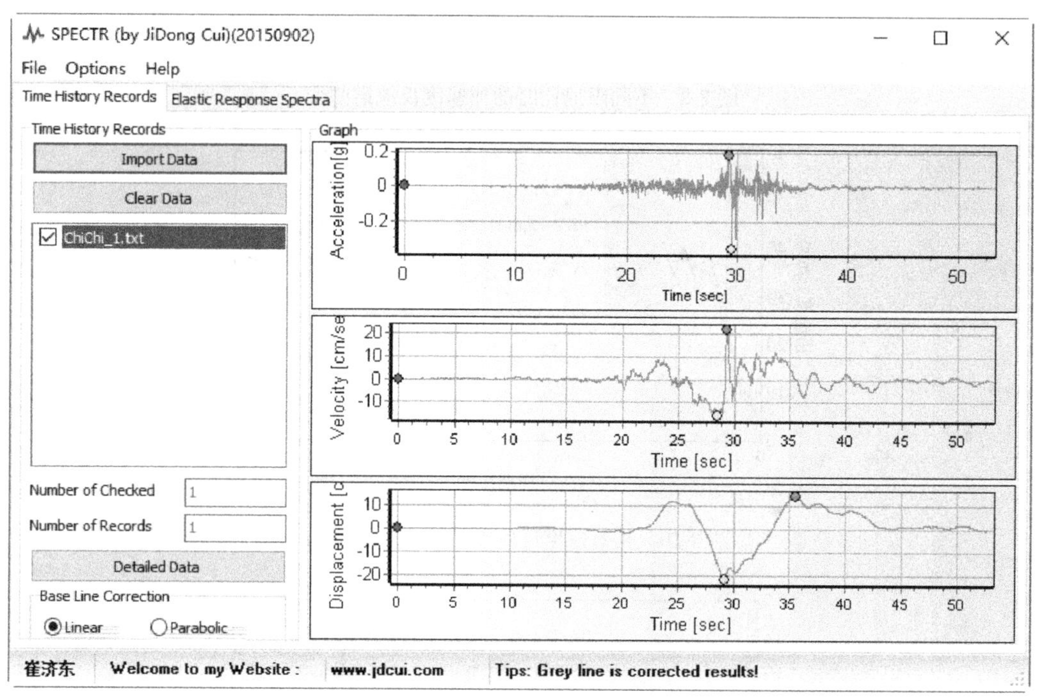


图 3-12　SPECTR 软件界面

SPECTR 具有以下几个特点：

（1）批量导入加速度时程。

（2）可对加速度时程进行基线修正，软件提供线性和抛物线基线修正方法。

（3）支持以下几种弹性反应谱的分析：相对位移反应谱、相对速度反应谱、绝对加速度反应谱、伪速度反应谱和伪加速度反应谱。

（4）可以选择多达 9 个阻尼比进行反应谱分析，可设置反应谱分析的周期间隔、最大周期、最小周期等。

（5）支持图形形式和表格形式查看时程数据、反应谱数据。表格数据支持复制操作，可通过快捷键将数据粘贴至 Excel 快速绘图。

（6）可自由选择坐标轴进行谱曲线绘制，方便谱曲线结果的对比。

（7）支持批量进行加速度时程的积分和反应谱分析，并支持批量导出分析结果，方便数据的后处理。

（8）SPECTR 软件内部的单自由度体系时程分析支持分段解析法及 Newmark-β 法两

种方法，默认采用分段解析法。

### 3.5.2 SPECTR 反应谱分析

（1）准备加速度时程数据文件。图 3-13 是数据文件的格式，导入数据时需根据数据格式设置参数。

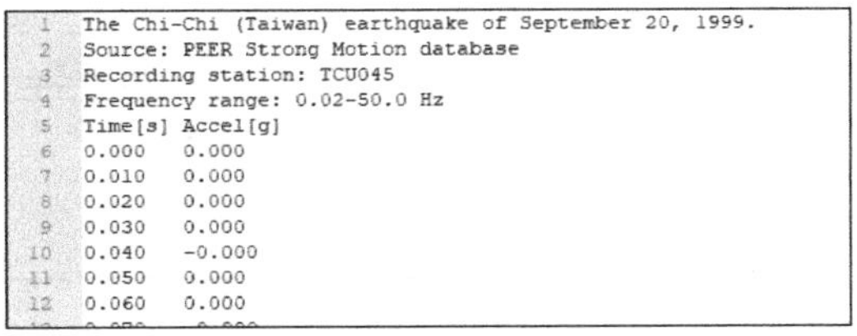

```
The Chi-Chi (Taiwan) earthquake of September 20, 1999.
Source: PEER Strong Motion database
Recording station: TCU045
Frequency range: 0.02-50.0 Hz
Time[s] Accel[g]
0.000   0.000
0.010   0.000
0.020   0.000
0.030   0.000
0.040   -0.000
0.050   0.000
0.060   0.000
```

图 3-13　地震波数据（部分）

（2）打开 SPECTR，设置导入格式参数，包括时间步长、缩放系数、需跳过的非加速度时程数据的行数以及数据间隔符号等，如图 3-14 所示，格式参数需与加速度时程文件对应。

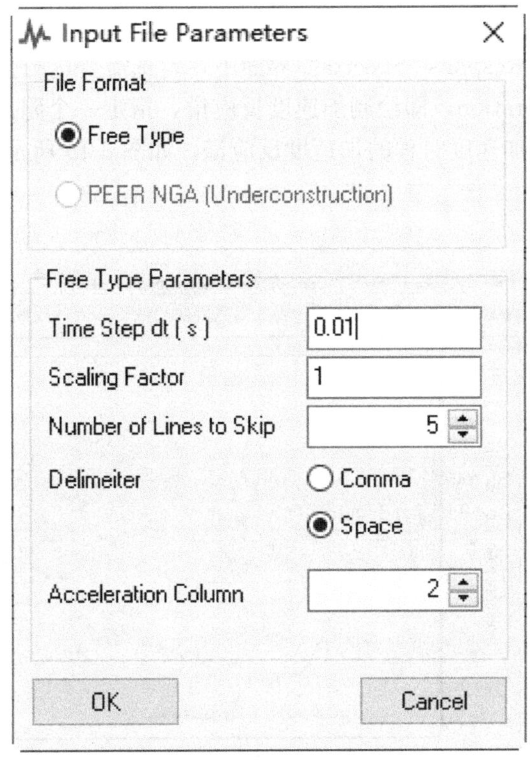


图 3-14　设置导入格式参数

（3）选择需要导入的加速度时程文件。在“Time History Records”界面下，软件自动对导入的加速度时程进行积分计算获得位移和速度，如图 3-15 所示。用户可选择是否对加速度时程进行基线修正，修正后，反应谱会基于修正的加速度时程进行计算。

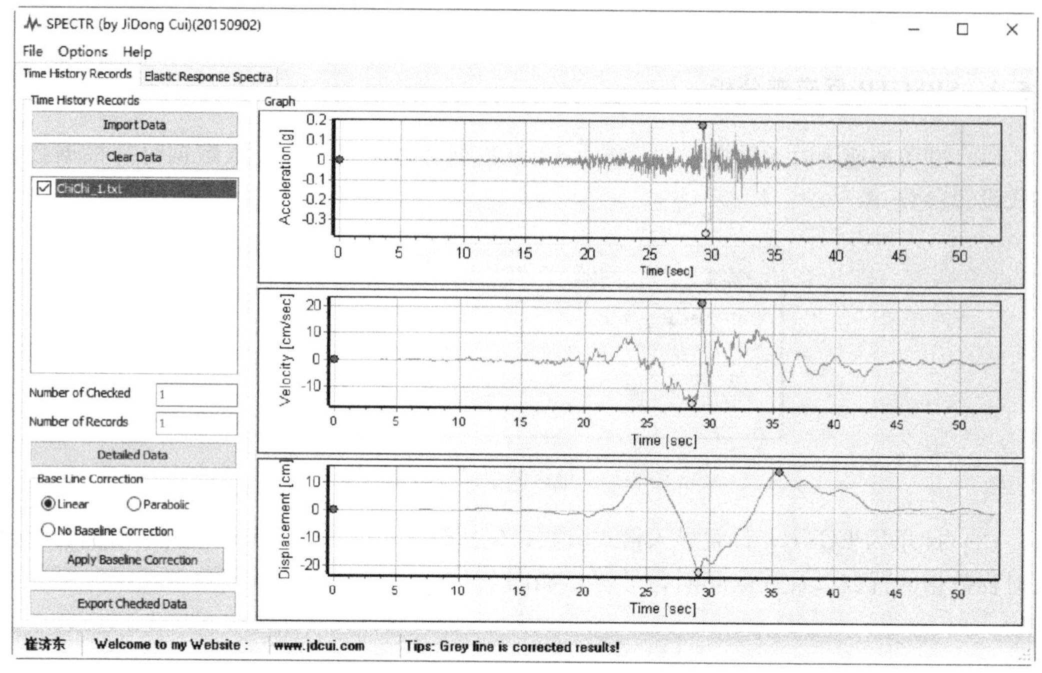


图 3-15　加速度时程曲线及其相应的速度时程、位移时程

（4）进入“Elastic Response Spectra”界面下，勾选需要进行反应谱分析的加速度时程，选择 Y 轴为 Acceleration，即绘制加速度反应谱，指定一个阻尼比为 5%，点击 Analyze and Refresh，绘制加速度时程的加速度反应谱，如图 3-16 所示。

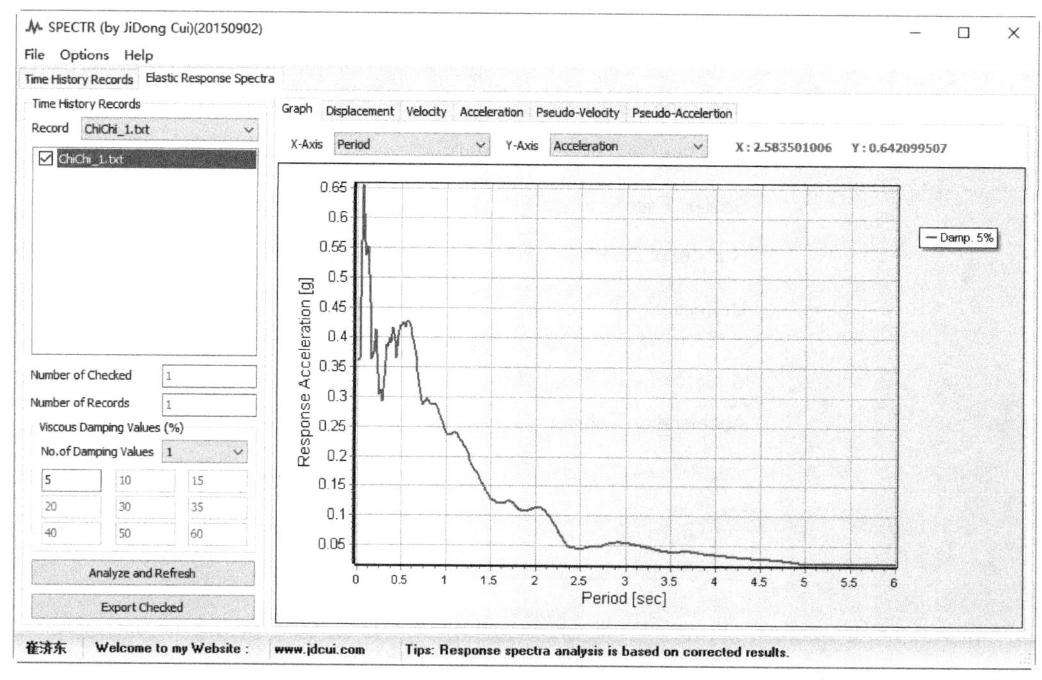


图 3-16　加速度反应谱

图 3-17 分别是 SPECTR 中绘制的速度反应谱、位移反应谱、伪加速度反应谱和伪速度反应谱。

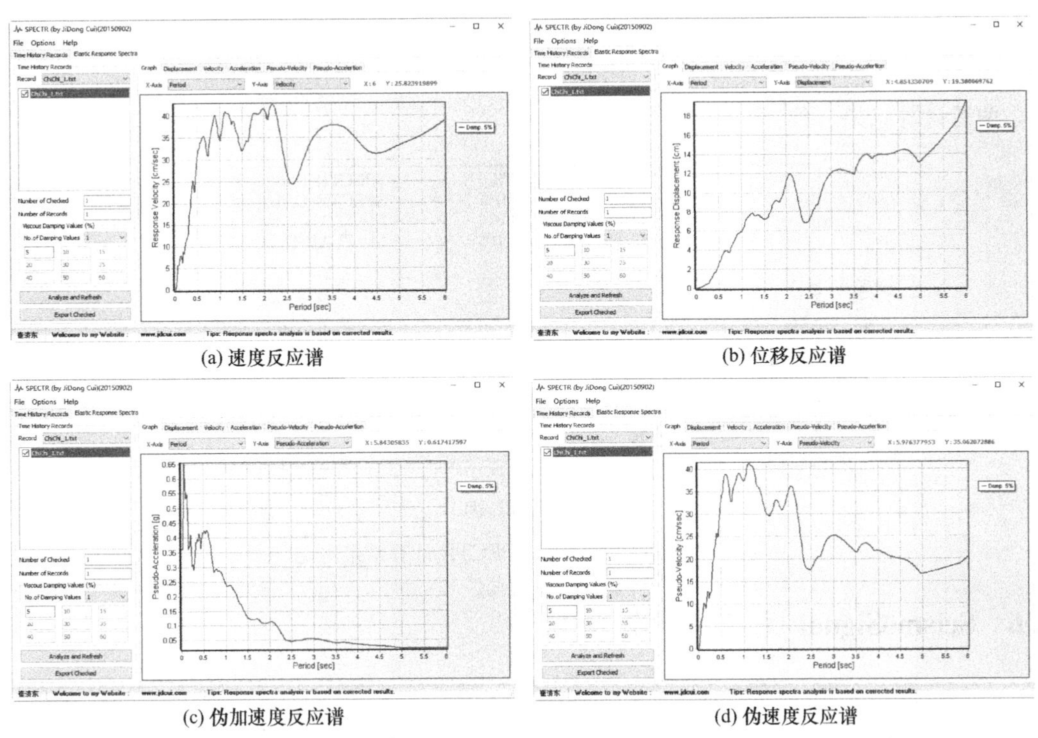

(a) 速度反应谱　(b) 位移反应谱

(c) 伪加速度反应谱　(d) 伪速度反应谱

图 3-17　SPECTR 中绘制的反应谱曲线

选择绘制 4 种阻尼比下的加速度反应谱，阻尼比分别为 0%、5%、10%、20%，绘图如图 3-18 所示。

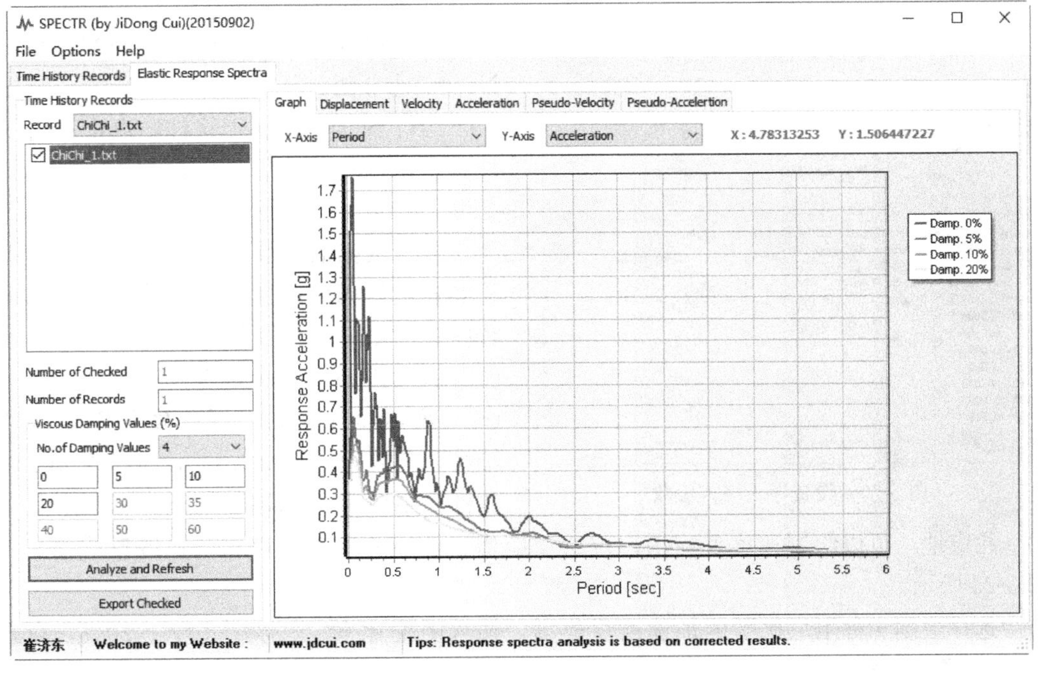


图 3-18　不同阻尼比的加速度反应谱曲线

点击【Export Checked】，可将已勾选地震波的反应谱数据导出。将 MATLAB 计算的不同阻尼比下的加速度反应谱与 SPECTR 计算结果进行对比，如图 3-19 所示，由图可见，两者计算结果一致。

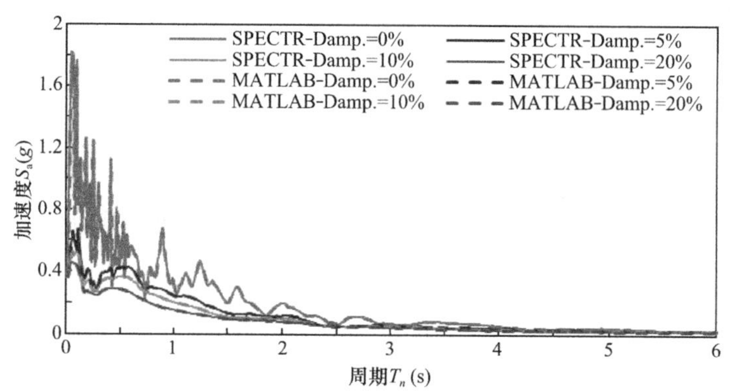


图 3-19　MATLAB 与 SPECTR 计算结果对比

## 3.6　SeismoSignal 反应谱计算

SeismoSignal[5]（软件官网 https：//seismosoft. com/）是一款功能强大的地震波处理软件，主要功能包括加速度积分、基线调整和滤波、傅里叶谱和能量谱、反应谱计算，同时能够计算一些常用的地震动参数。目前软件版本为 2021 版，试用版软件功能有限制，如需使用完整版可用教育版邮箱申请教育版软件或购买正式版。SeismoSignal 软件单自由度体系动力时程分析采用的是 Newmark-β 法。

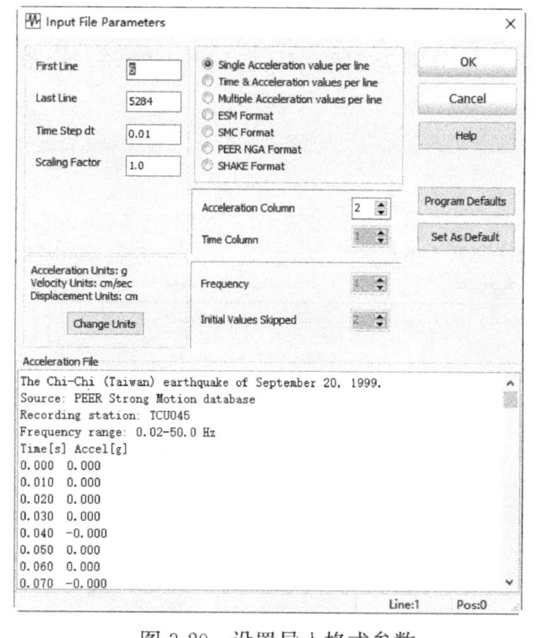


图 3-20　设置导入格式参数

运行 SeismoSignal 软件，点击打开文件，设置导入加速度时程文件的格式参数，如图 3-20 所示。

导入数据后，软件自动绘制加速度时程曲线及其相应的速度时程曲线和位移时程曲线，如图 3-21 所示。

进入 Elastic/Inelastic Response Spectra 界面，设置 $X$ 轴绘图参数为 Period，$Y$ 轴绘图参数为 Acceleration，点击 Refresh，软件绘制加速度反应谱，如图 3-22 所示。

相应地，可以绘制速度反应谱、位移反应谱、伪加速度反应谱和伪速度反应谱，如图 3-23 所示。

选择绘制 4 种阻尼比下的加速度反应谱，输入阻尼比 0%、5%、10%、20%，点击【Refresh】，绘图结果如图 3-24 所示。

点击【Save Spectrum】可将所需反应谱数据导出。将 MATLAB 计算的不同阻尼比下的加速度反应谱与 SeismoSignal 计算结果进行对比，如图 3-25 所示。

由图 3-25 可见，5%、10%、20%阻尼比情况下，SeismoSignal 与 MATLAB 编程的分析结果吻合较好，但阻尼比为 0 且周期较小时，两者结果有差异，且 SeismoSignal 的结果更大。将阻尼比为 0 时的反应谱曲线单独提取，如图 3-26 所示。

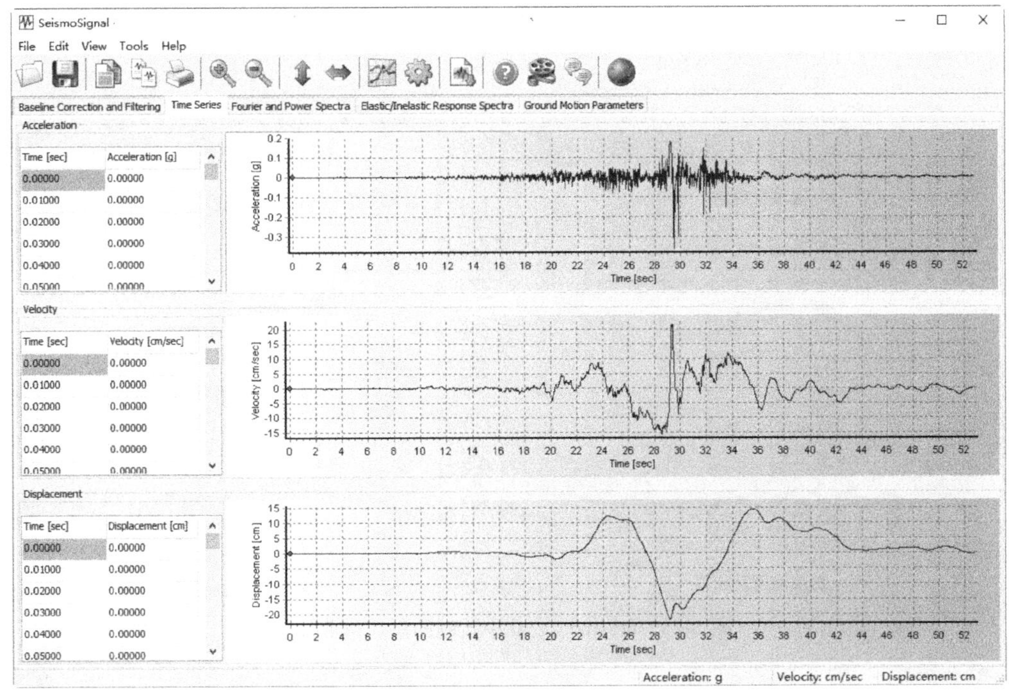


图 3-21 加速度时程曲线及其相应的速度时程、位移时程

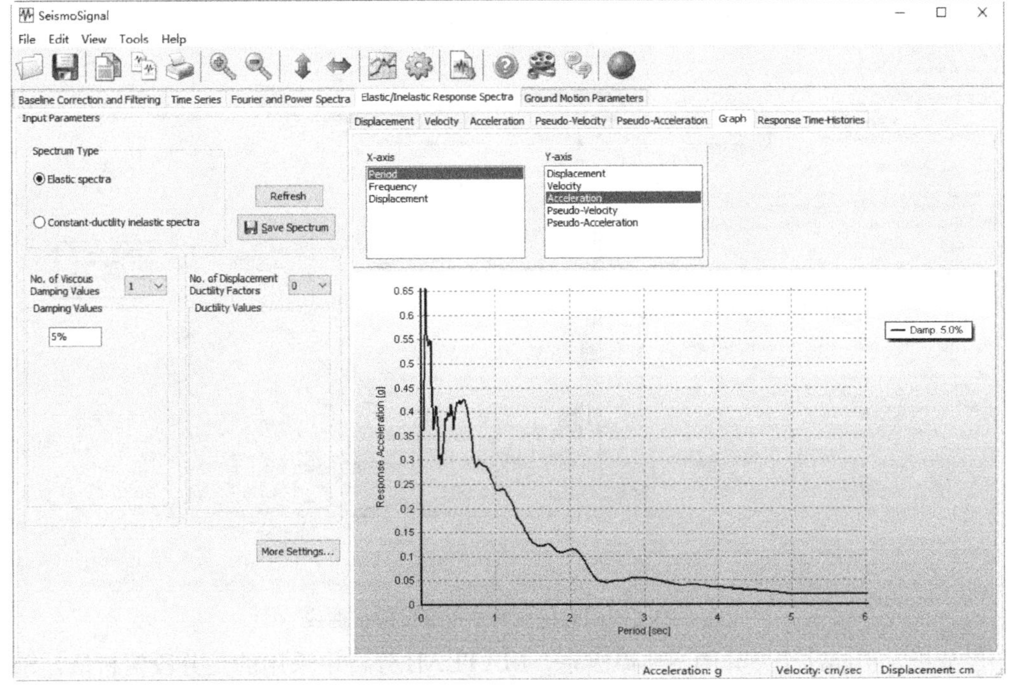


图 3-22 加速度反应谱

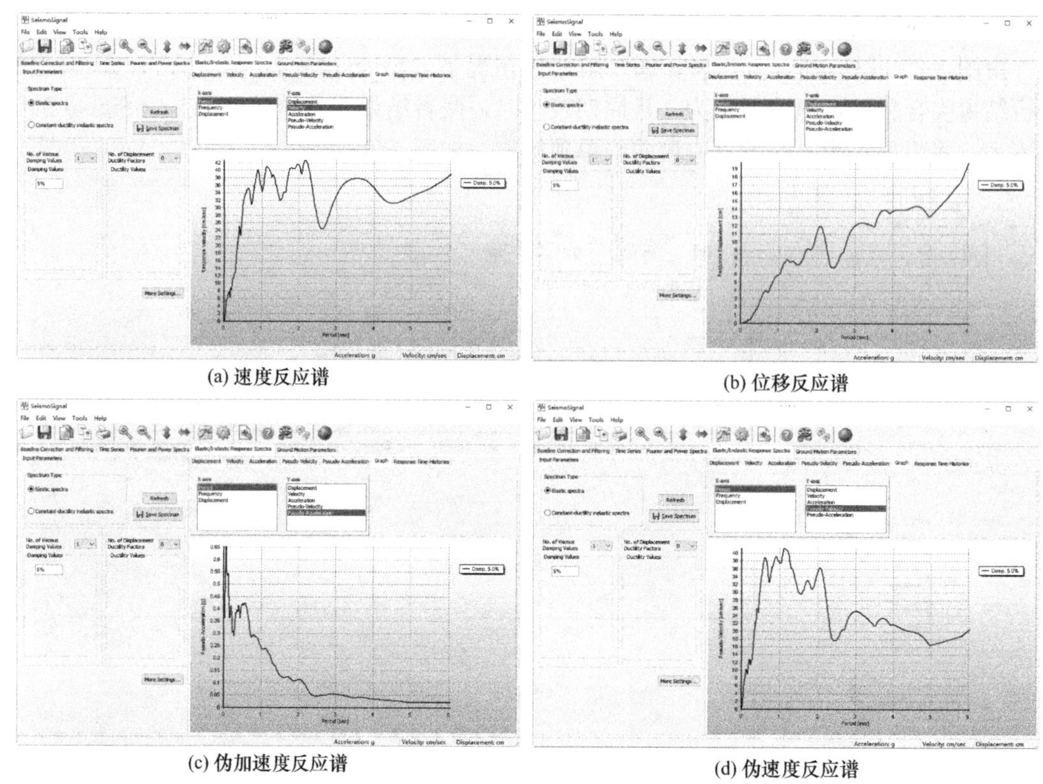

(a) 速度反应谱

(b) 位移反应谱

(c) 伪加速度反应谱

(d) 伪速度反应谱

图 3-23 SeismoSignal 中绘制的反应谱曲线

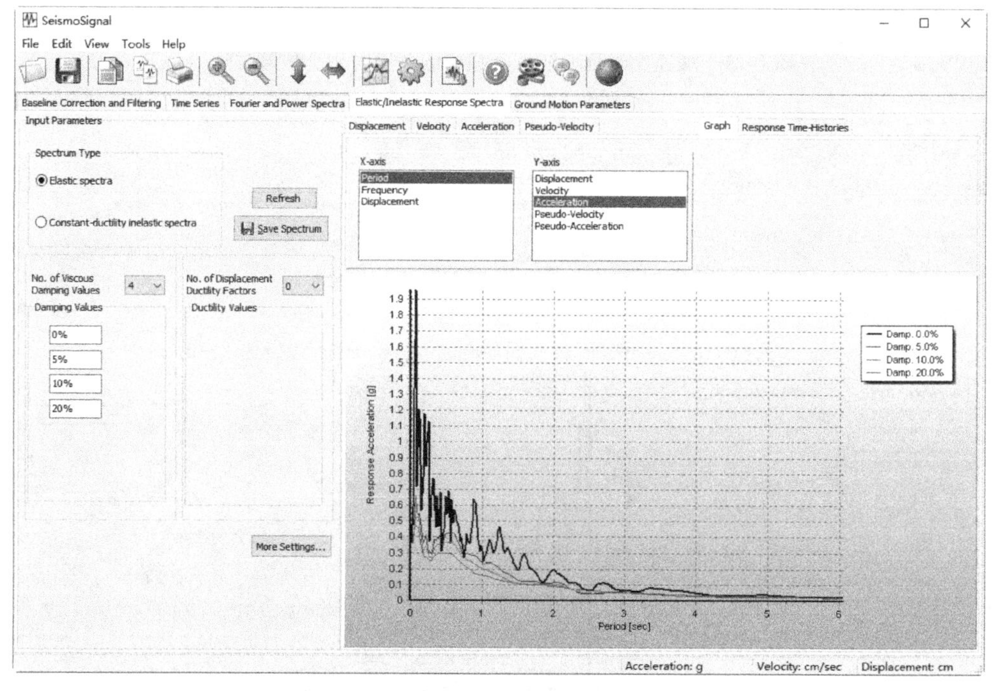


图 3-24 不同阻尼比的加速度反应谱曲线

经分析，引起这个差异的主要原因是，MATLAB 分析中采用的是分段解析法，SeismoSignal 分析中采用的是 Newmark-β 法，分段解析法是精确的，而 Newmark-β 法在小阻尼、小周期时，对积分步长要求更高。SeismoSignal 默认积分步长为 $\Delta t/T_0 \leqslant 0.02$（与 MATLAB 分段解析法的时间步长一致），进一步将默认步长改为 $\Delta t/T_0 \leqslant 0.005$，分析结果如图 3-27 所示。采用更小的积分步长后，SeismoSignal 的反应谱分析结果与 MATLAB 采用分段解析法的分析结果一致。

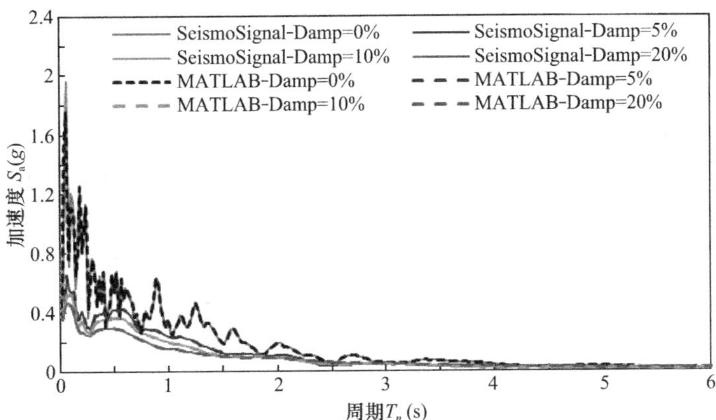


图 3-25 MATLAB 与 SeismoSignal 计算结果对比

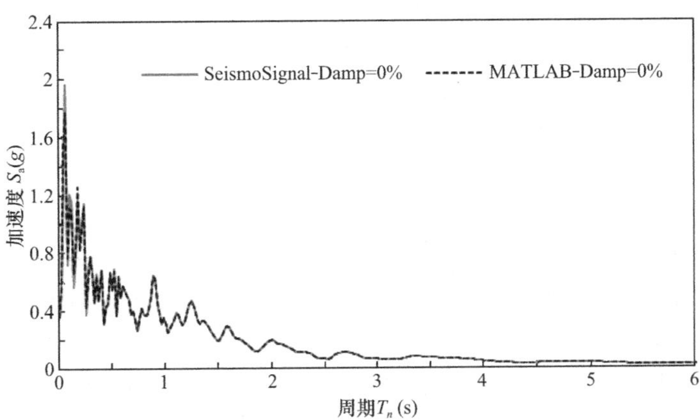


图 3-26 MATLAB 与 SeismoSignal 计算结果对比（阻尼比 0%）

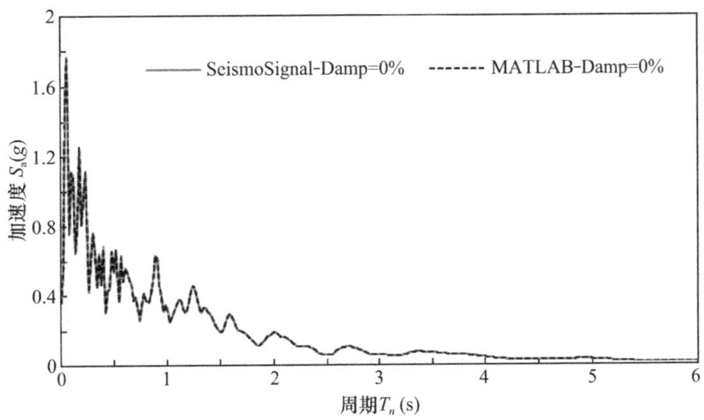


图 3-27 不同积分步长 SeismoSignal 计算结果与 MATLAB 编程结果对比

## 3.7 小结

(1) 详细介绍弹性地震反应谱的基本原理，对反应谱与伪反应谱的关系进行讲解。

(2) 总结反应谱的求解步骤，通过 MATLAB 编程实现基于分段解析法的地震波反应谱计算。

(3) 对作者编制的反应谱分析软件 SPECTR 及 SeismoSignal 软件进行介绍，并通过具体地震波的反应谱分析演示软件的具体应用。

(4) 将 MATLAB 编程结果与 SPECTR 及 SeismoSignal 软件的分析结果进行对比，验证了 MATLAB 代码的正确性。

(5) 反应谱是结构抗震设计中重要的概念，理解反应谱的概念及计算原理对学习结构抗震设计十分必要。此外，理解本章内容也是学习第 6 章振型分解反应谱法的基础。

## 参考文献

[1] Anil K. Chopra. 结构动力学理论及其在地震工程中的应用 [M]. 4 版. 谢礼立，吕大刚，等. 译. 北京：高等教育出版社，2016.

[2] 张敦元，白羽，等. 对我国现行抗震规范反应谱若干概念的探讨 [J]. 建筑结构学报，2016，37 (4)：110-118.

[3] 张晓志，谢礼立，于海英. 地震动反应谱的数值计算精度和相关问题 [J]. 地震工程与工程振动，2004，24 (6)：15-20.

[4] 崔济东. [软件] [工具] SPECTR (v1.0) - A program for Response Spectra Analysis [SPECTR 地震波反应谱计算程序] [EB/OL]. http：//www. jdcui. com/? p=1875 (2021 年 3 月)

[5] SeismoSignal - Earthquake Software for Signal Processing of Strong-Motion data [EB/OL]. http：//www. seismosoft. com (2021 年 3 月)

# 第 4 章 多自由度体系模态分析

模态是结构的固有振动特性，每个模态具有特定的固有频率、阻尼比和模态振型，称为模态参数。求解结构模态参数的过程称为模态分析。模态分析可通过计算或试验方法进行，分别称为计算模态分析和试验模态分析，其中计算模态分析是指通过对结构整体平衡方程组进行解耦的方法，获取结构各阶模态参数。

本章首先从多自由度体系的自由振动问题入手讨论，引出结构固有振型和固有频率的基本概念，以及固有振型的求解方法，并着重讨论了振型向量的正交特性，在此基础上，给出 MATLAB 模态分析的编程实例，并与有限元软件 SAP2000、midas Gen 分析结果进行对比验证。

## 4.1 模态分析原理

将第 2 章中单自由度体系运动方程推广到多自由度体系，则有

$$\{f_{\mathrm{I}}(t)\}+\{f_{\mathrm{D}}(t)\}+\{f_{\mathrm{S}}(t)\}+\{P(t)\}=\{0\} \tag{4-1}$$

其中

$$\{f_{\mathrm{I}}(t)\}=-[M](\{\ddot{u}(t)\}+\ddot{u}_{\mathrm{g}}(t)\{I\}) \tag{4-2}$$

$$\{f_{\mathrm{D}}(t)\}=-[C]\{\dot{u}(t)\} \tag{4-3}$$

$$\{f_{\mathrm{S}}(t)\}=-[K]\{u(t)\} \tag{4-4}$$

综合上式并略去式（4-1）中的阻尼项和外力项，可得到无阻尼多自由度体系自由振动方程

$$[M]\{\ddot{u}(t)\}+[K]\{u(t)\}=\{0\} \tag{4-5}$$

设方程的解为如下简谐振动形式

$$\{u(t)\}=\{\phi\}\sin(\omega t+\theta) \tag{4-6}$$

式中 $\{\phi\}$ 是与时间无关的 $N$ 阶向量，$N$ 是体系自由度数量，$\omega$ 是振动圆频率，$\theta$ 是相位。

对式（4-6）求二阶导数，可得到结构的加速度

$$\{\ddot{u}(t)\}=-\omega^2\{\phi\}\sin(\omega t+\theta)=-\omega^2\{u(t)\} \tag{4-7}$$

将式（4-6）和式（4-7）代入式（4-5）中，可得到

$$[K]\{\phi\}-\lambda[M]\{\phi\}=\{0\} \tag{4-8}$$

上式称为 $N$ 阶广义特征值问题，式中 $\lambda=\omega^2$，刚度矩阵 $[K]$ 和质量矩阵 $[M]$ 是 $N$ 阶正定或半正定的对称矩阵。上式还可以写为

$$([K]-\lambda[M])\{\phi\}=\{0\} \tag{4-9}$$

根据齐次线性方程组的特性，上式有非零解的充要条件是系数行列式等于零，即

$$p(\lambda)=|[K]-\lambda[M]|=0 \tag{4-10}$$

上式是一个关于 $\lambda$ 的一元 $N$ 次方程，称为多自由度体系的频率方程。求解可得 $N$ 个

特征根$\lambda_i$ ($i=1$, 2, …, $N$)。将 $N$ 个特征根$\lambda_i$ 分别代入式 (4-9)，可求得相应的 $N$ 个特征向量$\{\phi\}_i$ ($i=1$, 2, …, $N$)。将特征值 $\lambda_i$ 由小到大排列

$$0 \leqslant \lambda_1 \leqslant \lambda_2 \leqslant \cdots \leqslant \lambda_{N-1} \leqslant \lambda_N \tag{4-11}$$

特征向量 $\{\phi\}_i$ 的意义表示体系第 $i$ 阶可能的振动模态，特征值 $\lambda_i$ 则等于相应的第 $i$ 阶振动圆频率$\omega_i$ 的平方，($\lambda_i$，$\{\phi\}_i$)则称为体系的第 $i$ 个特征对，满足以下关系

$$[K]\{\phi\}_i - \lambda_i[M]\{\phi\}_i = \{0\} \tag{4-12}$$

上式可以进一步写成

$$[K][\Phi] = [M][\Phi][\Lambda] \tag{4-13}$$

式中

$$[\Phi] = [\{\phi\}_1 \quad \{\phi\}_2 \quad \cdots \quad \{\phi\}_N] \tag{4-14}$$

$$[\Lambda] = \begin{bmatrix} \omega_1^2 & & & \\ & \omega_2^2 & & \\ & & \ddots & \\ & & & \omega_N^2 \end{bmatrix} \tag{4-15}$$

式中 $[\Phi]$ 称为体系的振型矩阵，$[\Lambda]$ 称为体系的特征值矩阵（或谱矩阵）[1]。

最后求得各阶模态的周期

$$T_i = 2\pi/\omega_i \tag{4-16}$$

## 4.2　振型向量的正交性

由公式 (4-12) 只能得到特征向量 $\{\phi\}_i$ 中各元素的相对值，无法确定它们的绝对数值。为了确定 $\{\phi\}_i$ 中各元素的大小，可令特征向量 $\{\phi\}_i$ 满足归一化条件

$$\{\phi\}_i^{\mathrm{T}}[M]\{\phi\}_i = 1 \tag{4-17}$$

式中 $i=1$, 2, …, $N$，这样定义的体系固有振型又称为正则振型。

取不同的特征对($\lambda_i$，$\{\phi\}_i$)和($\lambda_j$，$\{\phi\}_j$)代入方程 (4-12)，可得

$$([K] - \lambda_i[M])\{\phi\}_i = \{0\} \tag{4-18}$$

$$([K] - \lambda_j[M])\{\phi\}_j = \{0\} \tag{4-19}$$

分别用 $\{\phi\}_j^{\mathrm{T}}$ 和 $\{\phi\}_i^{\mathrm{T}}$ 左乘式 (4-18) 与式 (4-19)，则有

$$\{\phi\}_j^{\mathrm{T}}([K] - \lambda_i[M])\{\phi\}_i = 0 \tag{4-20}$$

$$\{\phi\}_i^{\mathrm{T}}([K] - \lambda_j[M])\{\phi\}_j = 0 \tag{4-21}$$

由于矩阵运算 $(AB)^{\mathrm{T}}=B^{\mathrm{T}}A^{\mathrm{T}}$，对式 (4-20) 进行转置，有

$$\{\phi\}_i^{\mathrm{T}}([K]^{\mathrm{T}} - \lambda_i [M]^{\mathrm{T}})\{\phi\}_j = 0 \tag{4-22}$$

若刚度矩阵 $[K]$ 和质量矩阵 $[M]$ 为对称矩阵，则有

$$[K]^{\mathrm{T}} = [K], [M]^{\mathrm{T}} = [M] \tag{4-23}$$

则式 (4-22) 可记作

$$\{\phi\}_i^{\mathrm{T}}([K] - \lambda_i[M])\{\phi\}_j = 0 \tag{4-24}$$

再用式 (4-21) 减去式 (4-24)，可得到

$$(\lambda_i - \lambda_j)\{\phi\}_i^{\mathrm{T}}[M]\{\phi\}_j = 0 \tag{4-25}$$

由于各振型的频率各不相同，即 $\lambda_i - \lambda_j \neq 0$，则对于任意两个不同的振型 $i$ 和振型 $j$ 有

$$\{\phi\}_i^{\mathrm{T}}[M]\{\phi\}_j = 0 \tag{4-26}$$

将式（4-26）代入式（4-21）中，可得

$$\{\phi\}_i^{\mathrm{T}}[K]\{\phi\}_j = 0 \tag{4-27}$$

式（4-26）及式（4-27）表明，结构的固有振型关于质量矩阵及刚度矩阵正交。

## 4.3 MATLAB 编程

本节基于 MATLAB 软件编程对一多自由度体系进行模态分析。算例模型及结构参数如图 4-1 所示，算例为一榀平面框架，考虑楼盖无限刚性，各层质量集中于楼层处，结构仅发生剪切变形，计算采用剪切层模型。

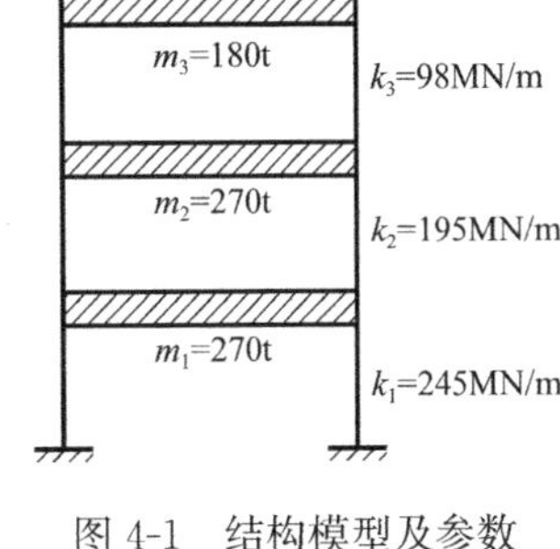


图 4-1　结构模型及参数

根据第 1 章 1.1.2.1 节的推导，本算例的质量矩阵为

$$[M] = \begin{bmatrix} m_1 & & \\ & m_2 & \\ & & m_3 \end{bmatrix} = 10^3 \times \begin{bmatrix} 270 & & \\ & 270 & \\ & & 180 \end{bmatrix} \tag{4-28}$$

刚度矩阵为

$$[K] = \begin{bmatrix} k_1+k_2 & -k_2 & \\ -k_2 & k_2+k_3 & -k_3 \\ & -k_3 & k_3 \end{bmatrix} = 10^6 \times \begin{bmatrix} 440 & -195 & \\ -195 & 293 & -98 \\ & -98 & 98 \end{bmatrix} \tag{4-29}$$

### 4.3.1 编程代码

```
%多自由度结构模态分析
% Author：JiDong Cui(崔济东)
% Website：www.jdcui.com
clear;clc;
format shortEng
```

清理变量以及设置数值结果表示形式

```
%质量、刚度
m=1e3*[270,270,180];
k=1e6*[245,195,98];
%自由度数
freedom=length(m);
```

这段代码是按从底层到顶层的顺序输入各层的质量和刚度，分别存储到向量 $m$ 和 $k$ 中，单位分别为 kg 和 N/m，并求得该结构的自由度大小。

```
%质量矩阵
M=zeros(freedom,freedom);
```

```
for i=1:freedom
    M(i,i)=m(i);
end
%刚度矩阵
K=zeros(freedom,freedom);
K(1,1)=k(1)+k(2);
K(1,2)=-k(2);
for i=2:freedom-1
    K(i,i)=k(i)+k(i+1);
    K(i,i-1)=-k(i);
    K(i,i+1)=-k(i+1);
end
K(freedom,freedom)=k(freedom);
K(freedom,freedom-1)=-k(freedom);
```

注释：这段代码根据上一步输入的各层质量值和刚度值来组装矩阵，此时 $M$ 和 $K$ 均为 3×3 矩阵。

```
K =
    440.0000e+006   -195.0000e+006     0.0000e+000
   -195.0000e+006    293.0000e+006   -98.0000e+006
      0.0000e+000    -98.0000e+006    98.0000e+006
M =
    270.0000e+003      0.0000e+000     0.0000e+000
      0.0000e+000    270.0000e+003     0.0000e+000
      0.0000e+000      0.0000e+000   180.0000e+003
```

```
%模态分析
%求解特征值和特征向量
[eig_vec,eig_val]=eig(inv(M)*K);
[w,w_order]=sort(sqrt(diag(eig_val)));
mode=eig_vec(:,w_order);
%振型归一化
for i=1:freedom
    mode(:,i)=mode(:,i)/mode(freedom,i)
end
%计算自振周期
for i=1:freedom
    T(i)=2*pi/w(i);
end
```

注释：这段代码首先通过 eig 函数对 $[M]^{-1}[K]$（即 inv(M)*K）进行特征值分解，将得到的 3 个特征值 $\lambda_i$ 放入 3×3 矩阵 eig_val 的对角元素上，将得到的 3 个特征向量 $\{\phi\}_i$ 放入 3×3 矩阵 eig_vec 中。通过 diag(eig_val)函数取出 eig_val 矩阵的对角元素 $\lambda_i$，开方后得到圆频率 $\omega_i$，采用 sort 函数将 $\omega_i$ 按升序排列后放入向量 $w$ 中，其中 w_order 为排序的索引，同时将相应的特征向量排序后放入振型矩阵 mode 中。将 mode 中各阶振型向量归一化，最后根据周期与圆频率关系 $T=2\pi/\omega$ 得到各阶振型的周期，放入向量 $T$ 中。

### 4.3.2 计算结果

根据上文中的代码运行得到的自振频率向量及其对应的振型矩阵如下：

```
w =
    13.4590e+000
    30.1232e+000
    46.5909e+000
mode =
    332.7127e-003   -666.6667e-003    3.9870e+000
    667.2873e-003   -666.6667e-003   -2.9870e+000
    1.0000e+000      1.0000e+000      1.0000e+000
T =
    466.8404e-003   208.5829e-003   134.8588e-003
```

根据计算结果，绘制各阶振型图如图 4-2 所示。

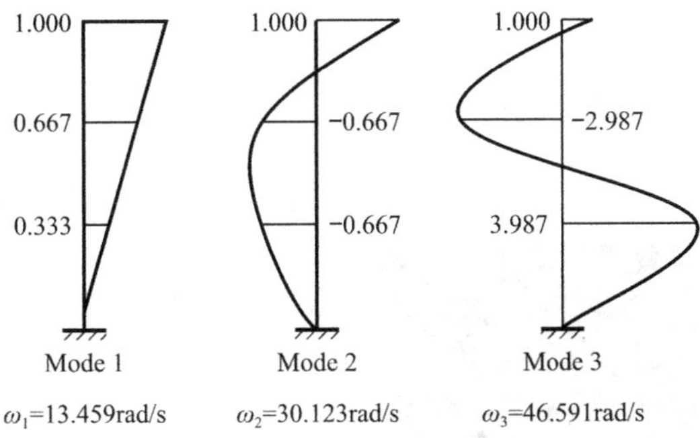


图 4-2 多自由度体系振型

### 4.3.3 振型正交性验证

已知结构刚度矩阵为

$$[K]=\begin{bmatrix}440e6 & -195e6 & 0\\ -195e6 & 293e6 & -98e6\\ 0 & -98e6 & 98e6\end{bmatrix} \tag{4-30}$$

结构质量矩阵为

$$[M]=\begin{bmatrix}270e3 & 0 & 0\\ 0 & 270e3 & 0\\ 0 & 0 & 180e3\end{bmatrix} \tag{4-31}$$

已知第一阶振型向量 $\{\phi\}_1=\{0.3327127 \quad 0.6672873 \quad 1.000\}^{\mathrm{T}}$，第二阶振型向量 $\{\phi\}_2=\{-0.6666667 \quad -0.6666667 \quad 1.000\}^{\mathrm{T}}$，第三阶振型向量 $\{\phi\}_3=\{3.987015 \quad -2.987015 \quad 1.000\}^{\mathrm{T}}$，则有

$$\{\phi\}_1^{\mathrm{T}}[M]\{\phi\}_2=\{0.3327127 \quad 0.6672873 \quad 1.000\}\begin{bmatrix}270e3 & 0 & 0\\ 0 & 270e3 & 0\\ 0 & 0 & 180e3\end{bmatrix}\begin{Bmatrix}-0.6666667\\ -0.6666667\\ 1.000\end{Bmatrix}$$

$$=\{89.83243e3 \quad 180.16757e3 \quad 180e3\}\begin{Bmatrix}-0.6666667\\-0.6666667\\1.000\end{Bmatrix}$$

$$=(-59.88829-120.11172+180)\ e3$$

$$=0$$

同理不难计算 $\{\phi\}_2^{\mathrm{T}}[M]\{\phi\}_3=0$，$\{\phi\}_3^{\mathrm{T}}[M]\{\phi\}_1=0$。

同理有

$$\{\phi\}_1^{\mathrm{T}}[K]\{\phi\}_2=\{0.3327127 \quad 0.6672873 \quad 1.000\}\begin{bmatrix}440e6 & -195e6 & 0\\-195e6 & 293e6 & -98e6\\0 & -98e6 & 98e6\end{bmatrix}\begin{Bmatrix}-0.6666667\\-0.6666667\\1.000\end{Bmatrix}$$

$$=\{16.2726e6 \quad 32.6362e6 \quad 32.6058e6\}\begin{Bmatrix}-0.6666667\\-0.6666667\\1.000\end{Bmatrix}$$

$$=(-10.8484-21.7575+32.6058)\ e6$$

$$=0$$

同理不难计算 $\{\phi\}_2^{\mathrm{T}}[K]\{\phi\}_3=0$，$\{\phi\}_3^{\mathrm{T}}[K]\{\phi\}_1=0$。

## 4.4 SAP2000 模态分析

### 4.4.1 建立模型

本节算例（图 4-1）可用剪切层模型进行模拟，在 SAP2000 中用 2 节点 Link/Support 单元（连接/支座单元）模拟抗侧力结构，用质点模拟各层楼盖，主要建模过程如下：

（1）首先选择单位系统为“N，mm”，此时对应的质量单位为吨。

（2）点击【绘图】-【绘制特殊节点】或左侧快捷栏中的【绘制特殊节点】，依次添加 4 个节点。选择节点 1，点击【指定】-【节点】-【约束】，约束节点所有 6 个自由度，实现嵌固的目的。分别选择节点 2、3、4，根据节点对应的楼层指定相应的质量，各节点仅指定局部 1 轴的质量，默认对应整体坐标的 $X$ 平动方向，如图 4-3 所示。

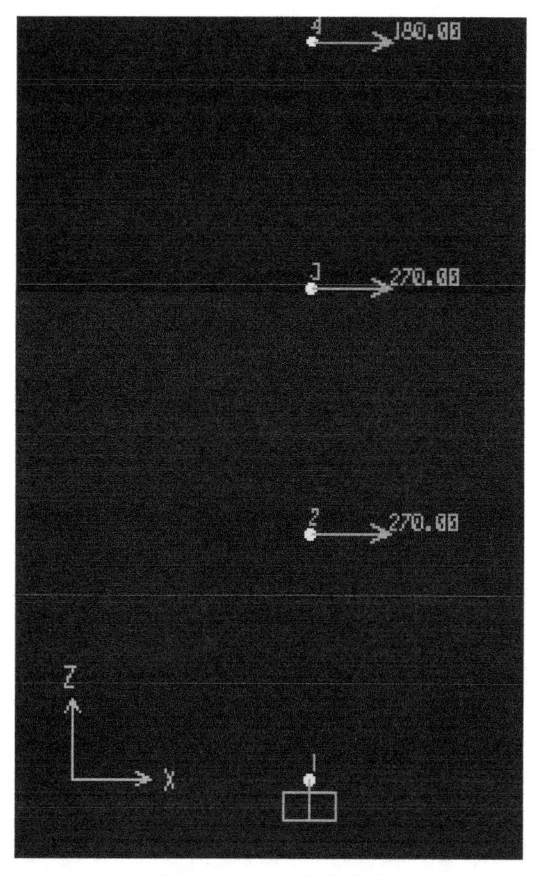

图 4-3　定义节点及其属性

（3）点击【定义】-【截面属性】-【连接/支座属性】，添加 3 个 Linear 类型的连接单元，各单元仅激活 U2 方向的自由度，如图 4-4 所示。点击【绘图】-【绘制 2 节点连接】，选择连接单元属性，依次添加连接单元，如图 4-5 所示。

（4）点击【定义】-【荷载工况】，查看模态分析工况数据。荷载工况类型为“Modal”，最大振型数取 3 即可，因为本模型只有 3 个自由度，振型数为 3，其余可按默认，如图 4-6 所示。

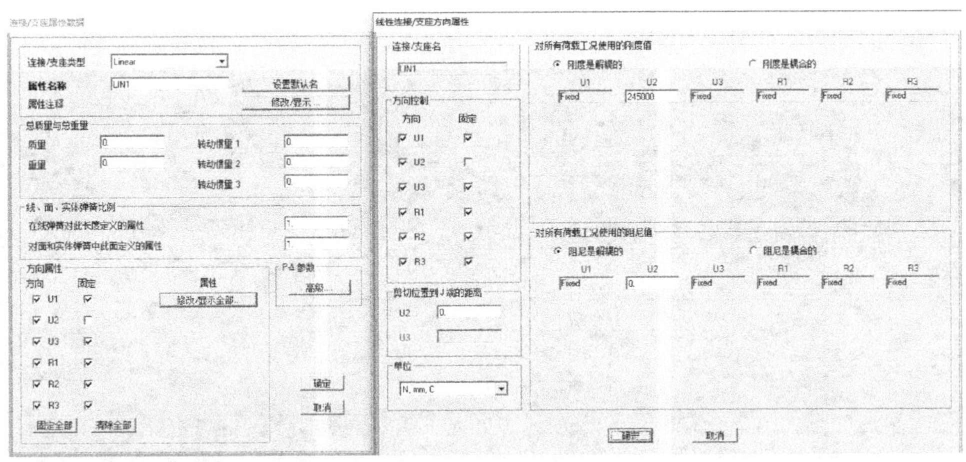


图 4-4　定义线性连接单元（以首层连接单元为例）

图 4-5　添加连接单元

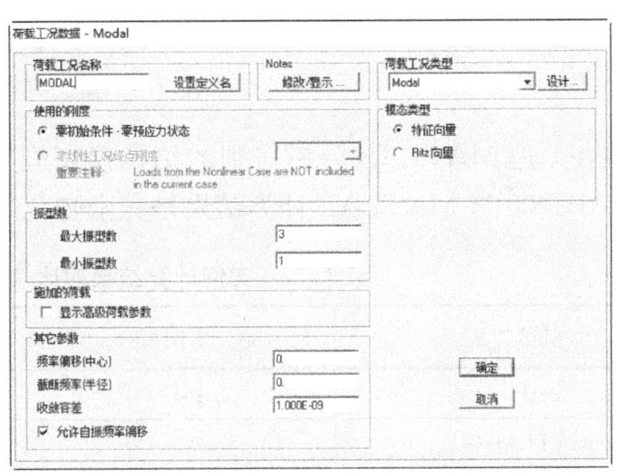


图 4-6　定义模态分析工况（SAP2000）

运行分析。

### 4.4.2　计算结果

点击【显示】-【显示变形形状】或快捷菜单，选择模态分析工况及振型阶数，可查看各阶振型形状，如图 4-7 所示。

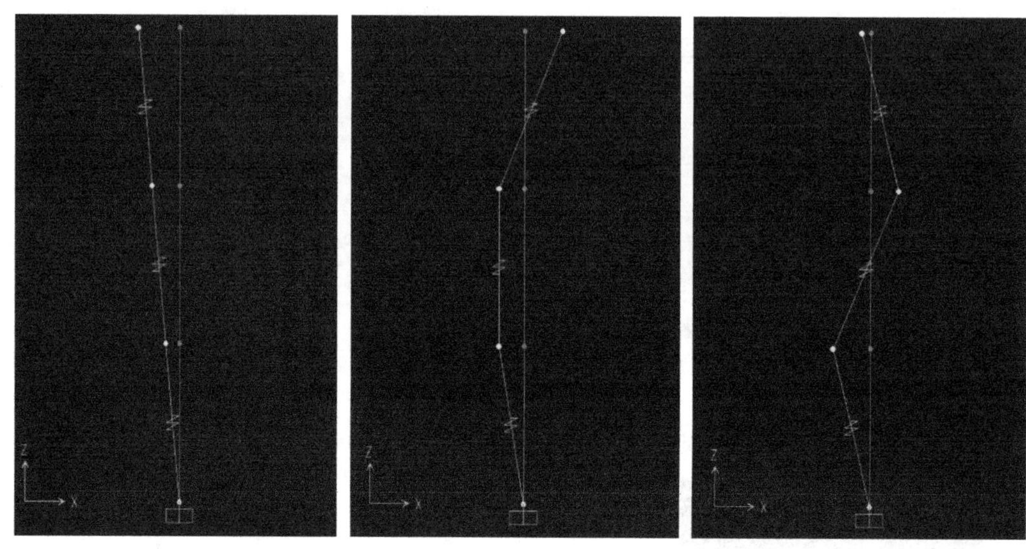

图 4-7　模型各阶振型

点击【显示】-【显示表格】，在树形菜单中的【分析结果】-【结构输出】-【振型信息】下选择“模态周期和频率”，可以以表格形式显示结构模态信息，如图 4-8 所示。

Modal Periods And Frequencies

文件(F)　视图(V)　格式过滤或选择(M)　选择(S)　选项(O)

Units: As Noted　　　　Modal Periods And Frequencies

| OutputCase Text | StepType Text | StepNum Unitless | Period Sec | Frequency Cyc/sec | CircFreq rad/sec | Eigenvalue rad2/sec2 |
|---|---|---|---|---|---|---|
| MODAL | Mode | 1 | .46684 | 2.1421 | 13.459 | 181.14 |
| MODAL | Mode | 2 | .208583 | 4.7943 | 30.123 | 907.41 |
| MODAL | Mode | 3 | .134859 | 7.4152 | 46.591 | 2170.7 |

图 4-8　模态周期结果

表 4-1 是 MATLAB 分析得到的结构模态周期与 SAP2000 计算结果的对比，由表可知，SAP2000 与 MATLAB 计算结果是完全吻合的。

**实例计算结果对比**（SAP2000）　　表 4-1

| 计算方法 | 第一周期（s） | 第二周期（s） | 第三周期（s） |
|---|---|---|---|
| SAP2000 | 0.46684 | 0.20858 | 0.13486 |
| MATLAB 编程 | 0.46684 | 0.20858 | 0.13486 |
| 与 SAP2000 相对偏差（%） | 0 | 0 | 0 |

## 4.5 midas Gen 模态分析

### 4.5.1 建立模型

本例尝试根据楼层抗侧刚度反推框架柱单元的方法进行模拟分析。整体模型见图 4-9。在 midas Gen 中具体建模过程如下：

(1) 以首层为例，其抗侧刚度为 $k_1=245\text{MN/m}$，由 $k=\frac{12i}{h^2}=\frac{12EI}{h^3}$，取 $E=2.0\times10^5\text{N/mm}^2$（钢材弹性模量），求解得截面惯性矩 $I=2.76\times10^{10}\text{mm}^4$。假设柱为正方形截面，则其等效截面的边长为 $a=\sqrt[4]{12I}=758.36\text{mm}$。同理得二、三层的等效正方形截面边长分别为 719.03mm 和 603.10mm。

(2) 建立基本模型。在 midas Gen 中的【节点/单元】-【建立单元】处，沿 $Z$ 方向定义 4 个节点（图 4-10），并根据上一步骤中的信息在【特性】-【材料特征值】中进行材料（图 4-11）和截面定义（图 4-12），依次赋予节点间的柱单元。

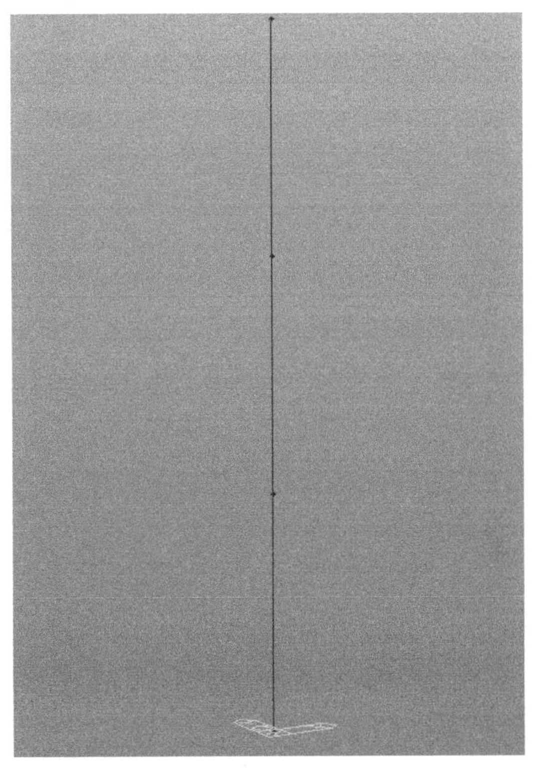

图 4-9 整体模型（midas Gen）

MIDAS/Gen | 节点

| | 节点 | X(m) | Y(m) | Z(m) |
|---|---|---|---|---|
| | 1 | 0.000000 | 0.000000 | 0.000000 |
| | 2 | 0.000000 | 0.000000 | 3.000000 |
| | 3 | 0.000000 | 0.000000 | 6.000000 |
| | 4 | 0.000000 | 0.000000 | 9.000000 |
| * | | | | |

图 4-10 节点定义（midas Gen）

(3) 边界约束定义。在【边界】-【一般支承】处对各节点进行边界约束，其中底部的 1 节点需约束所有自由度，其余 3 个节点只有 $X$ 方向的平动不被约束，如图 4-13 所示。

(4) 质量定义。在【质量】-【节点质量】处定义各层质量（$X$ 方向），如图 4-14 所示。注：此处质量单位为 kN，需要将质量乘以 $g$ 进行单位换算，如 $270\text{t}\cdot9.8\text{m/s}^2=2646\text{kN}$。

(5) 模态分析。在【分析】-【运行分析】即可进行默认的结构模态分析计算。

### 4.5.2 计算结果

计算结果见图 4-15、图 4-16。

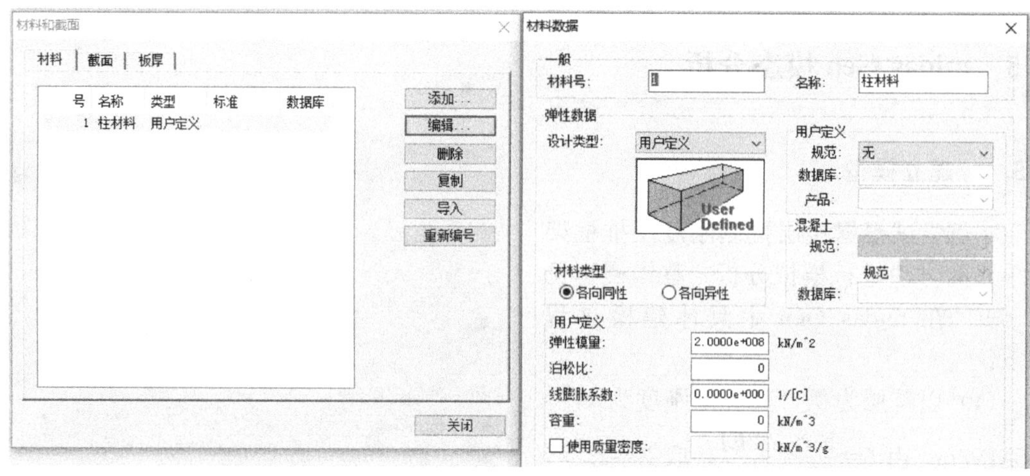


图 4-11　柱材料定义（midas Gen）

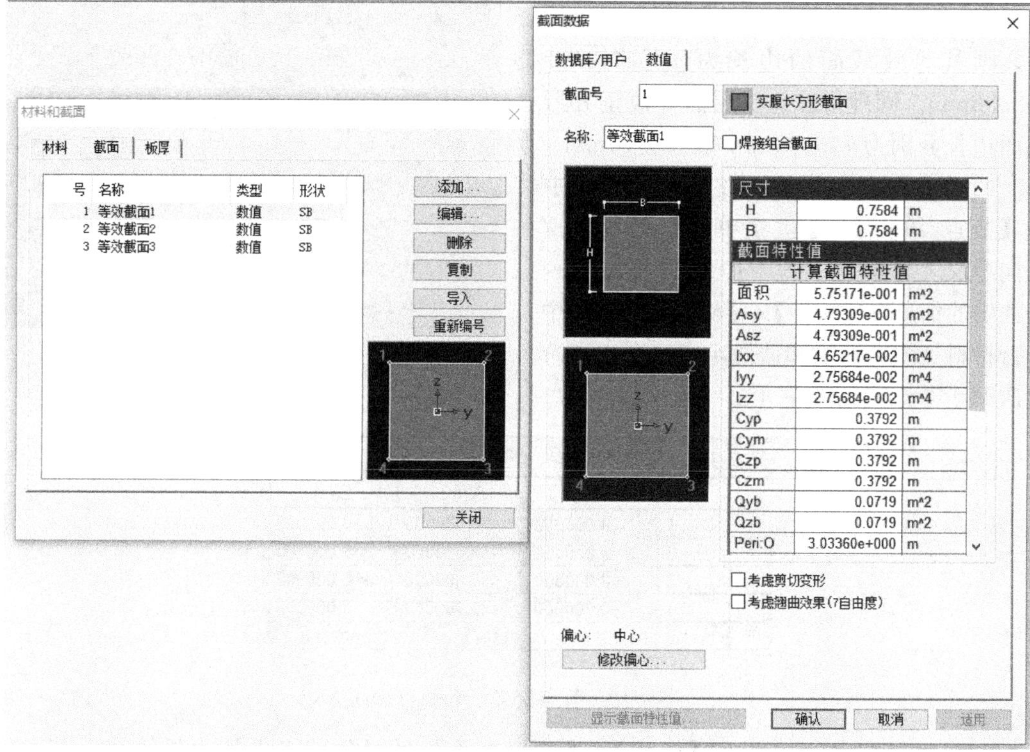


图 4-12　柱等效截面定义（midas Gen）

MIDAS/Gen　一般支承

| | 节点 | Dx | Dy | Dz | Rx | Ry | Rz | Rw | 组 |
|---|---|---|---|---|---|---|---|---|---|
| | 1 | 1 | 1 | 1 | 1 | 1 | 1 | 1 | 默认 |
| | 2 | 0 | 1 | 1 | 1 | 1 | 1 | 1 | 默认 |
| | 3 | 0 | 1 | 1 | 1 | 1 | 1 | 1 | 默认 |
| | 4 | 0 | 1 | 1 | 1 | 1 | 1 | 1 | 默认 |
| * | | | | | | | | | |

图 4-13　节点约束定义（midas Gen）

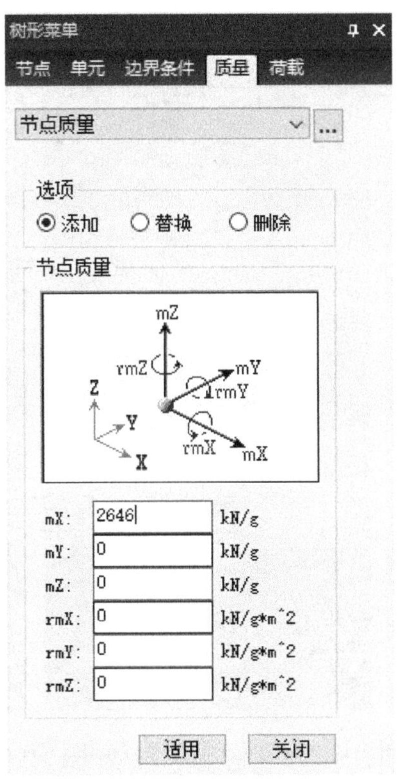


图 4-14　节点质量定义（midas Gen）

MIDAS/Gen　结果-[特征值模态]

| 节点 | 模态 | UX | UY | UZ | RX |
|---|---|---|---|---|---|
| 特征值分析 | | | | | |
| | 模态号 | 频率 | | 周期 | 容许误差 |
| | | (rad/sec) | (cycle/sec) | (sec) | |
| | 1 | 13.6335 | 2.1698 | 0.4609 | 1.7034e-027 |
| | 2 | 30.4299 | 4.8431 | 0.2065 | 1.7034e-027 |
| | 3 | 47.2917 | 7.5267 | 0.1329 | 1.7034e-027 |

图 4-15　周期计算结果（midas Gen）

由表 4-2 可以看出，midas Gen 的计算结果与 MATLAB 计算结果有一定差别，主要原因是 midas Gen 算例中采用梁单元近似等效算例中的层剪切行为，而梁单元节点是有转动自由度和刚度的，单元受力行为略有不同。

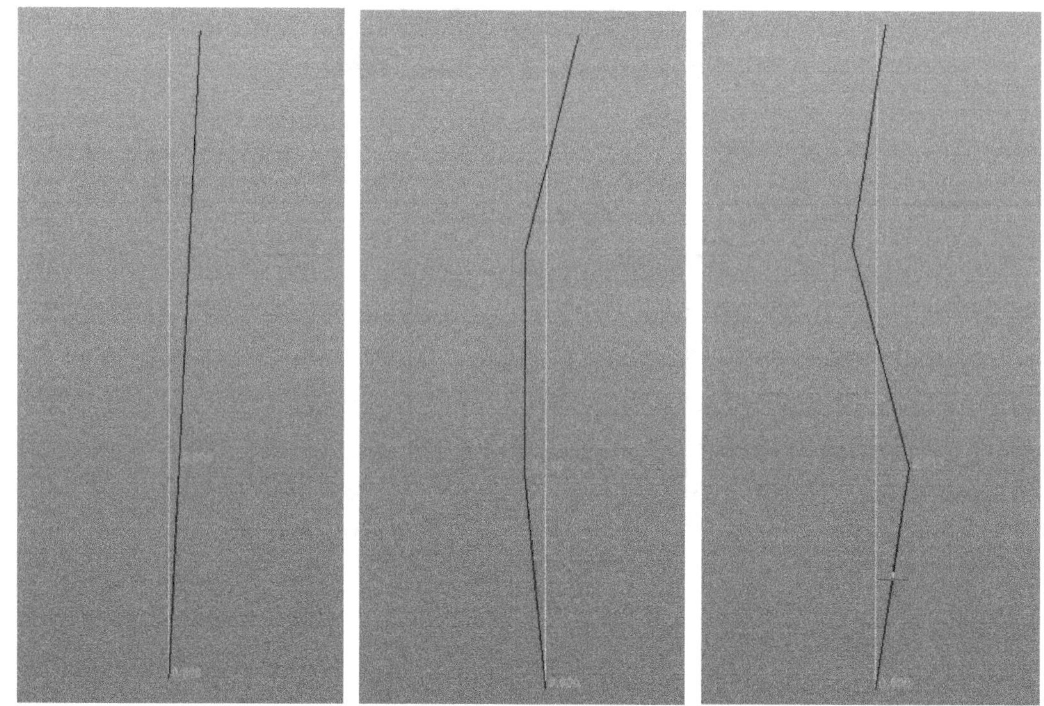

图 4-16　模型前三阶振型（midas Gen）

**实例计算结果对比**（midas Gen）　　表 4-2

| 计算方法 | 第一周期（s） | 第二周期（s） | 第三周期（s） |
|---|---|---|---|
| midas Gen | 0.4609 | 0.2065 | 0.1329 |
| MATLAB 编程 | 0.4668 | 0.2086 | 0.1349 |
| 与 midas Gen 相对偏差（%） | 1.264 | 1.007 | 1.483 |

## 4.6　小结

本章主要包括以下内容：

（1）对多自由度体系的模态分析原理进行讲解，给出了具体公式。

（2）讨论了振型向量的正交性，并给出公式证明。

（3）通过 MATLAB 编程实现剪切层模型的模态分析，并通过实例对振型正交性进行验证。

（4）采用 SAP2000、midas Gen 对算例进行模态分析，并与 MATLAB 编程结果进行对比验证。

## 参考文献

[1]　张雄，王天舒．计算动力学［M］．北京：清华大学出版社，2007.

# 第 5 章　多自由度体系动力反应的振型分解法

振型分解法（又称振型叠加法）是用于求解多自由度弹性体系动力反应的基本方法，该方法的基本概念是，在对运动方程进行积分前，利用结构的固有振型及振型正交性，将 $N$ 个自由度的总体方程组，解耦为 $N$ 个独立的与固有振型对应的单自由度方程，然后对这些方程进行解析或数值求解，得到每个振型的动力反应，然后将各振型的动力反应按一定的方式叠加，得到多自由度体系的总动力反应[1]。

本章首先介绍多自由度体系振型分解法的基本原理及求解步骤，通过 MATLAB 编程实现剪切层模型基于振型分解法的弹性地震动力时程分析，并与 SAP2000、midas Gen 软件分析结果进行对比验证。

## 5.1　振型分解法原理

地震作用下多自由度体系运动方程为

$$[M]\{\ddot{u}\}+[C]\{\dot{u}\}+[K]\{u\}=-[M]\{I\}\ddot{u}_{g} \tag{5-1}$$

式中 $[M]$、$[C]$、$[K]$ 分别是体系的质量矩阵、阻尼矩阵和刚度矩阵，$\{\ddot{u}\}$、$\{\dot{u}\}$、$\{u\}$ 分别是体系的加速度向量、速度向量和位移向量，$\{I\}$ 是维度与体系自由度相同的单位列向量。

将位移 $\{u\}$ 作正则坐标变换如下

$$\{u\}=[\Phi]\{q\}=\sum_{n=1}^{N}(\{\phi\}_{n}q_{n}) \tag{5-2}$$

式中 $[\Phi]$ 是体系的振型矩阵（或模态矩阵），$\{q\}$ 是广义坐标向量，有

$$[\Phi]=[\{\phi\}_{1}\quad\{\phi\}_{2}\quad\cdots\quad\{\phi\}_{N}] \tag{5-3}$$

$$\{q\}=\{q_{1}\quad q_{2}\quad\cdots\quad q_{N}\}^{\mathrm{T}} \tag{5-4}$$

将式（5-2）代入式（5-1）有

$$[M][\Phi]\{\ddot{q}\}+[C][\Phi]\{\dot{q}\}+[K][\Phi]\{q\}=-[M]\{I\}\ddot{u}_{g} \tag{5-5}$$

上式两端分别前乘$[\Phi]^{\mathrm{T}}$得

$$[\Phi]^{\mathrm{T}}[M][\Phi]\{\ddot{q}\}+[\Phi]^{\mathrm{T}}[C][\Phi]\{\dot{q}\}+[\Phi]^{\mathrm{T}}[K][\Phi]\{q\}=-[\Phi]^{\mathrm{T}}[M]\{I\}\ddot{u}_{g} \tag{5-6}$$

根据振型正交性原理，可知$[\Phi]^{\mathrm{T}}$ $[M]$ $[\Phi]$ 和$[\Phi]^{\mathrm{T}}$ $[K]$ $[\Phi]$ 为对角矩阵，对角元素分别为 $M_n$ 和 $K_n$

$$\begin{cases}\{\phi\}_{n}^{T}[M]\{\phi\}_{n}=M_{n}\\ \{\phi\}_{n}^{T}[K]\{\phi\}_{n}=K_{n}\end{cases} \tag{5-7}$$

振型分解法进一步假定$[\Phi]^{\mathrm{T}}[C][\Phi]$ 为对角矩阵（能够被振型矩阵 $[\Phi]$ 对角化的阻尼称为比例阻尼或经典阻尼，关于阻尼矩阵的更多介绍，可详见第 15 章），即

$$[\Phi]^{\mathrm{T}}[C][\Phi]=\begin{bmatrix}C_1 & & & \\ & C_2 & & \\ & & \ddots & \\ & & & C_n\end{bmatrix} \tag{5-8}$$

上式中的主对角元素为

$$\{\phi\}_n^{\mathrm{T}}[C]\{\phi\}_n=C_n \tag{5-9}$$

则公式（5-6）表示的 $N$ 个自由度的方程组解耦为 $N$ 个与振型对应的单自由度体系的运动方程

$$M_n\ddot{q}_n+C_n\dot{q}_n+K_nq_n=-\{\phi\}_n^{\mathrm{T}}[M]\{I\}\ddot{u}_{\mathrm{g}}\quad(n=1,2,\cdots,N) \tag{5-10}$$

其中 $M_n$、$C_n$、$K_n$ 及 $-\{\phi\}_n^{\mathrm{T}}[M]\{I\}\ddot{u}_{\mathrm{g}}$ 分别称为第 $n$ 阶振型的振型质量、振型阻尼、振型刚度和振型荷载。

参考有阻尼单自由度体系的相关理论，令 $\zeta_n$ 为第 $n$ 阶振型的阻尼比，$\omega_n$ 为第 $n$ 阶振型的圆频率，则有

$$\begin{cases}C_n=2\zeta_n\omega_nM_n\\ K_n=\omega_n^2M_n\end{cases} \tag{5-11}$$

再令

$$\gamma_n=\frac{\{\phi\}_n^{\mathrm{T}}[M]\{I\}}{M_n} \tag{5-12}$$

公式（5-10）两边同时除以 $M_n$，可得

$$\ddot{q}_n+2\zeta_n\omega_n\dot{q}_n+\omega_n^2q_n=-\gamma_n\ddot{u}_{\mathrm{g}}\quad(n=1,2,\cdots,N) \tag{5-13}$$

上式为有阻尼单自由度体系在外荷载 $-\gamma_n\ddot{u}_{\mathrm{g}}$ 作用下的运动方程，其中 $\gamma_n$ 为第 $n$ 阶振型的振型参与系数。

令

$$q_n=\gamma_nq_{n0} \tag{5-14}$$

则公式（5-13）可进一步写为

$$\ddot{q}_{n0}+2\zeta_n\omega_n\dot{q}_{n0}+\omega_n^2q_{n0}=-\ddot{u}_{\mathrm{g}}\quad(n=1,2,\cdots,N) \tag{5-15}$$

公式（5-15）表示的是频率为 $\omega_n$、阻尼比为 $\zeta_n$ 的单自由度体系在地震加速度 $\ddot{u}_{\mathrm{g}}$ 作用下的动力平衡方程。可利用第 2 章介绍的单自由度动力分析方法进行求解，获得与第 $n$ 阶振型对应的位移反应 $q_{n0}(t)$、速度反应 $\dot{q}_{n0}(t)$ 和加速度反应 $\ddot{q}_{n0}(t)$，进而由以下公式，将 $N$ 阶振型的反应组合得到多自由度体系总的地震反应。

$$\begin{cases}\{u(t)\}=[\Phi]\{q\}=\sum\limits_{n=1}^{N}\gamma_nq_{n0}(t)\{\phi\}_n\\ \{\dot{u}(t)\}=[\Phi]\{\dot{q}\}=\sum\limits_{n=1}^{N}\gamma_n\dot{q}_{n0}(t)\{\phi\}_n\quad(n=1,2,\cdots,N)\\ \{\ddot{u}(t)\}=[\Phi]\{\ddot{q}\}=\sum\limits_{n=1}^{N}\gamma_n\ddot{q}_{n0}(t)\{\phi\}_n\end{cases} \tag{5-16}$$

求得结构的位移反应历程后，可根据结构的刚度，获得结构的恢复力时程[2]

$$\{F(u)\}=[K]\{u(t)\}=\sum_{n=1}^{N}\gamma_nq_{n0}(t)[K]\{\phi\}_n\quad(n=1,2,\cdots,N) \tag{5-17}$$

振型分解法的原理可通过图 5-1 加以理解。

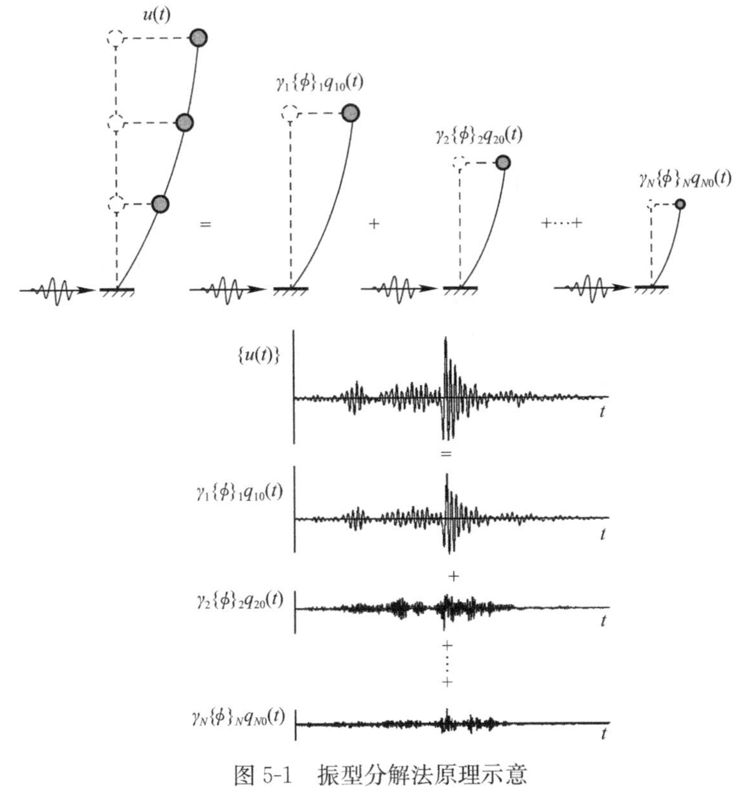


图 5-1 振型分解法原理示意

## 5.2 振型参与质量系数

对于地震反应分析，高阶振型通常对系统的反应贡献很小，因此，在实际分析中，利用振型叠加法常常只需考虑小部分模态的叠加就可以很好地近似系统的实际反应，同时可以提高计算效率。我国《建筑抗震设计规范》[3]要求参与叠加的振型个数一般取振型参与质量达到总质量 90%所需的振型数，即振型参与质量系数不小于 0.9。

以剪切层模型为例，当仅考虑 $x$ 方向地震时，第 $j$ 振型第 $i$ 层的参与质量[4]定义为

$$m_{\mathrm{E}ji} = \gamma_j \phi_{ji} m_i \tag{5-18}$$

式中 $m_i$ 是第 $i$ 个自由度的质量。

则第 $j$ 振型各楼层的总参与质量为

$$m_{\mathrm{E}j} = \sum_{i=1}^{N} \gamma_j \phi_{ji} m_i = \frac{\left(\sum\limits_{i=1}^{N} \phi_{ji} m_i\right)^2}{\sum\limits_{i=1}^{N} \phi_{ji}^2 m_i} \tag{5-19}$$

则前 $M$ 个振型参与质量与总参与质量之比定义为振型参与质量系数

$$r^M = \frac{\sum\limits_{i=1}^{M} m_{\mathrm{E}i}}{\sum\limits_{i=1}^{N} m_{\mathrm{E}i}} \tag{5-20}$$

当 $r^M$ 不小于 0.9 时，取前 $M$ 个振型结果参与组合可满足规范要求。

振型参与质量系数相关的证明详见附录 2。

## 5.3　振型的阻尼比

由公式（5-15）可知，振型分解法需要指定振型的阻尼比，即振型的阻尼比为输入量。确定振型阻尼比的方法有很多，可直接指定，也可使用某种阻尼模型或假定间接指定。以下介绍通过瑞利阻尼（Rayleigh Damping）模型指定各阶振型阻尼比的方法。

瑞利阻尼假定结构的阻尼矩阵是质量矩阵和刚度矩阵的线性组合，即

$$[C]=a_0[M]+a_1[K] \tag{5-21}$$

利用振型的正交性，将上式两端左乘 $\{\phi\}_n^{\mathrm{T}}$、右乘 $\{\phi\}_n$ 得

$$C_n=a_0M_n+a_1K_n \tag{5-22}$$

其中 $\{\phi\}_n$ 是第 $n$ 阶振型的振型向量，$C_n$、$M_n$、$K_n$ 分别是第 $n$ 阶振型的阻尼系数、振型质量和振型刚度。有

$$\begin{cases}C_n=2\zeta_n\omega_nM_n\\ \omega_n^2=K_n/M_n\end{cases} \tag{5-23}$$

式中 $\zeta_n$ 是第 $n$ 阶振型的阻尼比。

将公式（5-23）代入公式（5-22）可得

$$\zeta_n=\frac{a_0}{2\omega_n}+\frac{a_1\omega_n}{2} \tag{5-24}$$

由公式（5-24）可知，瑞利阻尼第 $n$ 阶振型的阻尼比与系数 $a_0$ 和 $a_1$ 及振型的自振频率 $\omega_n$ 有关。系数 $a_0$ 和 $a_1$ 是未知的，可通过给定某两个振型（圆频率 $\omega_i$、$\omega_j$，$i<j$）的阻尼比 $\zeta_i$、$\zeta_j$，联立以下方程组求解

$$\frac{1}{2}\begin{bmatrix}\dfrac{1}{\omega_i} & \omega_i\\ \dfrac{1}{\omega_j} & \omega_j\end{bmatrix}\begin{Bmatrix}a_0\\ a_1\end{Bmatrix}=\begin{Bmatrix}\zeta_i\\ \zeta_j\end{Bmatrix} \tag{5-25}$$

解方程（5-25）可得待定系数 $a_0$ 和 $a_1$

$$\begin{Bmatrix}a_0\\ a_1\end{Bmatrix}=\frac{2\omega_i\omega_j}{\omega_j^2-\omega_i^2}\begin{bmatrix}\omega_j & -\omega_i\\ -\dfrac{1}{\omega_j} & \dfrac{1}{\omega_i}\end{bmatrix}\begin{Bmatrix}\zeta_i\\ \zeta_j\end{Bmatrix} \tag{5-26}$$

当 $\zeta_i=\zeta_j=\zeta$ 时，上式简化为

$$\begin{Bmatrix}a_0\\ a_1\end{Bmatrix}=\frac{2\zeta}{\omega_i+\omega_j}\begin{Bmatrix}\omega_i\omega_j\\ 1\end{Bmatrix} \tag{5-27}$$

将 $a_0$ 和 $a_1$ 代入公式（5-21）可求得结构的瑞利阻尼矩阵 $[C]$，代入公式（5-22）可求得第 $n$ 阶振型的阻尼系数 $C_n$，代入公式（5-24）可求得结构的第 $n$ 阶振型的阻尼比。

必须指出的是，虽然上述过程讲到了阻尼矩阵的构造，但振型分解法并不需要构造整体阻尼矩阵，只需要获得振型的阻尼比 $\zeta_n$，这点从公式（5-10）～公式（5-15）可以看出。

## 5.4　振型分解法求解步骤

（1）根据结构参数求得结构质量矩阵 $[M]$、刚度矩阵 $[K]$，利用第 4 章的模态分析

方法，求解公式（4-8）表示的广义特征值问题，获得结构的各阶振型及相应的固有频率。

（2）选定参与组合的 $N$ 个振型，并指定振型的阻尼比，求解公式（5-15）表示的与振型对应的 $N$ 个单自由度体系的地震动力方程，获得 $q_{n0}$、$\dot{q}_{n0}$ 及 $\ddot{q}_{n0}$。单自由度体系地震动力方程的求解可采用第 2 章介绍的分析方法。

（3）将第（2）步求得的单自由度体系地震反应按公式（5-16）进行叠加，获得系统的总反应。

（4）根据公式（5-17）求得多自由度体系的地震恢复力。

## 5.5 MATLAB 编程

本节采用振型分解法对图 5-2 所示的三层框架结构（实例模型与第 4 章相同）进行地震动力时程分析，各模态对应的单自由度体系的地震动力反应采用基于 Newmark-β 法逐步积分求解。结构各阶振型的阻尼比通过瑞利阻尼模型确定。分析采用的地震加速度时程如图 5-3 所示。

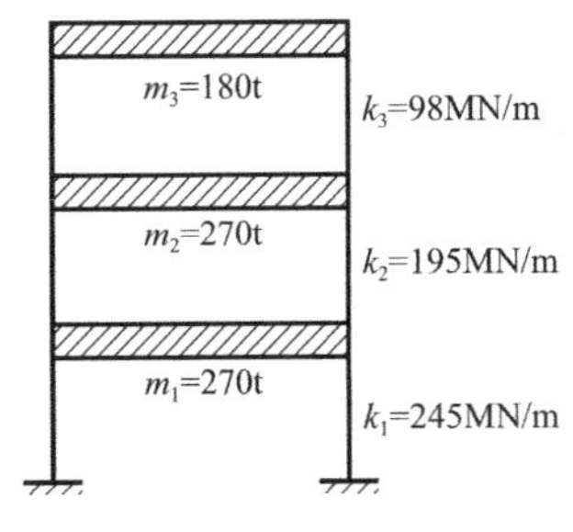


图 5-2 实例模型示意图

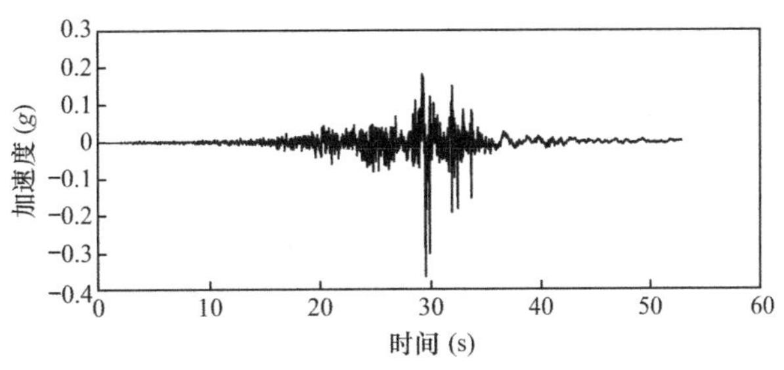


图 5-3 加速度时程

### 5.5.1 编程代码

```
%多自由度体系振型分解法
% Author：JiDong Cui(崔济东)
% Website：www.jdcui.com
clear;clc;
format shortEng

% 质量、刚度
m=1e3*[270,270,180];
k=1e6*[245,195,98];
%自由度数
freedom=length(m);
```

注释：这段代码是按从底层到顶层的顺序输入各层的质量和刚度，单位分别为 kg 和 N/m，并定义该结构的自由度数。

```
%组装质量矩阵 M 和刚度矩阵 K
M=zeros(freedom,freedom);
```

```
for i=1:freedom
    M(i,i)=m(i);
end
K=zeros(freedom,freedom);
K(1,1)=k(1)+k(2);
K(1,2)=-k(2);
for i=2:freedom-1
    K(i,i)=k(i)+k(i+1);
    K(i,i-1)=-k(i);
    K(i,i+1)=-k(i+1);
end
K(freedom,freedom)=k(freedom);
K(freedom,freedom-1)=-k(freedom);

%对结构进行模态分析
[eig_vec,eig_val]=eig(inv(M)*K);        %求解特征方程,解得各特征值 eig_val 及其对应的特征向量 eig_vec
[w,w_order]=sort(sqrt(diag(eig_val)));  %由特征值求圆频率 w
mode=eig_vec(:,w_order);
for i=1:freedom                        %振型归一化
    mode(:,i)=mode(:,i)/mode(freedom,i)
end
for i=1:freedom                        %根据圆频率 w 求周期 T
    T(i)=2*pi/w(i);
end

%阻尼矩阵:假定第1、第2振型的阻尼比为0.05
A=2*0.05/(w(1)+w(2))*[w(1)*w(2);1];   %公式(5-27)
C=A(1)*M+A(2)*K;                       %公式(5-21)

%导入地震加速度时程
data=load('chichi.txt');
ug=9.8*data(:,2)';
n=length(ug);
dt=0.01;

%采用Newmark-β法对各阶振型单自由度体系进行时程分析
%控制参数β、γ
beta=0.25;
gama=0.5;
%积分常数,参考2.3.2节。
a0=1/beta/dt^2;
a1=gama/beta/dt;
```

```
a2=1/beta/dt;
a3=0.5/beta-1;
a4=gama/beta-1;
a5=dt/2*(gama/beta-2);
a6=dt*(1-gama);
a7=gama*dt;
%定义时间步数
steps=6001;  %分析步数为 6000,此处时间步数为 6001,第一个元素用来存储初始条件。
peqi=zeros(1,steps);
%定义用于存储等效单自由度体系地震位移、速度、加速度、地震力的变量
u=zeros(freedom,steps);
v=zeros(freedom,steps);
a=zeros(freedom,steps);
sForce=zeros(1,steps);
%定义用于存储多自由度地震反应(即各等效单自由度地震反应叠加后的结果)的变量
usum=zeros(freedom,steps);
vsum=zeros(freedom,steps);
asum=zeros(freedom,steps);
sForceSum=zeros(1,steps);
%定义时间步序列,间隔 0.01s,放入向量 t
t=zeros(1,steps);
for i=1:steps
    t(i)=(i-1)*0.01
end
```

注释:输入地震波信息,设置 Newmark-β 法的参数,定义记录结构反应(位移、速度、加速度以及底部剪力)的矩阵。

```
%开始分析
for i =1:freedom  %循环每个自由度
    movi=mode(:,i);  %第 i 阶振型向量
    %求振型质量、振型刚度、振型阻尼
    Mi=movi'*M*movi;  %振型质量
    Ki=movi'*K*movi;  %振型刚度
    Ci=movi'*C*movi;  %振型阻尼

%求解第 i 阶振型单自由度体系的地震反应
Keqi=Ki+a0*Mi+a1*Ci;  %Equivalent stiffness
for j=2:n
peqi(:,j)=movi'*(-ug(j)*m')+Mi*(a0*u(i,j-1)+a2*v(i,j-1)+a3*a(i,j-1))+Ci*(a1*u(i,j-1)+a4*v
(i,j-1)+a5*a(i,j-1));
    u(i,j)=inv(Keqi)*peqi(:,j);
    a(i,j)=a0*(u(i,j)-u(i,j-1))-a2*v(i,j-1)-a3*a(i,j-1);
    v(i,j)=v(i,j-1)+a6*a(i,j-1)+a7*a(i,j);
end
```

```
for j=n+1:steps
    peqi(:,j)=Mi*(a0*u(i,j-1)+a2*v(i,j-1)+a3*a(i,j-1))+Ci*(a1*u(i,j-1)+a4*v(i,j-1)+a5*a(i,j-1));
    u(i,j)=inv(Keqi)*peqi(:,j);
    a(i,j)=a0*(u(i,j)-u(i,j-1))-a2*v(i,j-1)-a3*a(i,j-1);
    v(i,j)=v(i,j-1)+a6*a(i,j-1)+a7*a(i,j);
end
    %各阶振型单自由度体系的位移
    uMode=movi*u(i,:);
    %绘制第 i 振型下,第 1 个自由度(首层)的时程位移
    figure(i*2-1)
    plot(t,uMode(1,:));
    xlabel('Time(s)');
    ylabel('Displacememt(m)');
    title('Displacement vs Time');
    str=['Displacement vs Time mode',num2str(i),'.png'];
    saveas(gcf,str);
    %利用刚度矩阵计算第 i 振型时程下的底部剪力
    sForce=sum(K*uMode);
    figure(i*2)
    plot(t,sForce);
    xlabel('Time(s)');
    ylabel('Base Shear Force(N)');
    title('Base Shear Force vs Time');
    str=['Base Shear Force vs Time mode',num2str(i),'.png'];
    saveas(gcf,str);
    %叠加振型结果
    sForceSum=sForceSum+sForce;
    usum=usum+uMode;
    vsum=vsum+movi*v(i,:);
    asum=asum+movi*a(i,:);
    end
```

注释:使用 Newmark-β 法计算各个振型下结构的反应(位移、速度、加速度以及底部剪力),并绘图保存。

```
%提取最大基底剪力
Fmax=max(abs(sForceSum));
%提取最大位移、速度、加速度
for i =1:freedom
    umax(i)=max(abs(usum(i,:)));
    vmax(i)=max(abs(vsum(i,:)));
    amax(i)=max(abs(asum(i,:)));
end
%绘制第 1 个自由度(首层)的位移时程(振型叠加后)
figure(7)
```

```
plot(t,usum(1,:));
xlabel('Time(s)');
ylabel('Displacememt(m)');
title('Displacement vs Time');
saveas(gcf,'Displacement vs Time.png');
%绘制基底剪力时程(振型叠加后)
figure(8)
plot(t,sForceSum);
xlabel('Time(s)');
ylabel('Base Shear Force(N)');
title('Base Shear Force vs Time');
saveas(gcf,'Base Shear Force vs Time.png');
```

注释：提取首层最大时程位移和最大时程底部剪力，并绘制振型叠加后的首层时程位移曲线和底部剪力时程曲线。

### 5.5.2 计算结果

运行上节中的 MATLAB 代码，可得到各阶振型下的结构反应及结构总反应，如图 5-4～图 5-11 所示。

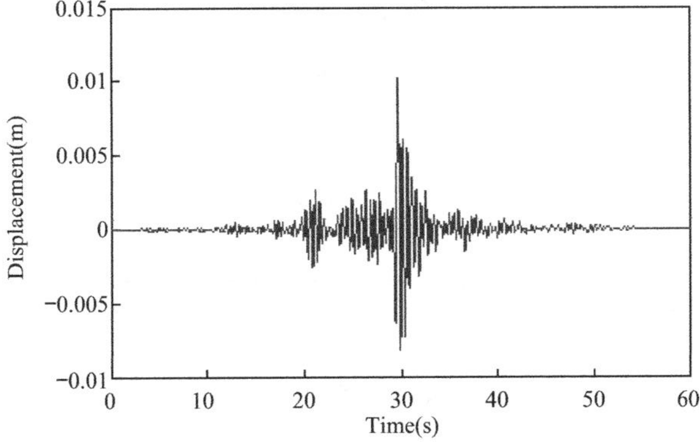


图 5-4　第 1 振型首层位移时程（MATLAB）

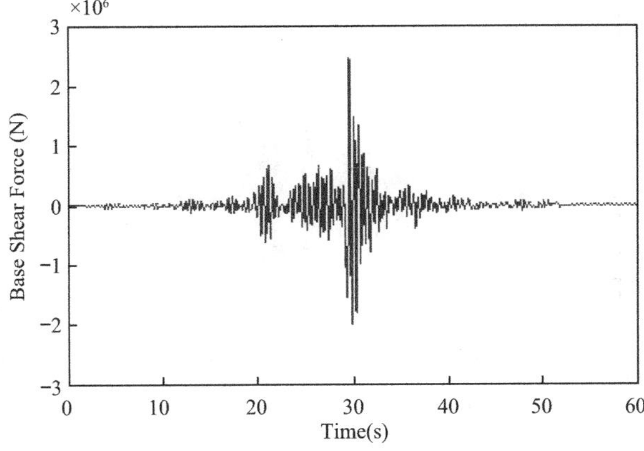


图 5-5　第 1 振型基底剪力时程（MATLAB）

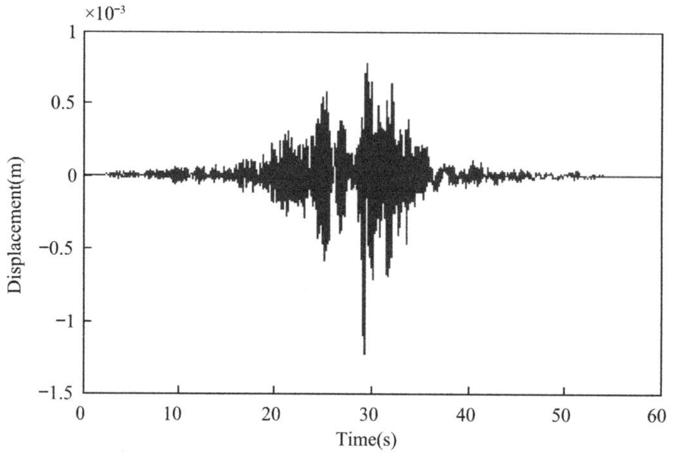


图 5-6　第 2 振型首层位移时程（MATLAB）

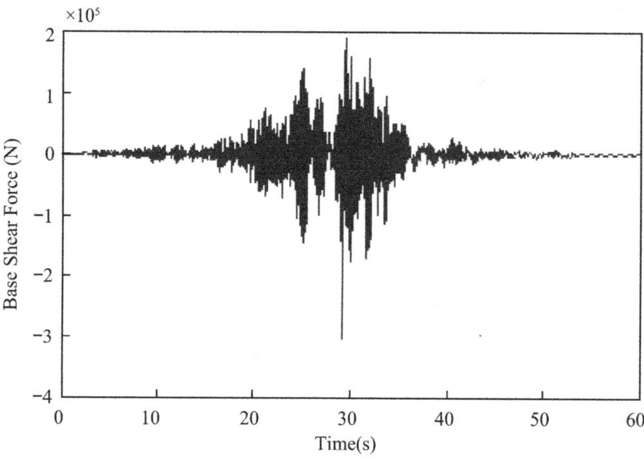


图 5-7　第 2 振型基底剪力时程（MATLAB）

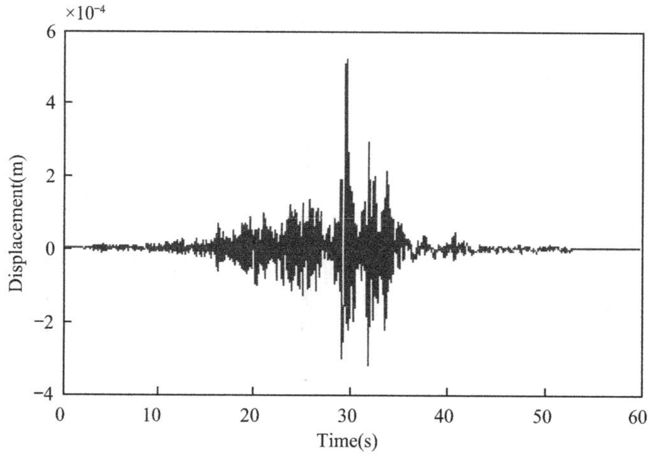


图 5-8　第 3 振型首层位移时程（MATLAB）

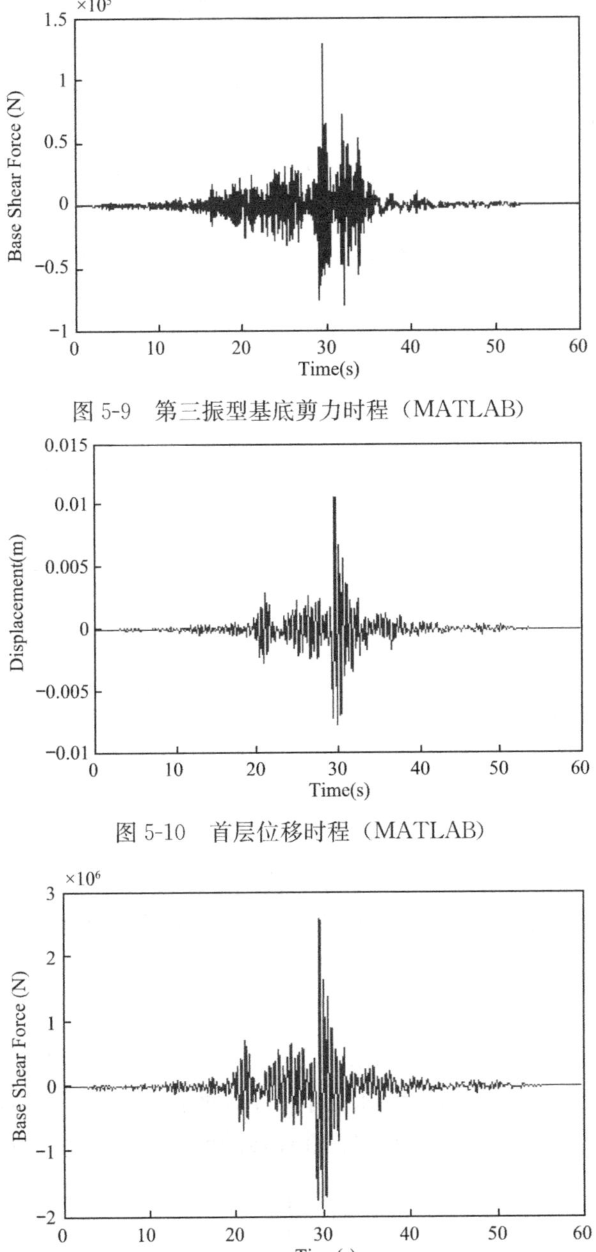


图 5-9　第三振型基底剪力时程（MATLAB）

图 5-10　首层位移时程（MATLAB）

图 5-11　基底剪力时程（MATLAB）

## 5.6　SAP2000 分析

### 5.6.1　建立模型

由于与第 4 章中使用的算例模型相同，因此本章不再重复介绍建模流程，只介绍如何使用软件进行振型分解法的计算。具体步骤如下：

（1）添加地震波时程函数。首先通过【定义】-【函数】-【时程】功能来添加地震波时程函数，需要根据地震波文件的格式类型输入相应的参数，如图 5-12 所示。

（2）时程分析工况定义。通过【定义】-【荷载工况】-【添加新荷载工况】进行工况定义，选择工况类型为 Time History，分析类型为线性，时程类型为振型。这里需要注意的是施加荷载的比例系数，这个系数用于对地震波函数进行缩放，与模型中使用的单位相关。比如本模型中使用的单位为 N/mm，对应的加速度单位为 $mm/s^2$，地震波的单位为 $g$（$9.8m/s^2$），因此需要设置比例系数为 9800，将地震波数值放大（其他单位可同理推导），如图 5-13 所示。

（3）模型和荷载工况定义完毕后，即可运行分析。

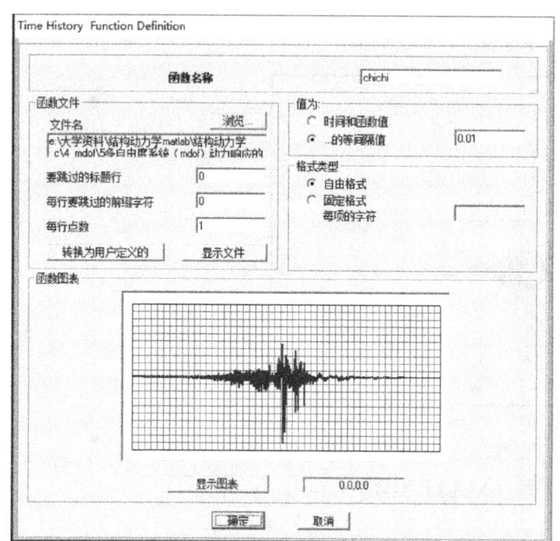


图 5-12　添加地震波时程函数（SAP2000）

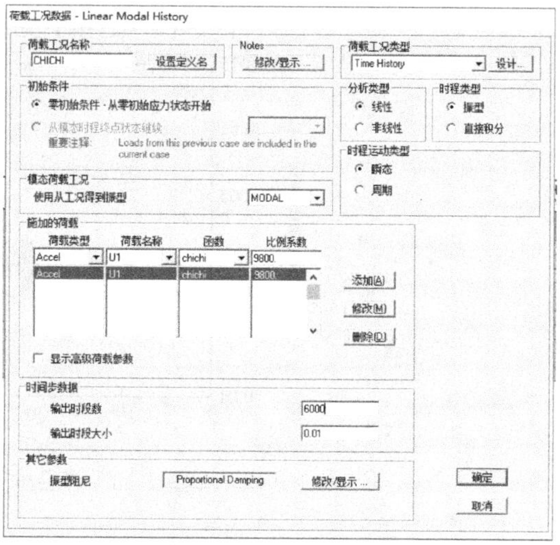

图 5-13　振型分解法时程分析工况定义（SAP2000）

## 5.6.2　计算结果

计算结果可在【显示】-【显示绘图函数】中定义绘图函数，通过添加目标节点或连接的反应函数，即可显示出结果时程曲线图。图 5-14 为地震作用下首层质点的位移（振型叠加后）时程曲线，图 5-15 为地震作用下首层弹性连接的剪力（振型叠加后）时程曲线。

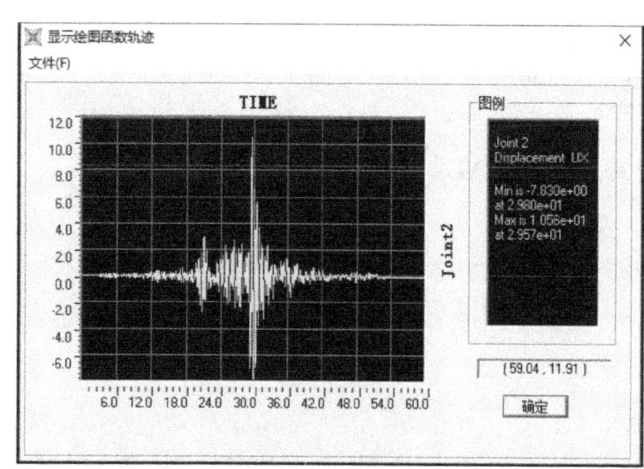


图 5-14　首层位移时程（SAP2000）

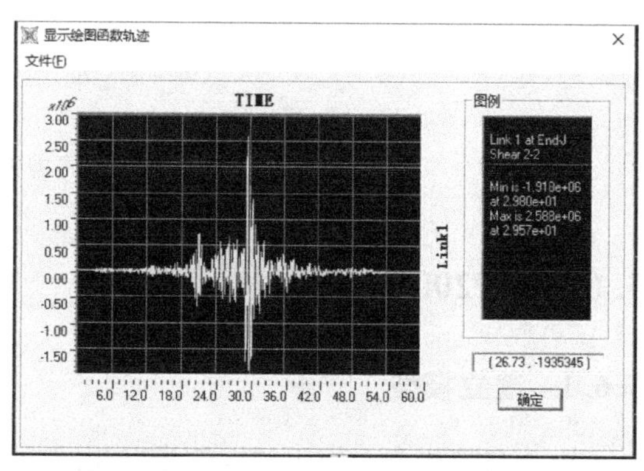


图 5-15　基底剪力时程（SAP2000）

表 5-1 是 SAP2000 计算结果与 MATLAB 计算结果的对比，由表可看出，SAP2000 与 MATLAB 计算结果吻合很好。

**实例计算结果对比**（SAP2000）　　表 5-1

| 计算方法 | 首层位移时程最大值（mm） | 底部剪力时程最大值（kN） |
|---|---|---|
| SAP2000 | 10.56 | 2588 |
| MATLAB 编程 | 10.57 | 2590 |
| 与 SAP2000 相对偏差（%） | 0 | 0.1 |

## 5.7 midas Gen 分析

### 5.7.1 建立模型

算例同第 4 章模型，本节只给出时程函数和分析工况的定义。

（1）导入时程函数。通过【荷载】-【地震作用】-【时程函数】添加时程函数，根据地震波数据格式进行参数设置，本算例中使用的地震波数据单位为 $g$，参数设置如图 5-16 所示。

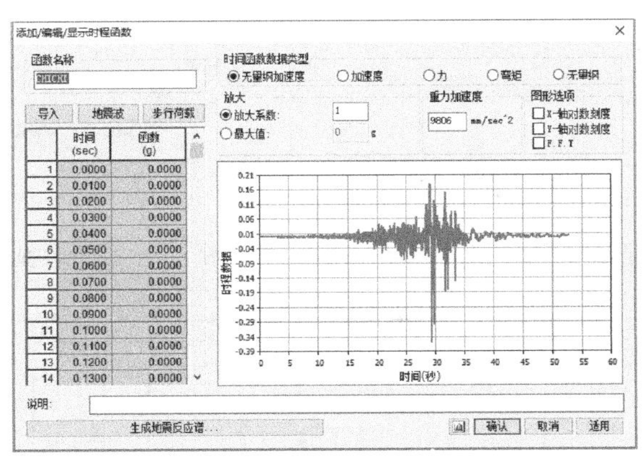


图 5-16　添加地震波时程函数（midas Gen）

（2）荷载工况定义。通过【荷载】-【地震作用】-【荷载工况】定义时程分析工况，选择分析类型为线性，分析方法为振型叠加法，时程类型为瞬态，如图 5-17 所示。

（3）设置时程分析数据。点击【荷载】-【地震作用】-【地面】，为时程分析工况绑定时程函数，设置 $X$ 方向上的时程分析函数，以及地震波加载的角度和到达时间，如图 5-18 所示。

（4）完成工况定义后，点击【分析】-【运行分析】开始计算。

### 5.7.2 计算结果

结果数据可在【结果】-【时程分析结果】或【时程图表/文本】中设置提取。图 5-19 为地震作用下首层质点的位移（振型叠加后）时程曲线，图 5-20 为地震作用下首层弹性

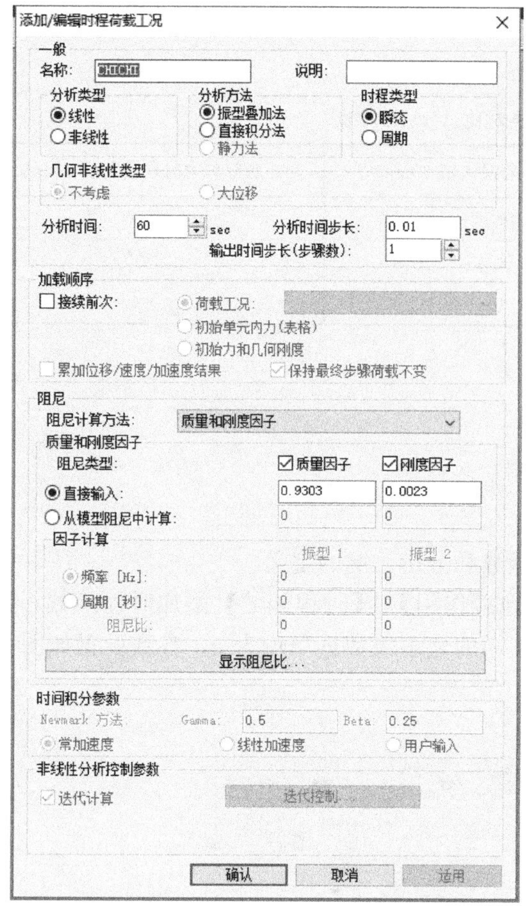


图 5-17　添加振型分解法时程分析工况（midas Gen）

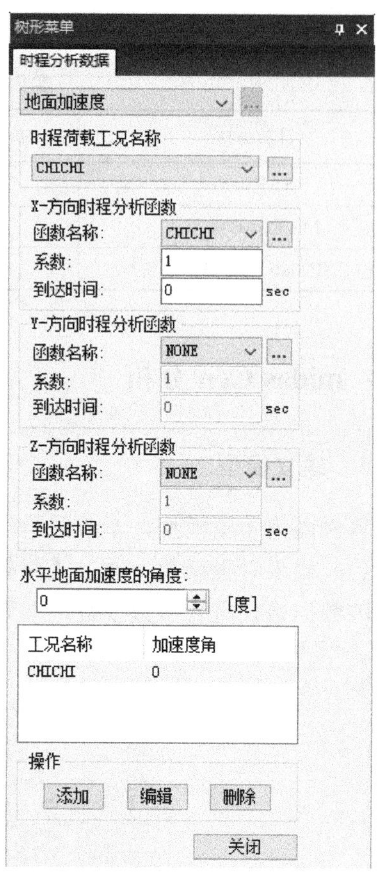


图 5-18　设置时程分析数据（midas Gen）

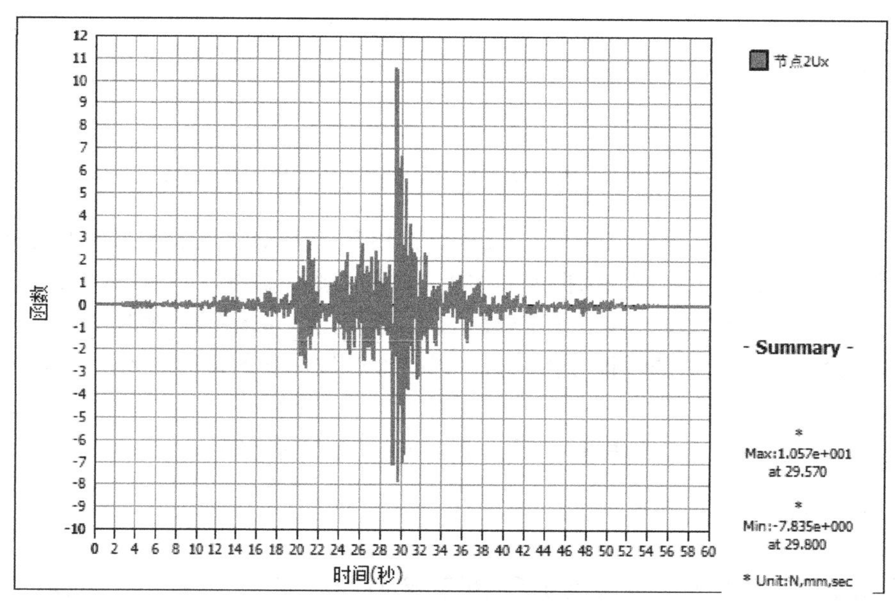


图 5-19　首层质点位移时程（midas Gen）

连接的剪力（振型叠加后）时程曲线。

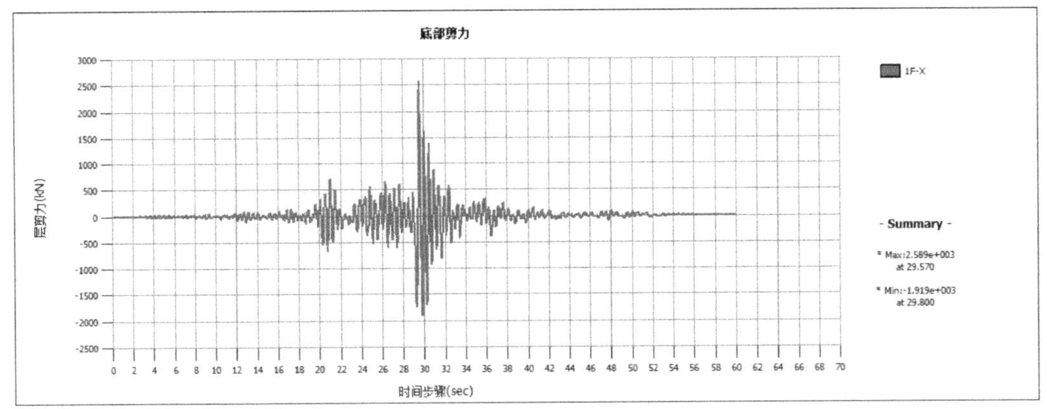


图 5-20 基底剪力时程（midas Gen）

表 5-2 是 midas Gen 分析结果与 MATLAB 计算结果的对比，由表可以看出，midas Gen 与 MATLAB 的计算结果吻合很好。

**实例计算结果对比**（midas Gen） 表 5-2

| 计算方法 | 首层时程位移最大值（mm） | 底部剪力时程最大值（kN） |
|---|---|---|
| midas Gen | 10.57 | 2590 |
| MATLAB 编程 | 10.57 | 2590 |
| 与 midas Gen 相对偏差（%） | 0 | 0 |

## 5.8 结果对比

本小节中主要针对首层质点的位移时程反应以及基底剪力时程进行对比，结果如图 5-21、图 5-22 所示。

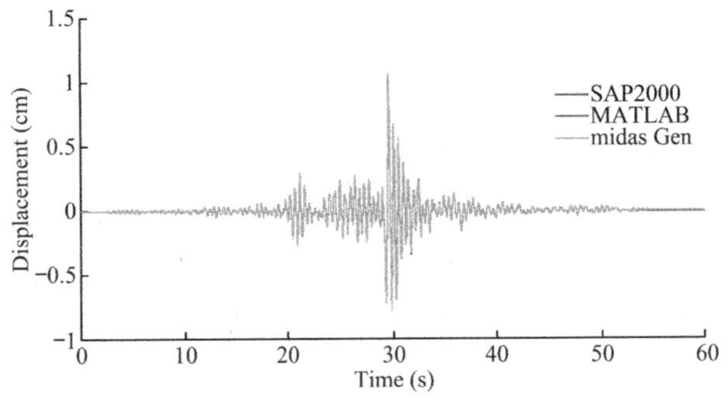


图 5-21 首层时程总位移对比

由图 5-21、图 5-22 可以看出，无论是位移时程图还是剪力时程图，三者计算结果基本完全吻合，证明 MATLAB 编程的正确性。

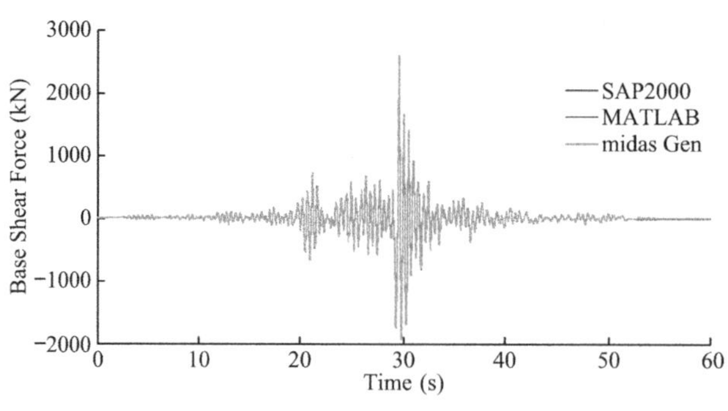


图 5-22　基底总剪力时程对比

## 5.9　小结

（1）振型分解法的基本思路是，在积分运动方程前，利用结构的固有振型及振型正交性，将 $N$ 个自由度的总体方程组，解耦为 $N$ 个独立的与固有振型对应的单自由度方程，然后对这些方程进行解析或数值求解，得到每个振型的动力反应，然后将各振型的动力反应按一定的方式叠加，得到多自由度体系的总动力反应。由于使用了叠加原理，严格来说，振型分解法只适用于线弹性体系。

（2）在利用固有振型对整体方程进行解耦时，利用了振型关于阻尼矩阵的正交性，引出了比例阻尼、非比例阻尼、阻尼矩阵构造等概念。文中虽然讨论了阻尼矩阵，但必须理解振型分解法的整个求解过程并不需要形成整体的阻尼矩阵，只需指定各振型的阻尼比。文中引入瑞利阻尼只是用于求解振型的阻尼比。

（3）对振型参与质量系数进行讲解，并给出相关公式推导。

（4）总结了振型分解法的步骤，并通过 MATLAB 编程实现剪切层模型基于振型分解法的弹性地震动力时程分析。

（5）采用 SAP2000、midas Gen 软件对算例进行振型分解法计算，并将分析结果与 MATLAB 编程结果进行对比，验证 MATLAB 代码的正确性。

## 参考文献

[1]　张雄，王天舒．计算动力学［M］．北京：清华大学出版社，2007.
[2]　潘鹏，张耀庭．建筑结构抗震设计理论与方法［M］．北京：科学出版社，2017.
[3]　建筑抗震设计规范：GB 50011—2010［S］．北京：中国建筑工业出版社，2016.
[4]　张敏．建筑结构抗震分析与减震控制［M］．成都：西南交通大学出版社，2007.

# 第 6 章　多自由度体系动力反应的振型分解反应谱法

第 5 章介绍的振型分解法，可求得结构在地震作用下全时程的结构动力反应。但工程中最为关心的是结构的最大动力反应，尤其是地震内力的最大值，因此实际结构的抗震设计中，工程师们常采用的是振型分解反应谱法。振型分解反应谱法与振型分解法的思路是类似的，相同的地方是，都是利用结构的固有振型将 $N$ 个自由度的整体多自由度体系动力平衡方程解耦为 $N$ 个互不耦合的单自由度体系动力平衡方程，然后通过对单自由度体系反应的叠加求得多自由度体系的总反应；不同的地方在于对解耦的单自由度体系动力平衡方程的处理上，振型分解法对解耦后的单自由度体系平衡方程进行解析或数值积分，获得的是地震反应时程，而振型分解反应谱法通过引入反应谱，获得对应单自由度体系的地震反应最大值。本章对振型分解反应谱法的原理进行介绍，通过 MATLAB 给出剪切层模型振型分解反应谱法的编程实现，并与 SAP2000、midas Gen 软件分析结果进行对比验证。

## 6.1　基本原理

### 6.1.1　等效地震力

结构地震反应是地震动通过结构惯性引起的，地震作用是间接作用，并非直接作用在结构上的荷载，而且地震作用是动力时程作用，但工程中为应用方便，有时将地震作用等效为某种形式的静力荷载施加在结构上，使结构产生的反应与结构在地震作用下的实际反应相等，这个静力荷载称为等效地震荷载或等效地震力[1]。

以单自由度体系为例，首先可以认为，结构在等效地震力 $f$ 作用下产生的相对变形 $u$ 与地震作用下结构的实际相对变形相等，则等效地震力可表示为

$$f = ku \tag{6-1}$$

式中 $u$ 是体系相对变形。

也可以认为等效地震力 $f$ 等于体系的惯性力，即

$$f = -m(\ddot{u}_g + \ddot{u}) \tag{6-2}$$

式中（$\ddot{u}_g + \ddot{u}$）是体系绝对加速度。

上述两种等效地震力的表达方式，分别从体系相对变形和绝对加速度角度出发，虽各有侧重，但在一定条件下是等效的。

单自由度体系地震动力方程

$$m(\ddot{u} + \ddot{u}_g) + c\dot{u} + ku = 0 \tag{6-3}$$

式中 $u$ 是体系相对位移，($\ddot{u}_g + \ddot{u}$) 是体系绝对加速度。

移项可得

$$ku = -m(\ddot{u}_g + \ddot{u}) - c\dot{u} \tag{6-4}$$

当体系阻尼系数 $c$ 为 0 时，

$$ku = -m(\ddot{u}_g + \ddot{u}) \tag{6-5}$$

从中可以看出，当忽略阻尼影响时，公式（6-1）及公式（6-2）表示的两种等效地震力是相等的。

由于抗震设计中最为关心的是结构的最大地震反应，因此需要获取等效地震力的最大值，下面分别以单自由度体系和多自由度体系为例，给出根据反应谱（相对位移谱、绝对加速度谱）求解最大等效地震力的方法。

### 6.1.2　单自由度体系最大等效地震力

（1）根据伪加速度反应谱（相对位移反应谱）求解最大等效地震力

当考虑等效地震力作用下产生的相对变形与地震作用下结构的实际相对变形相等时，单自由度体系质点在任意时刻的等效地震力可表示为

$$f(t) = ku(t) \tag{6-6}$$

则最大等效地震力为

$$f_{max} = k\,|u|_{max} \tag{6-7}$$

式中 $|u|_{max}$ 是体系在地震作用下的最大相对位移，可通过相对位移反应谱求得，如果单自由度体系的自振圆频率为 $\omega$，阻尼比为 $\zeta$，则有 $|u|_{max}=SD$（$\zeta$，$\omega$）。

根据相对位移反应谱与伪加速度反应谱的换算关系

$$PSA(\zeta,\omega) = \omega^2 \cdot SD(\zeta,\omega) \tag{6-8}$$

以及刚度、质量及圆频率之间的关系

$$k = m\omega^2 \tag{6-9}$$

公式（6-7）又可变为以下形式

$$f_{max} = m \cdot PSA(\zeta,\omega) \tag{6-10}$$

（2）根据绝对加速度反应谱求解最大等效地震力[2]

当考虑等效地震力等于体系的惯性力时，单自由度体系质点在任意时刻的等效地震力为

$$f(t) = -m[\ddot{u}(t) + \ddot{u}_g(t)] \tag{6-11}$$

则最大等效地震力为

$$f_{max} = m\,|\ddot{u} + \ddot{u}_g|_{max} \tag{6-12}$$

式中 $|\ddot{u} + \ddot{u}_g|_{max}$ 为绝对加速度的最大值，可根据结构的自振圆频率 $\omega$、阻尼比 $\zeta$ 由绝对加速度反应谱求解，即有 $|\ddot{u} + \ddot{u}_g|_{max} = SA(\zeta,\omega)$ 。

公式（6-12）可改写为

$$f_{max} = m \cdot SA(\zeta,\omega) \tag{6-13}$$

对比公式（6-10）和公式（6-13）可以看出，两种最大等效地震力的计算公式具有相同的形式，不同的是前者的加速度项是伪加速度反应谱 $PSA(\zeta, \omega)$，后者的加速度项是绝对加速度反应谱 $SA(\zeta, \omega)$。两者出发点与侧重点略有不同，采用伪加速度反应谱求得的等效地震力等于体系在实际地震中产生的最大弹性恢复力，采用绝对加速度反应谱求得的等效地震力实际上是结构在地震作用下的惯性力。由第 3 章的知识可知，当结构的阻尼比较

小时，$PSA(\zeta, \omega)$ 与 $SA(\zeta, \omega)$ 差异很小，上述两种方式定义的等效地震力最大值差异很小。由于常规建筑结构的阻尼比一般较小，比如钢结构 2%，混凝土结构 5%，因此采用上述两种方法求得的等效地震力大小近似相等。但必须注意的是，两种定义方法本质是不同的，在基于承载力的抗震设计方法中，基于伪加速度反应谱定义的等效地震力更加符合概念，因为结构或构件所受的弹性力与结构或构件的变形直接相关，与变形对应的力可直接用于承载力设计。

### 6.1.3 多自由度体系最大等效地震力

（1）根据伪加速度反应谱（相对位移反应谱）求解最大等效地震力

同样地，对于多自由度体系，当考虑等效地震力作用下产生的结构相对变形与地震作用下结构的实际相对变形相等时，多自由度体系的等效地震力可表示为

$$\{F(t)\} = [K]\{u(t)\} = \sum_{n=1}^{N} \gamma_n q_{n0}(t)[K]\{\phi\}_n \quad (n = 1,2,\cdots,N) \tag{6-14}$$

式中 $[K]$ 是多自由度体系的刚度矩阵，$\{u(t)\}$ 是体系的位移向量，$\gamma_n$ 是第 $n$ 阶振型参与系数，$\{\phi\}_n$ 是第 $n$ 阶振型向量，$q_{n0}(t)$ 是与第 $n$ 阶振型对应的单自由度体系的位移。

则对于第 $n$ 阶振型，其等效地震力向量为

$$\{F(t)\}_n = \gamma_n q_{n0}(t)[K]\{\phi\}_n \tag{6-15}$$

进一步有

$$\{F\}_{n,\max} = \gamma_n \left| q_{n0} \right|_{\max}[K]\{\phi\}_n \tag{6-16}$$

式中 $|q_{n0}|_{\max}$ 是第 $n$ 阶振型对应的单自由度体系的位移峰值，亦即位移反应谱值。

由于

$$\begin{cases} [K]\{\phi\}_n = \omega_n^2[M]\{\phi\}_n \\ \left| q_{n0} \right|_{\max} = SD(\zeta_n, \omega_n) = PSA(\zeta_n, \omega_n)/\omega_n^2 \end{cases} \tag{6-17}$$

式中 $\zeta_n$、$\omega_n$ 分别是第 $n$ 阶振型的阻尼比和圆频率，$PSA(\zeta_n, \omega_n)$ 及 $SD(\zeta_n, \omega_n)$ 分别是第 $n$ 阶振型对应的伪加速度反应谱值及位移反应谱值。

将公式（6-17）代入公式（6-16），可得

$$\begin{aligned} \{F\}_{n,\max} &= \gamma_n \left| q_{n0} \right|_{\max}[K]\{\phi\}_n \\ &= \gamma_n \cdot \frac{PSA(\zeta_n, \omega_n)}{\omega_n^2} \cdot \omega_n^2[M]\{\phi\}_n \\ &= PSA(\zeta_n, \omega_n) \cdot \gamma_n[M]\{\phi\}_n \end{aligned} \tag{6-18}$$

（2）根据绝对加速度反应谱求解最大等效地震力

当考虑等效地震力等于结构的惯性力时，多自由度体系等效地震力可表示为

$$\{F(t)\} = -[M][\{\ddot{u}(t)\} + \{I\}\ddot{u}_g(t)] \tag{6-19}$$

根据振型关于质量矩阵的正交性可得

$$\sum_{n=1}^{N} \gamma_n \{\phi\}_n = \{I\} \tag{6-20}$$

即所有振型参与系数与振型向量乘积的和为单位列向量，具体证明详见附录 3。

将上式左乘以地震加速度 $\ddot{u}_g(t)$ 则有

$$\{I\}\ddot{u}_g(t) = \ddot{u}_g(t)\sum_{n=1}^{N} \gamma_n \{\phi\}_n \tag{6-21}$$

将公式（6-21）代入公式（6-19），同时利用第 5 章公式（5-16），将$\{\ddot{u}(t)\}$表示为振型叠加的形式，可得多自由度体系在地震作用下的惯性力为

$$\begin{aligned}\{F(t)\} &= -[M][\{\ddot{u}(t)\}+\{I\}\ddot{u}_g(t)] \\ &= -[M]\left[\sum_{n=1}^{N}\gamma_n\{\phi\}_n\ddot{q}_{n0}(t)+\sum_{n=1}^{N}\gamma_n\{\phi\}_n\ddot{u}_g(t)\right]\end{aligned} \tag{6-22}$$

则第 $n$ 振型的惯性力为

$$\{F(t)\}_n = -[M]\gamma_n\{\phi\}_n[\ddot{q}_{n0}(t)+\ddot{u}_g(t)] \tag{6-23}$$

进而有第 $n$ 振型的最大惯性力为

$$\{F\}_{n,\max} = [M]\gamma_n\{\phi\}_n\,|\ddot{q}_{n0}+\ddot{u}_g|_{\max} \tag{6-24}$$

式中$|\ddot{q}_{n0}+\ddot{u}_g|_{\max}$项是具有自振频率 $\omega_n$ 和阻尼比 $\zeta_n$ 的单自由度弹性体系的最大绝对加速度反应，即 $SA$（$\zeta_n$，$\omega_n$），则有

$$\{F\}_{n,\max} = SA(\zeta_n,\omega_n)\cdot\gamma_n[M]\{\phi\}_n \tag{6-25}$$

同样的，对比公式（6-18）和公式（6-25）可发现，形式上是一样的，多自由度体系各振型等效地震力也可以表示为两种形式，两者之间的联系和区别与单自由度体系是相同的，不同的是求解多自由度体系各振型等效地震力时，除了质量项和加速度项（伪加速度或绝对加速度），还需要振型向量 $\{\phi\}_n$ 和振型参与系数 $\gamma_n$ 参与计算。

### 6.1.4　设计反应谱

前面等效地震力计算过程中用到的 $SA(\zeta_n，\omega_n)$ 或 $PSA(\zeta_n，\omega_n)$ 均是某个具体地震波的反应谱。由于每条地震动记录都可以计算出反应谱，且形状各异，因此无法直接用于抗震设计。实际结构抗震设计中采用的反应谱是规范给出的设计反应谱。设计反应谱可以理解为根据大量强震记录统计得到的具有平均意义的用于指导抗震设计的反应谱曲线[3]。因此，实际工程抗震设计求解等效地震力（设计地震力）时，需用设计反应谱代替上面公式中的反应谱。

我国《建筑抗震设计规范》[4]中的设计反应谱以地震影响系数 $\alpha(T)$ 的形式给出，如图 6-1 所示。其中横坐标为周期 $T$，纵坐标为地震影响系数 $\alpha(T)$。

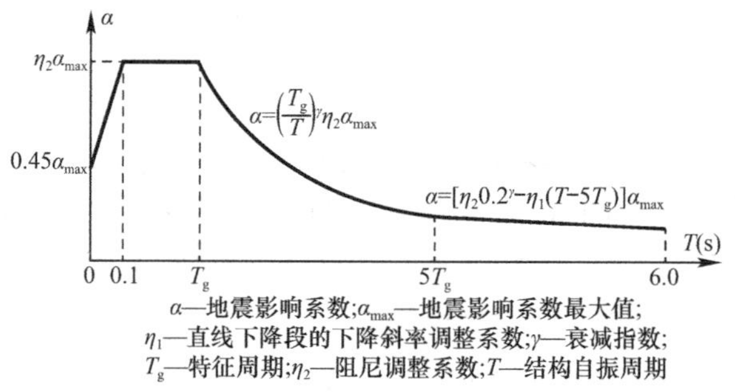


图 6-1　我国《建筑抗震设计规范》中的地震影响系数曲线

地震影响系数 $\alpha(T)$ 的定义为

$$\alpha(T) = SA(\zeta,T)/g \tag{6-26}$$

式中 $SA(\zeta，T)$ 为绝对加速度反应谱，$g$ 为重力加速度。即影响系数 $\alpha(T)$ 可以理解为

以重力加速度为单位的绝对加速度反应谱。

### 6.1.5 单个振型下结构地震反应

按上面章节中的方法求得各振型最大等效地震力后，即可按静力分析的方法进一步求得各振型下结构的最大位移、楼层剪力、构件的变形、内力等结构反应。

比如可通过如下静力平衡方程求解各振型的最大位移

$$\{F\}_{n,\max}=[K]\{u\}_{n,\max} \tag{6-27}$$

对于剪切层模型，可通过如下公式求解各层剪力 $V_{in}$

$$V_{in,\max}=\sum_{j=i}^{N}F_{jn,\max} \tag{6-28}$$

式中 $F_{jn,\max}$是第 $n$ 阶振型第 $j$ 层的等效地震力，$N$ 是总楼层数。可见，在单振型下，结构的地震外力与结构的层剪力满足静力平衡。

由于结构的各类反应均是根据等效地震力以静力分析的方式求得，因此振型分解反应谱法是一种拟静力方法。

### 6.1.6 振型组合

上述章节基于振型分解和反应谱求得的地震反应实际上是单个振型下结构或构件的最大地震反应，但是各振型下的最大地震反应不一定出现在同一时刻，因此在计算总的最大地震反应时，不能简单地将各振型最大地震反应线性叠加，而如何根据各振型最大地震反应求得总的最大地震反应，是振型组合需要解决的问题。

对于水平地震作用效应，我国《建筑抗震设计规范》[4]给出的振型组合方式有 SRSS（平方和平方根法）和 CQC（完全二次项平方根法）两种。

1. 平方和平方根法 SRSS（Square Root of Sum-square Method）

该方法适用于振型比较稀疏、振型间耦联性较小的情况，常用于平面振动的多质点弹性体系。在《建筑抗震设计规范》中的适用条件为“相邻振型的周期比小于 0. 85”。其组合方式为将各振型的地震作用效应求平方和再开方，具体公式如下

$$S_{\mathrm{Ek}}=\sqrt{\sum_{i=1}^{m}S_i^2} \tag{6-29}$$

式中 $S_i$ 为第 $i$ 阶振型地震作用标准值的效应；$S_{\mathrm{Ek}}$为组合后的地震作用标准值的效应；$m$ 为计算时所考虑的前 $m$ 阶振型。

2. 完全二次项平方根法 CQC（Complete Quadratic Combination Method）

该方法适用于振型比较密集、振型间耦联比较明显的情况，常用于考虑平-扭耦联振动的多质点弹性体系（相邻周期比大于等于 0.85）。其组合方式为先求出每两个振型间的耦联系数，再乘以这两个振型下地震作用标准值的效应，最后求和并开方，其公式如下所示

$$S_{\mathrm{Ek}}=\sqrt{\sum_{i=1}^{m}\sum_{k=1}^{m}\rho_{ik}S_iS_k} \tag{6-30}$$

$$\rho_{ik}=\frac{8\sqrt{\zeta_i\zeta_k}(\zeta_i+\lambda_{\mathrm{T}}\zeta_k)\lambda_{\mathrm{T}}^{1.5}}{(1-\lambda_{\mathrm{T}}^2)^2+4\zeta_i\zeta_k(1-\lambda_{\mathrm{T}}^2)\lambda_{\mathrm{T}}+4(\zeta_i^2+\zeta_k^2)\lambda_{\mathrm{T}}^2} \tag{6-31}$$

式中 $S_i$、$S_k$ 分别为第 $i$ 阶和第 $k$ 阶振型地震作用标准值的效应；$S_{Ek}$ 为组合后的地震作用标准值的扭转效应；$m$ 为计算时考虑的振型数；$\zeta_i$、$\zeta_k$ 分别为第 $i$ 阶和第 $k$ 阶振型的阻尼比；$\rho_{ik}$ 为第 $i$ 阶和第 $k$ 阶振型的耦联系数；$\lambda_T$ 为第 $k$ 阶振型与第 $i$ 阶振型的自振周期比。

参与组合的振型数 $m$ 一般可以取振型参与质量达到总质量 90%所需的振型数（振型参与质量系数的讨论详见第 5 章 5.2 节）。

### 6.1.7　振型分解反应谱法求解步骤

综上，振型分解反应谱法求解步骤如下：

（1）根据结构参数求得结构质量矩阵、刚度矩阵。

（2）对结构进行模态分析（振型分解），求得各阶振型及相应的周期，求得各阶振型参与系数，将多自由度体系联立方程组转化为一系列单自由度体系运动方程。其中，模态分析及振型参与系数求解分别详见 4.1 节、5.1 节。

（3）根据公式（6-17）或公式（6-25）求得结构各振型的等效地震力。当依据规范进行结构抗震设计时，反应谱值应取规范中的设计反应谱值。

（4）根据等效地震力，以静力分析的方式求得各振型下的结构反应。参见公式（6-27）、公式（6-28）。

（5）采用 SRSS 或 CQC 法对第（4）步求得的各振型的地震反应进行组合，求得结构总的地震反应，详见公式（6-29）～公式（6-31）。参与组合的振型个数一般可以取振型参与质量达到总质量的 90%所需的振型数。

## 6.2　MATLAB 编程

本节基于 MATLAB 编程对图 5-2 所示的三层框架结构进行振型分解反应谱法分析，采用的反应谱为我国《建筑抗震设计规范》GB 50011 中的设计反应谱。如前所述，我国《建筑抗震设计规范》中的设计反应谱曲线以地震影响系数曲线的形式给出，因此，结构的等效地震力公式表示为

$$\{F\}_{n,\max}=\alpha(\zeta_n,\omega_n)\cdot g\cdot\gamma_n[M]\{\phi\}_n \tag{6-32}$$

其中 $\alpha(\zeta_n,\omega_n)$ 是地震影响系数，$g$ 是重力加速度。

### 6.2.1　编程代码

```
%振型分解反应谱法
% Author：JiDong Cui(崔济东)
% Website：www.jdcui.com
clear;clc;
format shortEng

%由底层到顶层结构各层质量及刚度,单位分别为 kg 和 N/m
m=1e3*[270,270,180];
k=1e6*[245,195,98];
%获取自由度大小
```

```
freedom=length(m);

%组合质量矩阵
M=zeros(freedom,freedom);
for i=1:freedom
    M(i,i)=m(i);
end
%组合刚度矩阵
K=zeros(freedom,freedom);
K(1,1)=k(1)+k(2);
K(1,2)=-k(2);
for i=2:freedom-1
    K(i,i)=k(i)+k(i+1);
    K(i,i-1)=-k(i);
    K(i,i+1)=-k(i+1);
end
K(freedom,freedom)=k(freedom);
K(freedom,freedom-1)=-k(freedom);

%模态分析
[eig_vec,eig_val]=eig(inv(M)*K);
[w,w_order]=sort(sqrt(diag(eig_val)));
mode=eig_vec(:,w_order);
for i=1:freedom
    mode(:,i)=mode(:,i)/mode(freedom,i);
end
%求解周期
for i=1:freedom
    T(i)=2*pi/w(i);
end

%阻尼矩阵计算
A=2*0.05/(w(1)+w(2))*[w(1)*w(2);1];%求系数a0和a1,假定第一周期和第二周期阻尼比均等于0.05
C=A(1)*M+A(2)*K; %求阻尼矩阵

%各阶振型参与系数,公式(5-12)
gama=zeros(1,freedom);
for i=1:freedom
    gama(i)=sum(mode(:,i).*m(:))/sum(mode(:,i).*mode(:,i).*m(:));
end

%指定设计反应谱的特征周期和地震影响系数最大值
```

```
Tg=0.35;
alphamax=0.08;
```

注释:预设特征周期为 0.35s(相当于 II 类场地,第一组),地震影响系数最大值为 0.08(相当于 7 度多遇地震),以此为依据确定地震影响系数曲线。

```
% 计算各振型地震作用
alpha=zeros(1,freedom);   %地震影响系数
damp=zeros(1,freedom);   %各振型阻尼比
F=zeros(freedom,freedom);   %Horizontal seismic force acting on each mass
V=zeros(freedom,freedom);   %Shear force acting on each connected element
for i=1:freedom
    damp(i)=A(1)/2/w(i)+A(2)*w(i)/2;
    alpha(i)=RS( T(i), damp(i), Tg, alphamax);
    F(:,i)=alpha(i)*gama(i)*mode(:,i).*m(:)*9.8;   %参考公式(6-32)
    for j=1:freedom
        V(j,i)=sum(F(j:freedom,i));%参考公式(6-28)
    end
end

%振型组合
%1、组合楼层剪力
%SRSS 法
Vs1=sqrt(sum(V.*V,2));%参考公式(6-29)
%CQC 法
rho=zeros(freedom,freedom);   %Modal coupling coefficient
sqVs2=0;   %Square of shear force
for i=1:freedom
    for j=1:freedom
        TRatio=min(T(i),T(j))/max(T(i),T(j));
        rho(i,j)=8*sqrt(damp(i)*damp(j))*(damp(min(i,j))+TRatio*damp(max(i,j)))...
            *TRatio^1.5/((1-TRatio^2)^2+4*damp(i)*damp(j)*(1+TRatio^2)...
            *TRatio+4*(damp(i).^2+damp(j).^2)*TRatio^2);%参考公式(6-31)
        sqVs2=sqVs2+rho(i,j)*V(:,i).*V(:,j);   %参考公式(6-30)
    end
end
Vs2=sqrt(sqVs2);
%2、组合等效地震力
%SRSS 组合方法
sqF1=sqrt(sum(F.*F,2));
%CQC 组合方法
sqF2=0;
for i=1:freedom
    for j=1:freedom
```

```
            sqF2=sqF2+rho(i,j) * F(:,i). * F(:,j);
        end
    end
    sqF2=sqrt(sqF2);
```

注释：根据 RS()函数求解某个自振周期对应的地震影响系数，再计算各个振型下各个质点所受到的地震力最大值，分别用 SRSS 法和 CQC 法进行剪力的振型组合，本算例振型较少，所以将全部 3 个振型均参与组合。其中 rho 为两振型的耦联系数，根据公式(6-31)求解。

附：反应谱函数 RS()：

```
function [ alpha ] = RS( T, damp, Tg, alphamax )
%Calculate the value of alpha based on period T, damping and characteristic period Tg.
%Calculate adjustment coefficient
r=0.9+(0.05-damp)/(0.5+6 * damp);
n1=0.02+(0.05-damp)/(4+32 * damp);
if n1<0
    n1=0;
end
n2=1+(0.05-damp)/(0.08+1.6 * damp);
if n2<0.55
    n2=0.55;
end

% Calculate the value of alpha
if T<0.1
    alpha=0.45 * alphamax+T * (n2-0.45) * alphamax/0.1;
elseif T<Tg
    alpha=n2 * alphamax;
elseif T<5 * Tg
    alpha=(Tg/T)^r * n2 * alphamax;
else
    alpha=(n2 * 0.2^r-n1 * (T-5* Tg)) * alphamax;
end
```

注释：RS()函数是基于中国标准《建筑抗震设计规范》GB 50011 中的设计反应谱来定义的，通过单自由度体系自振周期、阻尼比、特征周期、水平地震影响系数最大值来确定水平地震影响系数。

### 6.2.2 计算结果

运行上节中的 MATLAB 代码，可得到各阶振型下结构的反应。各振型下结构等效地震力和楼层剪力分别如图 6-2、图 6-3 所示，由图可以看出，单个振型下楼层剪力与等效地震力满足静力平衡关系，且楼层剪力存在正负。采用 SRSS 法和 CQC 法组合后的楼层等效地震力和楼层剪力结果分别如图 6-4、图 6-5 所示，由图可以看出，经振型组合后，楼层等效地震力及楼层剪力均为正值，组合后的楼层剪力与等效地震力不再满足静力平衡关系。

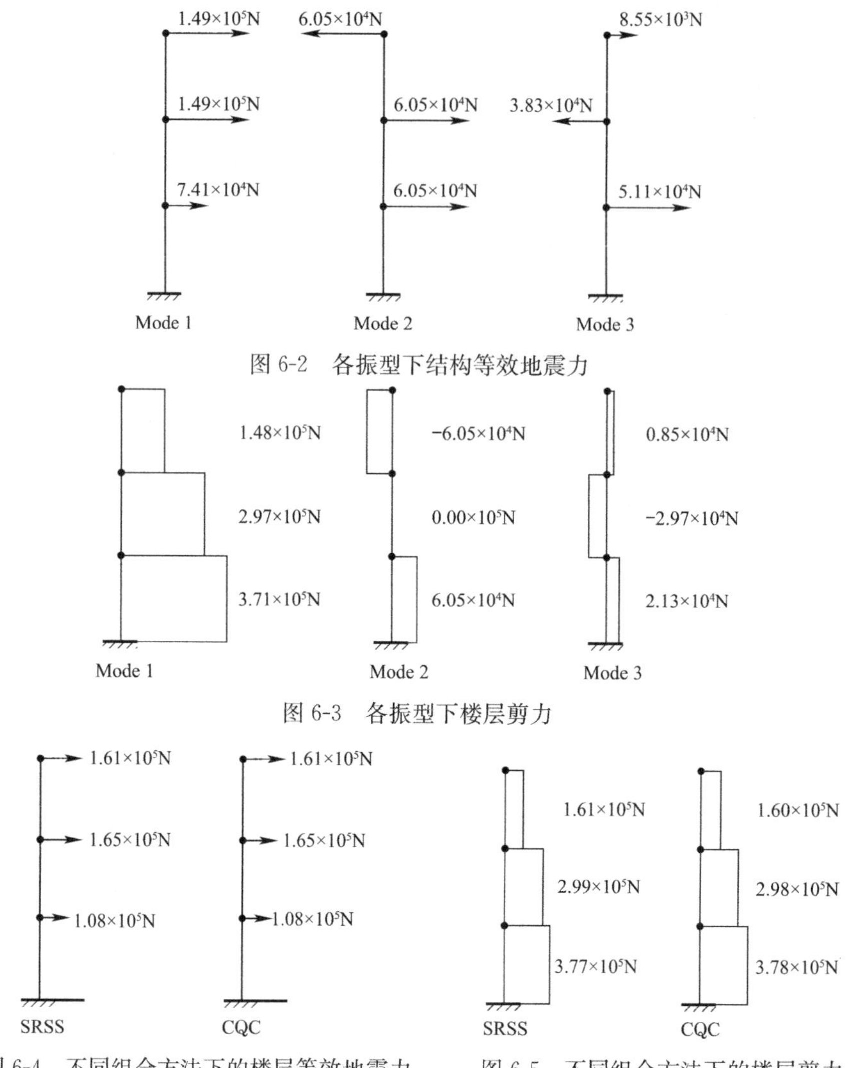


图 6-2　各振型下结构等效地震力

图 6-3　各振型下楼层剪力

图 6-4　不同组合方法下的楼层等效地震力　　图 6-5　不同组合方法下的楼层剪力

## 6.3　SAP2000 分析

### 6.3.1　建立模型

本节不再赘述基本的建模步骤，仅给出 SAP2000 中反应谱函数和反应谱分析工况的定义。

（1）反应谱函数定义。选择【定义】-【函数】-【反应谱】，选择函数类型为中国规范反应谱，添加新函数，选择地震烈度，输入场地特征周期、地震影响系数最大值、函数阻尼比等参数，完成反应谱函数定义，如图 6-6 所示。

（2）反应谱分析工况定义。通过【定义】-【荷载工况】-【添加新荷载工况】添加分析工况，荷载工况类型选择 Response Spectrum，振型组合按需选择，方向组合选择 SRSS，由于反应谱函数定义中输入的是地震影响系数，因此这里的比例系数需输入重力加速度的值，定义如图 6-7 所示。

为方便对比，本例同时定义了两个反应谱分析工况 RS_SRSS 和 RS_CQC，分别采用 SRSS 法和 CQC 法进行地震作用效应组合。

（3）完成工况定义后即可运行分析。

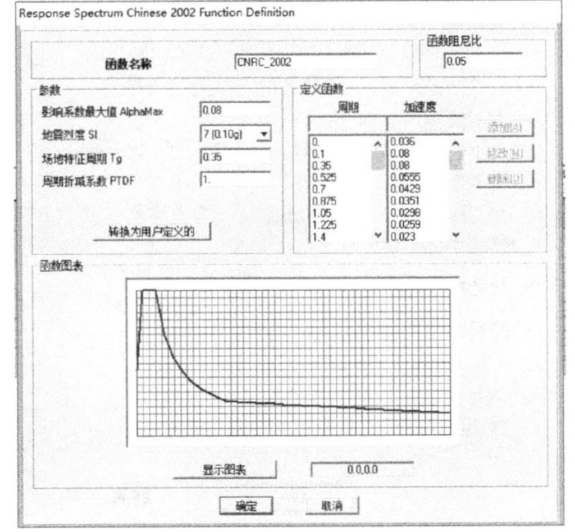

图 6-6 添加反应谱函数（SAP2000）

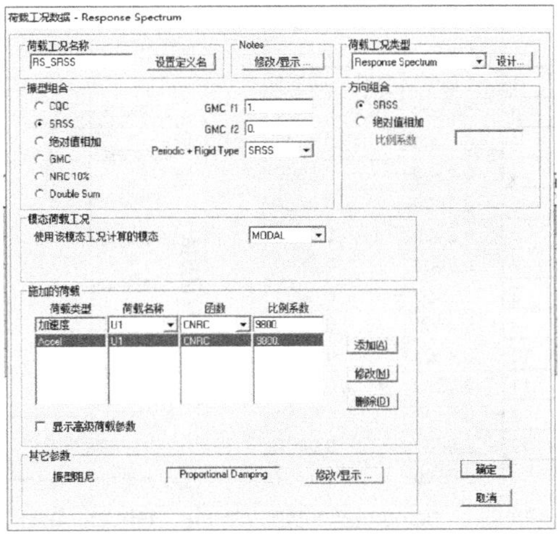

图 6-7 添加振型分解反应谱法分析工况（SAP2000）

### 6.3.2 计算结果

在【显示】-【显示表格】中可查看反应谱分析结果，选择反应谱分析工况，勾选【分析结果】-【单元输出】-【连接单元输出】-【单元内力】，查看各层层间剪力，如图 6-8所示。

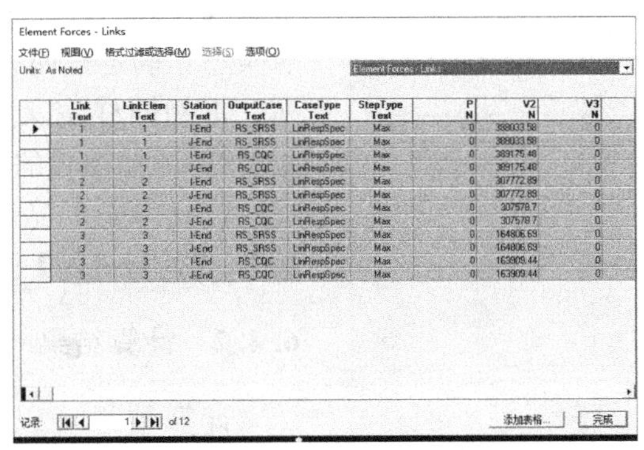

图 6-8 不同组合方法下的连接单元剪力（SAP2000）

## 6.4 midas Gen 分析

### 6.4.1 建立模型

本节不再赘述基本的建模步骤，仅给出 midas Gen 中反应谱函数和反应谱分析工况的定义。

（1）定义反应谱函数。通过【荷载】-【地震作用】-【反应谱函数】添加反应谱函数。选择设计反应谱，然后选择目标地震分组、场地类别等参数，完成定义，如图 6-9 所示。

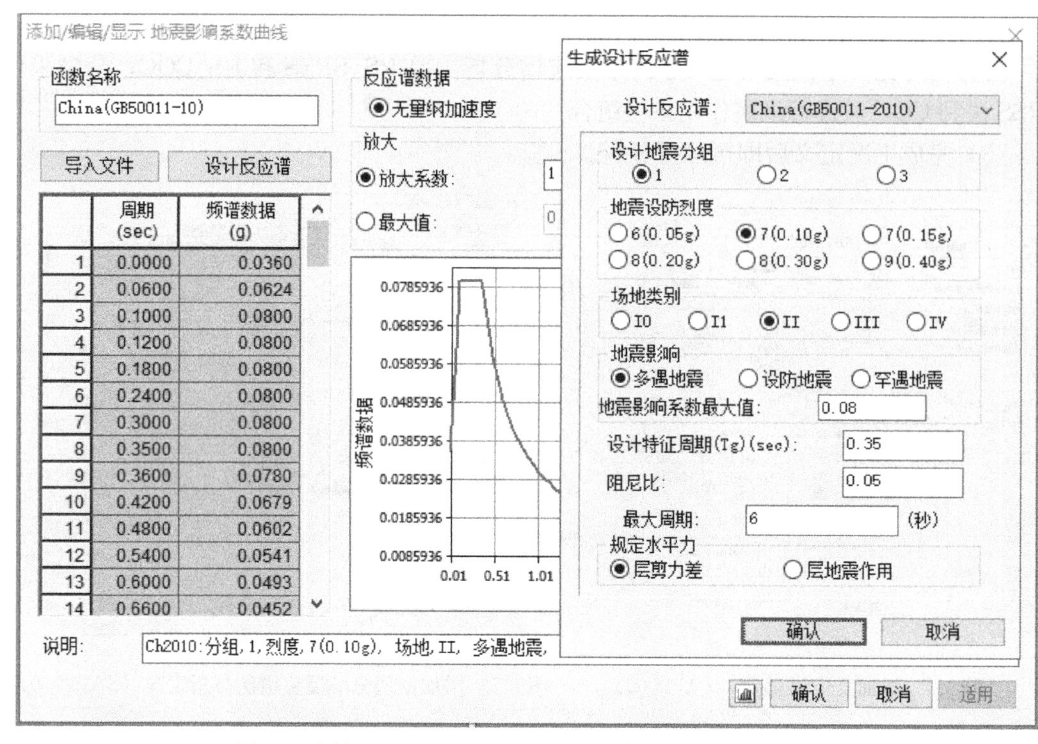


图 6-9　添加 China GB 50011-10 反应谱函数（midas Gen）

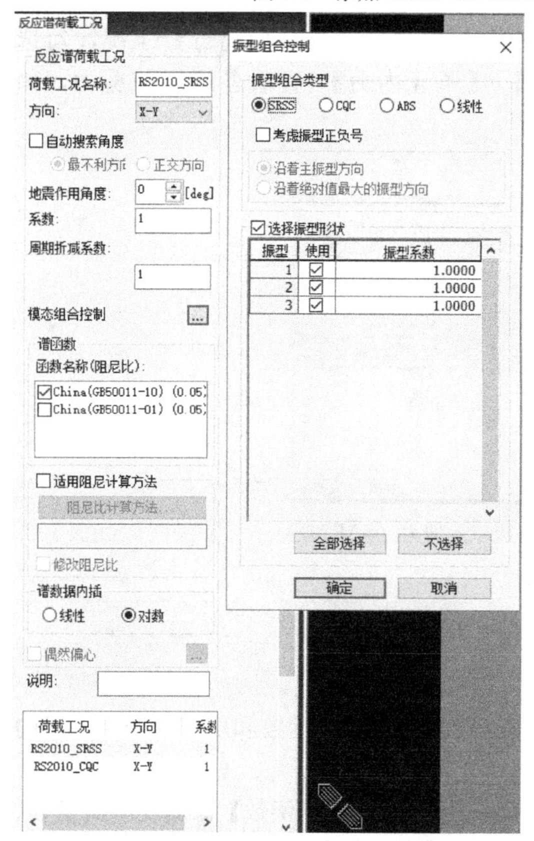


图 6-10　定义反应谱荷载工况（midas Gen）

（2）定义反应谱工况。通过【荷载】-【地震作用】-【反应谱】添加反应谱分析工况。勾选上一步骤中定义的反应谱函数，点击【模态组合控制】，选择需要的振型组合类型，确定返回完成定义，如图 6-10 所示。本例同样定义了两个分别采用 SRSS 组合和 CQC 组合的反应谱分析工况。

（3）完成工况设置后，即可通过【分析】-【运行分析】进行计算。

### 6.4.2　计算结果

计算结果可以在【结果】-【结果表格】-【弹性连接】下查看，选择反应谱分析工况，查看各层层间剪力结果，如图 6-11所示。

## 6.5　结果对比

根据上文中各个软件的计算结果，汇总两种组合方式下的各层剪力，并进行对比，如表 6-1 所示。

| | 号 | 荷载 | 节点 | 轴向 (kN) | 剪力-y (kN) | 剪力-z (kN) | 扭矩 (kN*mm) | 弯矩-y (kN*mm) | 弯矩-z (kN*mm) |
|---|---|---|---|---|---|---|---|---|---|
| ▸ | 1 | RS2010_SRSS(RS) | 1 | 0.00 | 0.00 | 376.93 | 0.00 | 0.00 | 0.00 |
| | | | 2 | 0.00 | 0.00 | 376.93 | 0.00 | 0.00 | 0.00 |
| | 2 | RS2010_SRSS(RS) | 2 | 0.00 | 0.00 | 298.93 | 0.00 | 0.00 | 0.00 |
| | | | 3 | 0.00 | 0.00 | 298.93 | 0.00 | 0.00 | 0.00 |
| | 3 | RS2010_SRSS(RS) | 3 | 0.00 | 0.00 | 160.65 | 0.00 | 0.00 | 0.00 |
| | | | 4 | 0.00 | 0.00 | 160.65 | 0.00 | 0.00 | 0.00 |
| | 1 | RS2010_CQC(RS) | 1 | 0.00 | 0.00 | 378.01 | 0.00 | 0.00 | 0.00 |
| | | | 2 | 0.00 | 0.00 | 378.01 | 0.00 | 0.00 | 0.00 |
| | 2 | RS2010_CQC(RS) | 2 | 0.00 | 0.00 | 298.78 | 0.00 | 0.00 | 0.00 |
| | | | 3 | 0.00 | 0.00 | 298.78 | 0.00 | 0.00 | 0.00 |
| | 3 | RS2010_CQC(RS) | 3 | 0.00 | 0.00 | 159.78 | 0.00 | 0.00 | 0.00 |
| | | | 4 | 0.00 | 0.00 | 159.78 | 0.00 | 0.00 | 0.00 |

图 6-11　不同组合方法下的连接单元剪力（midas Gen）

**楼层剪力结果对比（振型分解反应谱法）　　表 6-1**

| 楼层 | 计算方法 | CQC 组合 | | SRSS 组合 | |
|---|---|---|---|---|---|
| | | 剪力（kN） | 相对偏差 | 剪力（kN） | 相对偏差 |
| 首层 | MATLAB 编程 | 377.7 | — | 376.6 | — |
| | SAP2000 | 389.2 | 3.0% | 388.0 | 3.0% |
| | midas Gen | 378.0 | 0.1% | 376.9 | 0.1% |
| 二层 | MATLAB 编程 | 298.3 | — | 298.5 | — |
| | SAP2000 | 307.6 | 3.1% | 307.8 | 3.1% |
| | midas Gen | 298.8 | 0.2% | 298.9 | 0.1% |
| 三层 | MATLAB 编程 | 159.6 | — | 160.5 | — |
| | SAP2000 | 163.9 | 2.7% | 164.8 | 2.7% |
| | midas Gen | 159.8 | 0.1% | 160.7 | 0.1% |

由表 6-1 可看出，SAP2000 与 MATLAB 的计算结果间仅有 3%左右的偏差；midas Gen 与 MATLAB 的计算结果基本达到完全吻合，证明 MATLAB 计算的准确性。

## 6.6　小结

(1) 从等效地震力出发，给出了基于伪加速度反应谱及绝对加速度反应谱两种方式表示的等效地震力的公式推导。两种方式定义的等效地震力形式相同，但物理意义不同，在基于承载力的抗震设计方法中，基于伪加速度反应谱定义的等效地震力更加符合概念，因为结构或构件的弹性力与结构或构件的变形直接相关，与变形对应的力可直接用于承载力设计。

(2) 总结振型分解反应谱法的求解步骤，通过 MATLAB 编程实现了剪切层模型振型分解反应谱法地震反应计算，并与 SAP2000、midas Gen 软件分析结果进行对比验证。

(3) 振型分解反应谱法是结构地震反应分析的重要方法，与《建筑抗震设计规范》给出的设计反应谱相结合，可以得到一个工程场地结构地震反应谱的最大值，是目前结构抗震设计中最常用的设计方法之一。

## 参考文献

[1] Anil K. Chopra. 结构动力学理论及其在地震工程中的应用 [M]. 4版. 谢礼立，吕大刚，等. 译. 北京：高等教育出版社，2016.
[2] 沈聚敏，周锡元，等. 抗震工程学 [M]. 北京：中国建筑工业出版社，2000.
[3] 李国强，李杰，等. 建筑结构抗震设计 [M]. 4版. 北京：中国建筑工业出版社，2014.
[4] 建筑抗震设计规范：GB 50011—2010 [S]. 北京：中国建筑工业出版社，2016.

# 第 7 章　多自由度体系动力反应的逐步积分法

第 5 章介绍多自由度体系的振型分解法时提到，尽管振型分解法效率高，但也有其局限，由于使用了叠加法，原则上仅适用于线弹性体系，难以考虑通用的材料非线性及几何非线性。逐步积分法则是更加通用的时程分析方法，既适用于线性也适用于非线性。第 2 章在介绍单自由度体系动力时程分析时，给出了几种常用的逐步积分法，如分段解析法、中心差分法、Newmark-β 法、Wilson-θ 法等。其中分段解析法一般仅适用于单自由度体系，在第 2 章中已有介绍并给出分析实例，其余几种逐步积分法均适用于多自由度体系，因此，本章主要介绍中心差分法、Newmark-β 法和 Wilson-θ 法在多自由度体系地震动力分析中的应用与编程实现。

## 7.1　动力学方程

本章以简化的剪切层模型为例讨论弹性多自由度体系的动力时程分析，体系示意如图 7-1所示。

将单自由度体系运动方程扩展到多自由度体系，有

$$\{f_{\mathrm{I}}\}+\{f_{\mathrm{D}}\}+\{f_{\mathrm{S}}\}+\{P\}=\{0\} \tag{7-1}$$

$$\{f_{\mathrm{I}}\}=-[M](\{\ddot{u}\}+\{I\}\ddot{u}_{\mathrm{g}}) \tag{7-2}$$

$$\{f_{\mathrm{D}}\}=-[C]\{\dot{u}\} \tag{7-3}$$

$$\{f_{\mathrm{S}}\}=-[K]\{u\} \tag{7-4}$$

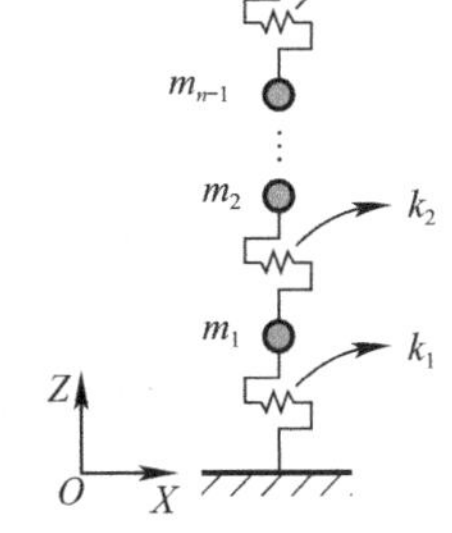

图 7-1　弹性多自由度体系示意

式中 $\{f_{\mathrm{I}}\}$、$\{f_{\mathrm{D}}\}$、$\{f_{\mathrm{S}}\}$、$\{P\}$ 分别表示表示体系受到的惯性力、阻尼力、弹性恢复力和外荷载向量；$[M]$、$[C]$、$[K]$ 分别表示体系的质量矩阵、阻尼矩阵和刚度矩阵；$\{u\}$、$\{\dot{u}\}$、$\{\ddot{u}\}$ 分别表示体系相对地面的位移、速度和加速度向量；$\ddot{u}_{\mathrm{g}}$表示地面加速度；$\{I\}$ 为单位列向量。

则当体系只受动力荷载 $\{P\}$ 时，动力平衡方程表示为

$$[M]\{\ddot{u}\}+[C]\{\dot{u}\}+[K]\{u\}=\{P\} \tag{7-5}$$

当体系的动力反应不是由直接作用在体系上的动力引起，而是由地震运动引起时，动力平衡方程表示为

$$[M]\{\ddot{u}\}+[C]\{\dot{u}\}+[K]\{u\}=-[M]\{I\}\ddot{u}_{\mathrm{g}} \tag{7-6}$$

## 7.2　直接积分法

### 7.2.1　中心差分法

第 2 章中给出了单自由度体系时程分析中中心差分法的详细推导过程，对于多

自由度体系，只需将单自由度公式推广到多自由度的矩阵形式即可。即递推公式[1]变为

$$\left(\frac{[M]}{\Delta t^2}+\frac{[C]}{2\Delta t}\right)\{u\}_{i+1}=\{P\}_i-\left([K]-\frac{2[M]}{\Delta t^2}\right)\{u\}_i-\left(\frac{[M]}{\Delta t^2}-\frac{[C]}{2\Delta t}\right)\{u\}_{i-1} \tag{7-7}$$

### 7.2.2 Newmark-β 法

第 2 章中给出了单自由度体系时程分析中 Newmark-β 法的详细推导过程，对于多自由度体系，只需将单自由度公式推广到多自由度的向量和矩阵的形式即可[1]。此时，$t_{i+1}$ 时刻的运动控制方程变为

$$[\hat{K}]\cdot\{u\}_{i+1}=\{\hat{P}\}_{i+1} \tag{7-8}$$

式中$[\hat{K}]$是体系的等效刚度矩阵，$\{u\}_{i+1}$是 $t_{i+1}$时刻的节点位移向量，$\{\hat{P}\}_{i+1}$是 $t_{i+1}$时刻的等效荷载向量。$[\hat{K}]$、$\{\hat{P}\}_{i+1}$可通过下式求得

$$\begin{cases}[\hat{K}]=[K]+\dfrac{1}{\beta\Delta t^2}[M]+\dfrac{\gamma}{\beta\Delta t}[C]\\ \{\hat{P}\}_{i+1}=\{P\}_{i+1}+[M]\left[\dfrac{1}{\beta\Delta t^2}\{u\}_i+\dfrac{1}{\beta\Delta t}\{\dot{u}\}_i+(\dfrac{1}{2\beta}-1)\{\ddot{u}\}_i\right]+\\ [C]\left[\dfrac{\gamma}{\beta\Delta t}\{u\}_i+\left(\dfrac{\gamma}{\beta}-1\right)\{\dot{u}\}_i+\dfrac{\Delta t}{2}\left(\dfrac{\gamma}{\beta}-2\right)\{\ddot{u}\}_i\right]\end{cases} \tag{7-9}$$

则 $t_{i+1}$时刻的速度和加速度公式为

$$\begin{cases}\{\dot{u}\}_{i+1}=\dfrac{\gamma}{\beta\Delta t}(\{u\}_{i+1}-\{u\}_i)+\left(1-\dfrac{\gamma}{\beta}\right)\{\dot{u}\}_i-\left(1-\dfrac{\gamma}{2\beta}\right)\Delta t\{\ddot{u}\}_i\\ \{\ddot{u}\}_{i+1}=\dfrac{1}{\beta\Delta t^2}(\{u\}_{i+1}-\{u\}_i)-\dfrac{1}{\beta\Delta t}\{\dot{u}\}_i-\left(\dfrac{1}{2\beta}-1\right)\{\ddot{u}\}_i\end{cases} \tag{7-10}$$

### 7.2.3 Wilson-θ 法

第 2 章中给出了单自由度体系时程分析中 Wilson-θ 法的详细推导过程，对于多自由度体系，只需将单自由度公式推广到多自由度的矩阵形式即可[1]。即 $t+\theta\Delta t$ 时刻的运动控制方程变为

$$[\hat{K}]\cdot\{u(t_i+\theta\Delta t)\}=\{\hat{P}(t_i+\theta\Delta t)\} \tag{7-11}$$

式中 $[\hat{K}]$是体系等效刚度矩阵，$\{u(t_i+\theta\Delta t)\}$是 $t_i+\theta\Delta t$ 时刻的节点位移向量，$\{\hat{P}(t_i+\theta\Delta t)\}$是 $t_i+\theta\Delta t$ 时刻的等效荷载向量。$[\hat{K}]$、$\{\hat{P}(t_i+\theta\Delta t)\}$可通过下式求得

$$\begin{cases}[\hat{K}]=[K]+\dfrac{6}{(\theta\Delta t)^2}[M]+\dfrac{3}{\theta\Delta t}[C]\\ \{\hat{P}(t+\theta\Delta t)\}=\{P\}_i+\theta(\{P\}_{i+1}-\{P\}_i)+[M]\left(\dfrac{6}{(\theta\Delta t)^2}\{u\}_i+\dfrac{6}{\theta\Delta t}\{\dot{u}\}_i+2\{\ddot{u}\}_i\right)\\ +[C]\left(\dfrac{3}{\theta\Delta t}\{u\}_i+2\{\dot{u}\}_i+\dfrac{\theta\Delta t}{2}\{\ddot{u}\}_i\right)\end{cases} \tag{7-12}$$

求得$\{u(t_i+\theta\Delta t)\}$后，进而求得 $t_{i+1}$时刻的加速度、速度、位移

$$\begin{cases}\{\ddot{u}\}_{i+1}=\dfrac{6}{\theta^3\Delta t^2}(\{u(t_i+\theta\Delta t)\}-\{u\}_i)-\dfrac{6}{\theta^2\Delta t}\{\dot{u}\}_i+\left(1-\dfrac{3}{\theta}\right)\{\ddot{u}\}_i\\ \{\dot{u}\}_{i+1}=\{\dot{u}\}_i+\dfrac{\Delta t}{2}(\{\ddot{u}\}_{i+1}+\{\ddot{u}\}_i)\\ \{u\}_{i+1}=\{u\}_i+\Delta t\{\dot{u}\}_i+\dfrac{\Delta t^2}{6}(\{\ddot{u}\}_{i+1}+2\{\ddot{u}\}_i)\end{cases}\tag{7-13}$$

## 7.3 MATLAB 编程

本节分别采用中心差分法、Newmark-β 法和 Wilson-θ 法对图 7-2 所示的三层框架结构（实例模型与第 4 章相同）进行地震动力时程分析。分析时采用剪切层模型，结构各阶振型的阻尼比通过瑞利阻尼模型确定。分析采用的地震加速度时程如图 7-3 所示。

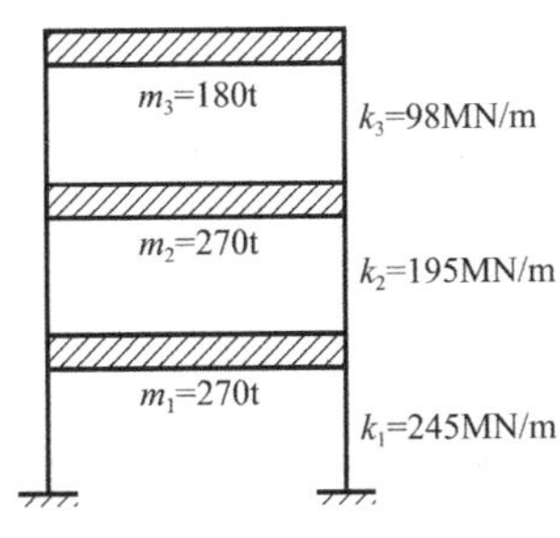


图 7-2 结构模型及参数

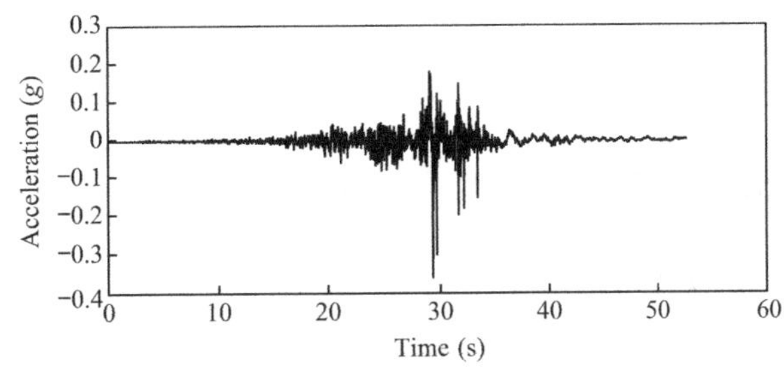


图 7-3 加速度时程曲线

### 7.3.1 中心差分法

#### 7.3.1.1 编程代码

```
% MDOF 动力反应的数值积分:中心差分法
% Author : JiDong Cui(崔济东)
% Website : www.jdcui.com
clear;clc;
format shortEng

%质量矩阵、刚度矩阵
m=1e3*[270,270,180]; %mass,kg
k0=1e6*[245,195,98]; %stiffness,刚度 N/m
numDOF=length(m);      %自由度数量
%初始化质量矩阵【M】、刚度矩阵【K】
M=zeros(numDOF,numDOF);
for i=1:numDOF
```

```
    M(i,i)=m(i);
end
K=FormKMatric(k0, numDOF);
```

根据算例模型参数，定义结构的质量向量、刚度向量，并组装成质量矩阵和刚度矩阵，矩阵组装通过调用函数 FormKMatric 实现，函数代码详见附录1。模型的质量矩阵、刚度矩阵形式详见1.1.2节相关公式。

```
%初始模态分析
[eig_vec,eig_val]=eig(inv(M)*K); %求 inv(M)*K 的特征值 w^2
[w,w_order]=sort(sqrt(diag(eig_val))); %求解自振频率和振型
mode=eig_vec(:,w_order); %求解振型
%振型归一化
for i=1:numDOF
    mode(:,i)=mode(:,i)/mode(numDOF,i);
end
%求解周期
T=zeros(1,numDOF);
for i=1:numDOF
    T(i)=2*pi/w(i);
end
```

对结构进行模态分析，求得模态参数。

```
%阻尼:求瑞利阻尼系数
A=2*0.05/(w(1)+w(2))*[w(1)*w(2);1]; %求系数 a0 和 a1,假设第一阶和第二阶振型阻尼比均为 0.05
%阻尼矩阵【C】
C=A(1)*M+A(2)*K;
```

根据假定，结构第一阶、第二阶振型阻尼比为0.05，求得瑞利阻尼系数，进而求得阻尼矩阵。

```
%逐步积分(中心差分)
%外荷载输入(峰值、周期、时间间隔、时间步数、积分步数)
data=load('chichi.txt');
 ug=9.8*data(:,2)'; %加速度
n1=length(ug);        %加载步数
dt=0.01;              %时间步
n2=n1+500;
%求解计算参数
A=K-2*M/(dt^2);
B=M/(dt^2)-C/(2*dt);
%初始条件
%:0 时刻
u0=zeros(numDOF,1);
v0=zeros(numDOF,1);
```

```
%:-1 时刻
P(:,1)=-ug(1,1) * m';        %初始荷载向量
a0=M\(P(:,1)-C * v0-K * u0);   %初始加速度向量
u__1=u0-dt * v0+dt^2 * a0/2;   %-1 时刻的位移向量
%等效刚度矩阵[Keq]
KK=M/(dt^2)+C/(2 * dt);
%迭代分析
for j=1:n2
    t2=(j-1) * dt;
    T2(1,j)=t2;
    if j<=n1   %有加速度激励作用时的强迫振动
      if j==1
            u(:,j)=u0;
            v(:,j)=v0;
      elseif j==2
           P(:,j-1)=-ug(1,j-1) * m';
           PP(:,j-1)=P(:,j-1)-A * u(:,j-1)-B * u__1;
           u(:,j)=KK\PP(:,j-1);
           aa(:,j-1)=(u(:,j)-2 * u(:,j-1)+u__1)/(dt^2)+ug(1,j-1);
      else
           P(:,j-1)=-ug(1,j-1) * m';
           PP(:,j-1)=P(:,j-1)-A * u(:,j-1)-B * u(:,j-2);
           u(:,j)=KK\PP(:,j-1);
           v(:,j-1)=(u(:,j)-u(:,j-2))/(2 * dt);
           aa(:,j-1)=(u(:,j)-2 * u(:,j-1)+u(:,j-2))/(dt^2)+ug(1,j-1);
      end
    else       %加速度激励停止后的自由振动
        ug(1,j)=0;
        P(:,j-1)=-ug(1,j-1) * m';
        PP(:,j-1)=P(:,j-1)-A * u(:,j-1)-B * u(:,j-2);
        u(:,j)=KK\PP(:,j-1);
        v(:,j-1)=(u(:,j)-u(:,j-2))/(2 * dt);
        aa(:,j-1)=(u(:,j)-2 * u(:,j-1)+u(:,j-2))/(dt^2)+ug(1,j-1);
    end
end


%绘图
%节点 1 位移时程
figure(1)
plot(T2,u(1,:))
xlabel('Time(s)'),ylabel('Displacement(m)')
title('displacement_N1 vs Time')
```

```
saveas(gcf,'displacement_N1 vs Time. png');
%节点 2 位移时程
figure(2)
plot(T2,u(2,:))
xlabel('Time(s)'),ylabel('Displacement(m)')
title('displacement_N2 vs Time')
saveas(gcf,'displacement_N2 vs Time. png');
%节点 3 位移时程
figure(3)
plot(T2,u(3,:))
xlabel('Time(s)'),ylabel('Displacement(m)')
title('displacement_N3 vs Time')
saveas(gcf,'displacement_N3 vs Time. png');
%保存数据
dlmwrite('displacement_N1. csv',u(1,:),'delimiter','\n')
dlmwrite('displacement_N2. csv',u(2,:),'delimiter','\n')
dlmwrite('displacement_N3. csv',u(3,:),'delimiter','\n')
dlmwrite('velocity_N1. csv',v(1,:),'delimiter','\n')
dlmwrite('velocity_N2. csv',v(2,:),'delimiter','\n')
dlmwrite('velocity_N3. csv',v(3,:),'delimiter','\n')
```

#### 7.3.1.2　计算结果

节点1位移时程见图7-4。

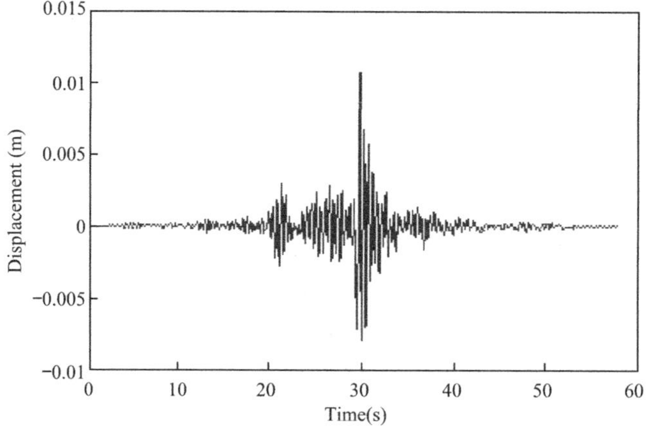


图7-4　节点1位移时程

节点2位移时程见图7-5。

节点3位移时程见图7-6。

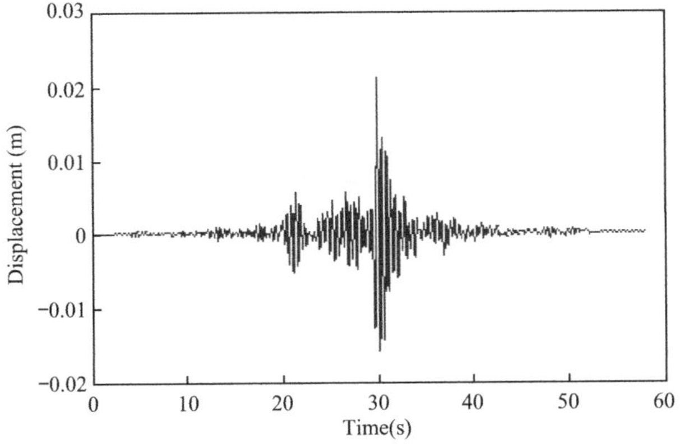


图 7-5 节点 2 位移时程

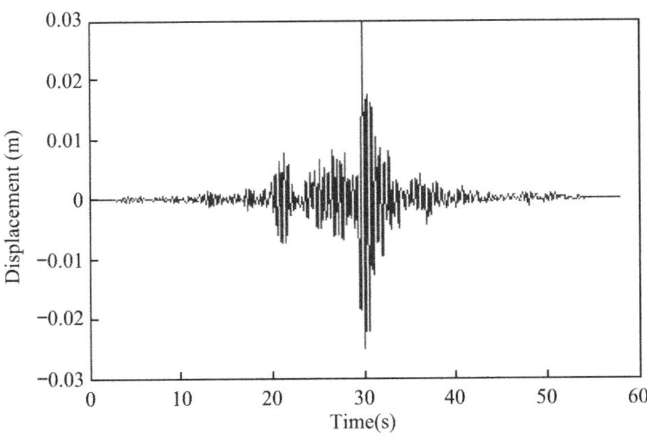


图 7-6 节点 3 位移时程

## 7.3.2 Newmark-β 法

### 7.3.2.1 编程代码

```
% MDOF动力反应的数值积分:Newmark-β法
% Author : JiDong Cui(崔济东)
% Website : www.jdcui.com
clear;clc;
format shortEng

%质量矩阵、刚度矩阵
m=1e3*[270,270,180]; %mass,kg
k0=1e6*[245,195,98]; %stiffness,刚度 N/m
numDOF=length(m);       %自由度数量
%初始化质量矩阵【M】、刚度矩阵【K】
M=zeros(numDOF,numDOF);
for i=1:numDOF
    M(i,i)=m(i);
end
```

```
K=FormKMatric(k0, numDOF);

%初始模态分析
[eig_vec,eig_val]=eig(inv(M) * K); %求 inv(M) * K 的特征值 w^2
[w,w_order]=sort(sqrt(diag(eig_val))); %求解自振频率和振型
mode=eig_vec(:,w_order); %求解振型
%振型归一化
for i=1:numDOF
    mode(:,i)=mode(:,i)/mode(numDOF,i);
end
%求解周期
T=zeros(1,numDOF);
for i=1:numDOF
    T(i)=2 * pi/w(i);
end

%阻尼:求瑞利阻尼系数
A=2 * 0.05/(w(1)+w(2)) * [w(1) * w(2);1]; %求系数 a0 和 a1,假设第一阶和第二阶振型阻尼比均为 0.05(《动力学》式 4-125)
%阻尼矩阵【C】
C=A(1) * M+A(2) * K;

%逐步积分
%外荷载输入(峰值、周期、时间间隔、时间步数、积分步数)
data=load('chichi.txt');
ug=9.8 * data(:,2)'; %加速度
n1=length(ug);        %加载步数
dt=0.01;              %时间步
n2=n1+500;
%指定控制参数 γ(gama)、β(beta)的值、积分常数
gama=0.5;                    %参数 γ
beta=0.25;                   %参数 β
a0=1/(beta * dt^2);          %积分常数
a1=gama/(beta * dt);         %积分常数
a2=1/(beta * dt);            %积分常数
a3=1/(2 * beta)-1;           %积分常数
a4=gama/beta-1;              %积分常数
a5=dt/2 * (gama/beta-2);     %积分常数
a6=dt * (1-gama);            %积分常数
a7=gama * dt;                %积分常数
%初始条件
u0=zeros(numDOF,1);          %所有自由度初始位移为 0
v0=zeros(numDOF,1);          %所有自由度初始速度为 0
```

```
%等效刚度矩阵[Keq]
KK=K+a0 * M+a1 * C;
%迭代分析开始
u(:,1)=u0;
v(:,1)=v0;
P(:,1)=-ug(1,1) * m';
aa(:,1)=(P(:,1)-C * v(:,1)-K * u(:,1))./m';
T2(1,1)=0;
for j=2:n2
    T2(1,j)=(j-1)* dt;
    if j<=n1
        P(:,j)=-ug(1,j) * m';
    else
        ug(1,j)=0;
        P(:,j)= -ug(1,j) * m';
     end
    PP(:,j) = P(:,j) + M * (a0 * u(:,j-1)+a2 * v(:,j-1)+a3 * aa(:,j-1)) + C * (a1 * u(:,j-1)+
    a4 * v(:,j-1)+a5 * aa(:,j-1));
    u(:,j)=KK\PP(:,j);
    aa(:,j)=a0 * (u(:,j)-u(:,j-1))-a2 * v(:,j-1)-a3 * aa(:,j-1);
    v(:,j)=v(:,j-1)+a6 * aa(:,j-1)+a7 * aa(:,j);
end

%绘图
figure(1)
plot(T2,u(1,:))
xlabel('Time(s)'),ylabel('Displacement(m)')
title('Displacement vs Time')
saveas(gcf,'Displacement_N1 vs Time1.png');
figure(2)
plot(T2,u(2,:))
xlabel('Time(s)'),ylabel('Displacement(m)')
title('Displacement vs Time')
saveas(gcf,'Displacement_N2 vs Time1.png');
figure(3)
plot(T2,u(3,:))
xlabel('Time(s)'),ylabel('Displacement(m)')
title('Displacement vs Time')
saveas(gcf,'Displacement_N3 vs Time1.png');
%保存数据
dlmwrite('displacement_N1.csv',u(1,:),'delimiter','\n')
dlmwrite('displacement_N2.csv',u(2,:),'delimiter','\n')
```

```
dlmwrite('displacement_N3.csv',u(3,:),'delimiter','\n')
dlmwrite('velocity_N1.csv',v(1,:),'delimiter','\n')
dlmwrite('velocity_N2.csv',v(2,:),'delimiter','\n')
dlmwrite('velocity_N3.csv',v(3,:),'delimiter','\n')
```

#### 7.3.2.2　计算结果

节点 1 位移时程见图 7-7。

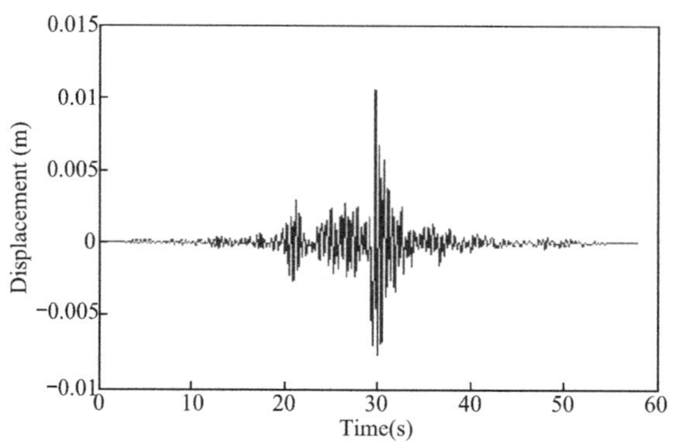


图 7-7　节点 1 位移时程

节点 2 位移时程见图 7-8。

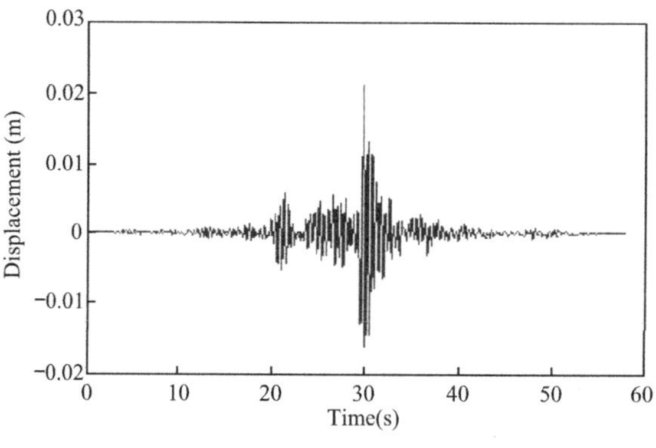


图 7-8　节点 2 位移时程

节点 3 位移时程见图 7-9。

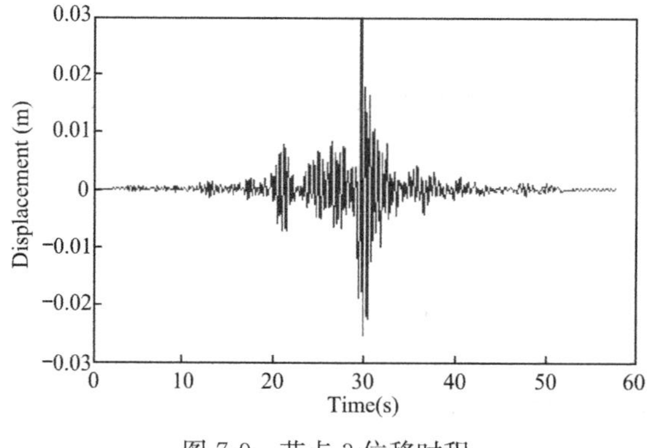


图 7-9　节点 3 位移时程

### 7.3.3 Wilson-θ 法

#### 7.3.3.1 编程代码

```
% MDOF 动力反应的数值积分:Wilson-θ 法
% Author : JiDong Cui(崔济东)
% Website : www.jdcui.com
clear;clc;
format shortEng

%质量矩阵、刚度矩阵
m=1e3*[270,270,180]; %mass,kg
k0=1e6*[245,195,98]; %stiffness,刚度 N/m
numDOF=length(m);      %自由度数量
%初始化质量矩阵【M】、刚度矩阵【K】
M=zeros(numDOF,numDOF);
for i=1:numDOF
    M(i,i)=m(i);
end
K=FormKMatric(k0, numDOF);

%初始模态分析
[eig_vec,eig_val]=eig(inv(M)*K); %求 inv(M)*K 的特征值 w^2
[w,w_order]=sort(sqrt(diag(eig_val)));%求解自振频率和振型
mode=eig_vec(:,w_order);%求解振型
%振型归一化
for i=1:numDOF
    mode(:,i)=mode(:,i)/mode(numDOF,i);
end
%求解周期
T=zeros(1,numDOF);
for i=1:numDOF
    T(i)=2*pi/w(i);
end

%阻尼:求瑞利阻尼系数
A=2*0.05/(w(1)+w(2))*[w(1)*w(2);1]; %求系数 a0 和 a1,假设第一阶和第二阶振型阻尼比
均为 0.05
%阻尼矩阵【C】
C=A(1)*M+A(2)*K;

%逐步积分
%外荷载输入(峰值、周期、时间间隔、时间步数、积分步数)
data=load('chichi.txt');
```

```
ug=9.8*data(:,2)'; %加速度
n1=length(ug);      %加载步数
dt=0.01;            %时间步
n2=n1+500;
%指定控制参数γ(gama)、β(beta)的值、积分常数
sita=1.4;                 %参数θ
a0=6/(sita^2*dt^2);       %积分常数
a1=3/(sita*dt);           %积分常数
a2=2*a1;                  %积分常数
a3=sita*dt/2;             %积分常数
a4=a0/sita;               %积分常数
a5=-a2/sita;              %积分常数
a6=1-3/sita;              %积分常数
a7=dt/2;                  %积分常数
a8=dt^2/6;                %积分常数
%初始条件
u0=zeros(numDOF,1);   %所有自由度初始位移为0
v0=zeros(numDOF,1);   %所有自由度初始速度为0
%等效刚度矩阵[Keq]
KK=K+a0*M+a1*C;
%迭代分析开始
u(:,1)=u0;
v(:,1)=v0;
P(:,1)=-ug(1,1)*m';
aa(:,1)=(P(:,1)-C*v(:,1)-K*u(:,1))./m';
T2(1,1)=0;
for j=2:n2
    T2(1,j)=(j-1)*dt;
    if j<=n1
        P(:,j)=-ug(1,j)*m';
    else
        ug(:,j)=0;
        P(:,j)=-ug(1,j)*m';
    end
    PP(:,j-1)=P(:,j-1)+sita*(P(:,j)-P(:,j-1))+M*(6*u(:,j-1)/(sita*dt)^2+6*v(:,j-1)/
    (sita*dt)+2*aa(:,j-1))+C*(3*u(:,j-1)/(sita*dt)+2*v(:,j-1)+sita*dt*aa(:,j-1)/2);
    uu(:,j-1)=KK\PP(:,j-1);
    aa(:,j)=6/(sita^3*dt^2)*(uu(:,j-1)-u(:,j-1))-6/(sita^2*dt)*v(:,j-1)+(1-3/sita)*aa
    (:,j-1);
    v(:,j)=v(:,j-1)+dt/2*(aa(:,j)+aa(:,j-1));
    u(:,j)=u(:,j-1)+dt*v(:,j-1)+dt^2/6*(aa(:,j)+2*aa(:,j-1));
end
```

```
%绘图
figure(1)
plot(T2,u(1,:))
xlabel('Time(s)'),ylabel('Displacement(m)')
title('Displacement vs Time')
saveas(gcf,'Displacement_N1 vs Time1.png');
figure(2)
plot(T2,u(2,:))
xlabel('Time(s)'),ylabel('Displacement(m)')
title('Displacement vs Time')
saveas(gcf,'Displacement_N2 vs Time1.png');
figure(3)
plot(T2,u(3,:))
xlabel('Time(s)'),ylabel('Displacement(m)')
title('Displacement vs Time')
saveas(gcf,'Displacement_N3 vs Time1.png');
%保存数据
dlmwrite('displacement_N1.csv',u(1,:),'delimiter','\n')
dlmwrite('displacement_N2.csv',u(2,:),'delimiter','\n')
dlmwrite('displacement_N3.csv',u(3,:),'delimiter','\n')
dlmwrite('velocity_N1.csv',v(1,:),'delimiter','\n')
dlmwrite('velocity_N2.csv',v(2,:),'delimiter','\n')
dlmwrite('velocity_N3.csv',v(3,:),'delimiter','\n')
```

#### 7.3.3.2 计算结果

节点 1 位移时程见图 7-10。

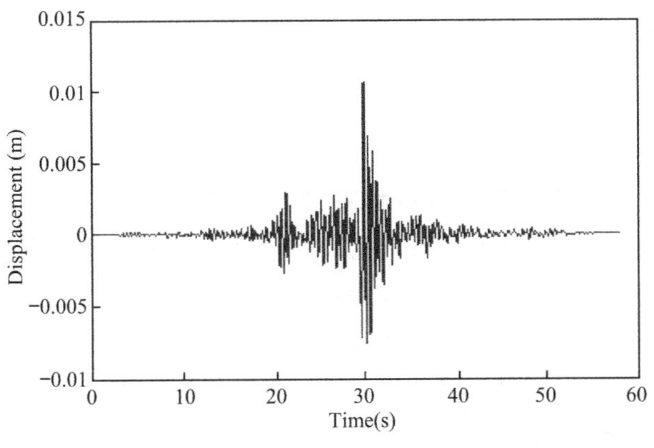


图 7-10 节点 1 位移时程

节点 2 位移时程见图 7-11。

节点 3 位移时程见图 7-12。

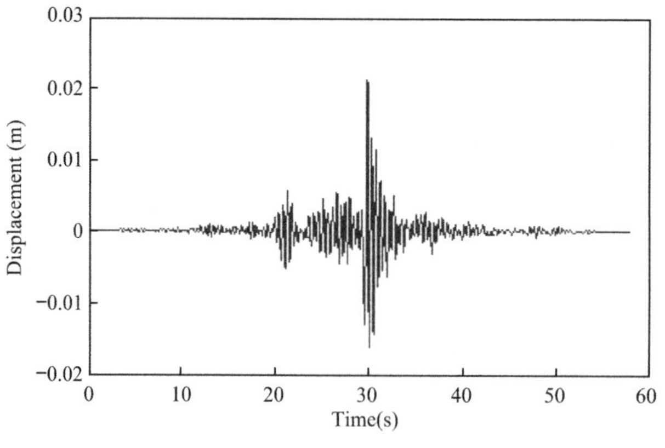


图 7-11　节点 2 位移时程

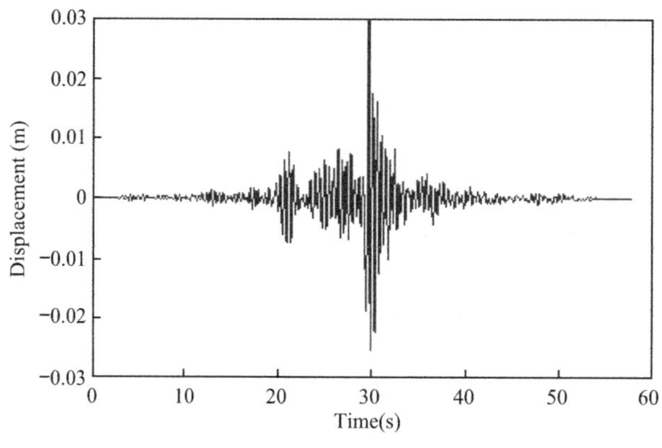


图 7-12　节点 3 位移时程

## 7.4　SAP2000 分析

### 7.4.1　建立模型

本章采用与第 4 章相同的 SAP2000 模型进行分析，不同的是本章采用的工况类型是"Time History"，因此需定义时程分析工况，在此之前则需导入时程函数，可参考第 2 章单自由度时程分析的建模步骤，导入时程函数如图 7-13 所示。

定义时程分析工况时，需指定阻尼系数并选择相应的积分方法。本例采用的是瑞利阻尼，求取结构阻尼矩阵时假定第一阶和第二阶振型阻尼比均为 0.05，根据 MATLAB 的计算结果，质量比例的阻尼系数 $a_0=0.9303$，刚度比例的阻尼系数 $a_1=0.0023$，在 SAP2000 中的定义如图 7-14 所示。

积分方法中，Newmark-β 法的控制参数 $\gamma=0.5$，$\beta=0.25$，则在 SAP2000 中需做如图 7-15 所示的参数定义；Wilson-θ 法的控制参数 $\theta=1.4$，则在 SAP2000 中需做如图 7-16 所示的参数定义。

定义好相关参数后，运行分析。

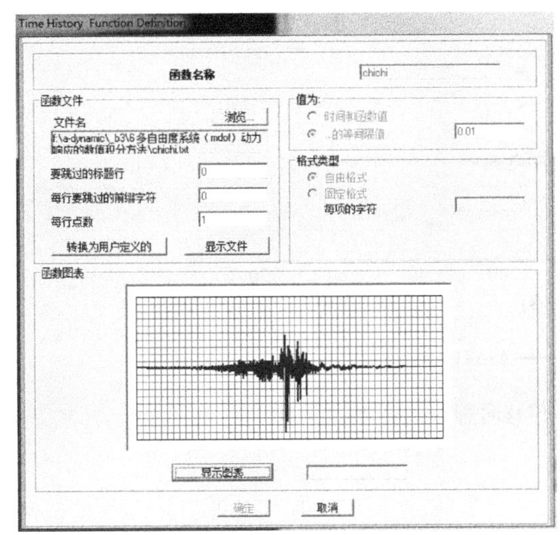


图 7-13　定义时程函数

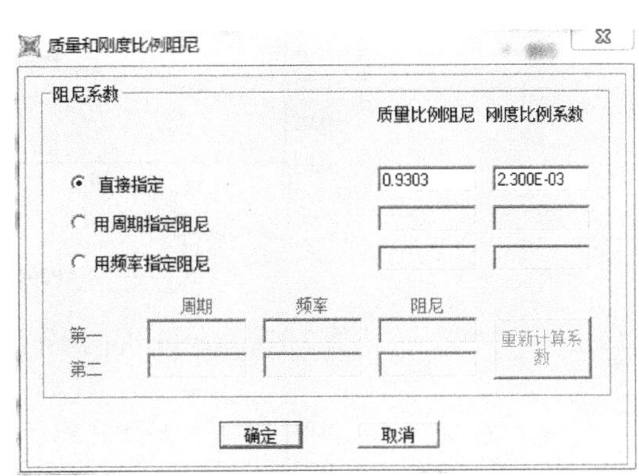


图 7-14　阻尼定义

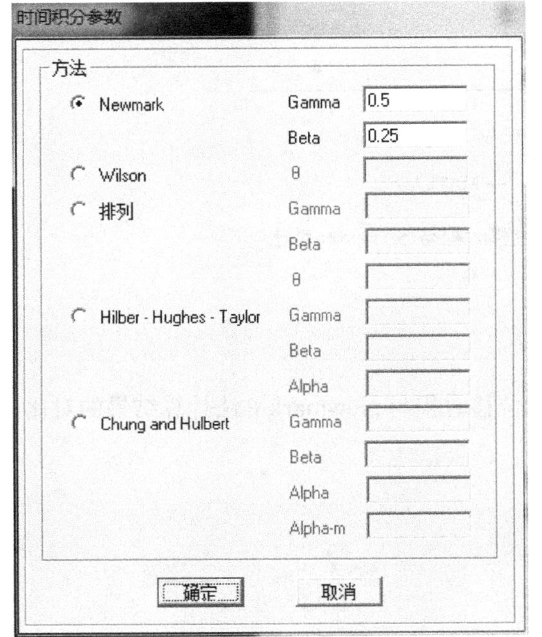


图 7-15　Newmark-β 法积分参数定义

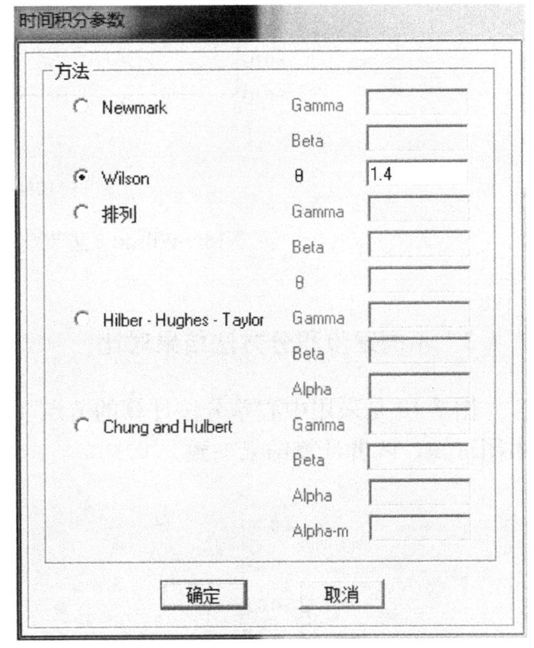


图 7-16　Wilson-θ 法积分参数定义

### 7.4.2　结果对比

多自由度模型时程分析结果查看方法与第 2 章单自由度模型结果查看方法相同，此处不再赘述，直接给出分析结果对比。

图 7-17 是基于 Newmak-β 法的 MATLAB 编程结果与 SAP2000 计算结果的对比，对比参数为节点 3 的位移时程，由图可知，两者计算结果一致。

图 7-18 是基于 Wilson-θ 法的 MATLAB 编程结果与 SAP2000 计算结果的对比，对比参数为节点 3 的位移时程，由图可知，两者计算结果一致。

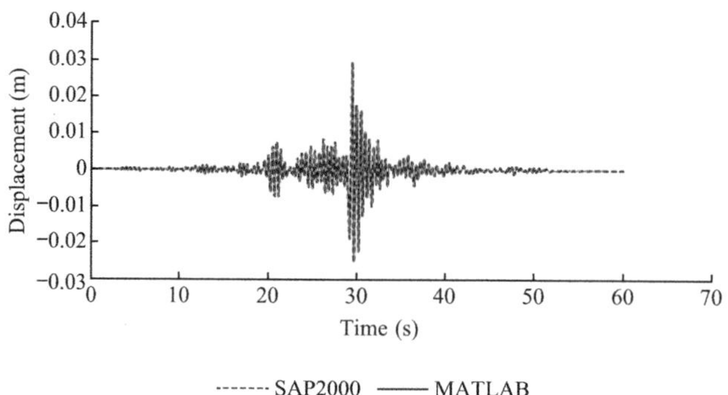


图 7-17　Newmark-β 法节点 3 位移时程与 SAP2000 对比

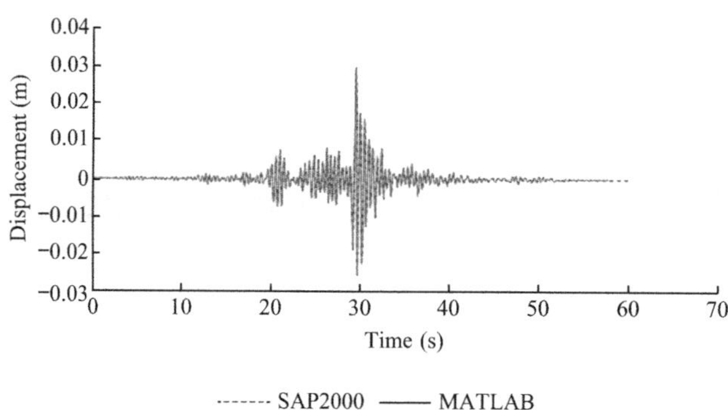


图 7-18　Wilson-θ 法节点 3 位移时程与 SAP2000 对比

### 7.4.3　不同逐步积分方法结果对比

图 7-19 是采用中心差分法计算的节点 3 的位移时程与 Newmark-β 法计算结果的对比，由图可知，两者计算结果一致。

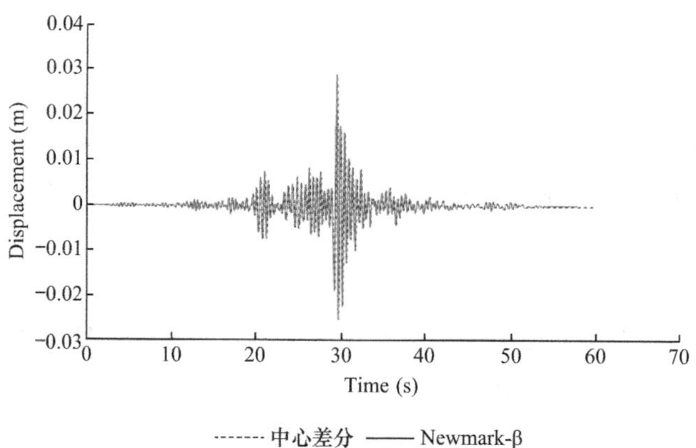


图 7-19　Newmark-β 法节点 3 位移时程与中心差分法对比

图 7-20，是采用中心差分法计算的节点 3 的位移时程与 Wilson-θ 法计算结果的对比，由图可知，两者计算结果一致。

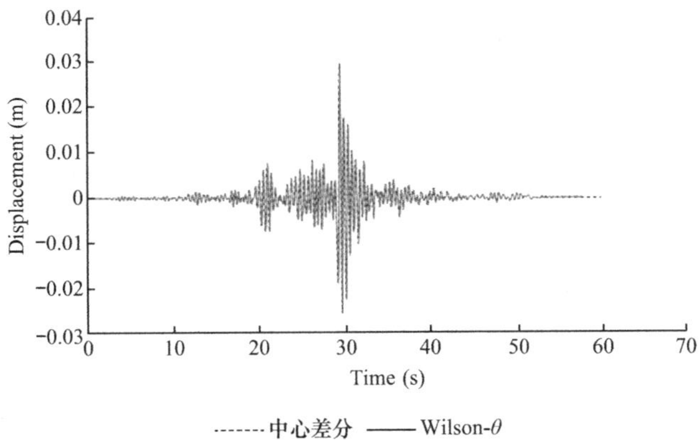


图 7-20 Wilson-θ 法节点 3 位移时程与中心差分法对比

## 7.5 midas Gen 分析

### 7.5.1 建立模型

本章采用与第 4 章相同的 midas Gen 模型进行弹性时程分析。点击【荷载】-【地震作用】-【时程函数】添加时程函数，如图 7-21 所示。

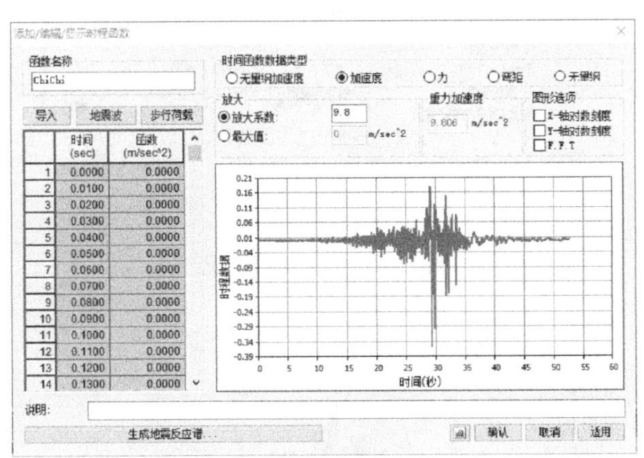

图 7-21 定义时程函数

点击【荷载】-【地震作用】-【荷载工况】添加时程分析工况。定义时程工况时，需指定阻尼系数并选择相应的积分方法。本例采用的是瑞利阻尼，假定第一阶和第二阶振型阻尼比均为 0.05，根据 MATLAB 的计算结果，质量因子 $a_0=0.9303$，刚度因子 $a_1=0.0023$，Newmark-β 法的控制参数 $\gamma=0.5$，$\beta=0.25$，在 midas Gen 中的定义如图 7-22

所示。

### 7.5.2　结果对比

多自由度模型时程分析结果查看方法与第 2 章单自由度模型结果查看方法相同，此处不再赘述，直接给出分析结果对比。

如图 7-23 所示，是基于 Newmak-β 法的 MATLAB 编程结果与 midas Gen 计算结果的对比，对比参数为节点 3 的位移时程，由图可知，两者计算结果一致。

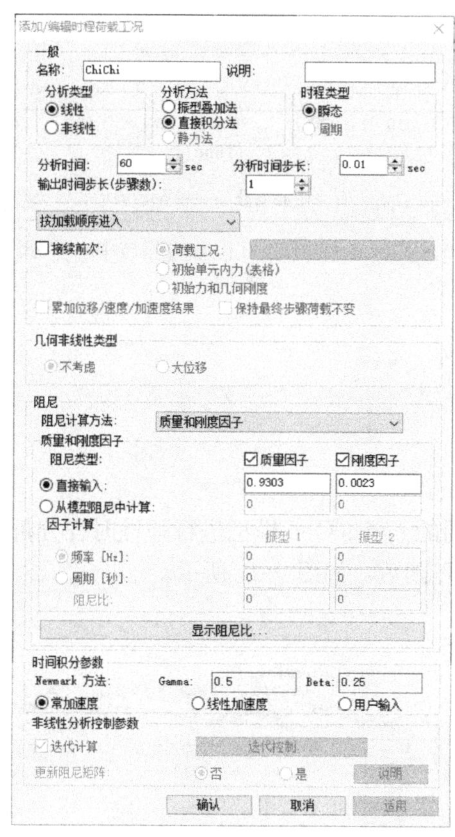


图 7-22　定义荷载工况

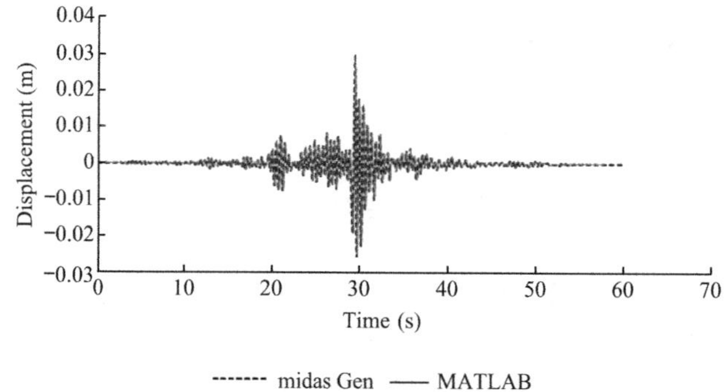


图 7-23　Newmark-β 法节点 3 位移时程与 midas Gen 对比

## 7.6 小结

(1) 介绍了几种常用的求解弹性多自由度体系运动方程的逐步积分方法，包括中心差分法、Newmark-β 法和 Wilson-θ 法，并给出了详细的推导公式。

(2) 通过 MATLAB 编程实现了基于中心差分法、Newmark-β 法、Wilson-θ 法的剪切层模型弹性地震动力时程分析，并与 SAP2000、midas Gen 软件分析结果进行对比验证。

(3) 与第 5 章介绍的多自由度体系的振型分解法相比，逐步积分法不对运动方程进行任何变换，直接对运动方程进行积分。振型分解法在积分运动方程前，利用结构的固有振型及振型正交性，将 $n$ 个自由度的总体方程组，解耦为 $n$ 个独立的与固有振型对应的单自由度方程，然后对这些方程进行解析或数值求解，得到每个振型的动力反应，然后将各振型的动力反应按一定的方式叠加，得到多自由度体系的总动力反应。振型分解法的优点是，当自由度较大时，计算效率比逐步积分法高，但缺点是由于使用了叠加原理，很难考虑通用的非线性因素，而逐步积分法可直接考虑非线性因素。

(4) 振型分解法在对整体方程组进行解耦的过程中，假设阻尼矩阵关于振型矩阵正交，相当于假定阻尼模型为比例阻尼，而逐步积分法对阻尼模型没有限制，只要形成阻尼矩阵，任何阻尼模型都可进行分析。

## 参考文献

[1] 刘晶波，杜修力. 结构动力学［M］. 北京：机械工业出版社，2011.

# 第 8 章 单自由度体系非线性动力时程分析

当结构承受较大荷载或作用时，比如强震作用，结构构件可能发生弹塑性变形，结构进入弹塑性状态。结构地震动力非线性分析是结构地震动力分析的重要内容，本章主要介绍考虑材料非线性的单自由度体系的地震动力时程分析，第 9 章介绍考虑材料非线性的多自由度体系的地震动力时程分析。

## 8.1 运动方程

图 8-1 所示为本章讨论的非弹性单自由度体系模型示意图。与弹性体系不同，非弹性单自由度体系的力一变形本构关系不总是保持弹性，而是弹塑性关系。

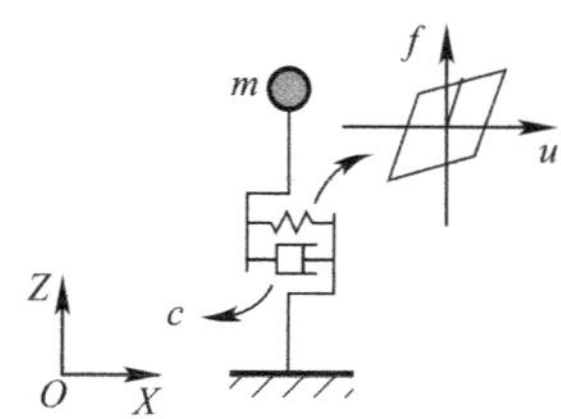


图 8-1 非弹性单自由度体系示意

当结构（或构件）进入弹塑性后，结构的恢复力（又可称为抗力）不再与位移呈线性关系，如图 8-2 所示，此时结构恢复力 $f_S$ 不再等于 $k_0u$，$f_S$-$u$ 关系需要用更加复杂的非线性函数或分段函数进行表达[1]，即公式（8-1）。

$$\begin{cases} f_S \neq -ku \\ f_S = f_S(u) \end{cases} \tag{8-1}$$

相应的单自由度体系在动力荷载 $P(t)$ 作用下运动方程为

$$m\ddot{u} + c\dot{u} + f_S(u) = P(t) \tag{8-2}$$

当体系的动力反应由地震引起的结构基础的运动引起时，单自由度体系的运动方程为

$$m\ddot{u} + c\dot{u} + f_S(u) = -m\ddot{u}_g \tag{8-3}$$

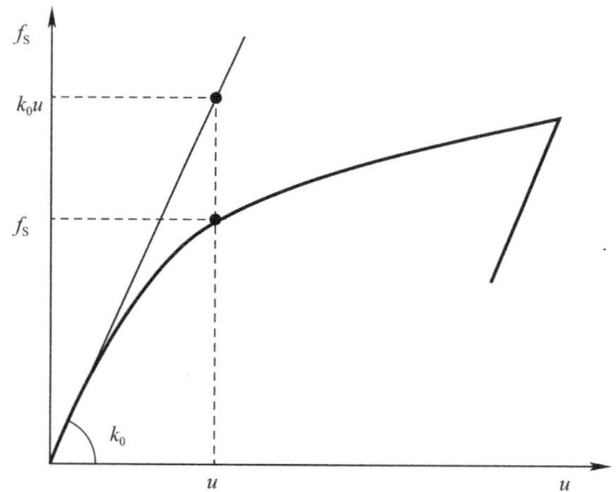


图 8-2 非线性力-变形关系

第 2 章介绍的弹性单自由度体系运动方程的逐步积分法，除分段解析法外的其他几种

方法，如中心差分法、Newmark-β 法、Wilson-θ 法，对于式（8-1）及式（8-2）表示的非弹性体系的运动方程的求解也适用，只是需要对原弹性时域逐步积分计算过程中与体系刚度及抗力相关的部分进行调整。以下将对中心差分法、Newmark-β 法、Wilson-θ 法在非线性分析中的扩展进行介绍。

## 8.2 逐步积分法

### 8.2.1 分段解析法

根据上述章节的讲解，在分段解析法的求解过程中，需要计算递推公式中的系数 $A \sim D$ 和 $A' \sim D'$，如果结构是线性的，并采用等时间步长，则上述系数均为常数。对于非弹性结构体系，结构的刚度是变化的，所以上述系数中基于刚度计算的系数也是变化的，非弹性体系的动力时程反应需根据当前时刻的位移反应 $u_i$ 计算当前时刻的结构刚度 $k_i$，再计算系数 $A \sim D$ 和 $A' \sim D'$，进而递推下一时刻的反应。由于每一步都要更新递推公式中的相关系数，分段解析法计算非弹性体系时的计算效率相对于弹性体系大为降低。

### 8.2.2 中心差分法

由于中心差分法是基于位移的有限差分，其非弹性反应计算只需要在弹性计算的 $u_{i+1}$ 递推公式中将结构刚度相关项 $ku_i$ 直接用恢复力 $f_S$（$u_i$）进行替换即可，如式（8-1）所示。

$$\left(\frac{m}{\Delta t^2}+\frac{c}{2\Delta t}\right)u_{i+1}=P_i-f_S(u_i)+\left(\frac{2m}{\Delta t^2}\right)u_i-\left(\frac{m}{\Delta t^2}-\frac{c}{2\Delta t}\right)u_{i-1} \tag{8-4}$$

在弹性分析中，$f_S$（$u_i$）等于 $ku_i$，可直接得出。在非弹性分析中，$f_S$（$u_i$）需要以结构的非弹性恢复力特性为基础，根据上一分析步中的恢复力 $f_S$（$u_{i-1}$）、变形 $u_{i-1}$ 及当前分析步的变形 $u_i$ 等参数进行确定，这个过程称为结构或单元的本构状态确定过程。本构状态确定是材料非线性分析共有的问题，自然也是非弹性动力时程分析的各种直接积分法中共有的问题，详细介绍详下面的 8.2.5 节。式（8-1）左边的 $u_{i+1}$ 为待求量，右边各项均为第 $i$ 步或第 $i-1$ 步的已知量，即求解 $u_{i+1}$ 不需要迭代，这类算法称为显式算法。

中心差分法是有条件稳定的，其临界稳定时间步长与结构周期相关，而非弹性体系在进入弹塑性阶段后一般会出现刚度退化的情况，使得结构周期变长，稳定性会变得更好。

### 8.2.3 Newmark-β 法

#### 8.2.3.1 基本公式

采用 Newmark-β 法进行非弹性结构动力分析时，可以通过“增量形式”的 Newmark-β 法进行求解[2]，方法推导如下。

已知 $t_i$ 时刻和 $t_{i+1}$ 时刻的运动方程

$$\begin{cases} m\ddot{u}_i+c\dot{u}_i+(f_S)_i=P_i \\ m\ddot{u}_{i+1}+c\dot{u}_{i+1}+(f_S)_{i+1}=P_{i+1} \end{cases} \tag{8-5}$$

上式相减得到体系运动增量平衡方程

$$m\Delta\ddot{u}_i+c\Delta\dot{u}_i+(\Delta f_S)_i=\Delta P_i \tag{8-6}$$

当时间步长 $\Delta t$ 足够小时，可认为在$[t_i，t_{i+1}]$时段内结构本构关系是线性的，即

$$(\Delta f_S)_i = k_i^s \Delta u_i \tag{8-7}$$

式中 $k_i^s$ 是结构本构曲线上 $i$ 点与 $i+1$ 点之间的割线刚度。

由于 $u_{i+1}$ 是待求未知量，因此割线刚度 $k_i^s$ 也是未知的。如果用 $i$ 点的切线刚度 $k_i$ 近似代替 $k_i^s$，则有

$$(\Delta f_S)_i \approx k_i \Delta u_i \tag{8-8}$$

则增量平衡方程可以表示为

$$m\Delta\ddot{u}_i + c\Delta\dot{u}_i + k_i\Delta u_i = \Delta P_i \tag{8-9}$$

此时增量平衡方程是一个线性运动方程的形式，且系数 $m$、$c$、$k_i$、$\Delta P_i$ 都是已知的，$\Delta P_i$ 是外荷载增量，$k_i$ 则根据结构本构关系求得。为此，若想求解 $\Delta u_i$，必须将 $\Delta\ddot{u}_i$ 及 $\Delta\dot{u}_i$ 想办法表示为 $\Delta u_i$ 及 $i$ 时刻已知变量的函数。

根据 Newmark-β 法全量递推公式

$$\begin{cases} \ddot{u}_{i+1} = \dfrac{1}{\beta\Delta t^2}(u_{i+1} - u_i) - \dfrac{1}{\beta\Delta t}\dot{u}_i - \left(\dfrac{1}{2\beta} - 1\right)\ddot{u}_i \\ \dot{u}_{i+1} = \dfrac{\gamma}{\beta\Delta t}(u_{i+1} - u_i) + \left(1 - \dfrac{\gamma}{\beta}\right)\dot{u}_i + \left(1 - \dfrac{\gamma}{2\beta}\right)\ddot{u}_i\Delta t \end{cases} \tag{8-10}$$

可得

$$\begin{aligned} \Delta\ddot{u}_i &= \ddot{u}_{i+1} - \ddot{u}_i = \left[\frac{1}{\beta\Delta t^2}(u_{i+1} - u_i) - \frac{1}{\beta\Delta t}\dot{u}_i - \left(\frac{1}{2\beta} - 1\right)\ddot{u}_i\right] - \ddot{u}_i \\ &= \frac{1}{\beta\Delta t^2}\Delta u_i - \frac{1}{\beta\Delta t}\dot{u}_i - \frac{1}{2\beta}\ddot{u}_i \end{aligned} \tag{8-11}$$

以及

$$\begin{aligned} \Delta\dot{u}_i &= \dot{u}_{i+1} - \dot{u}_i = \left[\frac{\gamma}{\beta\Delta t}(u_{i+1} - u_i) + \left(1 - \frac{\gamma}{\beta}\right)\dot{u}_i + \left(1 - \frac{\gamma}{2\beta}\right)\ddot{u}_i\Delta t\right] - \dot{u}_i \\ &= \frac{\gamma}{\beta\Delta t}\Delta u_i - \frac{\gamma}{\beta}\dot{u}_i + \left(1 - \frac{\gamma}{2\beta}\right)\ddot{u}_i\Delta t \end{aligned} \tag{8-12}$$

可得增量形式表示的 Newmark-β 法的两个基本递推公式

$$\begin{cases} \Delta\ddot{u}_i = \dfrac{1}{\beta\Delta t^2}\Delta u_i - \dfrac{1}{\beta\Delta t}\dot{u}_i - \dfrac{1}{2\beta}\ddot{u}_i \\ \Delta\dot{u}_i = \dfrac{\gamma}{\beta\Delta t}\Delta u_i - \dfrac{\gamma}{\beta}\dot{u}_i + \left(1 - \dfrac{\gamma}{2\beta}\right)\ddot{u}_i\Delta t \end{cases} \tag{8-13}$$

将递推公式代入增量运动方程，可得 $\Delta u$ 的计算方程

$$\hat{k}_i\Delta u_i = \Delta\hat{P}_i \tag{8-14}$$

其中

$$\hat{k}_i = k_i + \frac{1}{\beta\Delta t^2}m + \frac{\gamma}{\beta\Delta t}c \tag{8-15}$$

$$\begin{aligned} \Delta\hat{P}_i &= \Delta P_i + \left(\frac{1}{\beta\Delta t}\dot{u}_i + \frac{1}{2\beta}\ddot{u}_i\right)m + \left[\frac{\gamma}{\beta}\dot{u}_i + \frac{\Delta t}{2}\left(\frac{\gamma}{\beta} - 2\right)\ddot{u}_i\right]c \\ &= \Delta P_i + \left(\frac{1}{\beta\Delta t}m + \frac{\gamma}{\beta}c\right)\dot{u}_i + \left[\frac{1}{2\beta}m + \Delta t\left(\frac{\gamma}{2\beta} - 1\right)c\right]\ddot{u}_i \end{aligned} \tag{8-16}$$

为方便记录，可令 $AA_1 = \dfrac{1}{\beta\Delta t}m + \dfrac{\gamma}{\beta}c$，$AA_2 = \dfrac{1}{2\beta}m + \Delta t\left(\dfrac{\gamma}{2\beta} - 1\right)c$，则有

$$\Delta\hat{P}_i = \Delta P_i + AA_1\dot{u}_i + AA_2\ddot{u}_i \tag{8-17}$$

求得 $\Delta u_i$ 后，即可求得 $u_{i+1}$

$$u_{i+1} = u_i + \Delta u_i \tag{8-18}$$

将 $\Delta u_i$ 代入公式（8-13）可得 $\Delta\dot{u}_i$ 和 $\Delta\ddot{u}_i$，进而求得 $\ddot{u}_{i+1}$ 和 $\dot{u}_{i+1}$

$$\begin{cases}\dot{u}_{i+1} = \dot{u}_i + \Delta\dot{u}_i \\ \ddot{u}_{i+1} = \ddot{u}_i + \Delta\ddot{u}_i\end{cases} \tag{8-19}$$

#### 8.2.3.2 Newton-Raphson 迭代法

上述计算过程中，用 $i$ 点的切线刚度 $k_i$ 近似代替 $i$ 点和 $i+1$ 点之间的割线刚度［公式（8-8）］，是计算误差的主要来源，但这种误差可采用迭代的方法使其最小化。方程（8-14）从形式上看与静力问题的方程完全一致，因此可利用静力非线性分析的方法进行迭代求解[3,4]。图 8-3 和图 8-4 所分别给出了 Newton-Raphson 法和修正的 Newton-Raphson 方法第 $i+1$ 积分步内的非线性迭代过程图[1]。

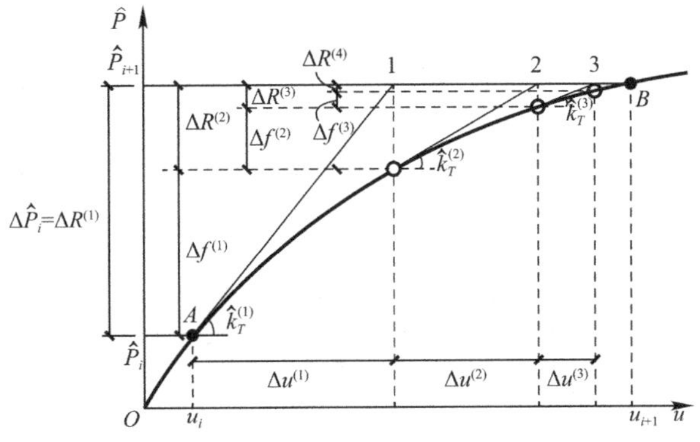


图 8-3　Newton-Raphson 迭代法示意

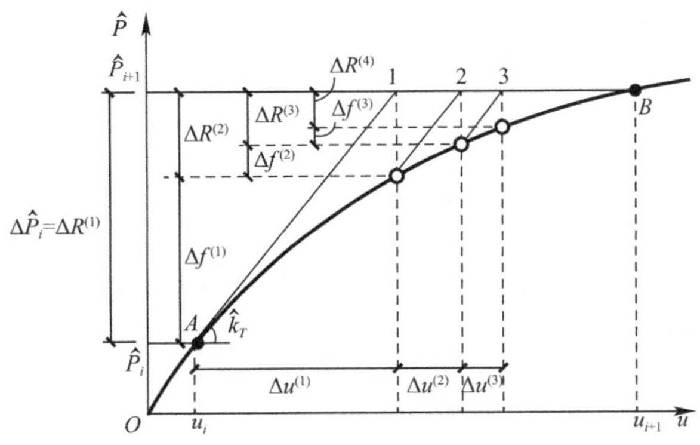


图 8-4　修正的 Newton-Raphson 迭代法示意

图 8-3 和图 8-4 中，变量的下标表示第 $i$ 积分步，上标则表示第 $i$ 积分步内的第 $j$ 迭代步。其中 $A$ 点表示已经收敛的第 $i$ 积分步。第 $i$ 积分步的位移、等效荷载及等效切线刚度为已知结果，分别为 $u_i$、$\hat{P}_i$ 及 $\hat{k}_i$，同时已知 $i+1$ 积分步的外荷载为 $\hat{P}_{i+1}$，相应的荷载增量为 $\Delta\hat{P}_i$，待求量为施加外荷载 $\hat{P}_{i+1}$ 后结构的位移，即 $B$ 点对应的位移 $u_{i+1}$。下面以图 8-3中的 Newton-Raphson 法为例，详细介绍其迭代过程。在 Newmark-β 法每个时间步

中都要求解增量平衡方程（8-14），为方便表述，我们将表示积分步的下标 $i$ 去掉，以表示迭代过程适用于任意积分步。其中，将 $\hat{k}_i$ 下标 $i$ 用 T 代替，表示切线刚度，$\Delta u_i$ 和 $\hat{P}_i$ 下标也去掉，则增量平衡方程（8-14）变为

$$\hat{k}_{\mathrm{T}}\Delta u = \Delta\hat{P} \tag{8-20}$$

在图 8-3 中的第一个迭代步中，将 $\hat{k}_{\mathrm{T}}^{(1)}$ 和 $\Delta\hat{P}$（$\Delta\hat{P}=\Delta R^{(1)}$，$\Delta R^{(1)}$ 是开始迭代时的残余力）代入式（8-20），即

$$\hat{k}_{\mathrm{T}}^{(1)}\Delta u^{(1)} = \Delta\hat{P} \tag{8-21}$$

可求得 $\Delta u^{(1)}$，作为最终 $\Delta u$（$\Delta u=\sum_{j=1}^{n}\Delta u^{(j)}=u_{i+1}-u_i$）的第一次近似。位移增加 $\Delta u^{(1)}$，相应的广义抗力增量为 $\Delta f^{(1)}$，它比 $\Delta\hat{P}$ 小，此时定义第 2 迭代步的残余力 $\Delta R^{(2)}=\Delta\hat{P}-\Delta f^{(1)}$，这个残余力引起的附加位移 $\Delta u^{(2)}$ 继续由下式确定

$$\hat{k}_{\mathrm{T}}^{(2)}\Delta u^{(2)} = \Delta R^{(2)} \tag{8-22}$$

使用新的附加位移继续寻找残余力的新值，不断迭代，当残余力趋向于 0 时，结构收敛，此时结构到达 $B$ 点。

表 8-1 列出了 Newton-Raphson 法的迭代步骤，其中下标 $i$ 表示积分步，上标 $j$ 表示积分步内的迭代步。

**Newton-Raphson 迭代过程　　表 8-1**

| |
|---|
| a. 初始化数据。 |
| 令 $u_{i+1}^{(0)}=u_i$，$f_{\mathrm{S}}^{(0)}=(f_{\mathrm{S}})_i$，$\Delta R^{(1)}=\Delta\hat{P}_i$，$\hat{k}_{\mathrm{T}}^{(1)}=\hat{k}_i$。 |
| 即迭代分析初始位移 $u_{i+1}^{(0)}$ 和初始恢复力 $f_{\mathrm{S}}^{(0)}$ 分别等于第 $i$ 分析步的位移 $u_i$ 和恢复力 $(f_{\mathrm{S}})_i$，迭代分析的初始残余力 $\Delta R^{(1)}$ 和初始等效刚度 $\hat{k}_{\mathrm{T}}^{(1)}$ 分别等于第 $i$ 分析步的等效刚度 $\hat{k}_i$ 和等效荷载增量 $\Delta\hat{P}_i$。 |
| b. 对于每一步迭代，$j=1$，2，3，…进行如下计算： |
| b. 1 由增量平衡方程 $\hat{k}_{\mathrm{T}}^{(j)}\Delta u^{(j)}=\Delta R^{(j)}$，求得第 $j$ 迭代步的位移增量 $\Delta u^{(j)}$。 |
| b. 2 进而求得第 $j$ 步迭代后的位移 $u^{(j)}=u^{(j-1)}+\Delta u^{(j)}$。 |
| b. 3 根据状态确定函数，求得结构或构件新的恢复力 $f_{\mathrm{S}}^{(j)}$ 和刚度 $k_{\mathrm{T}}^{(j)}$ ［按公式（8-15）计算］，进而求得广义恢复力增量。需要注意，在静力分析中，广义恢复力增量即结构或构件的恢复力增量 $\Delta f^{(j)}=f_{\mathrm{S}}^{(j)}-f_{\mathrm{S}}^{(j-1)}$，在动力分析中，由于有质量和阻尼项的存在，广义恢复力增量为 $\Delta f^{(j)}=f_{\mathrm{S}}^{(j)}-f_{\mathrm{S}}^{(j-1)}+(\hat{k}_{\mathrm{T}}^{(j)}-k_{\mathrm{T}}^{(j)})\Delta u^{(j)}=f_{\mathrm{S}}^{(j)}-f_{\mathrm{S}}^{(j-1)}+\left(\frac{1}{\beta\Delta t^2}m+\frac{\gamma}{\beta\Delta t}c\right)\Delta u^{(j)}$。 |
| b. 4 求新的残余力 $\Delta R^{(j+1)}=\Delta R^{(j)}-\Delta f^{(j)}$ |
| c. 进行下一步迭代，重复 b. 1～b. 4 步骤，用 $j+1$ 代替 $j$。 |
| d. 经 $n$ 次迭代后，如果增量位移 $\Delta u^{(n)}$ 与迭代累积位移增量 $\Delta u$ 相比足够小，即 $\frac{\Delta u^{(n)}}{\Delta u}=\frac{\Delta u^{(n)}}{\sum_{j=1}^{n}\Delta u^{(j)}}\leqslant\varepsilon$，则迭代结束，$\varepsilon$ 可取一个合理的小值。此时位移 $u_{i+1}=u_i+\Delta u$ 即是所求 $B$ 点的位移。 |

在表 8-1 的 Newton-Raphson 法迭代过程中，各迭代步中的等效刚度 $\hat{k}_{\mathrm{T}}^{(j)}$ 通过状态确定函数获得 $k_{\mathrm{T}}^{(j)}$，然后按公式（8-15）计算，在迭代过程中是变化的，因此 Newton-Raphson 法又

称为变刚度法。图 8-4 所示为修正的 Newton-Raphson 迭代法，$\hat{k}_T$ 取的是第 $i$ 迭代步的初始值，各迭代步中的等效刚度 $\hat{k}_T$ 是不变的，因此又称为常刚度法。变刚度法在每个迭代步内都要求解切线刚度，计算量大，但收敛速度快；而常刚度法在每个迭代步内刚度是不变的，每个积分步内仅需在初始迭代时求解一次切线刚度，计算量小，但收敛速度慢。

#### 8.2.3.3 Newmark-β 法分析步骤

综上，采用 Newmark-β 法进行非弹性单自由度结构逐步积分计算的步骤[1]总结如表 8-2所示。

**表 8-2 逐步积分步骤** **表 8-2**

a. 初始计算。

a. 1 根据初始条件确定初始加速度，$\ddot{u}_0=[P_0-c\dot{u}_0-(f_S)_0]/m$。

a. 2 根据控制参数 $\beta$、$\gamma$、$\Delta t$ 等求公式（8-14）～公式（8-16）中的积分常数，$AA_1=\frac{1}{\beta\Delta t}m+\frac{\gamma}{\beta}c$，$AA_2=\frac{\gamma}{\beta}\dot{u}_i+\Delta t\left(\frac{\gamma}{2\beta}-1\right)\ddot{u}_i$。

b. 对时间离散化，对每个积分步 $i$ 进行计算，逐步积分。

b. 1 根据公式（8-15）求得等效切线刚度 $\hat{k}_i=k_i+\frac{\gamma}{\beta\Delta t}c+\frac{1}{\beta(\Delta t)^2}m$。

b. 2 根据公式（8-16）求等效荷载增量 $\Delta\hat{P}_i=\Delta P_i+AA_1\cdot\dot{u}_i+AA_2\cdot\ddot{u}_i$。

b. 3 利用表 8-1 的迭代过程，计算 $\Delta u_i$。

b. 4 根据公式（8-13），求得速度增量 $\Delta\dot{u}_i$ 和加速度增量 $\Delta\ddot{u}_i$。

b. 5 根据公式（8-19），求得速度 $\dot{u}_{i+1}$ 和加速度 $\ddot{u}_{i+1}$。

c. 对下一个时间步重复计算步骤 b. 1～b. 5，用 $i+1$ 代替 $i$。

Newmark-β 法分析中，也需要进行状态确定，以更新分析方程中的变量，与中心差分法不同的是，Newmark-β 法除了需要更新体系的恢复力，也需要更新体系刚度，而中心差分法中不需要更新体系刚度。还可以发现 Newmark-β 法在每个积分步内都需要进行迭代计算，对平衡条件进行检验，中心差分法不对平衡条件进行迭代检验，由已知的第 $i$ 步的结果通过递推公式直接求解第 $i+1$ 步的反应。

#### 8.2.3.4 极速牛顿（ExpressNewton）法

极速牛顿法是由中国学者徐俊杰、黄羽立及曲哲[5]提出的一种非线性迭代算法。该方法的迭代过程如图 8-5 所示。

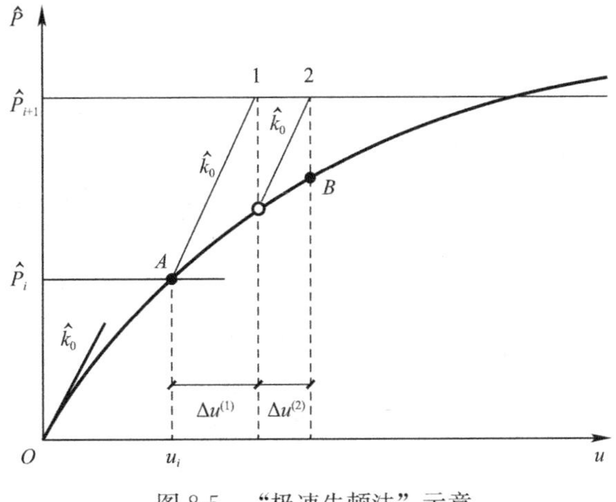


图 8-5 “极速牛顿法”示意

与 Newton-Raphson 法和修正的 Newton-Raphson 法相比，极速牛顿法作了如下改进：

（1）在所有时间步内都只使用零时刻的初始广义刚度（矩阵）进行迭代；

（2）每个时间步内只迭代两次就直接进入下一时间步，不检查容差。

更新广义刚度矩阵往往是非线性动力分析中最耗时的工作，并且随着矩阵规模的增大，计算成本指数上升。极速牛顿法只在最开始的时候计算一次广义刚度矩阵，而在随后的整个时程分析中不再更新广义刚度矩阵，因此其计算效率非常高。关于该方法的精度、数值稳定等方面的详细介绍，感兴趣的读者可参考文献［5］和文献［6］。

采用极速牛顿法进行迭代分析的编程实现过程与上述 Newton-Raphson 法是类似的，不同的是在表 8-1 迭代过程中，只需迭代 2 步，且不用判断容差，迭代中无需实时更新迭代步刚度 $k_T^{(j)}$，同时在表 8-2 的迭代过程中，也无需更新每个分析步的刚度 $k_i$。

本章将采用该方法对算例进行测试，并将分析结果与传统 Newton-Raphson 法计算结果进行对比。

### 8.2.4　Wilson-θ 法

采用 Wilson-θ 法进行非弹性结构动力分析的求解步骤与上述 Newmark-β 法的处理方式是相同的，增量法表示的平衡方程及刚度近似方法见公式（8-6）、公式（8-8），以下仅给出增量法表示的 Wilson-θ 法递推公式。

根据 Wilson-θ 法全量递推公式

$$\begin{cases} \ddot{u}(t_i+\theta\Delta t)=\dfrac{6}{(\theta\Delta t)^2}[u(t_i+\theta\Delta t)-u(t_i)]-\dfrac{6}{\theta\Delta t}\dot{u}(t_i)-2\ddot{u}(t_i) \\ \dot{u}(t_i+\theta\Delta t)=\dfrac{3}{\theta\Delta t}[u(t_i+\theta\Delta t)-u(t_i)]-2\dot{u}(t_i)-\dfrac{\theta\Delta t}{2}\ddot{u}(t_i) \end{cases} \tag{8-23}$$

则有

$$\begin{aligned} \Delta\ddot{u}_i &= \ddot{u}_{i+1}-\ddot{u}_i \\ &= \ddot{u}(t_i+\theta\Delta t)-\ddot{u}_i \\ &= \left\{\frac{6}{(\theta\Delta t)^2}[u(t_i+\theta\Delta t)-u(t_i)]-\frac{6}{\theta\Delta t}\dot{u}(t_i)-2\ddot{u}(t_i)\right\}-\ddot{u}_i \\ &= \frac{6}{(\theta\Delta t)^2}\Delta u_i-\frac{6}{\theta\Delta t}\dot{u}_i-3\ddot{u}_i \end{aligned} \tag{8-24}$$

以及

$$\begin{aligned} \Delta\dot{u} &= \dot{u}_{i+1}-\dot{u}_i \\ &= \dot{u}(t_i+\theta\Delta t)-\dot{u}_i \\ &= \left\{\frac{3}{\theta\Delta t}[u(t_i+\theta\Delta t)-u(t_i)]-2\dot{u}(t_i)-\frac{\theta\Delta t}{2}\ddot{u}(t_i)\right\}-\dot{u}_i \\ &= \frac{3}{\theta\Delta t}\Delta u_i-3\dot{u}_i-\frac{\theta\Delta t}{2}\ddot{u}_i \end{aligned} \tag{8-25}$$

可得增量形式表示的 Wilson-θ 法的两个基本递推公式

$$\begin{cases} \Delta\ddot{u}_i=\dfrac{6}{(\theta\Delta t)^2}\Delta u_i-\dfrac{6}{\theta\Delta t}\dot{u}_i-3\ddot{u}_i \\ \Delta\dot{u}_i=\dfrac{3}{\theta\Delta t}\Delta u_i-3\dot{u}_i-\dfrac{\theta\Delta t}{2}\ddot{u}_i \end{cases} \tag{8-26}$$

将递推公式代入增量运动方程即可进行后续求解，同样地，可以采用上述 Newton-Raphson 法或修正的 Newton-Raphson 法进行迭代。

### 8.2.5 本构状态确定（State Determination）

单元本构状态确定指的是根据单元已收敛的荷载步信息及当前荷载步信息，确定单元当前所处的状态，包括单元的恢复力、刚度、加/卸载信息等。如图 8-6 所示，对于弹性单元而言，单元状态确定是直接的，因为弹性单元的恢复力和位移之间是线性关系，两者在数值上一一对应，恢复力-位移时程曲线是来回摆动的直线，其斜率为单元的刚度；而对于非弹性单元，其恢复力-位移曲线往往为环形的滞回曲线，单元的状态与单元的位移历程相关，仅仅知道当前时刻的变形无法完全确定非弹性单元的状态。而单元采用的非线性本构（包括：材料适用的强化准则、强化系数、弹塑性过渡参数等）直接控制其恢复力如何随位移历程变化，因此，对于非线性单元，需要基于本构关系编写更加复杂的单元状态确定函数。

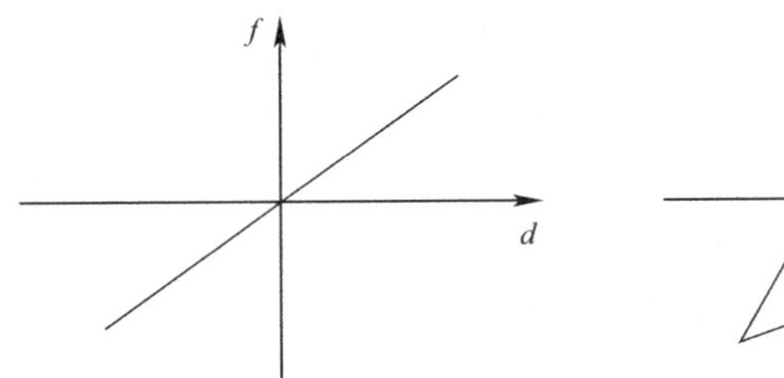


(a) 弹性单元力-位移时程曲线示意　　(b) 非弹性单元力-位移时程曲线示意

图 8-6　弹性与非弹性单元的力-位移时程曲线示意

以随动强化非线性单轴二折线本构为例，介绍非弹性单元状态确定的思路，该本构改编自 OpenSees 的单轴材料 Steel01[7]，编程思路大致可分为以下三步：

（1）获取本构基本信息，包括：初始刚度 $k_0$、屈服强度 $F_y$，材料强化准则（一般分为随动强化、等向强化以及单向强化三类）、强化系数 $b$ 等参数。据此可以计算出初始屈服位移、屈服后刚度，构建初始本构曲线，如图 8-7 所示。

（2）如图 8-8 所示，抗力 $F_1$ 和位移值 $D_1$ 为上一时刻已知的状态，当前时刻位移值为

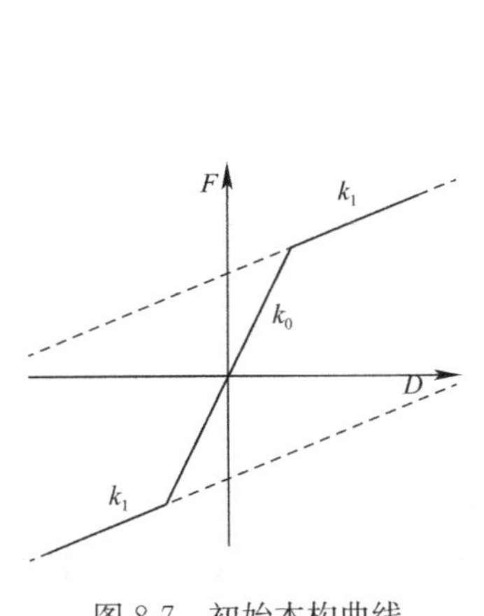


图 8-7　初始本构曲线

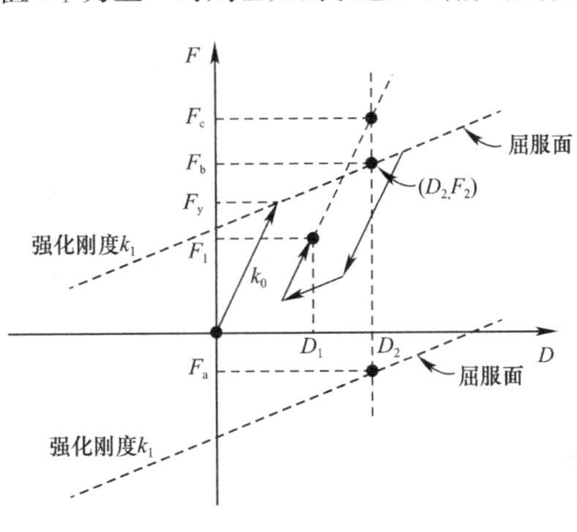


图 8-8　本构状态确定

$D_2$，本构状态确定函数需要根据这些已知信息，计算当前时刻的抗力 $F_2$ 及刚度。求解思路如下：根据 $F_1$、$D_1$、$D_2$，分别计算抗力下限值 $F_a$、抗力上限值 $F_b$（即屈服面的范围），以及按初始刚度不变计算出抗力值 $F_c$，最终得出正确抗力值 $F_2$，具体计算过程详见式（8-27）。

$$\begin{cases} F_a = -F_y(1-b)\cdot\alpha_n + bk_0D_2 \\ F_b = F_y(1-b)\cdot\alpha_p + bk_0D_2 \\ F_c = F_1 + k_0(D_2 - D_1) \\ F_2 = \max[F_a, \min(F_b, F_c)] \end{cases} \tag{8-27}$$

式中 $\alpha_p$ 和 $\alpha_n$ 为受滞回影响的正负向强度调整系数，本书编制的本构不考虑此影响，取值 1.0。

求解抗力 $F_2$ 的过程其实是一个把超出屈服面的力 $F_c$ 拉回到屈服面的过程，这个拉回过程是许多非线性本构状态确定时共有的过程，在弹塑性多轴本构中，这一过程称为“应力返回映射”（Return mapping）。另外，根据当前抗力的取值情况，还可获得材料的切线刚度。当 $F_2$ 等于 $F_b$ 或 $F_a$ 时，说明应力点处于材料的屈服面上，此时材料的刚度为强化刚度 $k_1$，当 $F_2$ 等于 $F_c$ 时，说明材料处于加载或卸载阶段，此时材料的刚度为弹性刚度 $k_0$。对于图 8-8 的例子，$F_2=F_b$，点刚好落在屈服面上，材料的切线刚度为强化刚度 $k_1$。

（3）根据记录的历史抗力峰值，确定当前时刻对应的正负向屈服强度（强化后与初始屈服强度有所区别），重新计算正负向强度调整系数 $\alpha_p$ 和 $\alpha_n$，并重组本构曲线，如图 8-9 所示。

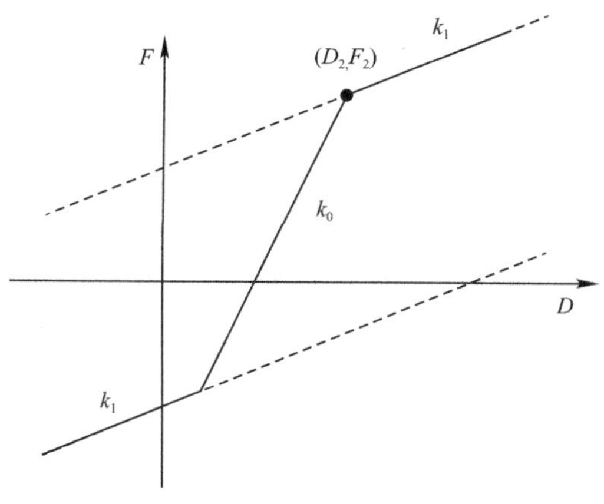


图 8-9　本构曲线重构

根据上述步骤，编制了考虑随动强化的单轴二折线非线性本构的状态确定函数 stateDetermineNSDOF ()，供后续非线性分析案例调用，stateDetermineNSDOF () 详见附录 4。

### 8.2.6　显式积分与隐式积分

对比中心差分法、Newmark-β 法和 Wilson-θ 法可以发现，在中心差分法中，只需根据体系第 $i$ 步、第 $i-1$ 步的反应即可直接求得第 $i+1$ 步的位移反应，无需求解平衡方程，这种分析方法属于显式求解法；而在 Newmark-β 法、Wilson-θ 法中，需根据第 $i$ 步的体系反应和当前分析步的荷载条件，通过迭代求解联立方程组的方式求解当前分析步的位移反应，这种分析方法属于隐式求解法。

显式求解方法不需要求解平衡方程，不存在迭代和收敛问题，其计算工作量随模型自由度数的增加而线性增加，显式积分中不进行收敛性检查，更适合于求解非线性程度较高的问题；缺点是显式分析存在误差累积问题，而且由于该方法不进行误差检查，因此对计算结果的精度评价存在一定困难，积分时间步长受数值积分稳定性的影响，不能超过体系的临界时间步长[8]。

隐式求解方法需要求解联立方程组，对于非线性问题，还需要进行迭代，存在迭代收敛问题，相对显式算法，隐式算法可以取较大的时间步长。

## 8.3　MATLAB 编程

为探究非线性的引入对结构动力时程反应的影响，本节将对以下三种模型进行时程分析：(1) 弹性单自由度结构体系；(2) 非弹性单自由度体系，采用理想弹塑性本构（EPP）；(3) 非弹性单自由度体系，采用二折线本构，屈服强化系数为 0.2。三种模型的质量和（初始）刚度相同，如图 8-10 所示，体系阻尼比为 0.05。

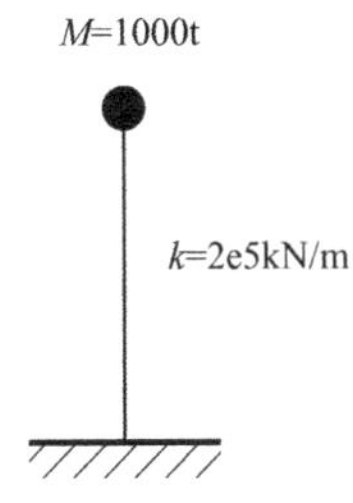


图 8-10　实例 1 模型示意图

各模型抗侧力结构本构分别如图 8-11 所示。

分析采用的地震加速度时程曲线如图 8-12 所示，地震波峰值加速度为－0.361$g$，时间步长 0.01s，共计 5279 步，总持时 52.79s。

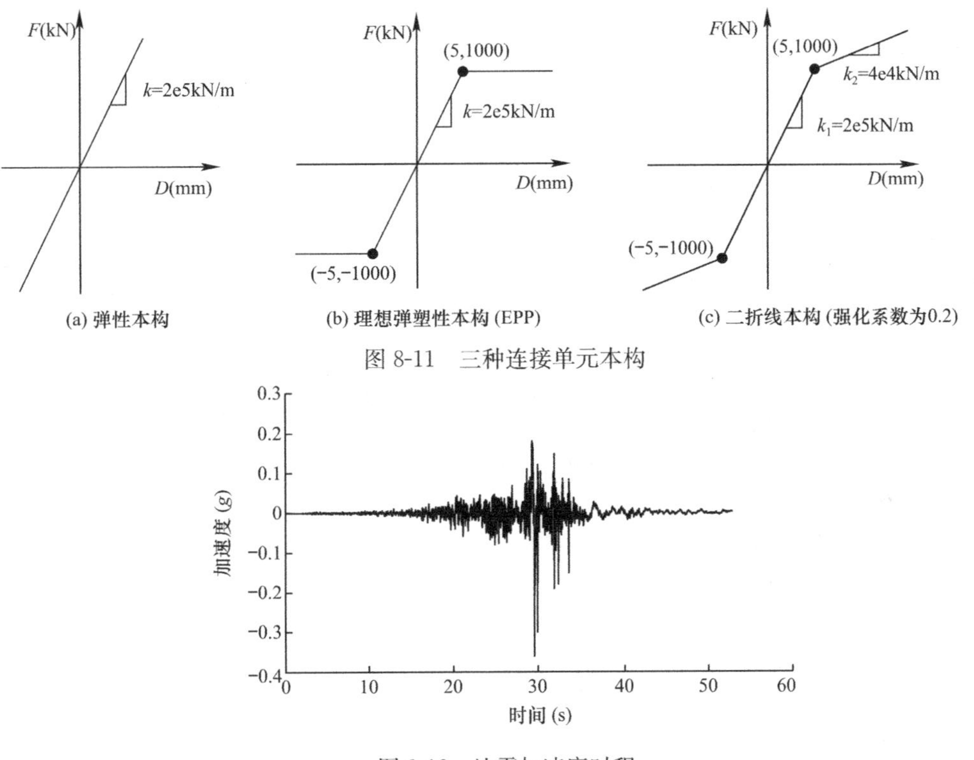


图 8-11　三种连接单元本构

图 8-12　地震加速度时程

### 8.3.1 基于 Newton-Raphson 法的编程

```
%非弹性单自由度体系动力时程分析 - Newmark-β法
clear;clc;
format shortEng

%结构参数输入(质量、阻尼比)
m=1000;kesi=0.05;
%导入地震波,获得时间步数和步长
data=load('chichi.txt');
ug=9.8*data(:,2)';
n1=length(ug);
dt=0.01;
```

注释:导入地震加速度信息,并放大 9.8 倍,得到加速度的单位为 $m/s^2$,定义时间步长、加载步数。

```
%定义非弹性单元本构及弹塑性分析参数
global fy k0 b
fy=1000;  %Yield strength
k0=2e5;  %Initial stiffness
b=0.2;   %Strain-hardening ratio
```

注释:定义二折线非线性本构,具体本构状态确定函数详见附录 4。

```
%计算体系自振频率,求得阻尼系数
wn=sqrt(k0/m);
c=2*kesi*m*wn;

%指定 Newmark-β法控制参数 γ 和 β,定义积分常数,详表 82 中 a.2。
gama=0.5;beta=1/4;
AA1=m/(beta*dt)+(gama/beta)*c;
AA2=m/(2*beta)+dt*(gama/2/beta-1)*c;

%求解结构反应
n2=6000;     %积分步数,为考虑加速度激励停止后的自由振动,所以积分步数大于加速度作用时
             间步数 n1。
Time(1,1)=0;%时间向量 Time,初始值为 0
%初始条件,详表 82 中 a.1。
u(1,1)=0;  %位移向量 u
v(1,1)=0;  %速度向量 v
Rs(1,1)=0;  %恢复力向量 Rs
k(1,1)=k0;  %刚度向量 k
P(1,1)=-m*ug(1,1);  %外荷载向量 P
aa(1,1)=(P(1,1)-c*v(1,1)-Rs(1,1))/m;%加速度向量 aa
aaa(1,1)= aa(1,1)+ ug(1,1);          %绝对加速度向量 aaa
```

```
%逐步积分,详表 8-2 中 b。
for i=2:n2
    Time(1,i)=(i-1) * dt;
    %求等效刚度 kk,详表 8-2 中 b.1。
    kk(1,i-1)=k(1,i-1)+(1/beta/dt/dt) * m+(gama/beta/dt) * c;
    %求等效荷载增量 dltPP,详表 8-2 中 b.2。
    if i<=n1                    %激励中,P(1,i)非零
        P(1,i)=-m * ug(1,i);
    else                        %激励停止后自由振动,外荷载为零
        ug(1,i)=0;
        P(1,i)=0;
    end
    dltP(1,i-1)=P(1,i)-P(1,i-1);
    dltPP(1,i-1)=dltP(1,i-1)+AA1 * v(1,i-1)+AA2 * aa(1,i-1);

    %开始积分步内迭代
    %初始化数据,详表 8-1 中的 a。
    utrial_0=u(1,i-1);      %迭代初始位移
    Rtrial_0=Rs(1,i-1);     %迭代初始恢复力
    dltR_0=dltPP(1,i-1);    %迭代初始残余力
    KKt_0=kk(1,i-1);        %迭代初始等效切线刚度
    dltU=1e-8;              %变量:各迭代步位移增量之和,初始假定为一个较小值
    dltu=1e-8;              %变量:单个迭代步位移增量,初始假定为一个较小值

    %开始迭代,详表 8-1 中的 b。
    while (dltu/dltU)>1e-4      %判断迭代步位移增量相对值是否满足精度要求
        dltu=dltR_0/KKt_0;      %求解迭代步位移增量,详表 8-1 中 b.1。
        utrial=utrial_0+dltu;   %进而求得迭代后位移,详表 8-1 中 b.2。
        [Rtrial,Ktrial]=stateDetermineNSDOF(Rtrial_0,utrial_0, utrial);
                                %调用状态确定函数(附录 4),获取本次迭代后的恢复力和刚度
        KKt_0=Ktrial+(gama/beta/dt) * c+(1/beta/dt/dt) * m;        %更新等效刚度
        dltF=Rtrial-Rtrial_0+((gama/beta/dt) * c+(1/beta/dt/dt) * m) * dltu;   %更新等效残余力
        dltR_0=dltR_0-dltF;
        dltU=dltU+dltu;     %迭代步位移增量累加,用于判断收敛精度
        utrial_0=utrial;    %当前位移变成下一迭代步的初始位移
        Rtrial_0=Rtrial;    %当前恢复力变成下一迭代步的初始恢复力
    end
    u(1,i)=utrial;
    Rs(1,i)=Rtrial;
    k(1,i)=Ktrial;

    dltv=(gama/beta/dt) * (u(1,i)-u(1,i-1))-(gama/beta) * v(1,i-1)+(1-gama/2/beta) * dt * aa
    (1,i-1);
```

```
                                %根据增量法表示的递推公式，求得速度增量，详表 8-2 中 b.4。
    dltaa=(1/beta/dt/dt)*(u(1,i)-u(1,i-1))-(1/beta/dt)*v(1,i-1)-(1/2/beta)*aa(1,i-1);
                                %根据增量法表示的递推公式，求得加速度增量，详表 8-2 中 b.4。
    v(1,i)=v(1,i-1)+dltv;       %进而求得当前分析步的速度，详表 8-2 中 b.5。
    aa(1,i)=aa(1,i-1)+dltaa;    %进而求得当前分析步的加速度，详表 8-2 中 b.5。
aaa(1,i)= aa(1,i)+ ug(1,i);
end

%绘图：绘制结构动力反应图像并输出相应的数据。
%位移
figure(1)
plot(T2,u)
xlabel('Time(s)'),ylabel('Displacement(m)')
title('Displacement vs Time')
saveas(gcf,'Displacement vs Time.png');
%速度
figure(2)
plot(T2,v)
xlabel('Time(s)'),ylabel('Velocity(m/s)')
title('Velocity vs Time')
saveas(gcf,'Velocity vs Time.png');
%加速度
figure(3)
plot(T2,aa)
xlabel('Time(s)'),ylabel('Acceleration(m/s2)')
title('Acceleration vs Time')
saveas(gcf,'Acceleration vs Time.png');
%Output data as txt file
dlmwrite('displacement.txt',u,'delimiter','\t')
dlmwrite('velocity.txt',v,'delimiter','\t')
dlmwrite('acceleration.txt',aa,'delimiter','\t')
```

运行上面的代码，求得弹性体系、强化系数为 0 的非弹性体系、强化系数为 0.2 的非弹性体系的动力反应，结果如图 8-13～图 8-15 所示。

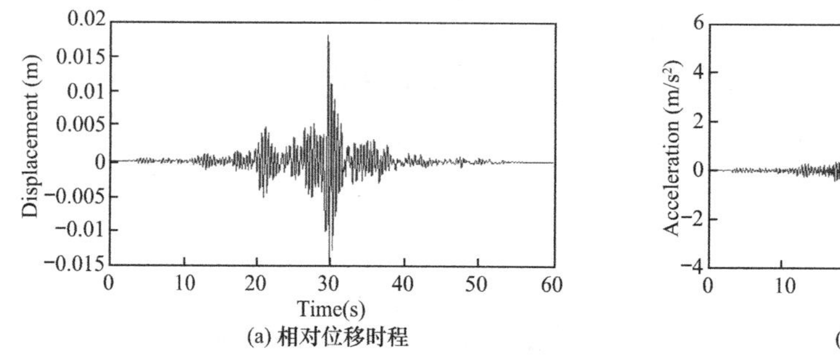

(a) 相对位移时程

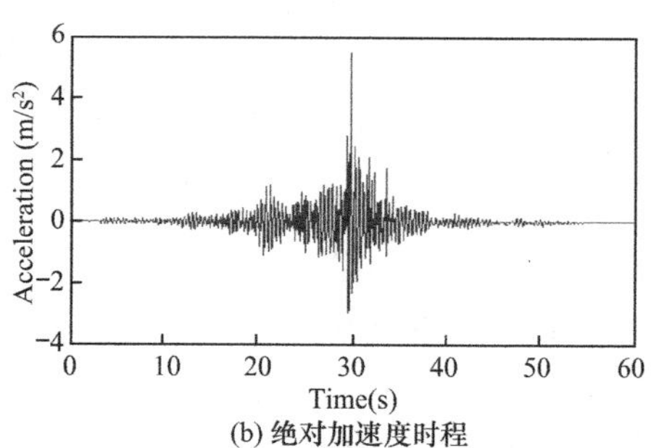

(b) 绝对加速度时程

图 8-13　弹性体系反应（MATLAB）（一）

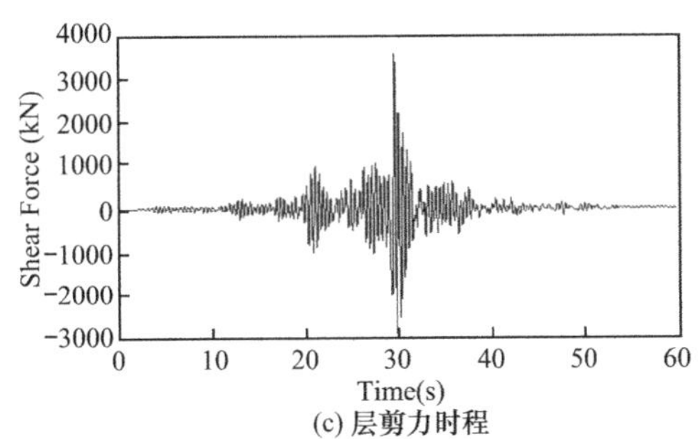

(c) 层剪力时程

图 8-13 弹性体系反应（MATLAB）（二）

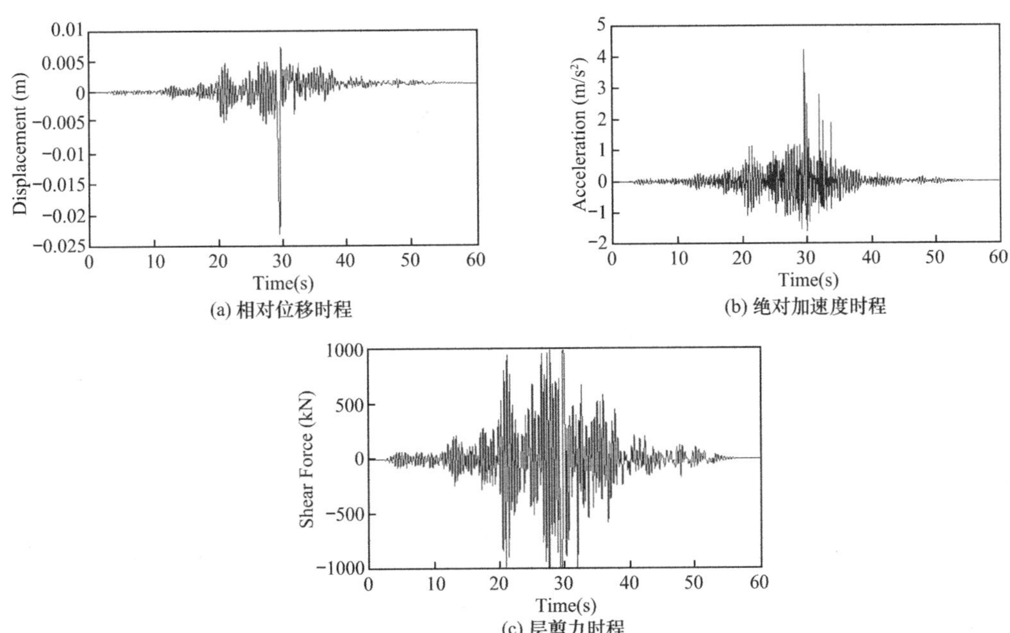

(a) 相对位移时程　(b) 绝对加速度时程

(c) 层剪力时程

图 8-14 强化系数为 0 的非弹性体系反应（MATLAB）

图 8-16 是屈服强化系数不同时体系剪力-位移滞回曲线，由图可知，弹性体系的滞回曲线为一条直线，表明体系没有进入塑性阶段，对于非线性体系，结构单元本构不同时，其滞回曲线的形状是不同的。

### 8.3.2 不同本构模型对比

本小节将以 MATLAB 输出的数据结果为例，分析不同本构关系对单自由度体系动力时程反应的影响。

（1）位移反应

（2）加速度反应

（3）层剪力反应

由图 8-17～图 8-19 可以看出，结构在 30s 左右各结构体系的峰值位移反应明显变大，使用了非弹性本构的结构体系进入塑性状态（位移大于 5mm），并在结束时存在一定的残余变形。再者，在进入塑性后，由于结构的“软化”效应，结构的加速度和层剪力幅值有

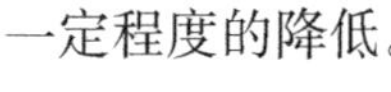

一定程度的降低。

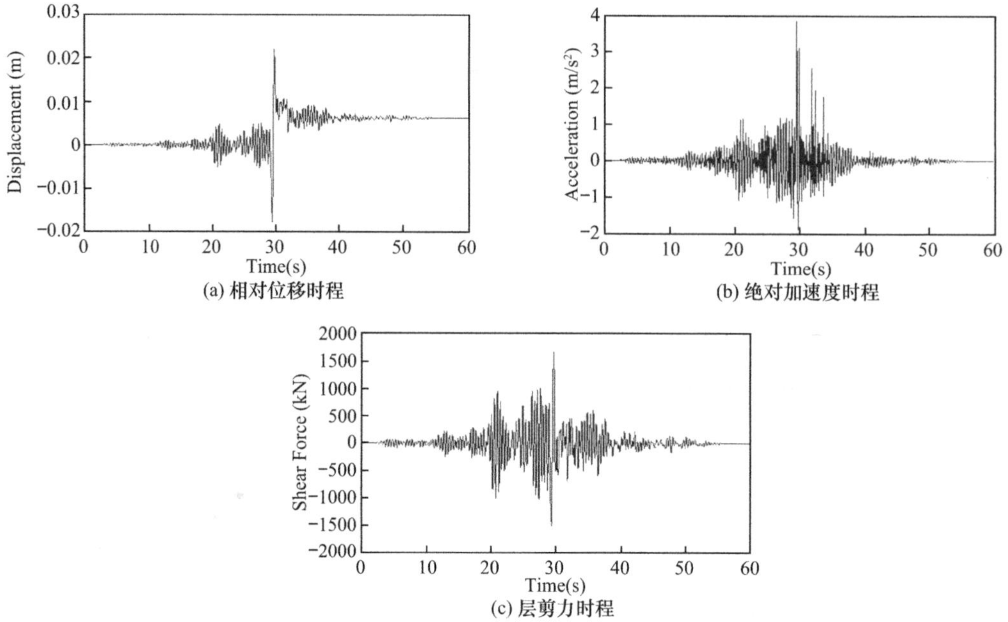

(a) 相对位移时程

(b) 绝对加速度时程

(c) 层剪力时程

图 8-15　强化系数为 0.2 的非弹性体系反应（MATLAB）

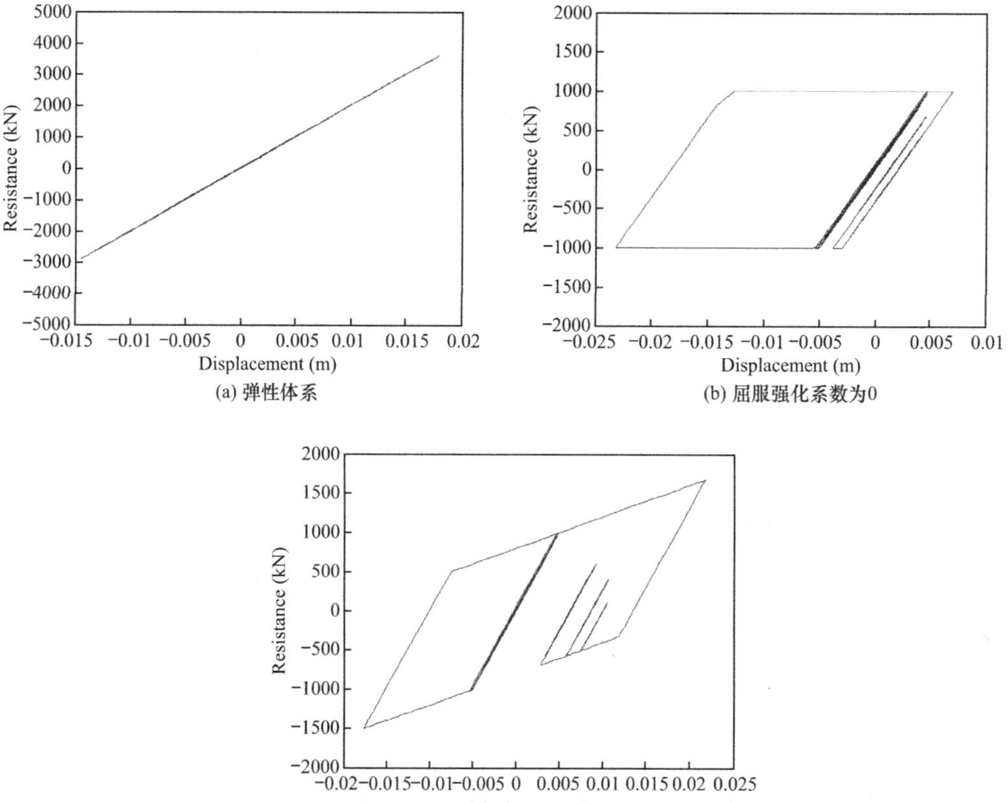

(a) 弹性体系

(b) 屈服强化系数为0

(c) 屈服强化系数为0.2

图 8-16　体系剪力-位移滞回曲线

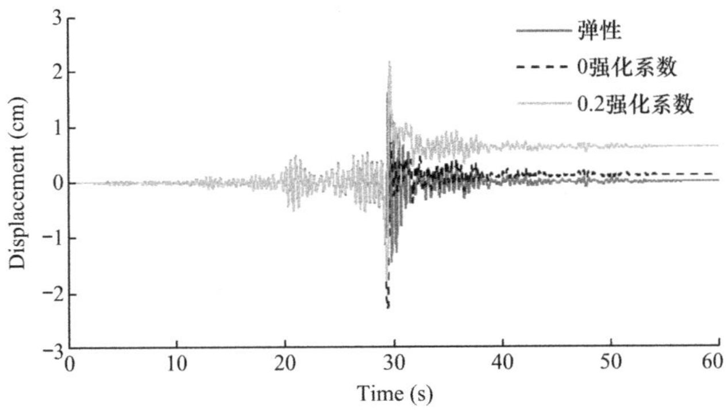


图 8-17 位移时程对比（不同本构）

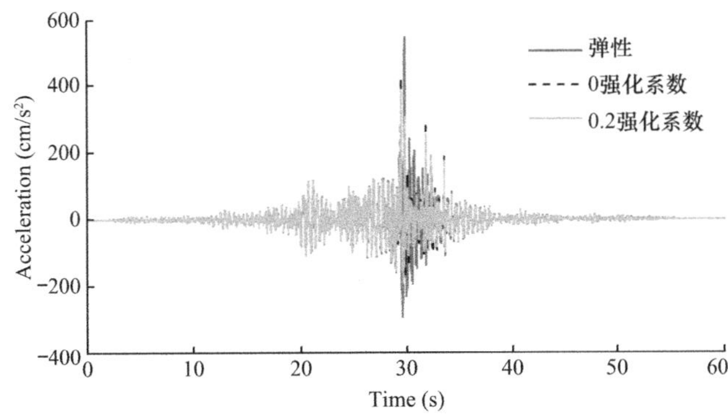


图 8-18 加速度时程对比（不同本构）

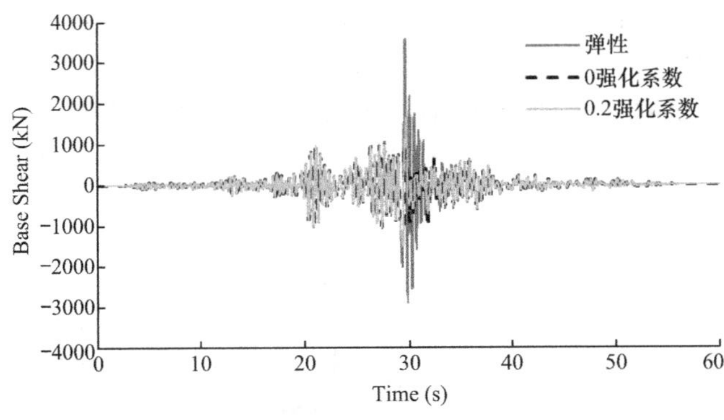


图 8-19 层剪力时程对比（不同本构）

### 8.3.3 常阻尼与变阻尼对比

当结构在动力荷载作用下进入弹塑性状态，其刚度会发生变化，相应的自振频率 $\omega$ 也发生变化，进而阻尼系数 $c$ 也会随之变化，但在上文的 MATLAB 代码中，这两个参数是根据结构初始刚度、质量和阻尼比在积分运算之前已经完成计算，在整个积分运算中不再变化，代码如下：

```
%Calculate the natural frequency and damping coefficient
```

```
wn=sqrt(k0/m);
c=2 * kesi * m * wn;
```

这种处理方式实际上也是一般计算软件所使用的方法，在使用常数模态阻尼时，软件会在计算前就确定阻尼系数。该方法的目的是略去每一步计算中的阻尼更新，减少计算量，从而提高软件计算效率。本节以强化系数为 0.2 的算例模型为例，分析阻尼系数更新对体系地震动力反应的影响。考虑阻尼系数更新，只需在上述代码中作如下修改：

```
if j>1
    if j==2
        Rs(1,j-1)=0;
        k(1,j-1)=k0;
    else
        [Rs(1,j-1),k(1,j-1)]=stateDetermineNSDOF(Rs(1,j-2),u(1,j-2), u(1,j-1));
    end
    wn(1,j-1)=sqrt(k(1,j-1)/m);
    c(1,j-1)=2 * kesi * m * wn(1,j-1);
end
```

（1）位移反应

（2）加速度反应

（3）层剪力反应

（4）小结

由图 8-20～图 8-22 可以看出，对于本算例，更新阻尼系数对结构的时程反应影响较小，各项指标时程曲线形状基本一致。阻尼更新对位移反应的影响主要体现在结构进入弹塑性状态时（刚度、阻尼变化）的计算，峰值位移从 2.19cm 变为 2.41cm，增加了 10%，但后续的变形趋势和形状基本一致，最终的残余变形从 0.63 变为 0.69cm，增加了 9.8%。层剪力峰值则从 1674.2kN 增加至 1765.5kN，增加约 5.5%。

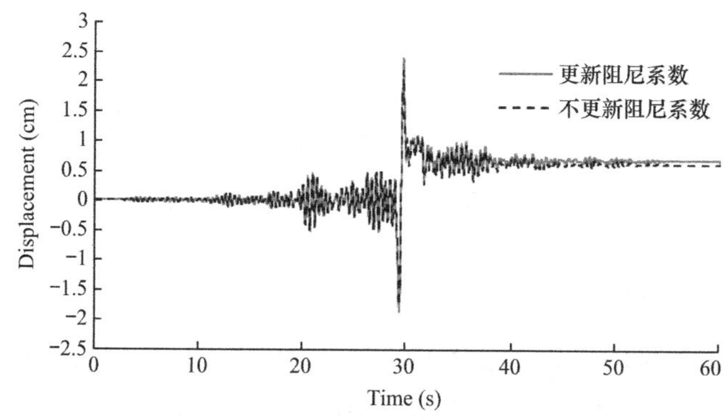


图 8-20　位移时程对比（阻尼系数更新）

综上所述，对于本算例，阻尼系数的更新对弹塑性结构体系的反应影响有限。此外，阻尼本身就是一个假设的无法准确预估的结构参数，在不会造成结果较大差异的情况下，在计算过程中减少该步骤的计算可以提高效率。

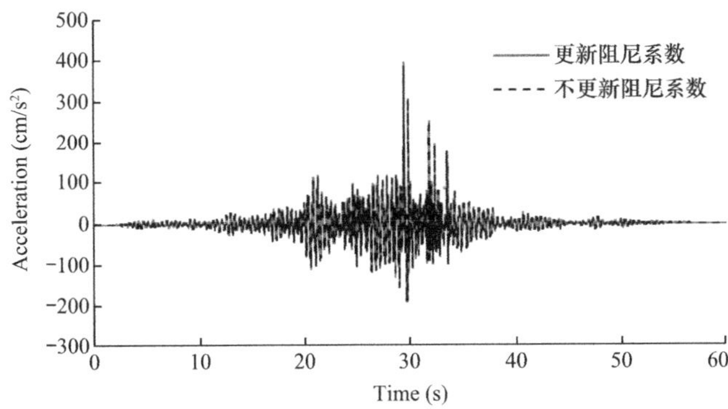


图 8-21 加速度时程对比（阻尼系数更新）

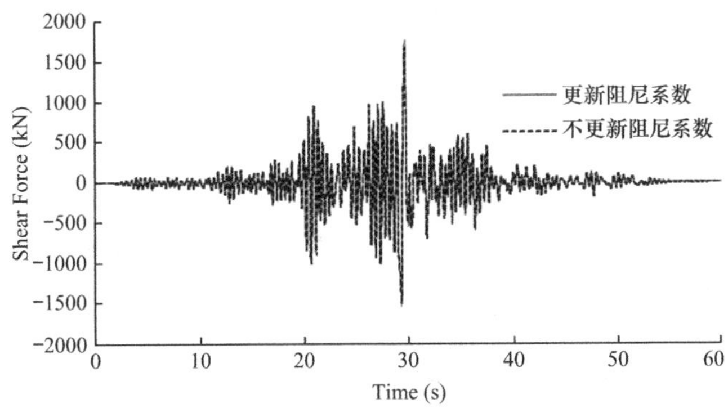


图 8-22 层剪力时程对比（阻尼系数更新）

### 8.3.4 基于极速牛顿法的编程

采用极速牛顿法迭代时，需对求解结构反应部分的 MATLAB 代码进行修改，主要修改内容见下列代码中阴影部分的注释：

```
……
%求解结构反应
%初始条件
n2=6000;
Time(1,1)=0;
u(1,1)=0;
v(1,1)=0;
Rs(1,1)=0;
P(1,1)=-m*ug(1,1);
aa(1,1)=(P(1,1)-c*v(1,1)-Rs(1,1))/m;
aaa(1,1)= aa(1,1)+ ug(1,1);
kk=k0+(1/beta/dt/dt)*m+(gama/beta/dt)*c;    %根据极速牛顿法,整个分析过程均采用初始时刻的等效刚度 kk,因此在逐步积分循环外面定义。
```

```
%逐步分析
for i=2:n2
    Time(1,i)=(i-1) * dt;
    %求等效荷载增量 dltPP
    if i<=n1
        P(1,i)=-m * ug(1,i);
    else
        ug(1,i)=0;
        P(1,i)=0;
    end
    dltP(1,i-1)=P(1,i)-P(1,i-1);
    dltPP(1,i-1)=dltP(1,i-1)+AA1 * v(1,i-1)+AA2 * aa(1,i-1);

    %开始迭代
    %初始化数据
    utrial_0=u(1,i-1);
    Rtrial_0=Rs(1,i-1);
    dltR_0=dltPP(1,i-1);
    for s=1:2                    %极速牛顿法仅需 2 次迭代,因此这里循环两次。
        dltu=dltR_0/kk;          %各分析步中的各个迭代过程,均采用初始时刻的有效刚度 kk。
        utrial=utrial_0+dltu;
        Rtrial=stateDetermineNSDOF_ExpNewton(Rtrial_0,utrial_0, utrial);%单元状态确定过程,
亦不再求解实时刚度 Ktrial。相应的状态确定函数需作调整,详见附录 5。
        dltF=Rtrial-Rtrial_0+((gama/beta/dt) * c+(1/beta/dt/dt) * m) * dltu;
        dltR_0=dltR_0-dltF;
        utrial_0=utrial;
        Rtrial_0=Rtrial;
        s=s+1;
    end
    u(1,i)=utrial;
    Rs(1,i)=Rtrial;

    dltv=(gama/beta/dt) * (u(1,i)-u(1,i-1))-(gama/beta) * v(1,i-1)+(1-gama/2/beta) * dt * aa
    (1,i-1);
    dltaa=(1/beta/dt/dt) * (u(1,i)-u(1,i-1))-(1/beta/dt) * v(1,i-1)-(1/2/beta) * aa(1,i-1);
    v(1,i)=v(1,i-1)+dltv;
    aa(1,i)=aa(1,i-1)+dltaa;
    aaa(1,i)= aa(1,i)+ ug(1,i);
end
……
```

图 8-23 是 Newton-Raphson 法与极速牛顿法的计算结果对比，由图可以看出，两者分析结果吻合很好。

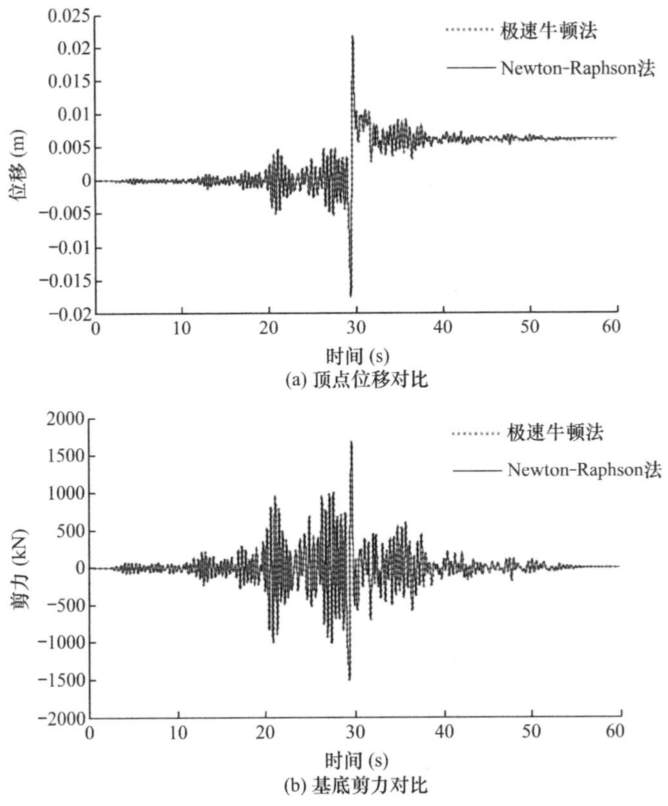


图 8-23　Newton-Raphson 法与极速牛顿法结果对比

## 8.4　SAP2000 分析

### 8.4.1　建立模型

与第 2 章算例类似，可将本章算例抽象为一个单自由度体系的剪切层模型，在 SAP2000 中用 2 节点 Link 单元模拟弹簧，用质点模拟质量块，建模步骤与第 2 章算例建模步骤类似，均包含建立几何模型、定义单元属性、导入时程函数、定义时程工况等内容。不同的是由于本章算例考虑体系非弹性行为，且本构为二折线型，则在 SAP2000 中需采用 “MultiLinear Plastic” 类型的连接支座单元进行模拟，具体定义如下。

（1）模型一：弹性本构模型

对于弹性本构模型，与第 2 章相同，仍采用 Linear 连接单元模拟，激活单元 U2 方向自由度，刚度设为 200000kN/m，如图 8-24 所示。时程分析工况类型选用【Time History】，分析类型为 “线性”，分析方法为 “直接积分”，并选用 Newmark-β 直接积分法，如图 8-25 所示。

需要注意的是，在 SAP2000 中的【Time History】工况中无法直接指定常数模态阻尼比 0.05，只能通过修改瑞利阻尼参数来进行拟合。对于瑞利阻尼的计算，有

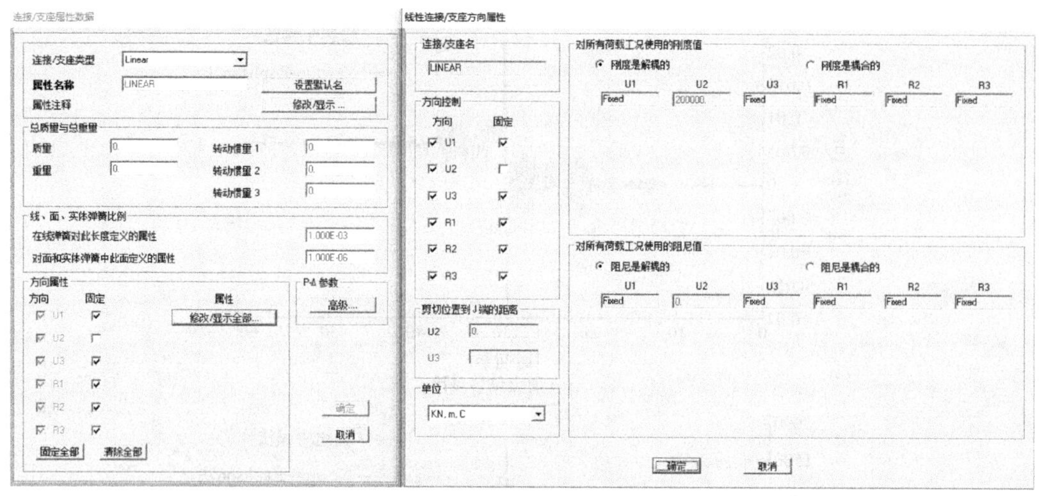


图 8-24　弹性连接支座单元定义

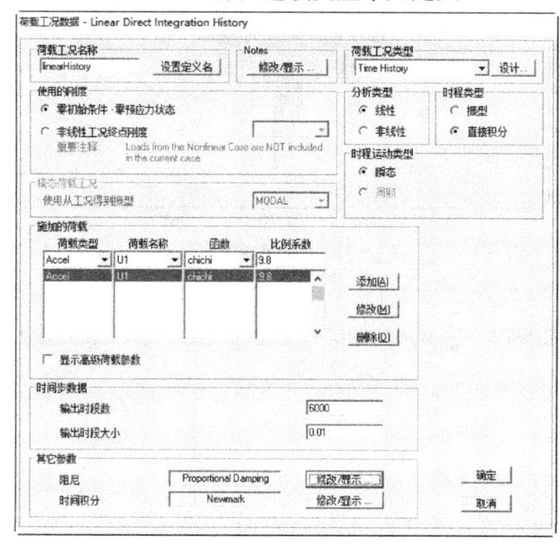


图 8-25　弹性时程分析工况定义

$$\zeta_n = \frac{a_0}{2\omega_n} + \frac{a_1\omega_n}{2} \tag{8-28}$$

$$C_n = a_0 M_n + a_1 K_n \tag{8-29}$$

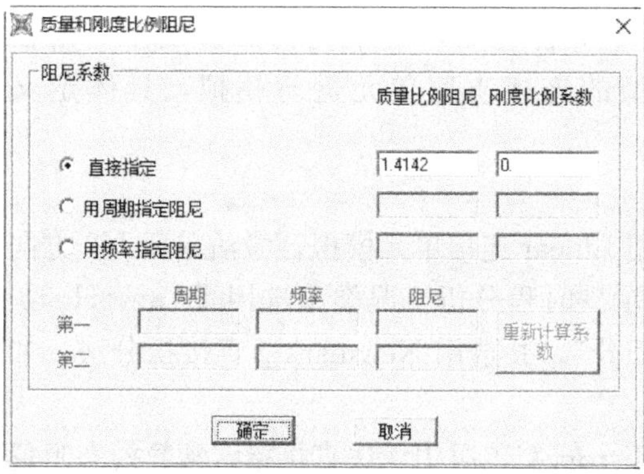

图 8-26　阻尼定义

若给定任意两个振型阻尼比 $\zeta$，即可代入式中求出系数 $a_0$ 和 $a_1$，从而确定瑞利阻尼。$a_0$ 和 $a_1$ 分别对应 SAP2000 中的质量比例阻尼系数和刚度比例阻尼系数。在本算例中，由于结构为单自由度体系，仅有一个振型阻尼，此处取 $a_1=0$，则 $a_0=2\omega_1\zeta_1=1.4142$，即可保证该结构的阻尼比为 0.05。阻尼定义如图 8-26 所示。

（2）模型二：屈服强化系数为 0 的弹塑性模型

采用“MultiLinear Plastic”连接单元来模拟，激活单元U2方向自由度，根据图8-11中所示本构定义连接单元的力-变形参数，如图8-27所示。时程分析工况类型选用【Time History】，分析类型为“非线性”，分析方法为“直接积分”，并选用Newmark-β直接积分法，如图8-28所示。

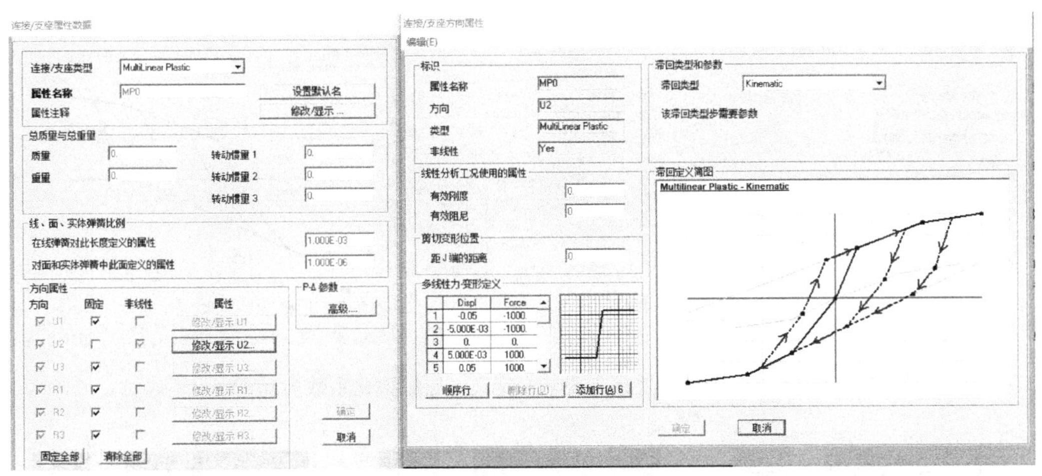


图8-27 弹塑性连接支座单元定义（屈服强化系数为0）

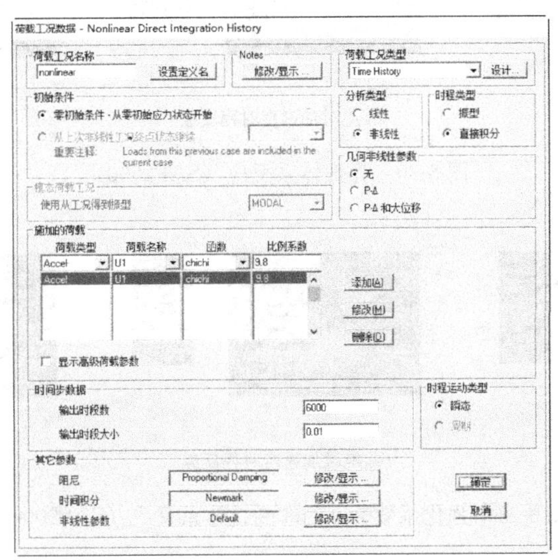


图8-28 非线性时程分析工况定义

阻尼定义与弹性结构相同。

（3）模型三：屈服强化系数为0.2的弹塑性模型

模型三定义与模型二定义类似，根据图8-11，由于单元本构不同，其非线性力-变形的参数定义不同。如图8-29所示。

## 8.4.2 计算结果

计算完成后，可通过【显示】-【显示绘图函数】查看目标反应曲线函数。图8-30～

图 8-32 分别是三种模型的位移、加速度及层剪力时程曲线。

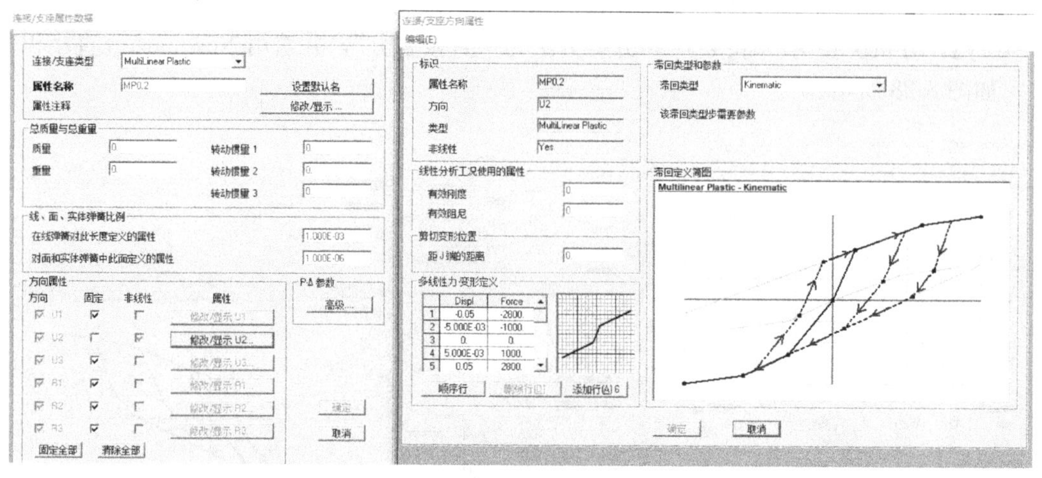


图 8-29　弹塑性连接支座单元定义（屈服强化系数为 0.2）

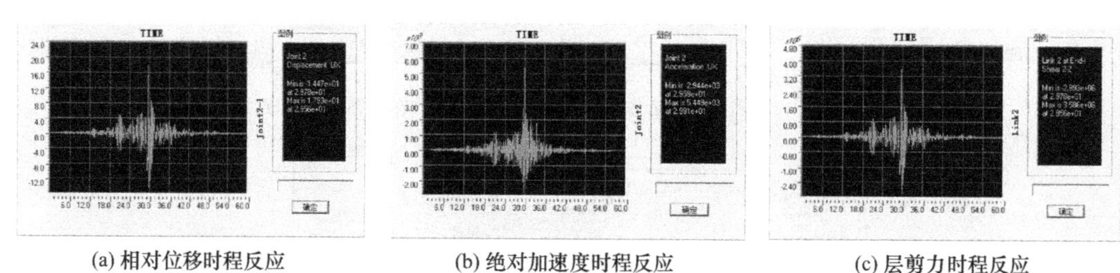

(a) 相对位移时程反应　　(b) 绝对加速度时程反应　　(c) 层剪力时程反应

图 8-30　弹性体系反应（SAP2000）

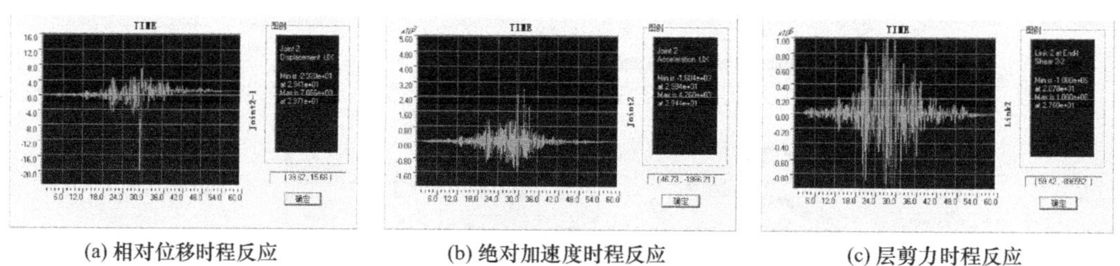

(a) 相对位移时程反应　　(b) 绝对加速度时程反应　　(c) 层剪力时程反应

图 8-31　强化系数为 0 的非弹性体系反应（SAP2000）

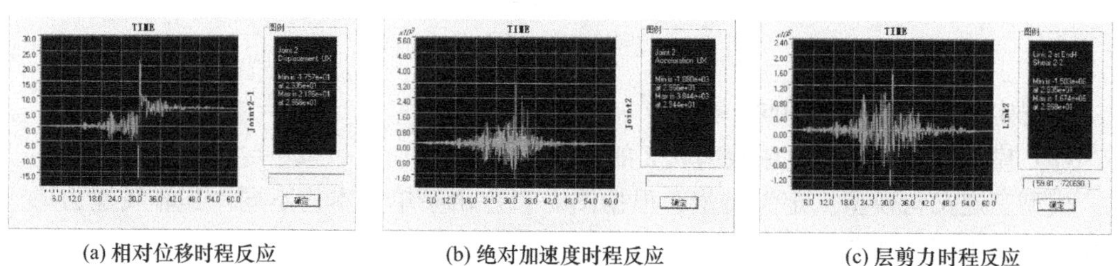

(a) 相对位移时程反应　　(b) 绝对加速度时程反应　　(c) 层剪力时程反应

图 8-32　强化系数为 0.2 的非弹性体系反应（SAP2000）

图 8-33 是屈服强化系数不同时，SAP2000 分析得到的体系剪力-位移滞回曲线。

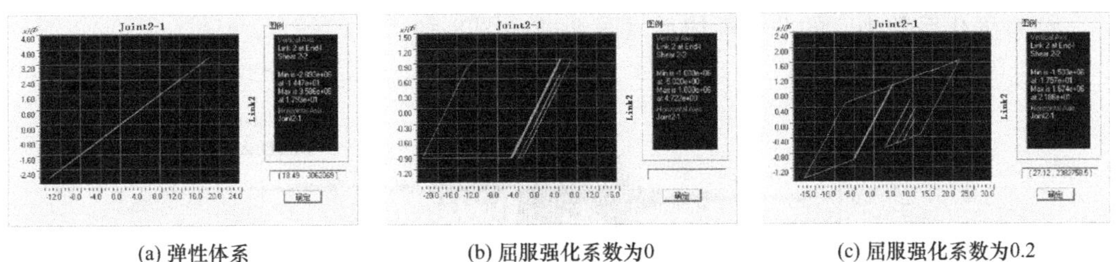


(a) 弹性体系　　(b) 屈服强化系数为0　　(c) 屈服强化系数为0.2

图 8-33　体系剪力-位移滞回曲线（SAP2000）

## 8.4.3　结果对比

（1）弹性体系（图 8-34～图 8-36）

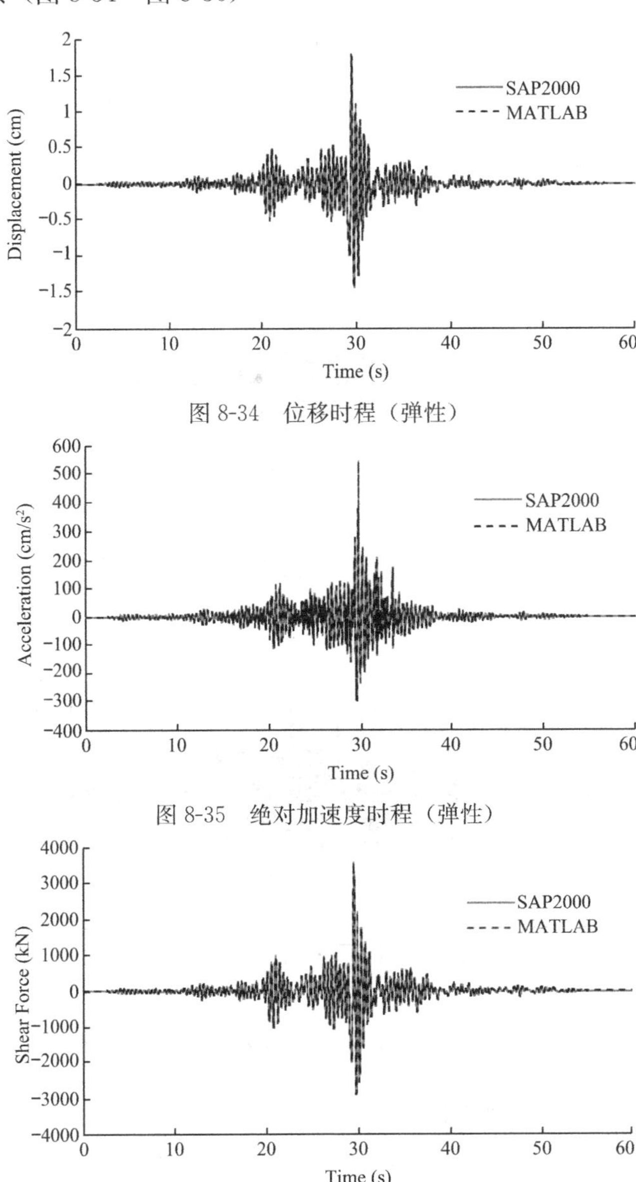


图 8-34　位移时程（弹性）

图 8-35　绝对加速度时程（弹性）

图 8-36　层剪力时程（弹性）

（2）强化系数为 0 的非弹性体系（图 8-37～图 8-39）

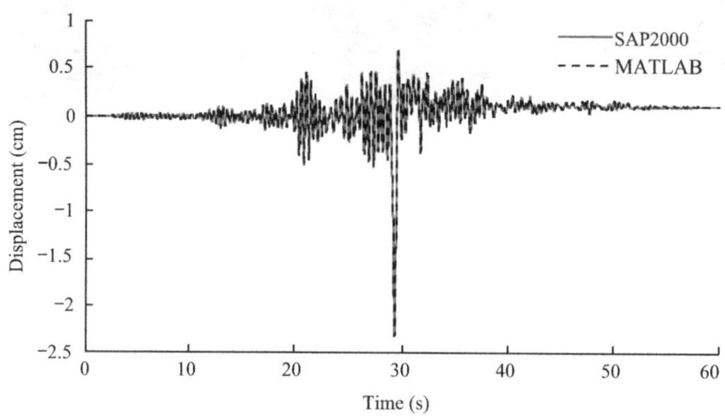


图 8-37　位移时程（强化系数为 0 的非弹性体系）

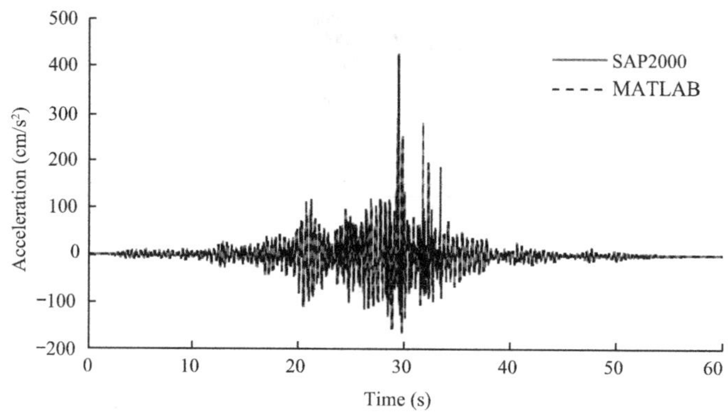


图 8-38　绝对加速度时程（强化系数为 0 的非弹性体系）

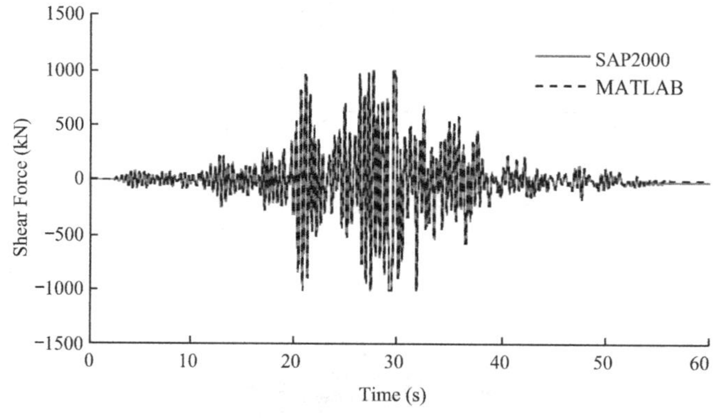


图 8-39　层剪力时程（强化系数为 0 的非弹性体系）

（3）强化系数为 0.2 的非弹性体系（图 8-40～图 8-42）

由以上数图可以看出，对于各类不同单元体系的时程反应，包括位移、速度以及加速度，MATLAB 和 SAP2000 的计算结果是完全一致的。

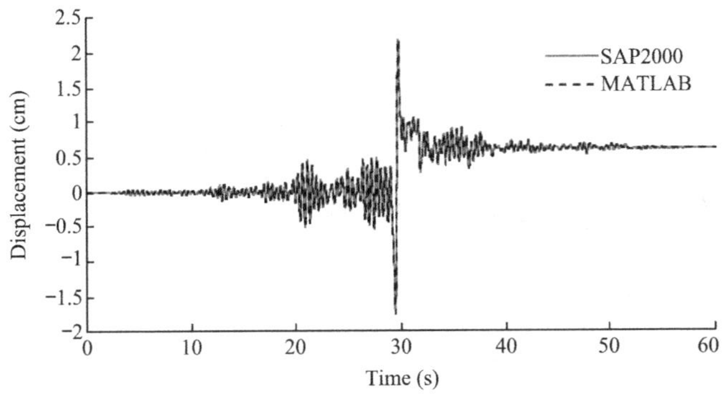


图 8-40 位移时程（强化系数为 0.2 的非弹性体系）

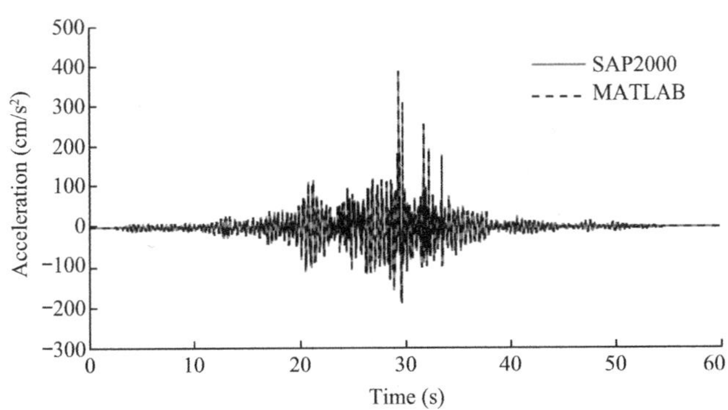


图 8-41 绝对加速度时程（强化系数为 0.2 的非弹性体系）

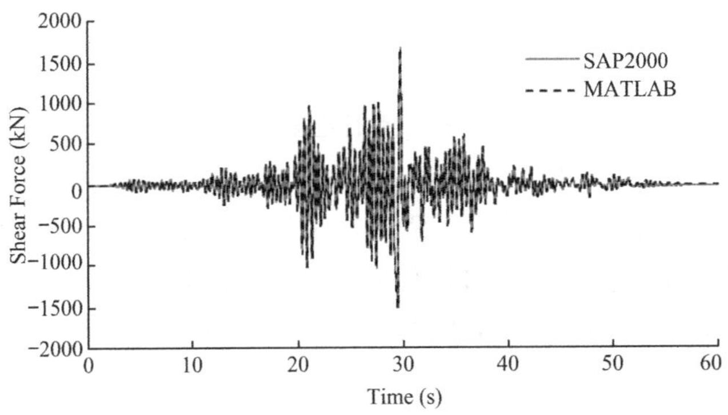


图 8-42 层剪力时程（强化系数为 0.2 的非弹性体系）

## 8.5 midas Gen 分析

### 8.5.1 建立模型

本节 midas Gen 模型建模步骤与第 2 章算例建模步骤类似，均包含建立几何模型、定义单元属性、导入时程函数、定义时程工况等内容。不同的是由于本章算例考虑体系非弹性行为，且本构为二折线型，则在 midas Gen 中需定义非弹性的连接单元进行模拟，具体定义如下。

（1）模型一：弹性本构模型

对于弹性本构模型，与第 2 章相同，可采用【边界】菜单下的“弹性连接”模拟，也可采用【边界】菜单下的“一般连接”模拟，为方便与非弹性结构对比，这里采用“一般连接”。点击【边界】-【一般连接】-【一般连接特性值】，选择作用类型为“单元 1”，特性值类型为“弹簧”，激活 Dz 自由度，并指定一个有效刚度，此处按非弹性连接的初始刚度值 200000kN/m，如图 8-43 所示。点击【边界】-【一般连接】，在树形菜单中选择定义好的一般连接特性，并输入连接的两个节点编号，点击【适用】将连接添加到模型中，如图 8-44 所示。

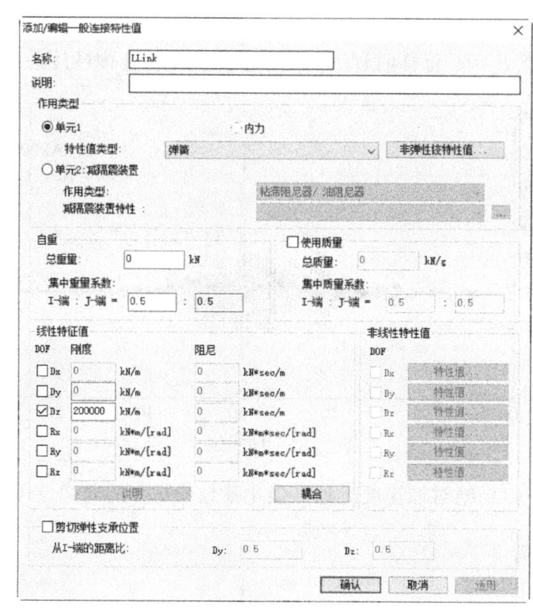


图 8-43　弹性连接定义

在【荷载】菜单下定义时程分析工况，选择荷载类型为“地震作用”，在【时程函数】选项下导入图 8-12 所示的地震加速度时程，在【荷载工况】下定义时程分析工况，指定分析类型为“线性”，分析方法为“直接积分”，分析时间 60s，分析时间步长 0.01s，输出时间步长为 1，选用 Newmark-β 直接积分法，控制参数 $\gamma=0.5$，$\beta=0.25$，即常加速度法。定义如图 8-45 所示。

同样地，在 midas Gen 中通过指定 Rayleigh 阻尼参数来定义体系阻尼，在本算例中，取刚度 $a_1=0$，$a_0=2\omega_1\zeta_1=1.4142$，结构的阻尼比为 0.05。阻尼定义如图 8-45 所示。

（2）模型二：屈服强化系数为 0 的弹塑性模型

在 midas Gen 中，采用“一般连接特性”模拟非弹性剪切型连接，定义步骤如下：（1）在【边界】-【一般连接】下定义一般连接特性值，选择作用类型为“单元 1”，特性值类型为“弹簧”，激活 Dz 自由度，并指定一个有效刚度，此处按非弹性连接的初始刚度值 200000kN/m，如图 8-46 所示；（2）点击【非弹性铰特性值】添加非弹性铰特性，选择单元类型为“一般连接”，激活 Fz 方向的特性，选择滞回模型为“标准双折线”，点击【特性值】，定义非弹性连接属性，如图 8-47 所示，定义完成后返回到一般连接特性值定义界面，点击确认完成定义。

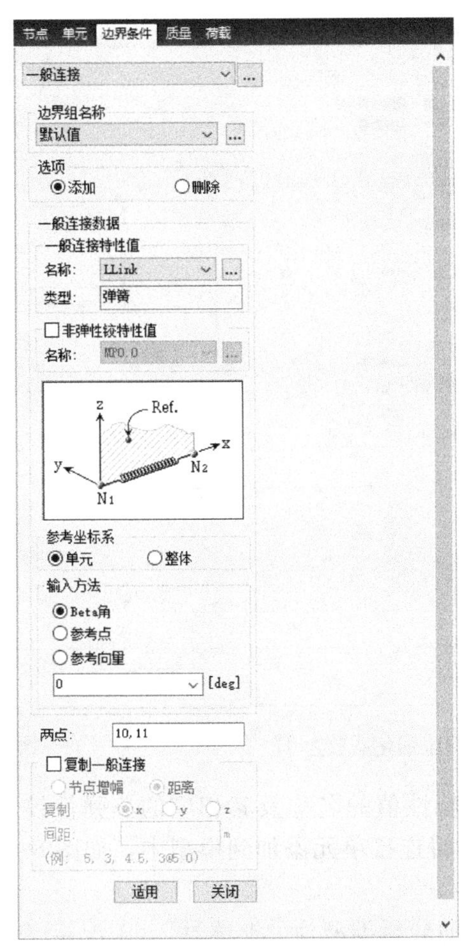


图 8-44 添加连接到模型中

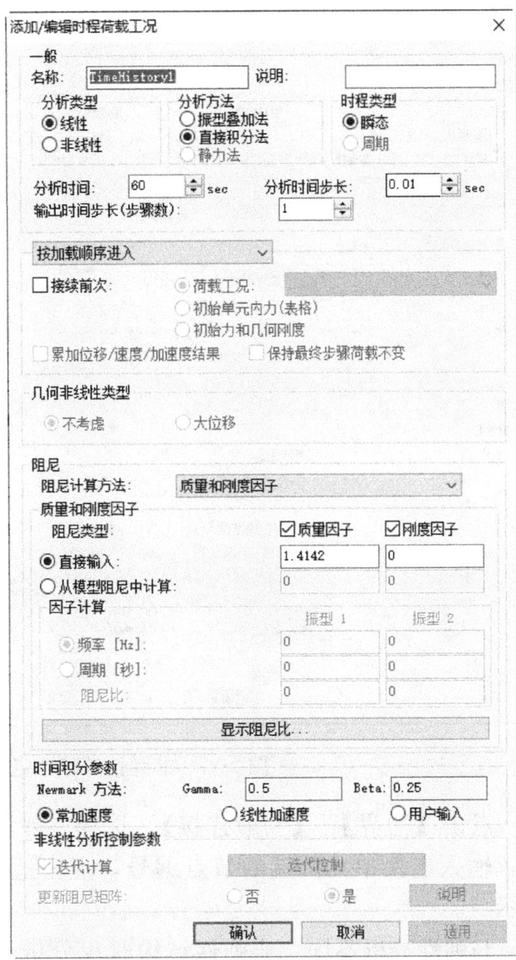


图 8-45 弹性时程分析工况定义

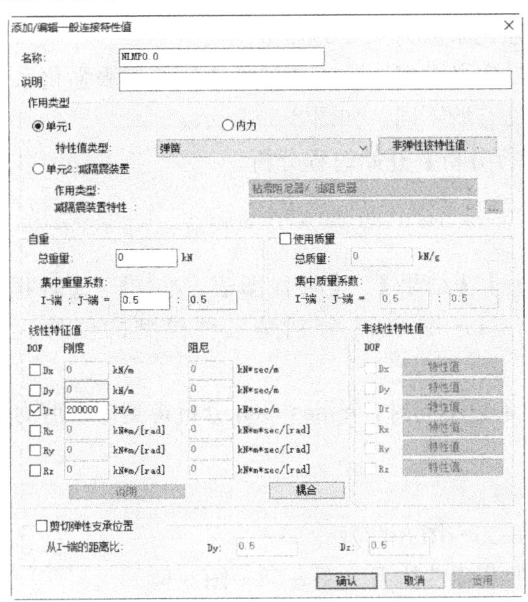


图 8-46 一般连接特性定义

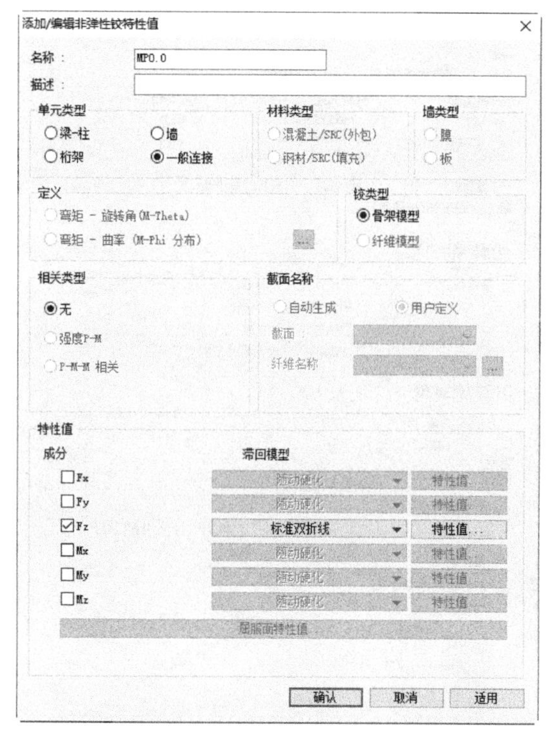

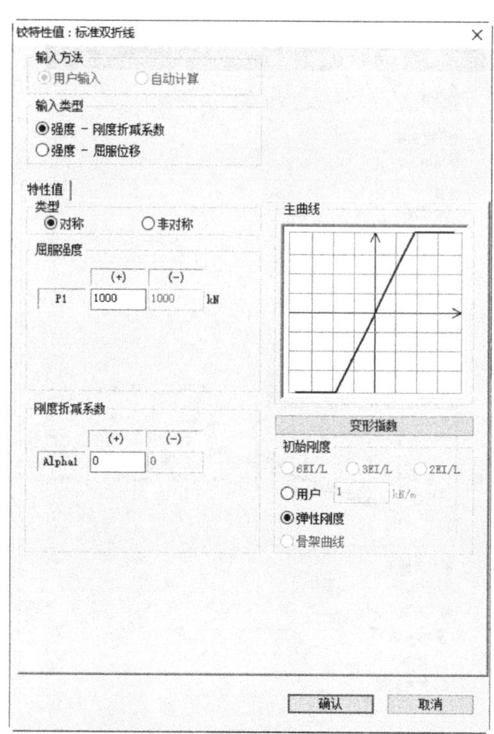


图 8-47　非弹性铰特性定义（屈服强化系数为 0）

点击【边界】-【一般连接】，选择一般连接特性值的名称及其相应的非弹性铰特性，输入连接单元两端的节点编号，点击适用，将连接单元添加到模型中，如图 8-48 所示。

与弹性分析不同，非弹性结构时程分析工况的分析类型为“非线性”，工况定义如图 8-49所示。

（3）模型三：屈服强化系数为 0.2 的弹塑性模型

模型三定义与模型二定义类似，由于非弹性连接的屈服强化系数不同，因此非弹性铰特性的力一变形参数定义有所不同。如图 8-50 所示。

点击【分析】-【运行分析】开始时程分析。

### 8.5.2　计算结果

计算完成后，可通过【结果】-【时程图表/文本】-【时程图表】定义和查看目标反应曲线函数。图 8-51～图 8-53 分别是三种模型的位移、加速度及层剪力时程曲线。

图 8-54 是屈服强化系数不同时，midas Gen 分析得到体系剪力-位移滞回曲线。

### 8.5.3　结果对比

（1）弹性体系（图 8-55～图 8-57）

（2）强化系数为 0 的非弹性体系（图 8-58～图 8-60）

（3）强化系数为 0.2 的非弹性体系（图 8-61～图 8-63）

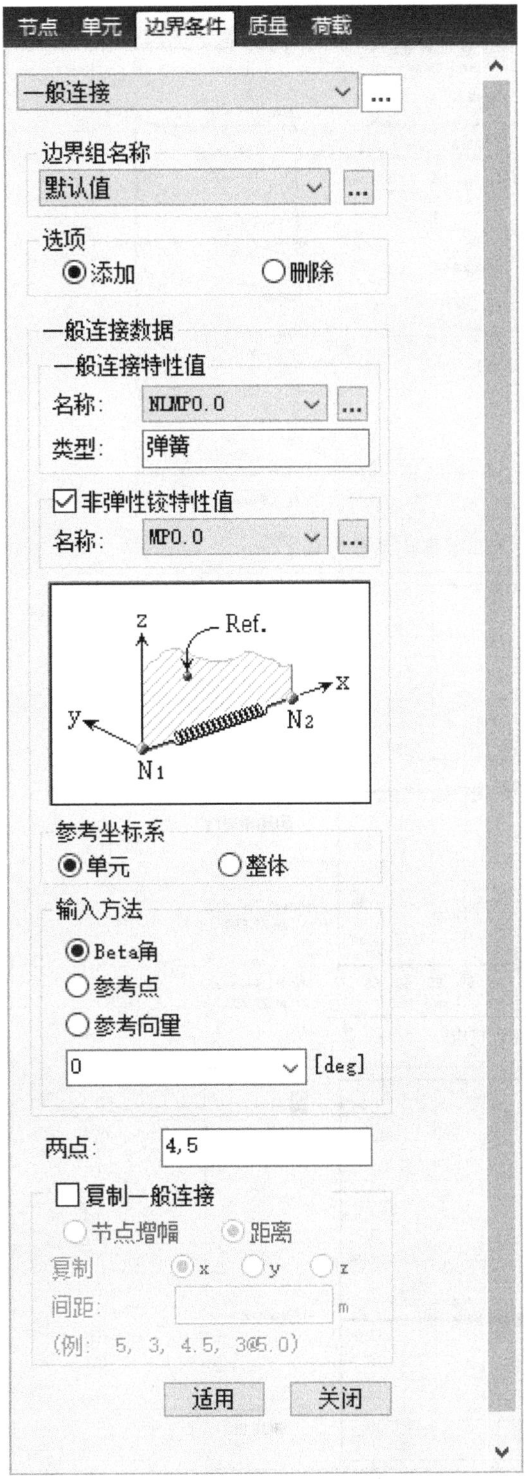

图 8-48　添加连接单元到模型中

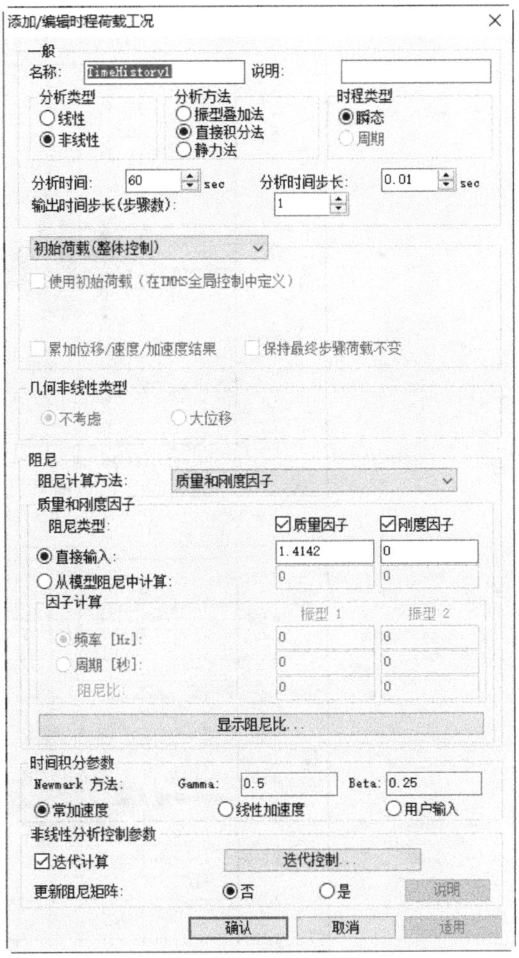

图 8-49　非线性时程分析工况定义

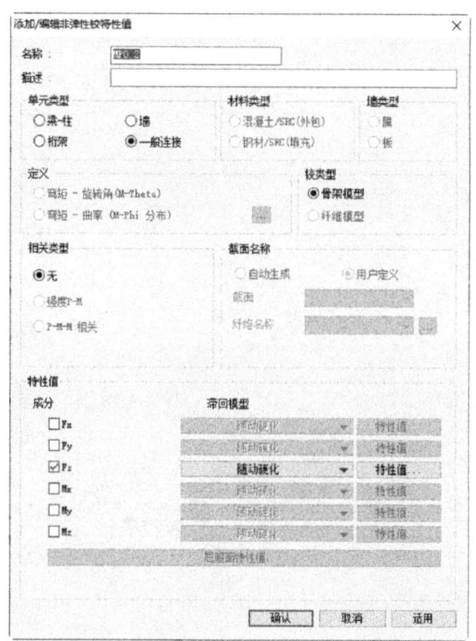


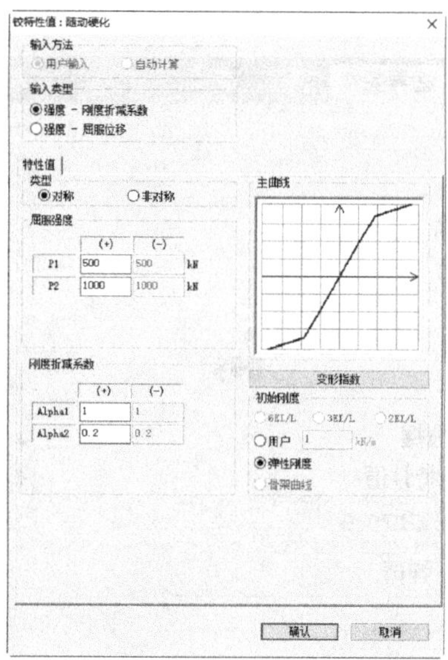


图 8-50　非弹性铰特性定义（屈服强化系数为 0.2）

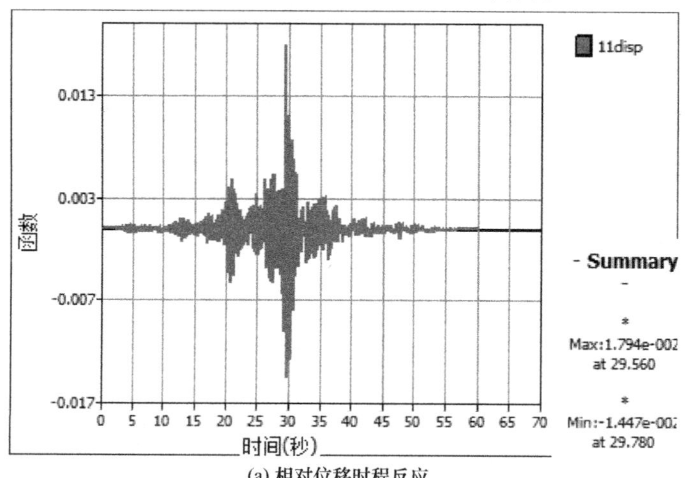


(a) 相对位移时程反应

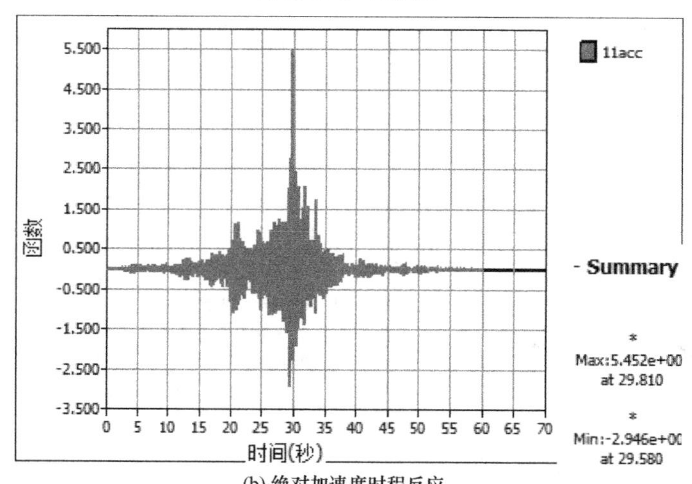


(b) 绝对加速度时程反应

图 8-51　弹性体系反应（midas Gen）（一）

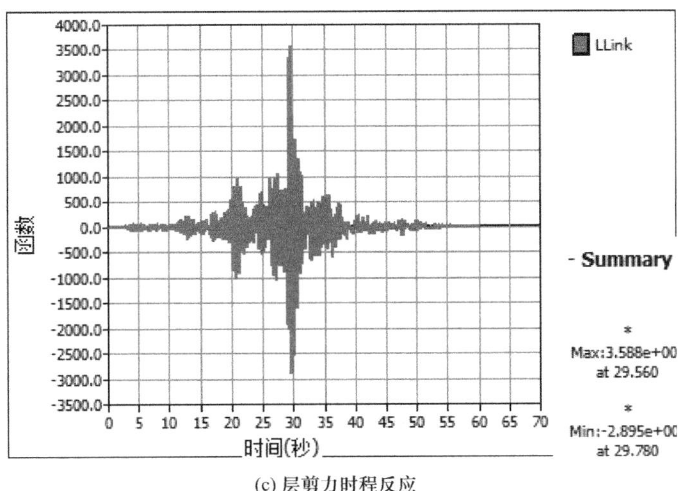


(c) 层剪力时程反应

图 8-51 弹性体系反应（midas Gen）（二）

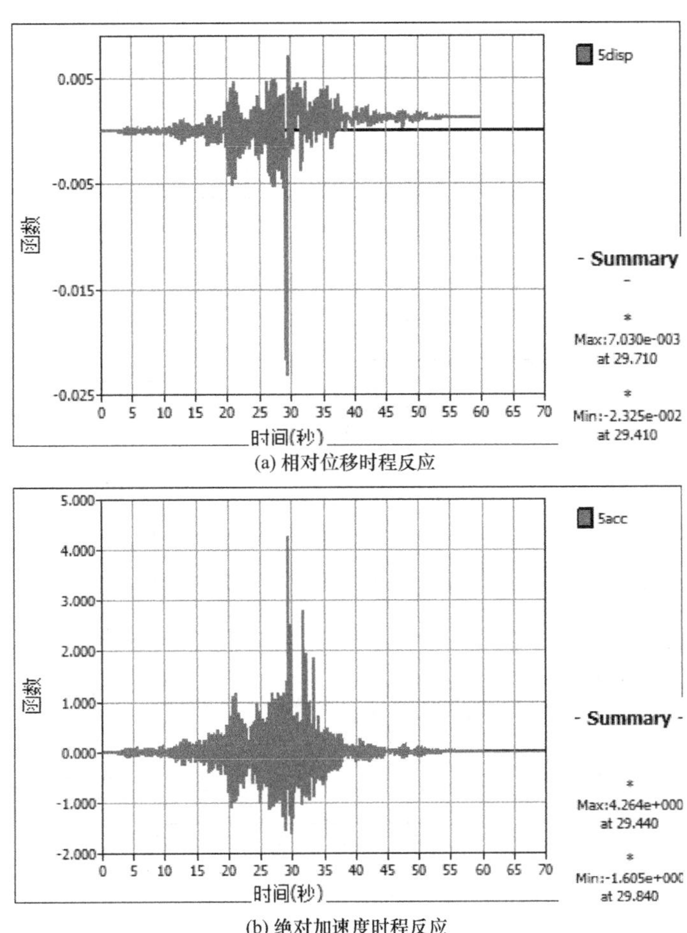


(a) 相对位移时程反应

(b) 绝对加速度时程反应

图 8-52 强化系数为 0 的非弹性体系反应（midas Gen）（一）

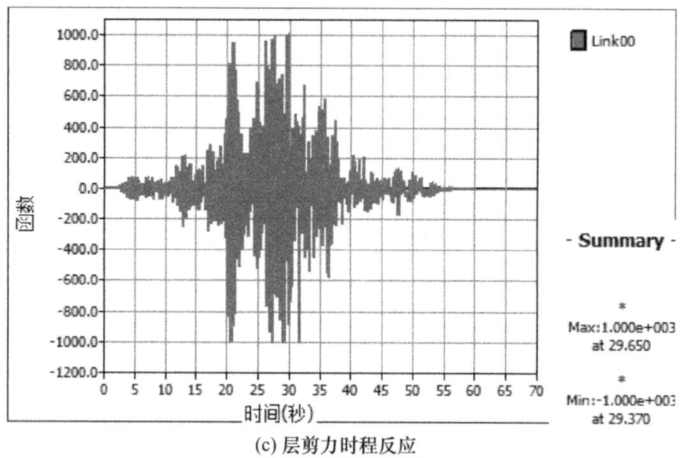


(c) 层剪力时程反应

图 8-52　强化系数为 0 的非弹性体系反应（midas Gen）（二）

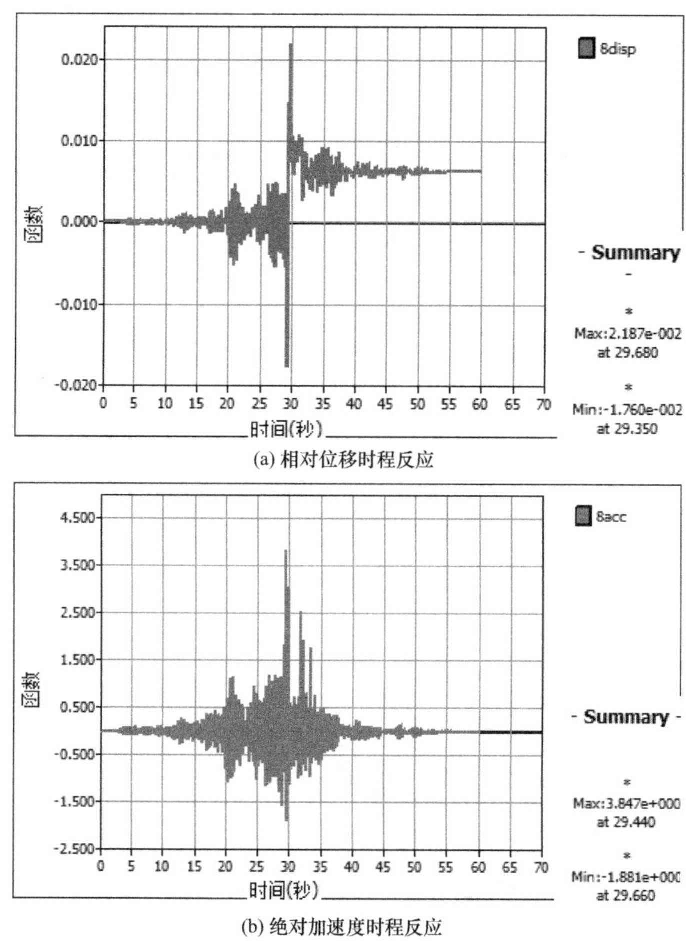


(a) 相对位移时程反应



(b) 绝对加速度时程反应

图 8-53　强化系数为 0.2 的非弹性体系反应（midas Gen）（一）

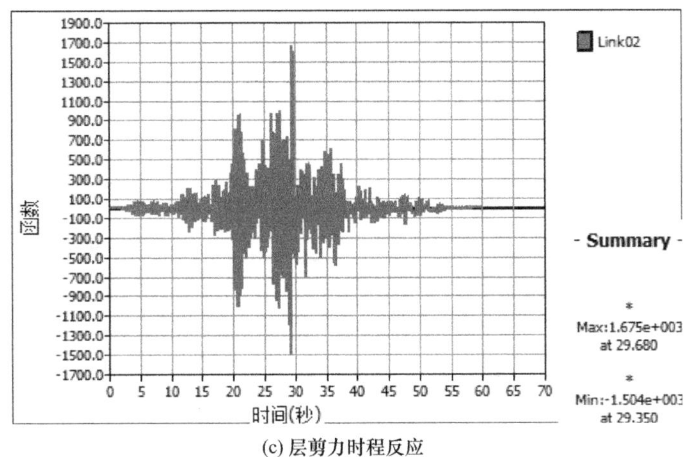

(c) 层剪力时程反应

图 8-53　强化系数为 0.2 的非弹性体系反应（midas Gen）（二）

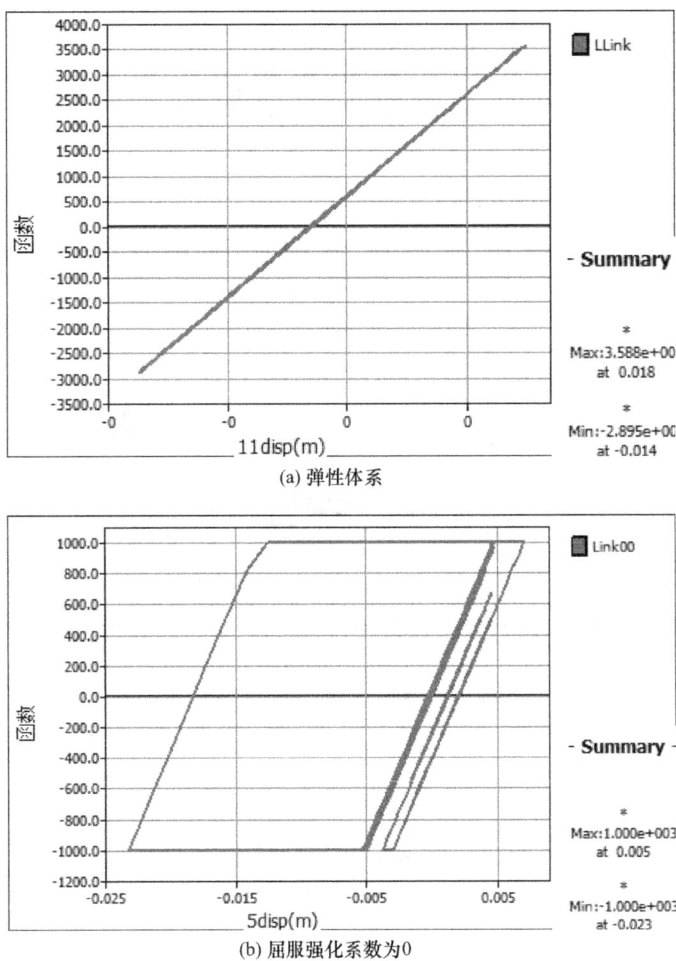

(a) 弹性体系


(b) 屈服强化系数为0

图 8-54　体系剪力-位移滞回曲线（midas Gen）（一）

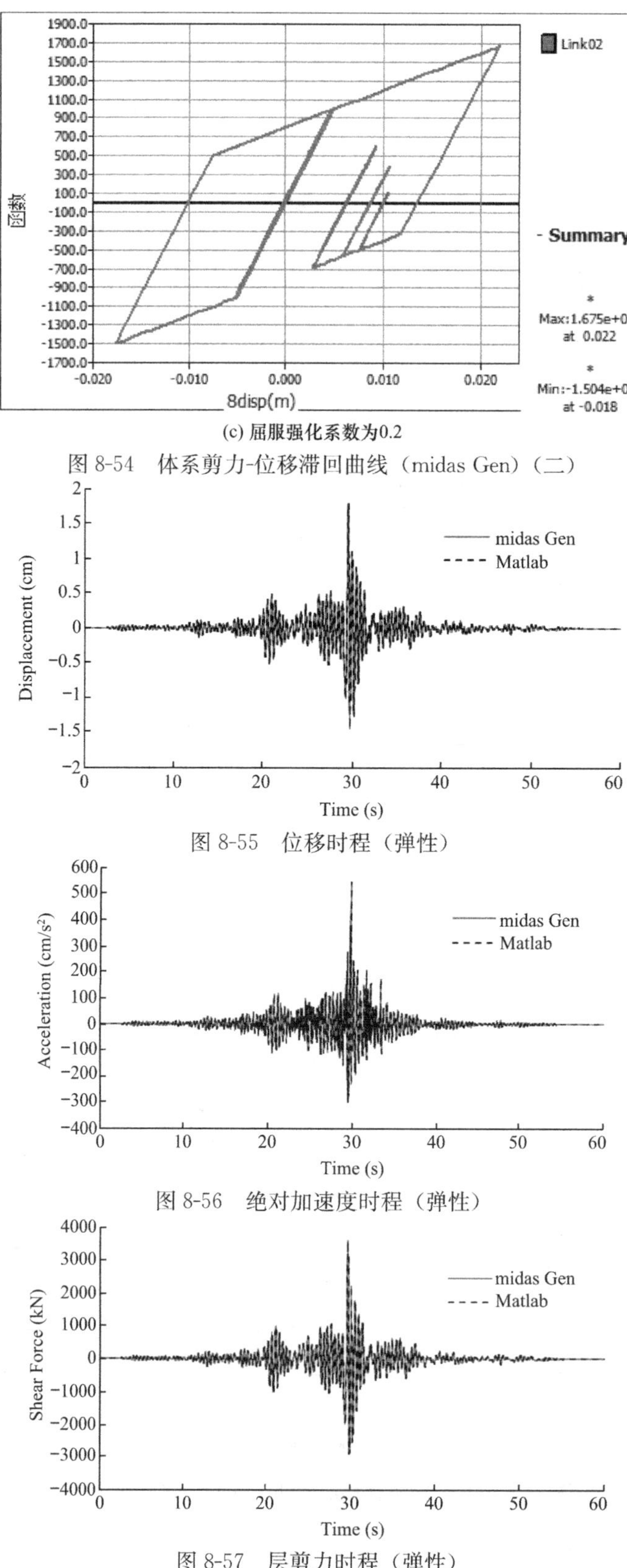


(c) 屈服强化系数为0.2

图 8-54　体系剪力-位移滞回曲线（midas Gen）（二）

图 8-55　位移时程（弹性）

图 8-56　绝对加速度时程（弹性）

图 8-57　层剪力时程（弹性）

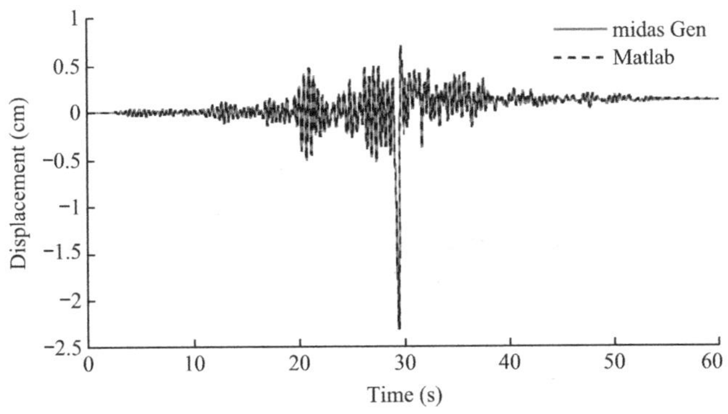


图 8-58 位移时程（强化系数为 0 的非弹性体系）

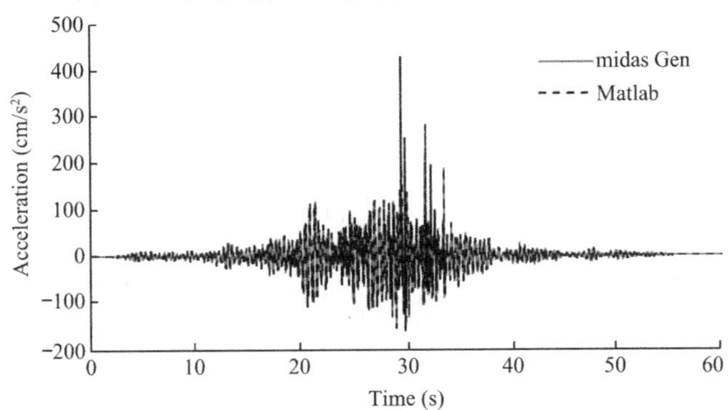


图 8-59 绝对加速度时程（强化系数为 0 的非弹性体系）

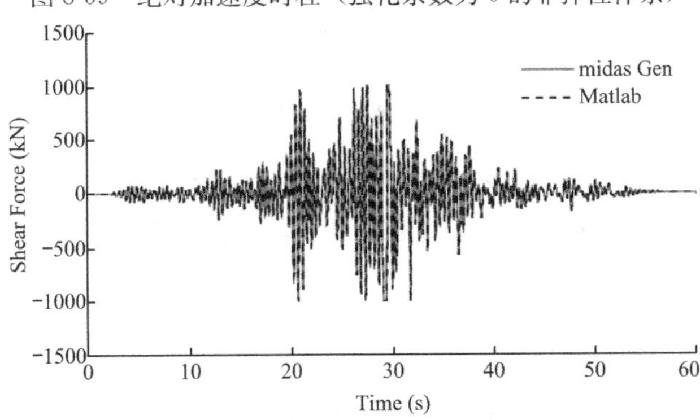


图 8-60 层剪力时程（强化系数为 0 的非弹性体系）

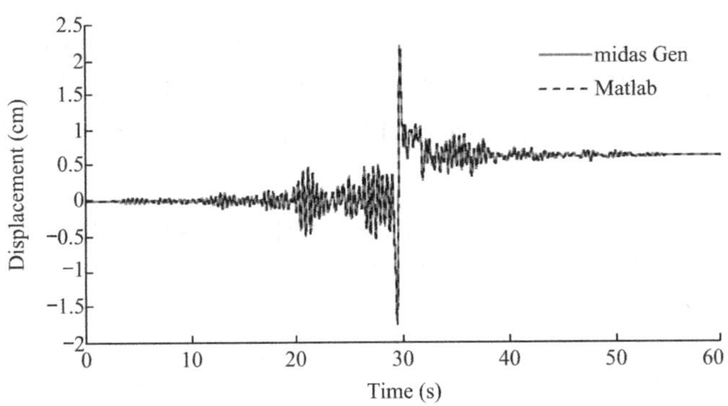


图 8-61 位移时程（强化系数为 0.2 的非弹性体系）

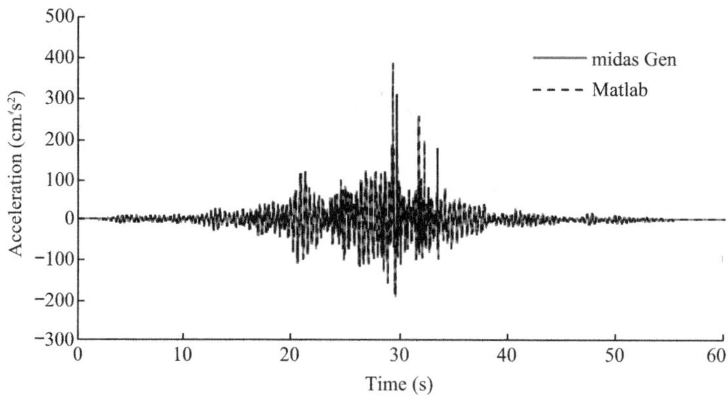


图 8-62　绝对加速度时程（强化系数为 0.2 的非弹性体系）

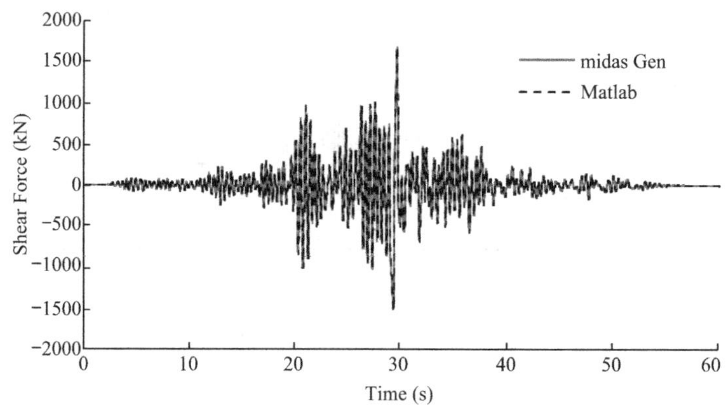


图 8-63　层剪力时程（强化系数为 0.2 的非弹性体系）

由以上数图可以看出，对于各类不同单元体系的时程反应，包括位移、速度以及加速度，MATLAB 编程计算结果和 midas Gen 的计算结果是完全一致的。

## 8.6　小结

（1）对中心差分法、Newmark-β 法、Wilson-θ 法进行非线性分析的递推公式进行介绍。

（2）结合 Newmark-β 法，对积分步内采用 Newton-Raphson 法、修正的 Newton-Raphson 法及极速牛顿法迭代进行详细讲解，并总结了具体的迭代步骤。

（3）对单元状态确定进行讲解，通过 MATLAB 编程实现随动强化非线性单轴二折线本构。

（4）给出了单自由度体系动力时程分析采用常阻尼与变阻尼的编程实现方法，并通具体算例分析，讨论了采用常阻尼与变阻尼的差异。

（5）通过 MATLAB 编程实现基于 Newmark-β 法，积分步内分别采用 Newton-Raphson 法、修正的 Newton-Raphson 法及极速牛顿法进行迭代的单自由度体系弹塑性地震动力时程分析，对不同迭代方法的结果进行对比，并与 SAP2000、midas Gen 软件分析结果进行对比验证。

## 参考文献

[1] Anil K. Chopra. 结构动力学理论及其在地震工程中的应用 [M]. 4版. 谢礼立，吕大刚，等. 译. 北京：高等教育出版社，2016.

[2] 刘晶波，杜修力. 结构动力学 [M]. 北京：机械工业出版社，2011.

[3] 江见鲸，何放龙，何益斌，陆新征. 有限元法及其应用 [M]. 北京：机械工业出版社，2006.

[4] 何政，欧进萍. 钢筋混凝土结构非线性分析 [M]. 哈尔滨：哈尔滨工业大学出版社，2007.

[5] Xu J，Huang Y，Qu Z. An efficient and unconditionally stable numerical algorithm for nonlinear structural dynamics [J]. International Journal for Numerical Methods in Engineering，2020，121 (20).

[6] 曲哲. 我们搞了个比牛顿法快60多倍的算法，你要不要试试？ [EB/OL]. https：//mp. weixin. qq. com/s/X24FSL9ApI-lvgI4NWWX5A，2020年6月.

[7] OpenSees，Open System for Earthquake Engineering Simulation [EB/OL]. https：//opensees. berkeley. edu/wiki/index. php/Steel01_Material，2021年2月.

[8] 陆新征，叶列平，等. 建筑抗震弹塑性分析——原理、模型与在ABAQUS，MSC. MARC和SAP2000上的实践 [M]. 北京：中国建筑工业出版社，2009.

# 第 9 章　多自由度体系非线性动力时程分析

多自由度体系非线性动力时程分析的基本原理与单自由度体系非线性动力时程分析是一致的，第 8 章给出的单自由度体系非线性动力时程分析的代码，只需要稍作调整，便可用于多自由度体系的非线性动力时程分析。本章对多自由度体系的非线性动力时程分析进行介绍。

## 9.1　基本方程

本章以剪切层模型为例讨论非弹性多自由度体系的动力时程分析，体系示意如图 9-1 所示。非弹性结构体系的层间力-变形本构关系不总是保持弹性，而是弹塑性关系。

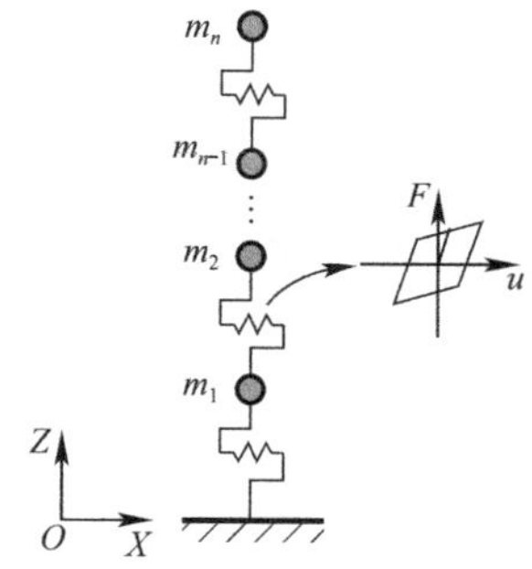

图 9-1　非弹性多自由度体系示意

非弹性多自由度体系动力时程分析与第 8 章介绍的非弹性单自由度体系的计算原理是一致的，区别在于多自由度体系的质量、阻尼、非弹性恢复力是以向量或矩阵的形式参与计算。非弹性多自由度体系的运动方程如下

$$[M]\{\ddot{u}\}+[C]\{\dot{u}\}+\{f_S(u)\}=-[M]\{I\}\ddot{u}_g \tag{9-1}$$

式中 $\{f_S(u)\}$ 是体系的恢复力向量。

上式中比较复杂的问题是体系恢复力向量 $\{f_S(u)\}$ 的求解。由第 8 章可知，在非弹性单自由度体系动力时程分析中，可以根据前一分析步的质点位移、非弹性恢复力及当前分析步的质点位移来计算当前步的非弹性恢复力 $f_S(u)$，即状态确定过程，这个过程实际上求得的是体系中结构单元的内力和实时刚度。对于单自由度体系，结构单元的内力与体系质点的非弹性恢复力是相等的，结构单元的变形也等于单自由度体系质点的位移。

对于多自由度体系（此处仍以多自由度剪切层模型为例），作用于质点上的非弹性恢复力并不等同于各单元的内力，各质点位移也不等同于单元的变形，如图 9-2 所示。质点非弹性恢复力与单元内力、质点位移与单元变形的关系分别如公式（9-2）、公式（9-3）所示。因此需根据质点非弹性恢复力和位移计算得出每个单元的内力和变形，并且在更新完非弹性恢复力和刚度矩阵后，也需将单元的内力重新计算输出非弹性恢复力，详见公式（9-4）。

$$\begin{cases}S_1=f_{S1}+f_{S2}+f_{S3}\\S_2=f_{S2}+f_{S3}\\S_3=f_{S3}\end{cases} \tag{9-2}$$

$$\begin{cases}d_1=u_1\\d_2=u_2-u_1\\d_3=u_3-u_2\end{cases} \tag{9-3}$$

$$
\begin{cases}
f'_{S1} = S'_1 - S'_2 \\
f'_{S2} = S'_2 - S'_3 \\
f'_{S3} = S'_3
\end{cases}
\tag{9-4}
$$

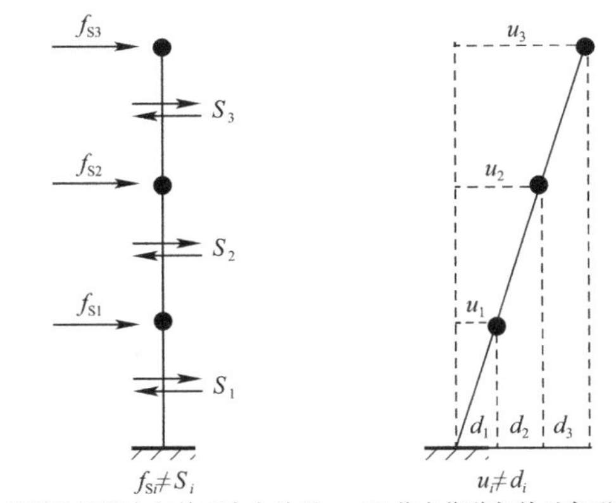


(a) 非弹性恢复力与单元内力关系　(b) 节点位移与单元变形关系

图 9-2　多自由度体系内力和变形关系

非弹性多自由度体系动力时程分析的其余步骤与单自由度体系基本一致，只需将刚度 $k$、质量 $m$ 和阻尼 $c$ 替换成矩阵形式的 $[K]$、$[M]$ 和 $[C]$ 即可，读者可以对比第 8 章的相关内容进行理解，此处不再赘述。

## 9.2 MATLAB 编程

本节算例基于第 4 章中的 3 自由度剪切层模型，单元采用第 8 章中的非弹性二折线本构，屈服位移为 5mm，屈服强化系数取 0，即理想弹塑性，模型示意及参数如图 9-3 所示。模型采用瑞利阻尼，按结构第 1 周期和第 2 周期阻尼比为 0.05 进行设置，且结构阻尼矩阵在计算过程中不更新。分析采用的地震加速度时程如图 9-4 所示，数值积分方法为 Newmark-β 法。以下给出 MATLAB 编程计算结果，并将计算结果与 SAP2000、midas Gen 分析结果进行对比。

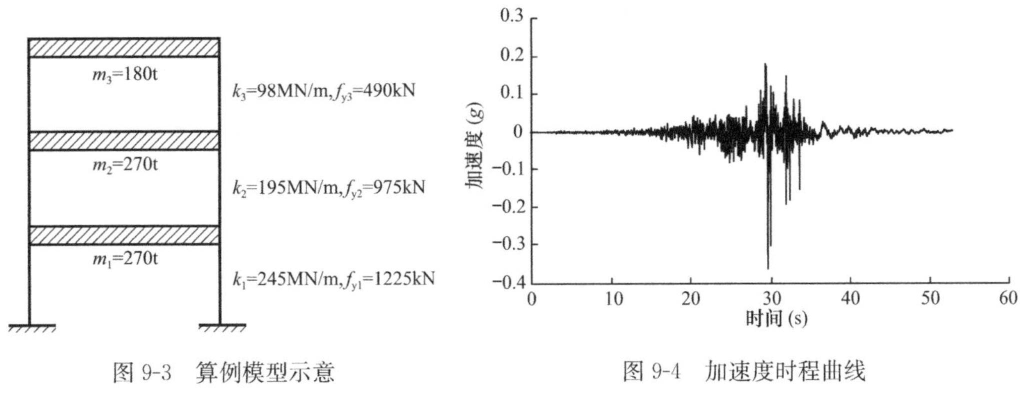


图 9-3　算例模型示意　　图 9-4　加速度时程曲线

### 9.2.1　基于 Newton-Raphson 法的编程

```
%非弹性多自由度体系动力时程分析-Newmark-β法
clear;clc;
format shortEng

%结构参数输入
m=1e3*[270,270,180];  %质量,单位 kg
freedom=length(m);
%导入地震波,获得时间步数和步长
data=load('chichi.txt');
ug=9.8*data(:,2)';
n1=length(ug);
dt=0.01;

%定义非线性单元本构
%材料特性
global fy k0 b
fy=1e3*[1225,975,490];%yield strength,单位 N
k0=1e6*[245,195,98];%initial stiffness,单位 N/m
b=[0,0,0];%strain-hardening ratio

%初始化质量、刚度矩阵
M=zeros(freedom,freedom);
for i=1:freedom
    M(i,i)=m(i);
end
K=FormKMatric(k0, freedom);

%初始模态分析
[eig_vec,eig_val]=eig(inv(M)*K);
[w,w_order]=sort(sqrt(diag(eig_val)));
mode=eig_vec(:,w_order);
%振型归一化
for i=1:freedom
    mode(:,i)=mode(:,i)/mode(freedom,i);
end
%求解周期
T=zeros(1,freedom);
for i=1:freedom
    T(i)=2*pi/w(i);
end
```

```
%求瑞利阻尼系数
A=2*0.05/(w(1)+w(2))*[w(1)*w(2);1];  %求系数 a0 和 a1,假设第一阶和第二阶振型阻尼比均为 0.05
C=A(1)*M+A(2)*K;

%指定 Newmark-β法控制参数 γ 和 β,定义积分常数
gama=0.5;beta=0.25;
AA1=M/(beta*dt)+(gama/beta)*C;
AA2=M/(2*beta)+dt*(gama/2/beta-1)*C;

%求解结构反应
%初始条件
n2=6000;                      %分析步数
Time(1,1)=0;                  %时间向量 Time,初始值为 0
u=zeros(freedom,n2);          %存放位移的矩阵 u,行为自由度数,列为分析步数,初始值为{0,0,0}'
u(:,1)=0;
v=zeros(freedom,n2);          %存放速度的矩阵 u,行为自由度数,列为分析步数,初始值为{0,0,0}'
v(:,1)=0;
P=zeros(freedom,n2);          %存放外荷载的矩阵 P,行为自由度数,列为分析步数
P(:,1)=-ug(1,1)*m';
Rs=zeros(freedom,n2);         %存放恢复力的矩阵 Rs,初始值为{0,0,0}'
Rs(:,1)=0;
k=zeros(freedom,n2);          %存放各层刚度的矩阵 k,初始值为 k0'
k(:,1)=k0';
aa=zeros(freedom,n2);         %存放加速度的矩阵 aa,行为自由度数,列为分析步数
aa(:,1)=inv(M)*(P(:,1)-C*v(:,1)-Rs(:,1));
aaa(:,1)=aa(:,1)+ug(1,1)*[1,1,1]';
utrial0=zeros(freedom,1);     %freedom×1 列向量,存放 NB 迭代上一迭代步位移
utrial=zeros(freedom,1);      %freedom×1 列向量,存放 NB 迭代当前迭代步位移
Rtrial=zeros(freedom,1);      %freedom×1 列向量,存放 NB 迭代当前迭代步恢复力
ktrial=zeros(freedom,1);      %freedom×1 列向量,存放 NB 迭代当前迭代步各层刚度
%逐步积分
for j=2:n2
    Time(1,j)=(j-1)*dt;
    %求等效刚度矩阵 KK
    K=FormKMatric(k(:,j-1), freedom);
    KK=K+1/(beta*dt^2)*M+gama/(beta*dt)*C;
    %C=A(1)*M+A(2)*K;  %阻尼矩阵更新
    %求等效荷载增量 dltPP
    if j<=n1
        P(:,j)=-ug(1,j)*m';
    else
        ug(1,j)=0;
```

```
            P(:,j)=0;
        end
        dltP(:,j-1)=P(:,j)-P(:,j-1);
        dltPP(:,j-1)=dltP(:,j-1)+AA1*v(:j-1)+AA2*aa(:,j-1);
        %开始积分步内迭代
        %初始化数据
        utrial0=u(:,j-1);          %迭代初始位移
        Rtrial0=Rs(:,j-1);         %迭代初始恢复力
        dltR_0=dltPP(:,j-1);       %迭代初始残余力
        KKt_0=KK;                  %迭代初始等效切线刚度
        while sum(abs(dltR_0))>1e-5
            dltu=inv(KKt_0)*dltR_0;    %求解迭代步位移增量
            utrial=utrial0+dltu;       %进而求得迭代后位移
            [Rtrial,ktrial]=stateDetermineNMDOF(Rtrial0,utrial0, utrial);
                                    %调用状态确定函数(附录6),获取本次迭代后的恢复力和刚度
            K=FormKMatric(ktrial, freedom);  %更新刚度和等效刚度
            KKt_0=K+1/(beta*dt^2)*M+gama/(beta*dt)*C;
            dltF=Rtrial-Rtrial0+((gama/beta/dt)*C+(1/beta/dt/dt)*M)*dltu;%更新等效残余力
            dltR_0=dltR_0-dltF;
            utrial0=utrial;%当前位移变成下一迭代步的初始位移
            Rtrial0=Rtrial;%当前恢复力变成下一迭代步的初始恢复力
        end
        u(:,j)=utrial;
        Rs(:,j)=Rtrial;
        k(:,j)=ktrial;
        dltv=(gama/beta/dt)*(u(:,j)-u(:,j-1))-(gama/beta)*v(:,j-1)+(1-gama/2/beta)*dt*aa
        (:,j-1);
                                    %根据增量法表示的递推公式,求得速度增量
        dltaa=(1/beta/dt/dt)*(u(:,j)-u(:,j-1))-(1/beta/dt)*v(:,j-1)-(1/2/beta)*aa(:,j-1);
                                    %根据增量法表示的递推公式,求得加速度增量
        v(:,j)=v(:,j-1)+dltv;      %进而求得当前分析步的速度
        aa(:,j)=aa(:,j-1)+dltaa;   %进而求得当前分析步的加速度
        aaa(:,j)=aa(:,j)+ug(1,j)*[1,1,1]';   %求得当前分析步的绝对加速度
    end

    %结果整理
    for i=1:freedom+1
        Story(i,1)=i-1;
    end
    %楼层位移
    StoryDisp=zeros(freedom+1,1);
    for i=2:freedom+1
        StoryDisp(i,1)=max(abs(u(i-1,:)));
```

```
end
%层间位移
for i=1:freedom
    if i==1
        deltau(i,:)=u(i,:);
    else
        deltau(i,:)=u(i,:)-u(i-1,:);
    end
end
StoryDisp1=zeros(freedom,1);
for i=1:freedom
    StoryDisp1(i,1)=max(abs(deltau(i,:)));
end
%楼层绝对加速度
StoryAcc=zeros(freedom+1,1);
for i=2:freedom+1
    StoryAcc(i,1)=max(abs(aaa(i-1,:)));
end
%楼层剪力
for i=1:n2
    StoryForce(:,i)=Rs(:,i);
    for j=freedom:-1:1
        shear=0;
        for k=freedom:-1:j
            shear=shear+StoryForce(k,i);
        end
        StoryShear(j,i)=shear;
    end
end
for i=1:freedom
    maxStoryShear(i,1)=max(abs(StoryShear(i,:)));
end

%绘图
% 楼层位移包络
figure(9)
plot(StoryDisp,Story)
xlabel('Displacement(m)'),ylabel('Story')
title('Displacement vs Story')
set(gca,'YTick',0:1:3);
% saveas(gcf,'StoryDisplacement.png');
% 楼层加速度包络
figure(10)
```

```
plot(StoryAcc,Story)
xlabel('Acceleration(m/s^2)'),ylabel('Story')
title('Acceleration vs Story')
set(gca,'YTick',0:1:3);
% saveas(gcf,'StoryAcceleration.png');
% 楼层剪力包络
figure(11)
plot(maxStoryShear,Story(2:4))
xlabel('ShearForce(N)'),ylabel('Story')
title('ShearForce vs Story')
set(gca,'YTick',0:1:3);
% saveas(gcf,'StoryShearForce.png');
% 顶点位移时程
figure(12)
plot(Time(1,:),u(3,:))
xlabel('Time(s)'),ylabel('Displacement(m)')
title('Displacement of 3rd Story')
% saveas(gcf,'StoryShearForce.png');
% 基底剪力时程
figure(13)
plot(Time(1,:),StoryShear(1,:))
xlabel('Time(s)'),ylabel('Base Shear Force(N)')
title('Base Shear Force')
% saveas(gcf,'StoryShearForce.png');
% 首层滞回曲线
figure(14)
plot(u(1,:),StoryShear(1,:))
xlabel('Displacement(m)'),ylabel('Shear Force(N)')
title('Story 1 Hysteritic Curve')
% saveas(gcf,'StoryShearForce.png');
% 二层滞回曲线
figure(15)
plot(u(2,:)-u(1,:),StoryShear(2,:))
xlabel('Displacement(m)'),ylabel('Shear Force(N)')
title('Story 2 Hysteritic Curve')
% saveas(gcf,'StoryShearForce.png');
% 三层滞回曲线
figure(16)
plot(u(3,:)-u(2,:),StoryShear(3,:))
xlabel('Displacement(m)'),ylabel('Shear Force(N)')
title('Story 3 Hysteritic Curve')
% saveas(gcf,'StoryShearForce.png');
```

附：非线性本构构造函数 stateDetermineNMDOF()

```
function [ force, stiffness] = stateDetermineNMDOF(lastRs, lastDisp, disp )
%  stateDetermineNSDOF: To determine the state variables for one step
%  Using dDisp to calculate stress, tangent and loading pattern for each displacement step.
global fy k0 b x1 x2 x3 x4 minDisp maxDisp shiftN shiftP loadingFlag
%Initial relative variable
freedom=length(k0);
lastRelativeDisp=zeros(freedom,1);
relativeDisp=zeros(freedom,1);
shear=zeros(freedom,1);
lastShear=zeros(freedom,1);
force=zeros(freedom,1);
stiffness=zeros(1,freedom);

%Using the resistance acting on joints to calculate internal shear force of elements
for i=1:freedom
    for j=i:freedom
        lastShear(i)=lastShear(i)+lastRs(j);
    end
end

for i=1:freedom
    if i==1
        lastRelativeDisp(i)=lastDisp(i);
        relativeDisp(i)=disp(i);
    else
        lastRelativeDisp(i)=lastDisp(i)-lastDisp(i-1);
        relativeDisp(i)=disp(i)-disp(i-1);
    end

    fy1Minusb=fy(i)*(1-b);%force-intercept of harden part
    ksh=b*k0(i);
    epsy=fy(i)/k0(i);
    dDisp = relativeDisp(i)-lastRelativeDisp(i);

    %Calculate the internal shear force at this step
    c1=ksh*relativeDisp(i);
    c2=shiftN*fy1Minusb;
    c3=shiftP*fy1Minusb;
    c=lastShear(i)+k0(i)*dDisp;
    shear(i)=max((c1-c2), min(c1+c3, c));
    %denfine tangent at this step
    if abs(shear(i)-c)<1e-3
```

```
            stiffness(i)=k0(i);
        else
            stiffness(i)=ksh;
        end

        %Modify the harden parameters when the load reverses based on dDisp
        %Define initial loadingFlag
        if loadingFlag==0
            if dDisp>=0
                loadingFlag=1;
            else
                loadingFlag=-1;
            end
        end

        if loadingFlag==1 && dDisp<0
            loadingFlag=-1;
            if lastRelativeDisp(i) > maxDisp(i)
                maxDisp(i)=lastRelativeDisp(i);
                shiftN=1+x1*((maxDisp(i)-minDisp(i))/(2*x2*epsy))^0.8;
            end
        end

        if loadingFlag==-1 && dDisp>0
            loadingFlag=1;
            if lastRelativeDisp(i) < minDisp(i)
                minDisp(i)=lastRelativeDisp(i);
                shiftP=1+x3*((maxDisp(i)-minDisp(i))/(2*x4*epsy))^0.8;
            end
        end
    end

    %using the result of internal shear force to calculate the corresponding resistance acting on joints
    for i=1:freedom
        if i==3
            force(i)=shear(i);
        else
            force(i)=shear(i)-shear(i+1);
        end
    end
    end
```

注释：多自由度体系的非弹性本构构造函数，与单自由度体系的区别主要在于需要在计算前将非弹性恢复力和节点位移拆解为单元内力和变形，在计算后根据更新的单元内力组合非弹性恢复力。

图 9-5、图 9-6 分别是计算得到的结构顶点位移时程和基底剪力时程。

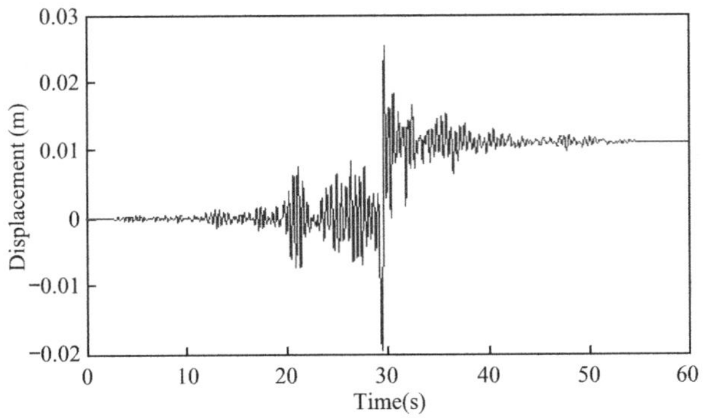


图 9-5 顶点位移时程曲线

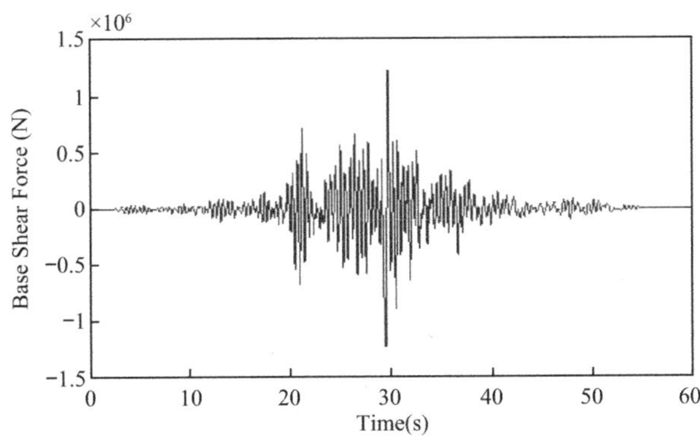


图 9-6 底层剪力时程曲线

图 9-7 是结构各层地震反应包络值。

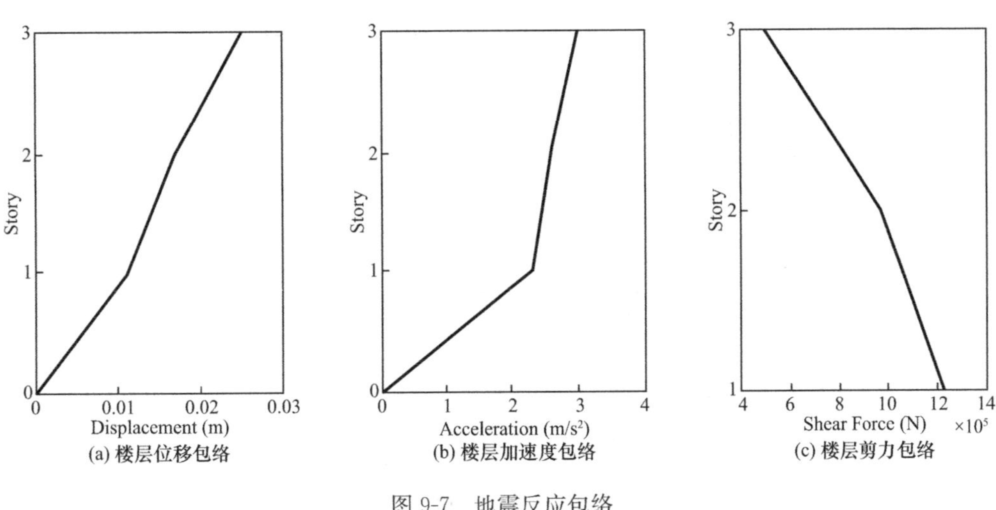


图 9-7 地震反应包络

图 9-8 是计算得到的各层剪力-层间位移滞回曲线。由图可知，结构各层均出现了不同

程度的非线性发展。

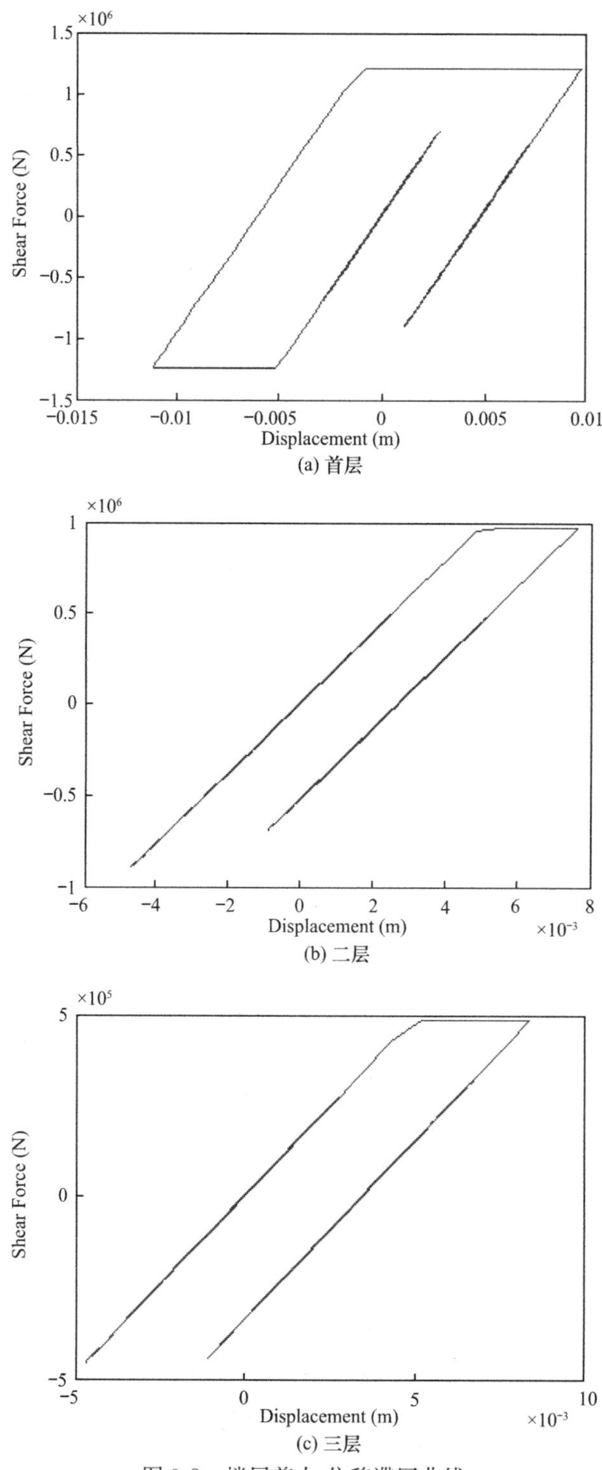


图 9-8　楼层剪力-位移滞回曲线

### 9.2.2　基于极速牛顿法的编程

采用极速牛顿法迭代时，需对求解结构反应部分的 MATLAB 代码进行修改，主要修改内容见下列代码中阴影部分的注释。

```
……
%求解结构反应
%初始条件
n2=6000;
Time(1,1)=0;
u=zeros(freedom,n2);
u(:,1)=0;
v=zeros(freedom,n2);
v(:,1)=0;
P=zeros(freedom,n2);
P(:,1)=-ug(1,1)*m';
Rs=zeros(freedom,n2);
Rs(:,1)=0;
aa=zeros(freedom,n2);
aa(:,1)=inv(M)*(P(:,1)-C*v(:,1)-Rs(:,1));
aaa(:,1)=aa(:,1)+ug(1,1)*[1,1,1]';
K=FormKMatric(k0', freedom);
KK=K+1/(beta*dt^2)*M+gama/(beta*dt)*C;  %根据极速牛顿法,整个分析过程均采用初始时刻的等效刚度矩阵KK,因此在逐步积分循环外面定义。

%逐步分析
for j=2:n2
    Time(1,j)=(j-1)*dt;
    %求等效荷载增量dltPP
    if j<=n1
        P(:,j)=-ug(1,j)*m';
    else
        ug(1,j)=0;
        P(:,j)=0;
    end
    dltP(:,j-1)=P(:,j)-P(:,j-1);
    dltPP(:,j-1)=dltP(:,j-1)+AA1*v(:,j-1)+AA2*aa(:,j-1);

    %开始NB迭代
    %初始化数据
    utrial0=u(:,j-1);
    Rtrial0=Rs(:,j-1);
    dltR_0=dltPP(:,j-1);
    for s=1:2                    %极速牛顿法仅需2次迭代,因此这里循环两次。
        dltu=inv(KK)*dltR_0;%各分析步中的各个迭代过程,均采用初始时刻的有效刚度矩阵KK。
        utrial=utrial0+dltu;
        Rtrial=stateDetermineNMDOF_ExpNewton(Rtrial0,utrial0, utrial);%单元状态确定过程,
```

亦不再求解实时刚度矩阵 Ktrial。相应的状态确定函数需作调整，详见附录 7。

```
            dltF=Rtrial-Rtrial0+((gama/beta/dt) * C+(1/beta/dt/dt) * M) * dltu;
            dltR_0=dltR_0-dltF;
            utrial0=utrial;
            Rtrial0=Rtrial;
            s=s+1;
        end
        u(:,j)=utrial;
        Rs(:,j)=Rtrial;


        dltv=(gama/beta/dt) * (u(:,j)-u(:,j-1))-(gama/beta) * v(:,j-1)+(1-gama/2/beta) * dt * aa
        (:,j-1);
        dltaa=(1/beta/dt/dt) * (u(:,j)-u(:,j-1))-(1/beta/dt) * v(:,j-1)-(1/2/beta) * aa(:,j-1);
        v(:,j)=v(:,j-1)+dltv;
        aa(:,j)=aa(:,j-1)+dltaa;
        aaa(:,j)=aa(:,j)+ug(1,j) * [1,1,1];
    end
```

图 9-9 是 Newton-Raphson 法与极速牛顿法的计算结果对比，由图可以看出，两者分析结果吻合很好。

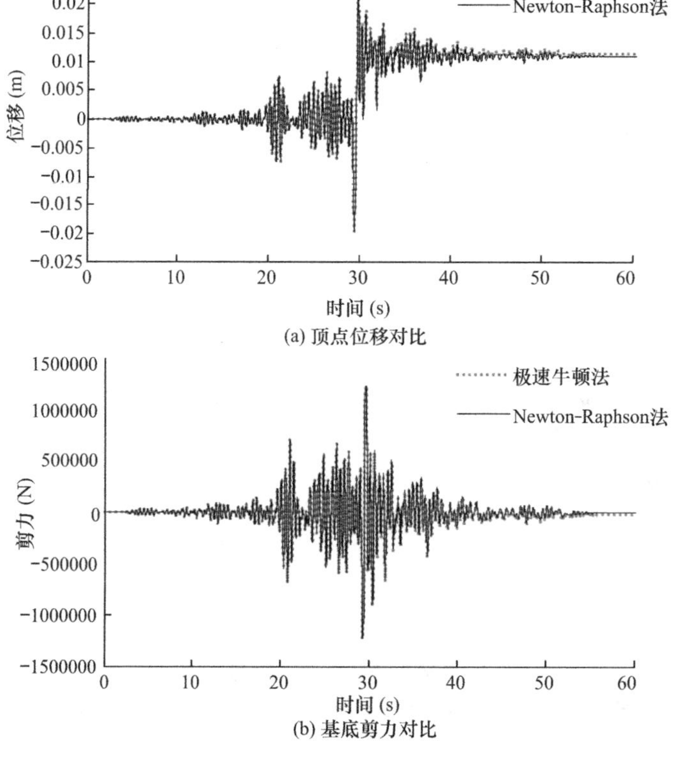


图 9-9　Newton-Raphson 法与极速牛顿法结果对比

## 9.3 SAP2000 分析

### 9.3.1 建立模型

由于本节算例基于第 4 章中的 3 自由度剪切层模型，可基于该模型进行修改，建立弹塑性分析模型，主要修改内容包括非线性单元本构定义、非线性分析工况定义等，具体如下。

（1）非线性单元本构定义

与第 8 章连接单元定义类似，采用“MultiLinear Plastic”连接单元模拟各层间弹簧，激活单元 U2 方向自由度，根据图 9-3 输入单元力-变形参数。以首层连接单元为例，其刚度为 245MN/m，由于屈服位移为 5mm，则屈服强度为 1225000N，参数定义如图 9-10 所示。

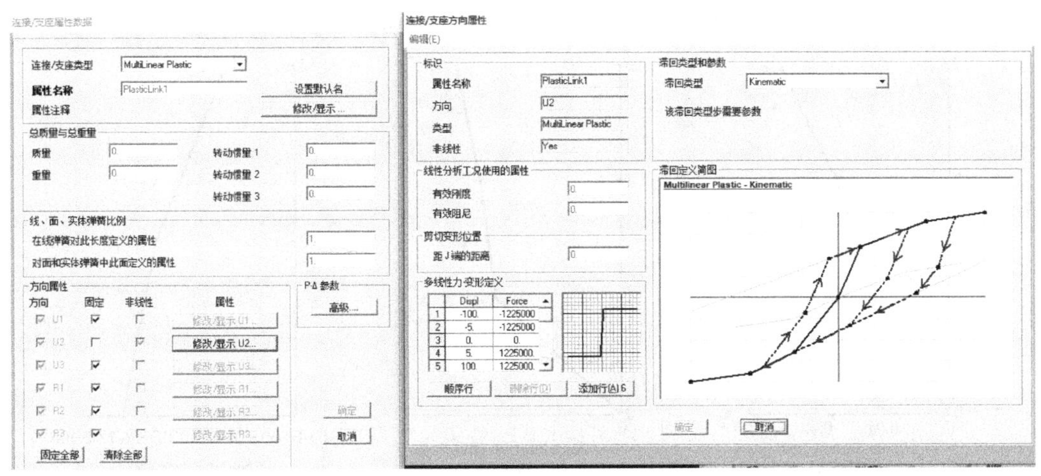


图 9-10　首层连接支座单元定义

（2）分析工况定义

加速度时程函数的导入操作与弹性分析模型相同。时程分析工况类型选用【Time History】，分析类型为“非线性”，分析方法为“直接积分”，积分方法选用 Newmark-β 法，阻尼定义中直接指定质量比例系数为 0.9303，刚度比例系数为 0.0023。如图 9-11 所示。

建模完成，运行分析。

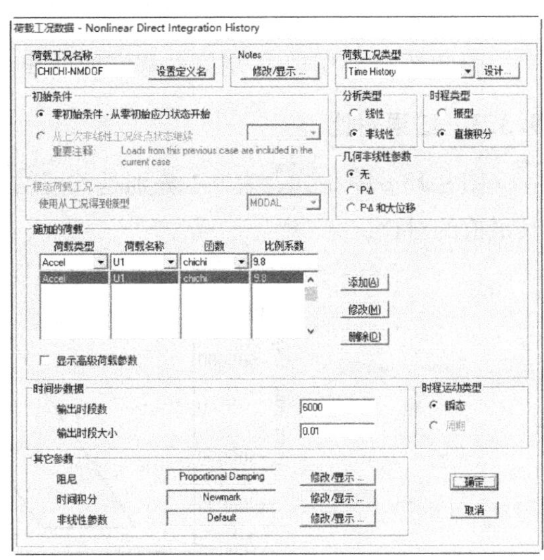


图 9-11　非线性时程分析工况定义

### 9.3.2 计算结果

通过【显示】-【显示绘图函数】查看目标反应曲线函数。图 9-12、图 9-13 分别是软件中直接绘制的结构顶点位移时程曲线、基底剪力时程曲线。

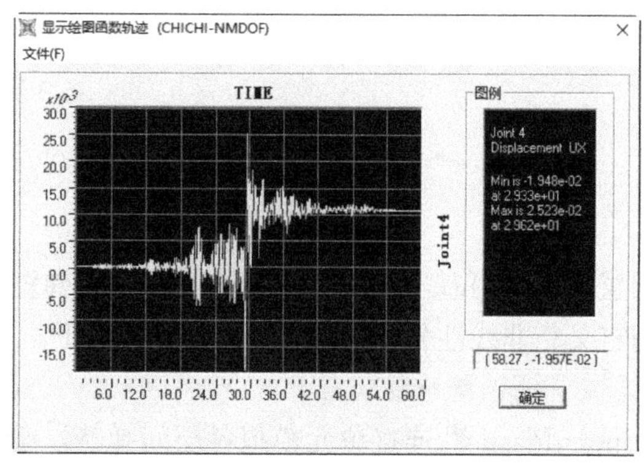


图 9-12　顶点位移时程曲线（SAP2000）

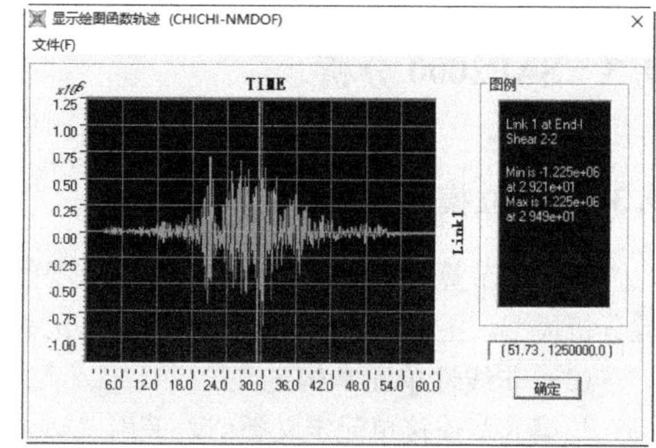


图 9-13　基底剪力时程曲线（SAP2000）

图 9-14 是楼层位移、楼层加速度和楼层剪力的包络值曲线。

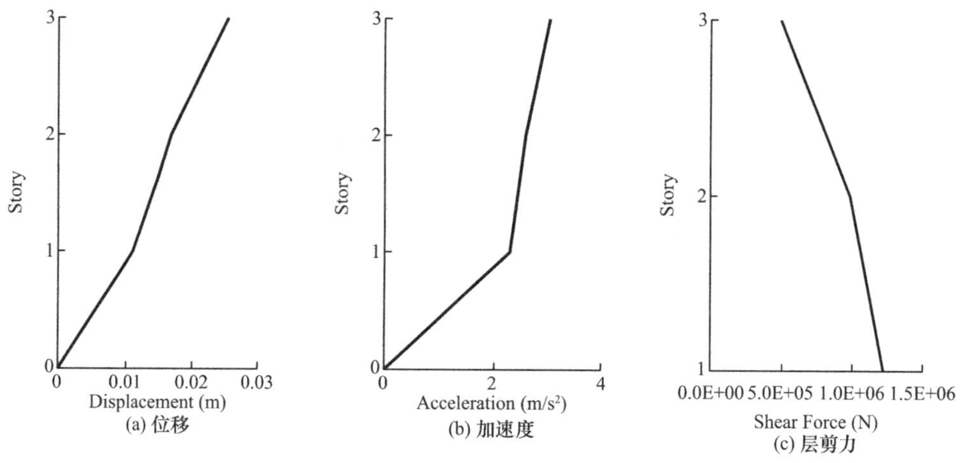


图 9-14　楼层结果包络（SAP2000）

图 9-15 是各层剪力-层间位移滞回曲线。

## 9.3.3　结果对比

图 9-16～图 9-19、表 9-1 分别是首层结构的位移、速度、加速度和剪力的时程反应及其最值的对比。

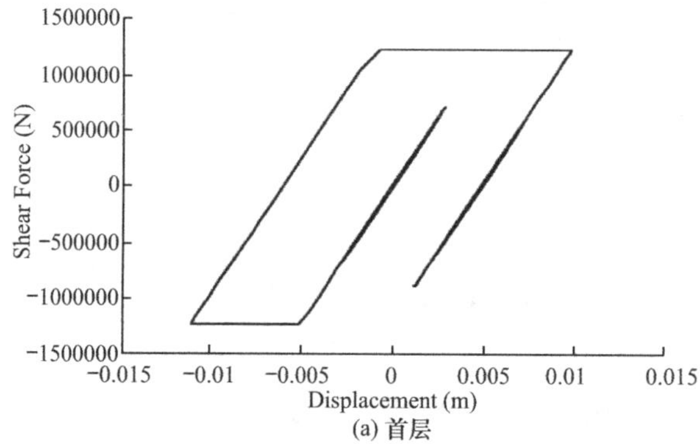


图 9-15　各层滞回曲线（SAP2000）（一）

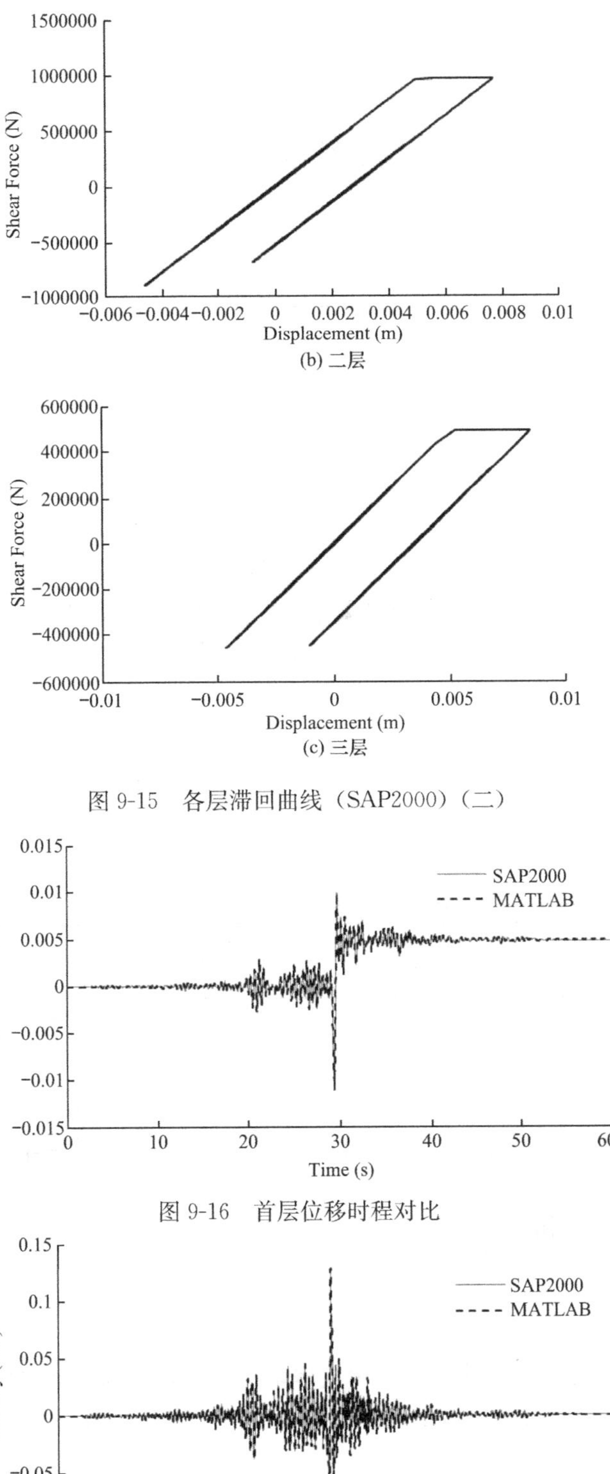


图 9-15 各层滞回曲线（SAP2000）（二）

图 9-16 首层位移时程对比

图 9-17 首层速度时程对比

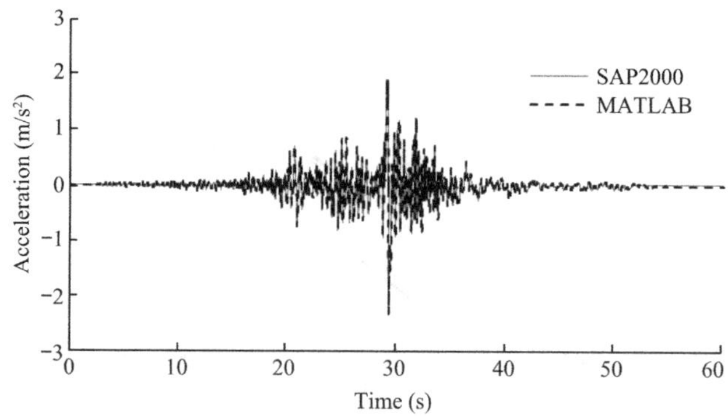


图 9-18　时程绝对加速度时程对比

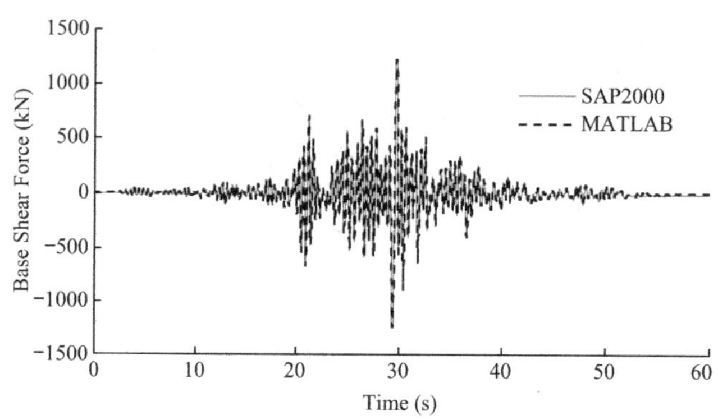


图 9-19　首层剪力时程对比

**实例计算结果对比**（SAP2000）　　**表 9-1**

| 计算方法 | 时程最大绝对值反应 | | | |
|---|---|---|---|---|
| | 位移（mm） | 速度（mm/s） | 加速度（$m/s^2$） | 基底剪力（kN） |
| SAP2000 | 11.0 | 128.6 | 2.301 | 1225 |
| MATLAB 编程 | 11.0 | 128.6 | 2.301 | 1225 |
| 与 SAP2000 相对偏差 | 0% | 0% | 0% | 0% |

由上述图表可看出，MATLAB 编程计算结果和 SAP2000 计算结果基本一致。

## 9.4　midas Gen 分析

### 9.4.1　建立模型

由于本节算例基于第 4 章中的 3 自由度剪切层模型，可基于该模型进行修改，建立弹塑性分析模型，主要修改内容包括非线性单元本构定义、非线性分析工况定义等，具体如下。

（1）非线性单元本构定义

与第 8 章连接单元定义类似，采用“一般连接特性”模拟各层非弹性属性。以首层连接定义，其刚度为 245000kN/m，屈服强度为 1225kN，屈服位移为 5mm，定义步骤如下：①在【边界】-【一般连接】下定义一般连接特性值，选择作用类型为“单元 1”，特性值类型为“弹簧”，激活 Dz 自由度，并指定一个有效刚度，此处按非弹性连接的初始刚度值 245000kN/m，如图 9-20 所示；②点击【非弹性铰特性值】添加非弹性铰特性，选择单元类型为“一般连接”，激活 Fz 方向的特性，选择滞回模型为“标准双折线”，点击【特性值】，定义非弹性连接属性，如图 9-21 所示，定义完成后返回到一般连接特性值定义界面，点击确认完成定义。

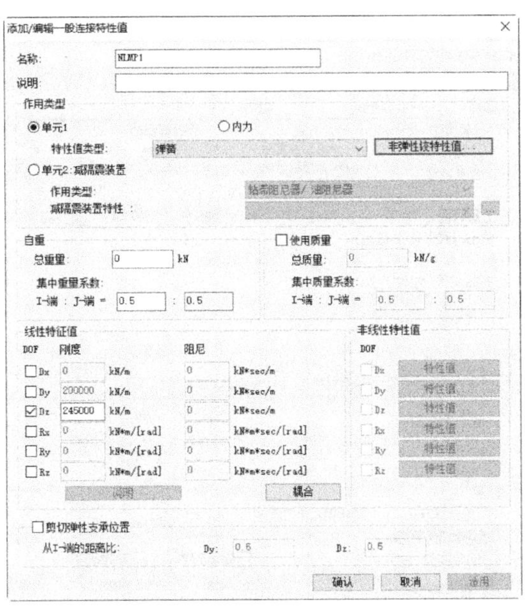


图 9-20 首层一般连接特性定义

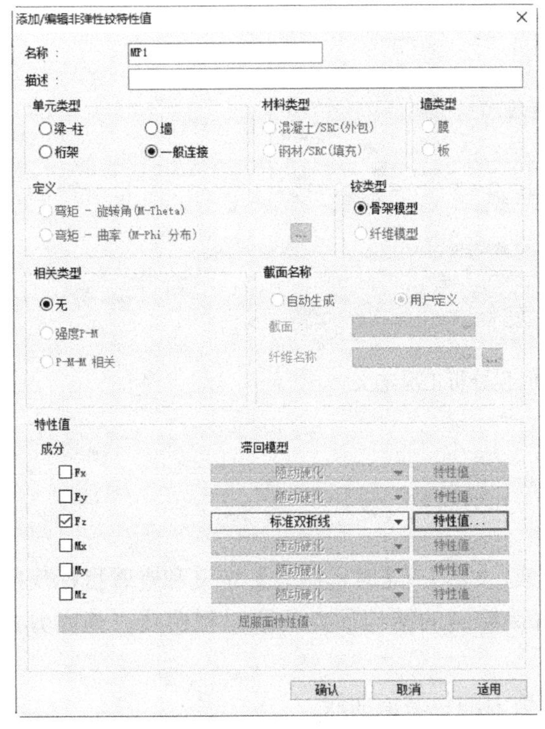


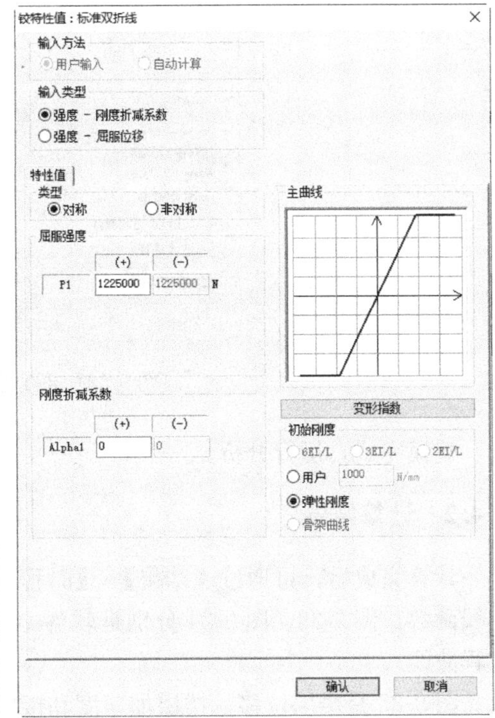


图 9-21 非弹性铰特性定义（屈服强化系数为 0）

（2）分析工况定义

时程分析工况定义与第 8 章单自由度体系分析类似，分析类型选择“非线性”，分析方法为“直接积分法”，积分方法选用 Newmark-β 法，假定体系前两阶振型阻尼比均为 0.05，由此得到阻尼定义中的质量比例系数为 0.9303，刚度比例系数为 0.0023，如图 9-22所示。

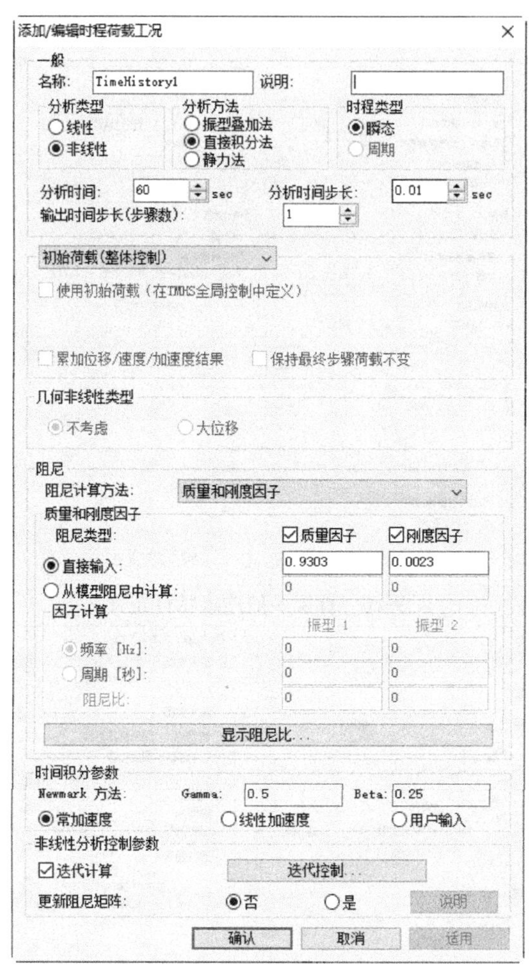


图 9-22　非线性时程分析工况定义

建模完成，运行分析。

## 9.4.2　计算结果

计算完成后，可通过【结果】-【时程图表/文本】-【时程图表】定义和查看目标反应曲线函数。图 9-23、图 9-24 分别是软件中直接绘制的结构顶点位移时程曲线、基底剪力时程曲线。

图 9-25 是楼层位移、楼层加速度和楼层剪力的包络值曲线。

图 9-26 是各层剪力-层间位移滞回曲线。

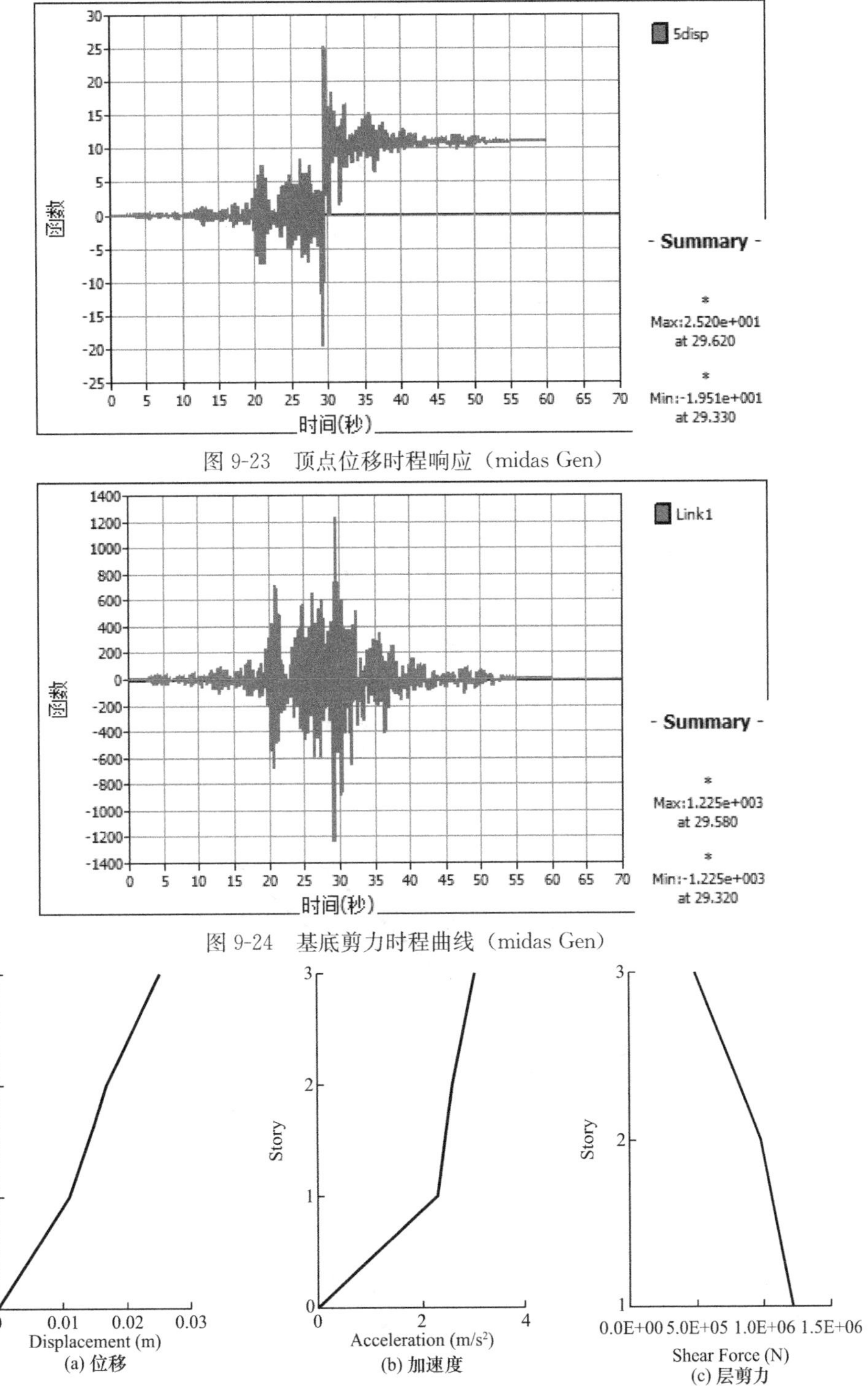


图 9-23 顶点位移时程响应（midas Gen）

图 9-24 基底剪力时程曲线（midas Gen）

图 9-25 楼层结果包络（midas Gen）

## 9.4.3 结果对比

图 9-27～图 9-30、表 9-2 分别是首层结构的位移、速度、加速度和剪力的时程反应及

其最值的对比。

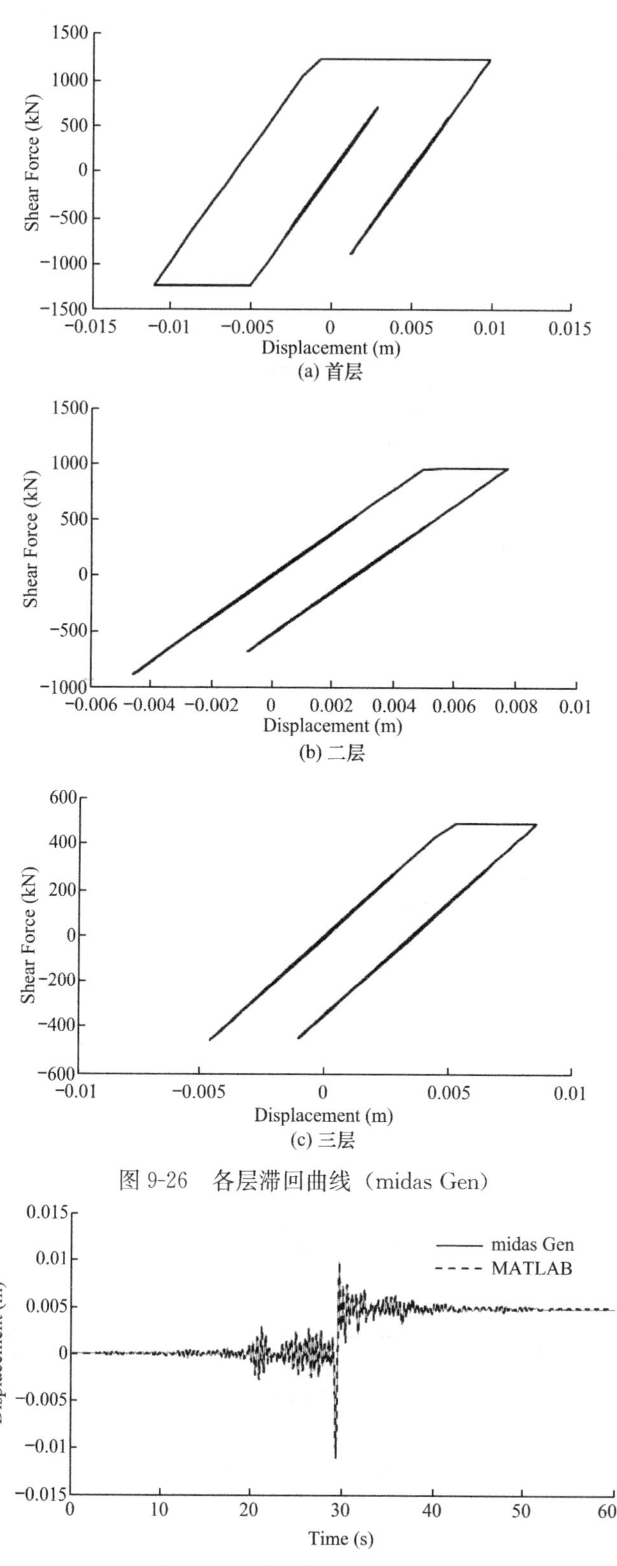


图 9-26　各层滞回曲线（midas Gen）

图 9-27　首层位移时程对比

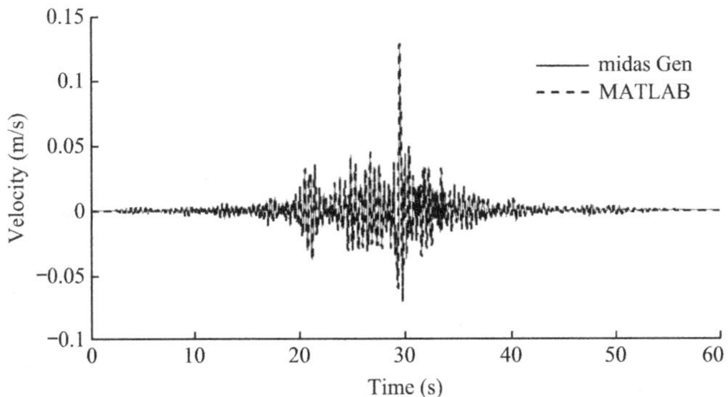


图 9-28 首层速度时程对比

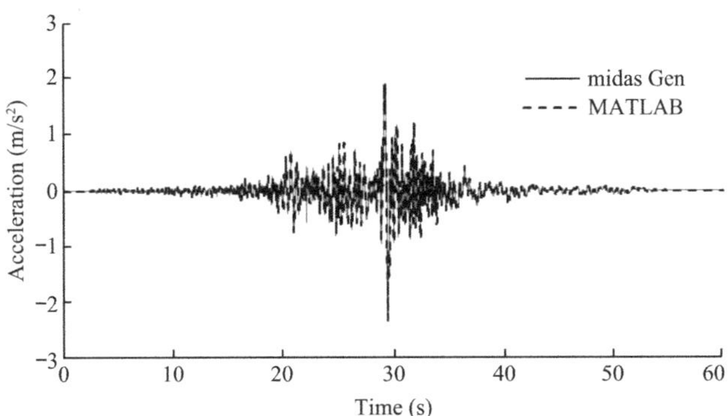


图 9-29 时程绝对加速度时程对比

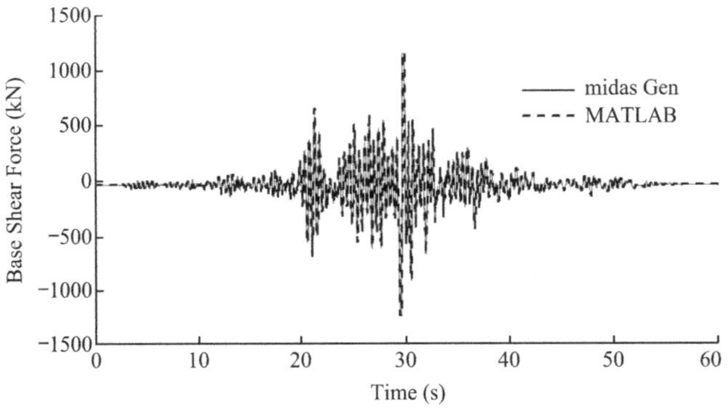


图 9-30 首层剪力时程对比

**实例计算结果对比**（midas Gen） **表 9-2**

| 计算方法 | 时程最大绝对值反应 | | | |
|---|---|---|---|---|
| | 位移（mm） | 速度（mm/s） | 加速度（$m/s^2$） | 基底剪力（kN） |
| midas Gen | 11.1 | 128.6 | 2.305 | 1225 |
| MATLAB 编程 | 11.0 | 128.6 | 2.302 | 1225 |
| 与 midas Gen 相对偏差 | 0.9% | 0% | 0.2% | 0% |

由上述图表可看出，MATLAB 编程计算结果和 midas Gen 计算结果吻合很好。

## 9.5 小结

(1) 对非弹性多自由度体系运动方程的求解进行讲解，着重讨论了多自由度体系与单自由度体系非线性动力时程分析的异同，并给出了多自由度体系非弹性恢复力与单元内力之间的转换公式。

(2) 通过 MATLAB 编程实现基于 Newmark-β 法，积分步内分别采用 Newton-Raphson 法及极速牛顿法进行迭代的多自由度体系非线性地震动力时程分析，并对采用 Newton-Raphson 法迭代和极速牛顿法迭代的分析结果进行对比，结果显示，两种迭代方法得到的分析结果基本一致。

(3) 采用 SAP2000、midas Gen 对算例模型进行分析，并将分析结果与 MATLAB 编程计算结果进行对比，结果显示，三者分析结果吻合很好。

# 第 10 章　消能减震结构地震动力时程分析

消能减震结构通过在结构中布置消能装置以耗散地震输入能量，从而有效保护主体结构在强震中的安全，为建筑结构抵御地震作用提供了一种行之有效的新方法，因而得到了越来越广泛的应用。目前已经发展了多种多样的减震技术和阻尼器，限于篇幅，本章主要介绍基于剪切层模型的黏弹性阻尼器和金属阻尼器减震结构的地震动力分析的编程实现与软件应用。

## 10.1　原理分析

### 10.1.1　黏弹性阻尼器

黏弹性阻尼器是一种有效的减震控制装置，主要依靠黏弹性材料的滞回耗能，为结构提供附加刚度和阻尼，减小结构动力反应，从而实现减震目标。黏弹性阻尼器既能提供刚度，也能提供阻尼，其典型的滞回曲线为椭圆形，具有良好的耗能性能[1]。如图 10-1 所示是黏弹性阻尼器的滞回环形状示意。

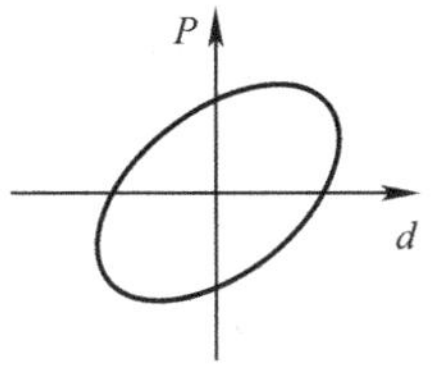

图 10-1　黏弹性阻尼器滞回环形状

根据第 2 章的介绍，单自由度体系在外荷载作用下的运动方程为

$$m\ddot{u}+c\dot{u}+ku=P(t) \tag{10-1}$$

当体系中附加了阻尼器时，方程变为

$$m\ddot{u}+c\dot{u}+ku+f_{\mathrm{d}}=P(t) \tag{10-2}$$

式中 $f_{\mathrm{d}}$ 表示阻尼器的恢复力。

对于黏弹性阻尼器，恢复力由两部分构成，即速度相关部分和位移相关部分，具体如下

$$f_{\mathrm{d}}=c_{\mathrm{d}}\dot{x}_{\mathrm{d}}+k_{\mathrm{d}}x_{\mathrm{d}} \tag{10-3}$$

式中 $c_{\mathrm{d}}$、$k_{\mathrm{d}}$ 分别是阻尼器的阻尼系数和刚度，$x_{\mathrm{d}}$ 和 $\dot{x}_{\mathrm{d}}$ 分别是阻尼器两端的相对变形和速度。

当阻尼器消能方向与质点运动方向相同时，有

$$f_{\mathrm{d}}=c_{\mathrm{d}}\dot{u}+k_{\mathrm{d}}u \tag{10-4}$$

则公式（10-1）可写为

$$m\ddot{u}+(c+c_{\mathrm{d}})\dot{u}+(k+k_{\mathrm{d}})u=P(t) \tag{10-5}$$

当体系的动力反应由地面运动引起时，方程可写为

$$m\ddot{u}+(c+c_{\mathrm{d}})\dot{u}+(k+k_{\mathrm{d}})u=-m\ddot{u}_{\mathrm{g}} \tag{10-6}$$

对于多自由度结构体系，方程（10-6）可改写成矩阵形式

$$[M]\{\ddot{u}\}+[C+C_{\mathrm{d}}]\{\dot{u}\}+[K+K_{\mathrm{d}}]\{u\}=-[M]\{I\}\ddot{u}_{\mathrm{g}} \tag{10-7}$$

式中 $\ddot{u}_{\mathrm{g}}$ 为地面加速度，$[C_{\mathrm{d}}]$、$[K_{\mathrm{d}}]$ 分别为阻尼器提供的阻尼矩阵和刚度矩阵，可根据阻尼器的布置情况确定。当结构为剪切层模型时，阻尼器逐层布置，如图 10-4 所示，则可

按剪切层模型的刚度矩阵那样形成附加黏弹性阻尼器的刚度矩阵和阻尼矩阵，即阻尼器提供的刚度矩阵为

$$K_d = \begin{bmatrix} k_{d1}+k_{d2} & -k_{d2} & & 0 \\ -k_{d2} & k_{d2}+k_{d3} & \ddots & \\ & \ddots & \ddots & -k_{dn} \\ 0 & & -k_{dn} & k_{dn} \end{bmatrix} \tag{10-8}$$

阻尼器提供的阻尼矩阵为

$$C_d = \begin{bmatrix} c_{d1}+c_{d2} & -c_{d2} & & 0 \\ -c_{d2} & c_{d2}+c_{d3} & \ddots & \\ & \ddots & \ddots & -c_{dn} \\ 0 & & -c_{dn} & c_{dn} \end{bmatrix} \tag{10-9}$$

由式（10-6）、式（10-7）可见，设置黏弹性阻尼器减震结构的运动方程与未设置阻尼器结构的运动方程形式一致，只是结构阻尼矩阵及刚度矩阵附加了阻尼器的影响，因此依然可采用第 2 章（单自由度）和第 7 章的方法，对减震结构进行动力时程分析。

### 10.1.2　金属耗能（阻尼）器

金属耗能（阻尼）器依靠金属材料的弹塑性变形来耗散地震动输入能量，从而减小主体结构的地震动力反应。常用的金属耗能器材料有软钢、低屈服点钢、铅和形状记忆合金等[2,3]。

对于附加金属阻尼器的减震结构，其地震运动方程可表示为

单自由度体系

$$m\ddot{u} + c\dot{u} + f_S(u) + f_d = -m\ddot{u}_g \tag{10-10}$$

多自由度体系

$$[M]\{\ddot{u}\} + [C]\{\dot{u}\} + \{f_S(u)\} + \{f_d\} = -[M]\{I\}\ddot{u}_g \tag{10-11}$$

当主体结构为弹性时，其地震运动方程可进一步简化为

单自由度体系

$$m\ddot{u} + c\dot{u} + ku + f_d = -m\ddot{u}_g \tag{10-12}$$

多自由度体系

$$[M]\{\ddot{u}\} + [C]\{\dot{u}\} + [K]\{u\} + \{f_d\} = -[M]\{I\}\ddot{u}_g \tag{10-13}$$

上式中，$f_d$ 及 $\{f_d\}$ 分别表示阻尼器的恢复力及恢复力列向量，在逐步积分步内迭代时由单元的状态函数确定。金属耗能器的恢复力与其金属材料的恢复力模型有关。常用金属阻尼器的恢复力模型有理想弹塑性模型、双线性模型（应变强化模型）、Ramberg-Osgood 模型、Bouc-Wen 模型等[2]。限于篇幅，本节主要对理想弹塑性模型、双线性模型进行讨论。

理想弹塑性模型是最简单的一种本构模型，主要参数有初始刚度 $k_e$、屈服力 $P_y$，屈服位移 $d_y$，初始刚度由屈服力和屈服位移确定，即 $k_e = P_y/d_y$。当阻尼器的变形值大于屈服位移时，阻尼器的力恒等于屈服力 $P_y$。理想弹塑性模型如图 10-2 所示。

双线性模型将正向和反向加载的骨架曲线分别用两段直线代替，如图 10-3 所示。

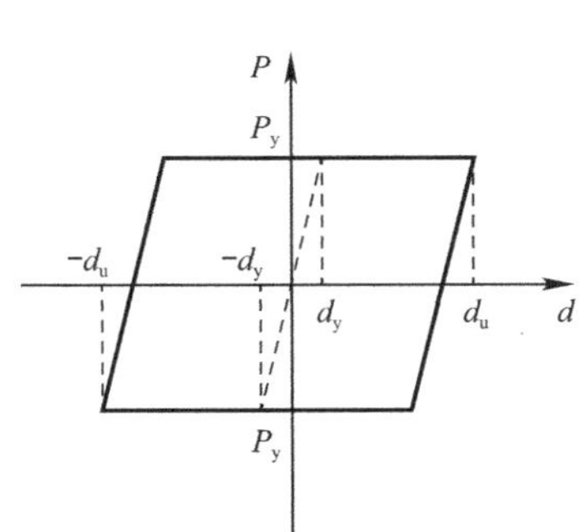


图 10-2 理想弹塑性模型

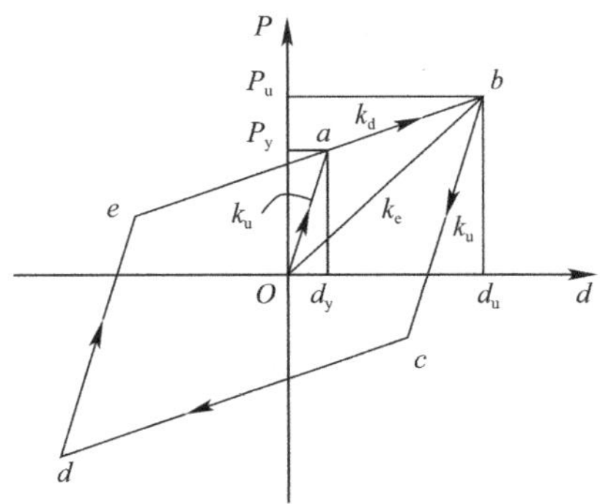


图 10-3 双线性模型

图中 $Oa$ 段斜率表示阻尼器的初始刚度 $k_u$，$a$ 点为屈服点，与之对应的力为屈服力 $P_y$，对应的位移为屈服位移 $d_y$。屈服后 $ab$ 段斜率减小，阻尼器刚度降低，刚度降低系数 $\alpha=k_d/k_u$。$bc$ 段表示屈服后卸载并反向加载的工作过程，此时阻尼器保持弹性刚度 $k_u$。$cd$ 段为反向加载屈服后的工作状态。$de$ 段表示反向加载卸载后再正向加载。理想弹塑性模型可以认为是双线性模型的一个特例。

当采用剪切层模型时，附加金属阻尼器的减震结构可以认为是阻尼器与主体结构的并联，当主体结构为弹性时，减震结构的层本构关系为主体结构的线弹性模型与阻尼器的双线性模型的并联，由于线弹性模型与双线性模型并联后依然是双线性模型，因此，只需要计算并联后双线性模型的参数，依然可利用第 9 章的多自由度非线性动力分析代码进行金属阻尼器减震结构的分析。

## 10.2 黏弹性阻尼器减震结构分析实例

本节基于第 4 章的算例结构，通过在结构中设置黏弹性阻尼器，获得减震结构，通过 MATLAB 编程对减震结构进行地震动力时程分析，将编程计算结果与 SAP2000、midas Gen 软件的分析结果进行对比验证。结构参数及阻尼器参数如图 10-4 所示。当假定主体结构为弹性时，由式（10-7）可知，设置黏弹性阻尼器减震结构的运动方程与未设置阻尼器结构的运动方程形式一致，只需对第 7 章的多自由度体系弹性动力时程分析代码进行局部调整，将阻尼器附加的阻尼矩阵 $[C_d]$ 及刚度矩阵 $[K_d]$ 分别叠加到总体阻尼矩阵及刚度矩阵中，便可用于减震结构分析。

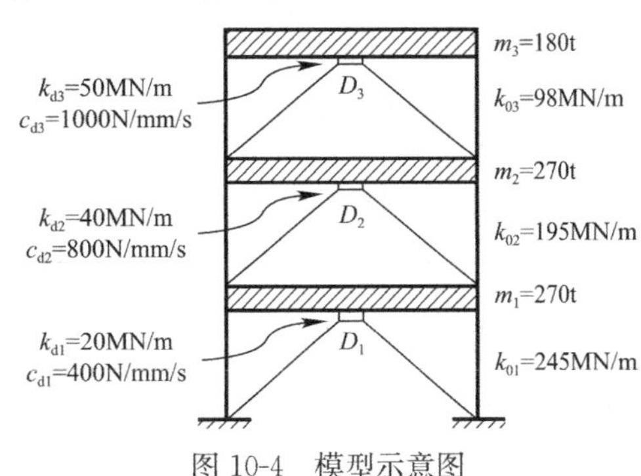


图 10-4 模型示意图

### 10.2.1 MATLAB 编程

#### 10.2.1.1 编程代码

```
%黏弹性阻尼器减震结构动力时程分析:Newmark-β法
%Author:JiDong Cui(崔济东)
```

```
%Website: www.jdcui.com
clear;clc;
format shortEng

%质量矩阵、刚度矩阵
m=[270,270,180];%mass,t
k0=1e3*[245,195,98];%stiffness,刚度 N/mm
kd=1e3*[50,40,20];%阻尼器刚度 N/mm
cd=[1000,800,400];%阻尼器阻尼 N/mm·s
```

该段代码给出了主体结构质量、主体结构刚度、阻尼器刚度、阻尼器阻尼的属性参数。

```
%初始化质量矩阵【M】、刚度矩阵【K】
numDOF=length(m);      %自由度数量
M=zeros(numDOF,numDOF);
for i=1:numDOF
    M(i,i)=m(i);
end
K0=FormKMatric(k0,numDOF);  %主体结构刚度矩阵
Kd=FormKMatric(kd,numDOF);  %阻尼器刚度矩阵
K=K0+Kd;
Cd=FormKMatric(cd,numDOF);%阻尼器阻尼矩阵
```

该段代码用于形成结构的质量矩阵、刚度矩阵以及阻尼器提供的阻尼矩阵部分。根据模型结构特点，阻尼器提供的刚度和阻尼作用形式与结构主体刚度作用形式是相同的，即都是剪切层模型的形式，因此阻尼器的刚度矩阵和阻尼矩阵形式与主体结构刚度矩阵是相同的，都可以通过 FormKMatric 函数进行组装，该函数的定义详见附录 1。

```
%初始模态分析
[eig_vec,eig_val]=eig(inv(M)*K);%求 inv(M)*K 的特征值 w^2
[w,w_order]=sort(sqrt(diag(eig_val)));%求解自振频率和振型
mode=eig_vec(:,w_order);%求解振型
%振型归一化
for i=1:numDOF
    mode(:,i)=mode(:,i)/mode(numDOF,i);
end
%求解周期
T=zeros(1,numDOF);
for i=1:numDOF
    T(i)=2*pi/w(i);
end
%阻尼:求瑞利阻尼系数
A=2*0.05/(w(1)+w(2))*[w(1)*w(2);1];%求系数 a0 和 a1,假设第一阶和第二阶振型阻尼比均为 0.05
%结构整体阻尼矩阵【C】
```

```
C0=A(1)*M+A(2)*K;
C=C0+Cd;
```

该段代码对结构进行模态分析，通过求取瑞利阻尼系数求得主体结构的阻尼矩阵，并与阻尼器提供的阻尼矩阵叠加，进而求得减震结构整体的阻尼矩阵。

```
%逐步积分
%外荷载输入(峰值、周期、时间间隔、时间步数、积分步数)
data=load('chichi.txt');
ug=9800*data(:,1)';          %加速度
n1=length(ug);               %加载步数
dt=0.01;                     %时间步
n2=6000;
%指定控制参数γ(gama)、β(beta)的值、积分常数
gama=0.5;                    %参数γ
beta=0.25;                   %参数β
a0=1/(beta*dt^2);            %积分常数
a1=gama/(beta*dt);           %积分常数
a2=1/(beta*dt);              %积分常数
a3=1/(2*beta)-1;             %积分常数
a4=gama/beta-1;              %积分常数
a5=dt/2*(gama/beta-2);       %积分常数
a6=dt*(1-gama);              %积分常数
a7=gama*dt;                  %积分常数
%初始条件
u0=zeros(numDOF,1);          %所有自由度初始位移为0
v0=zeros(numDOF,1);          %所有自由度初始速度为0
%等效刚度矩阵[Keq]
KK=K+a0*M+a1*C;
%迭代分析开始
u(:,1)=u0;
v(:,1)=v0;
P(:,1)=-ug(1,1)*m';
aa(:,1)=(P(:,1)-C*v(:,1)-K*u(:,1))./m';
T2(1,1)=0;
for j=2:n2
    T2(1,j)=(j-1)*dt;
    if j<=n1
        P(:,j)=-ug(1,j)*m';
    else
        ug(1,j)=0;
        P(:,j)=-ug(1,j)*m';
    end
    PP(:,j)=P(:,j)+M*(a0*u(:,j-1)+a2*v(:,j-1)+a3*aa(:,j-1))+C*(a1*u(:,j-1)+a4
```

```
* v(:,j-1)+a5 * aa(:,j-1));
        u(:,j)=KK\PP(:,j);
        aa(:,j)=a0 * (u(:,j)-u(:,j-1))-a2 * v(:,j-1)-a3 * aa(:,j-1);
        v(:,j)=v(:,j-1)+a6 * aa(:,j-1)+a7 * aa(:,j);
    end
```

该段代码对减震结构进行时程分析，分析方法采用 Newmark-β 法，代码对应公式详见 7.2.2 节。

```
    for i=1:numDOF
        Story(i,1)=i;
    end
    %楼层位移
    StoryDisp=zeros(numDOF,1);
    for i=1:numDOF
        StoryDisp(i,1)=max(abs(u(i,:)));
    end
    %楼层加速度
    StoryAcc=zeros(numDOF,1);
    for i=1:numDOF
        StoryAcc(i,1)=max(abs(aa(i,:)));
    end
    %层间剪力:主体+阻尼器
    for i=1:n2
        StoryForce(:,i)=K * u(:,i);
        for j=numDOF:-1:1
            shear=0;
            for k=numDOF:-1:j
                shear=shear+StoryForce(k,i);
            end
            StoryShear(j,i)=shear;
        end
    end
    for i=1:numDOF
        maxStoryShear(i,1)=max(abs(StoryShear(i,:)));
    end
    %层间剪力:主体结构
    for i=1:n2
        StoryForce0(:,i)=K0 * u(:,i);
        for j=numDOF:-1:1
            shear=0;
            for k=numDOF:-1:j
                shear=shear+StoryForce0(k,i);
            end
            StoryShear0(j,i)=shear;
```

```
        end
end
for i=1:numDOF
        maxStoryShear0(i,1)=max(abs(StoryShear0(i,:)));
end
%层间剪力:阻尼器
for i=1:n2
        StoryForceD(:,i)=Kd * u(:,i);
        for j=numDOF:-1:1
                shear=0;
                for k=numDOF:-1:j
                        shear=shear+StoryForceD(k,i);
                end
                StoryShearD(j,i)=shear;
        end
end
for i=1:numDOF
        maxStoryShearD(i,1)=max(abs(StoryShearD(i,:)));
end
```

该段代码对分析结果进行处理，求得楼层位移、加速度、剪力等参数的包络值。

```
%绘图
%楼层位移包络
figure(1)
plot(StoryDisp,Story)
xlabel('Displacement(mm)'),ylabel('Story')
title('Displacement vs Story')
%saveas(gcf,'StoryDisplacement.png');
%楼层加速度包络
figure(2)
plot(StoryAcc,Story)
xlabel('Acceleration(mm/s^2)'),ylabel('Story')
title('Acceleration vs Story')
%saveas(gcf,'StoryAcceleration.png');
%楼层剪力包络:主体+阻尼器
figure(3)
plot(maxStoryShear,Story)
xlabel('ShearForce(N)'),ylabel('Story')
title('ShearForce vs Story')
%saveas(gcf,'StoryShearForce.png');
%楼层剪力包络:主体
figure(4)
plot(maxStoryShear0,Story)
```

```
xlabel('ShearForce(N)'),ylabel('Story')
title('ShearForce vs Story')
%saveas(gcf,'StoryShearForce. png');
%顶点位移时程
figure(5)
plot(T2(1,:),u(3,:))
xlabel('Time(s)'),ylabel('Displacement(mm)')
title('Displacement of 3rd Story')
%saveas(gcf,'StoryShearForce. png');
%基底剪力时程
figure(6)
plot(T2(1,:),StoryShear(1,:))
xlabel('Time(s)'),ylabel('Base Shear Force(N)')
title('Base Shear Force')
%saveas(gcf,'StoryShearForce. png');
%首层滞回曲线
figure(7)
plot(u(1,:),StoryShear(1,:))
xlabel('Displacement(mm)'),ylabel('Shear Force(N)')
title('Story 1 Hysteritic Curve')
%saveas(gcf,'StoryShearForce. png');
%二层滞回曲线
figure(8)
plot(u(2,:)-u(1,:),StoryShear(2,:))
xlabel('Displacement(mm)'),ylabel('Shear Force(N)')
title('Story 2 Hysteritic Curve')
%saveas(gcf,'StoryShearForce. png');
%三层滞回曲线
figure(9)
plot(u(3,:)-u(2,:),StoryShear(3,:))
xlabel('Displacement(mm)'),ylabel('Shear Force(N)')
title('Story 3 Hysteritic Curve')
%saveas(gcf,'StoryShearForce. png');
%首层阻尼器滞回曲线
figure(10)
plot(u(1,:),StoryShearD(1,:))
xlabel('Displacement(mm)'),ylabel('Shear Force(N)')
title('Story 1 Hysteritic Curve')
%dlmwrite('StoryShearD. csv',StoryShearD(2,:),'delimiter','\n')
%saveas(gcf,'StoryShearForce. png');
%二层阻尼器滞回曲线
figure(11)
plot(u(2,:)-u(1,:),StoryShearD(2,:))
```

```
xlabel('Displacement(mm)'),ylabel('Shear Force(N)')
title('Story 2 Hysteritic Curve')
%saveas(gcf,'StoryShearForce.png');
%三层阻尼器滞回曲线
figure(12)
plot(u(3,:)-u(2,:),StoryShearD(3,:))
xlabel('Displacement(mm)'),ylabel('Shear Force(N)')
title('Story 3 Hysteritic Curve')
%saveas(gcf,'StoryShearForce.png');
```

该段代码用于绘制相关参数的时程曲线、滞回曲线等图表。

#### 10.2.1.2　分析结果

图 10-5 和图 10-6 分别是计算得到的顶点位移时程曲线和基底剪力时程曲线。

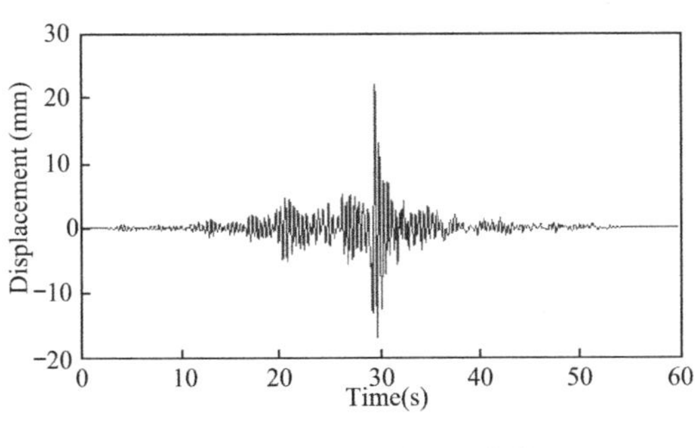


图 10-5　顶点位移时程曲线

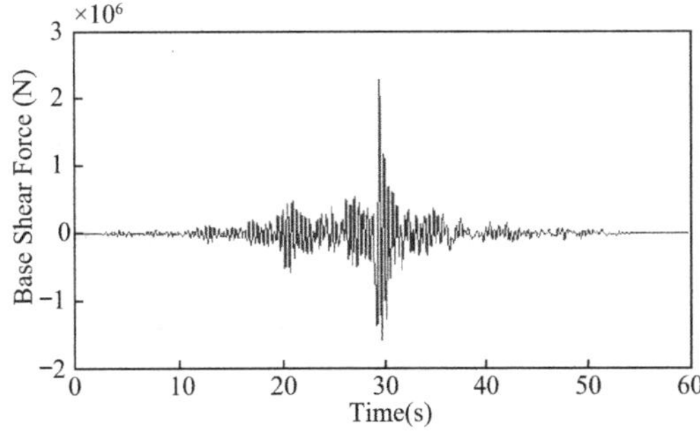


图 10-6　基底剪力时程曲线

图 10-7 是结构各层地震反应包络值。

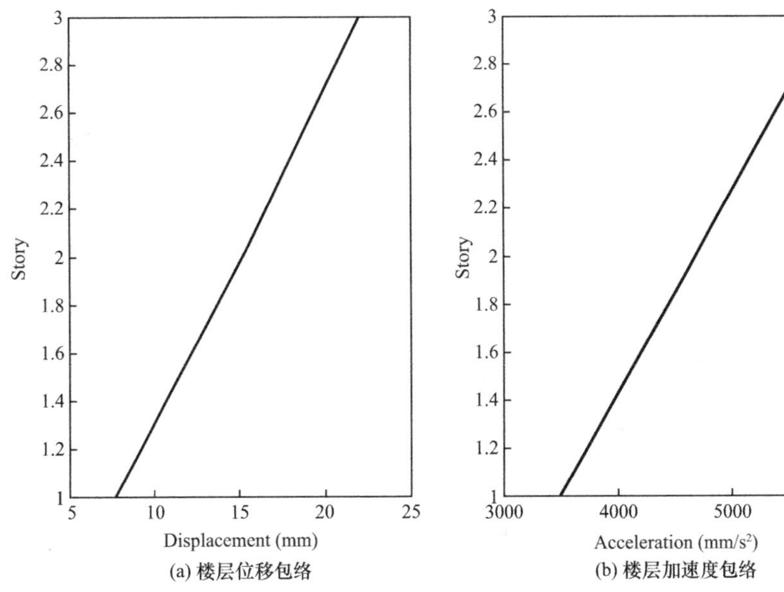


(a) 楼层位移包络　(b) 楼层加速度包络

图 10-7　地震反应包络（一）

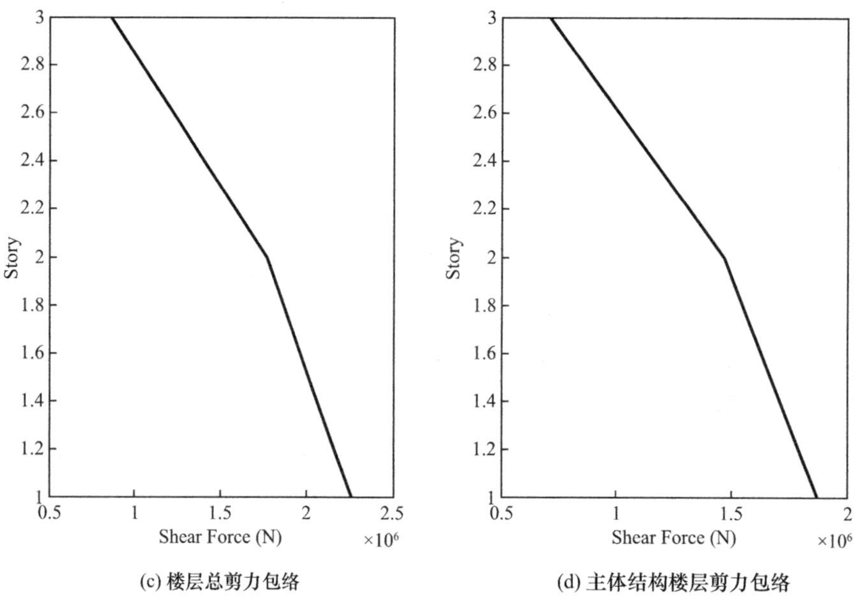


(c) 楼层总剪力包络　　(d) 主体结构楼层剪力包络

图 10-7　地震反应包络（二）

图 10-8 是计算得到的各层剪力-层间位移滞回曲线。

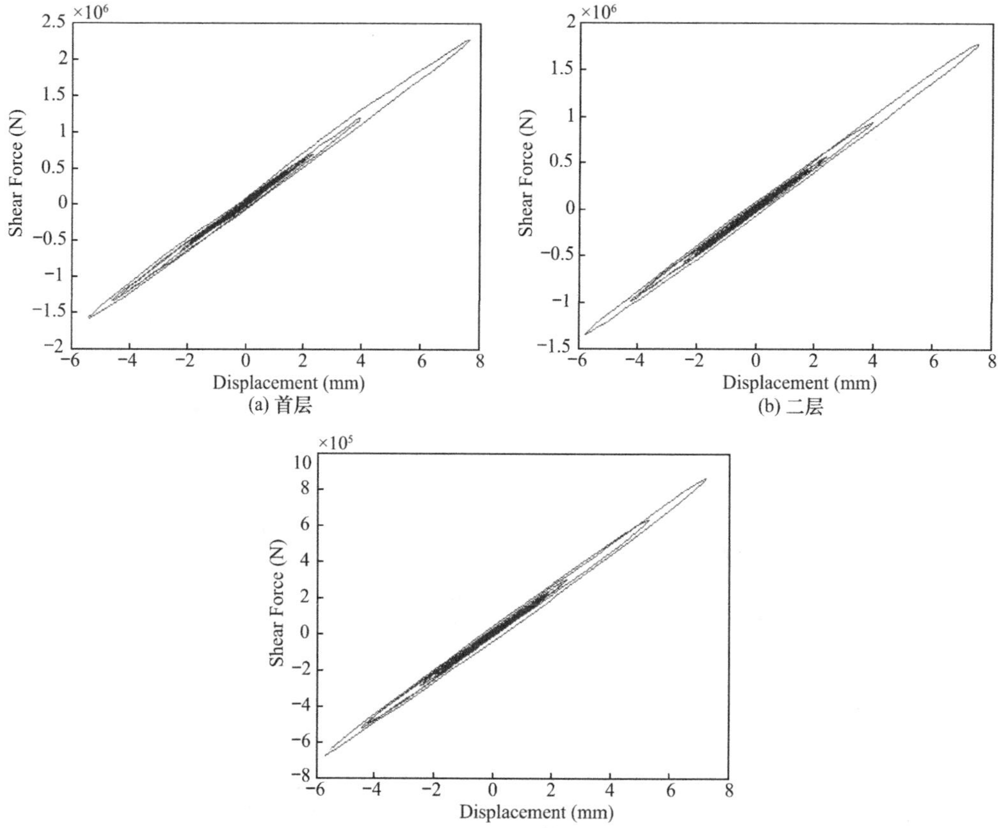

(a) 首层

(b) 二层

(c) 三层

图 10-8　楼层剪力-位移滞回曲线

图 10-9 是计算得到的各层阻尼器的力-变形滞回曲线。

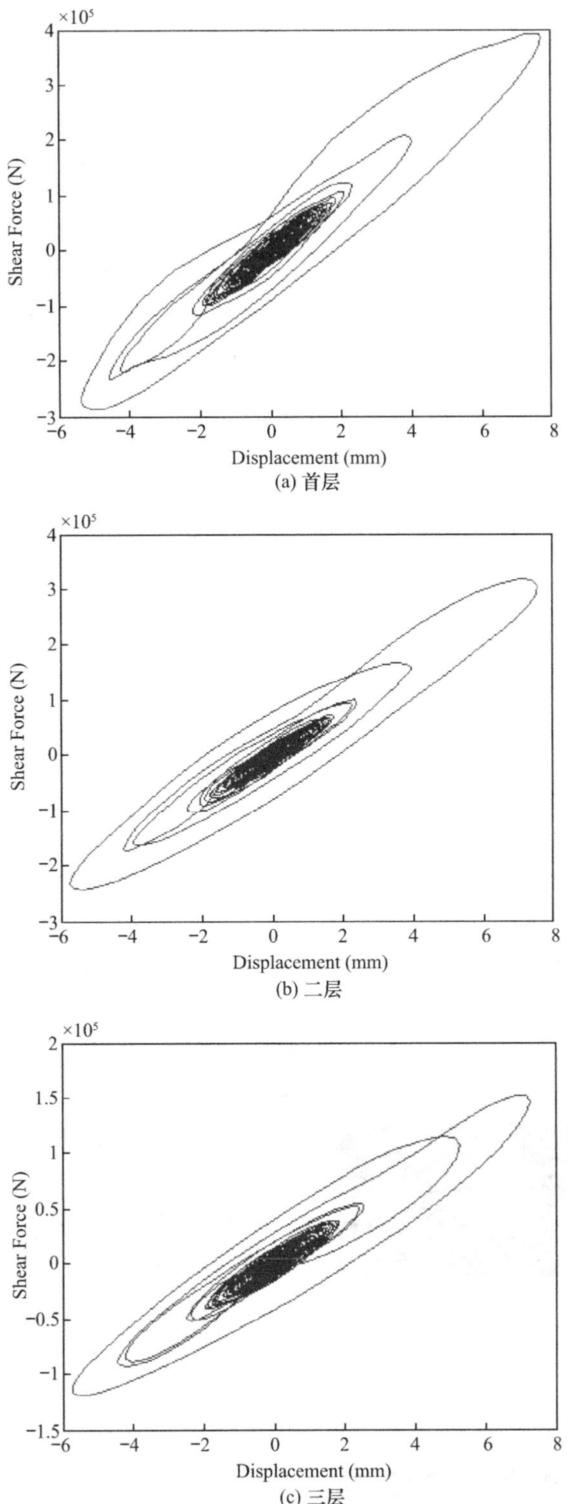


图 10-9　各层阻尼器力-变形滞回曲线

## 10.2.2　SAP2000 分析

### 10.2.2.1　建立模型

本节 SAP2000 模型可基于第 4 章的模型修改得到，此处仅给出黏弹性阻尼器的定义及建模方法。

（1）以首层阻尼器定义为例，点击【定义】-【截面属性】-【连接/支座属性】-【添加新属性】，打开连接/支座属性定义界面，连接/支座类型选择“Linear”，属性名称输入“DAMP1”。如图 10-10 所示。

（2）激活 U2 方向自由度，其余方向自由度选择“固定”，点击【修改/显示全部】，打开连接/支座参数定义界面。在刚度一栏中输入 U2 方向刚度为 50000N/mm，在阻尼一栏中输入 U2 方向阻尼为 1000N・s/mm，如图 10-11 所示。

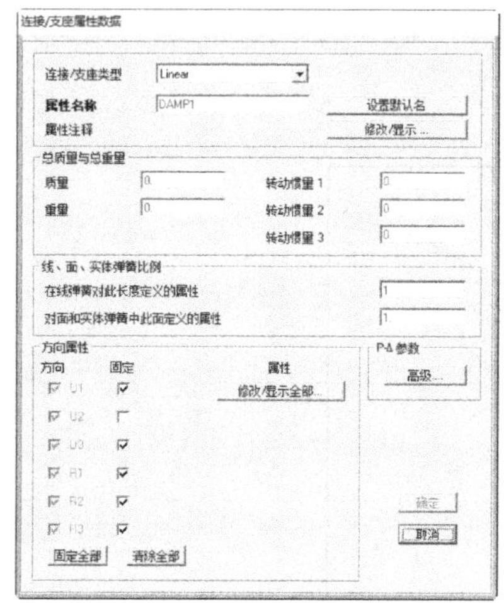


图 10-10　连接/支座属性定义界面

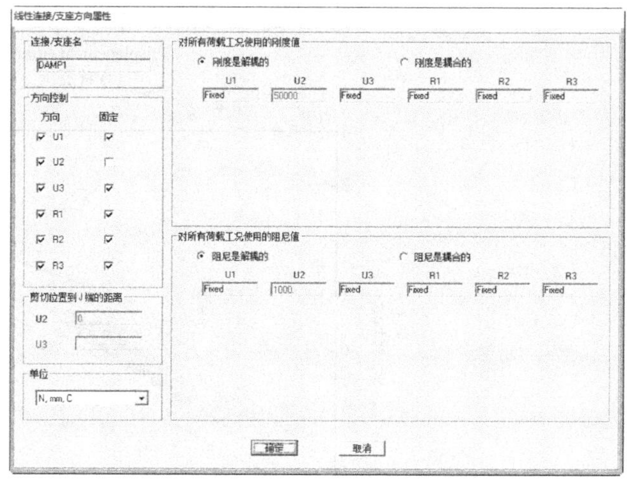


图 10-11　阻尼器参数定义

由于黏弹性阻尼器采用的是 Linear 连接/支座单元，因此可以采用“绘制 2 节点连接”的方式建模。同时 SAP2000 允许两点之间存在重复单元构件，因此同一层的表示阻尼器的连接/支座单元与表示主体结构的连接/支座单元重合，此时右键点击某个单元，则会弹出窗口提示用户进一步选择所需的单元，如图 10-12 所示。

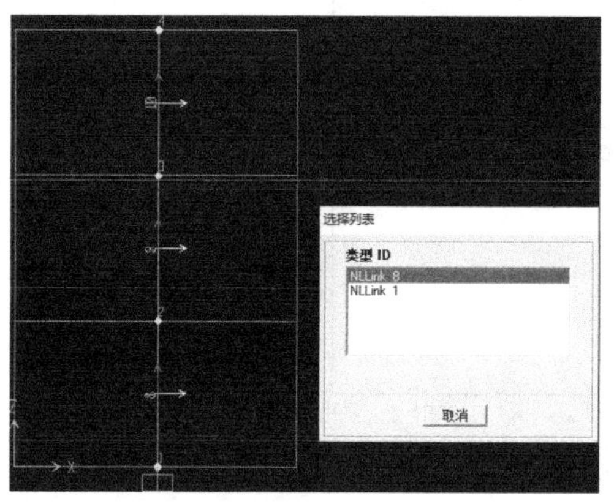


图 10-12　有重复单元时选择提示窗口

### 10.2.2.2　分析结果

分析完成后，可在【显示】-【显示绘图函数】中选择显示各种参数曲线，通过调整横轴和纵轴参数，可绘制时程曲线、滞回曲线等参数曲线。对于不能直接输出的参数曲线，可在【显示】-【显示表格】中将所需数据导出到 Excel 表格，自行绘制所需曲线。图 10-13～图 10-15 分别是软件直接绘制的顶点位移时程曲线、首层主体结构剪力时程曲线、首层阻尼器剪力时程曲线。

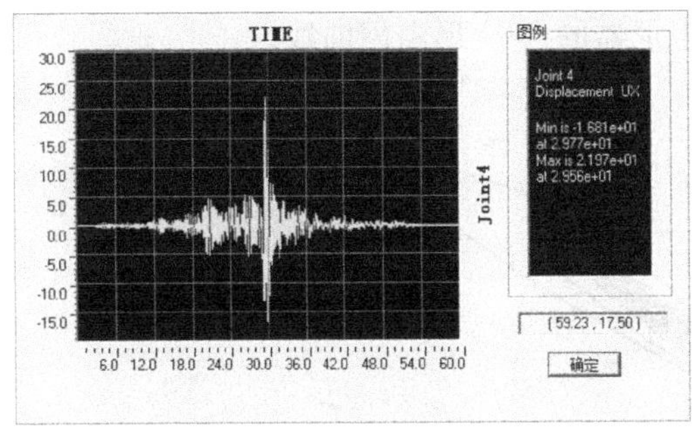


图 10-13　顶点位移时程（mm）

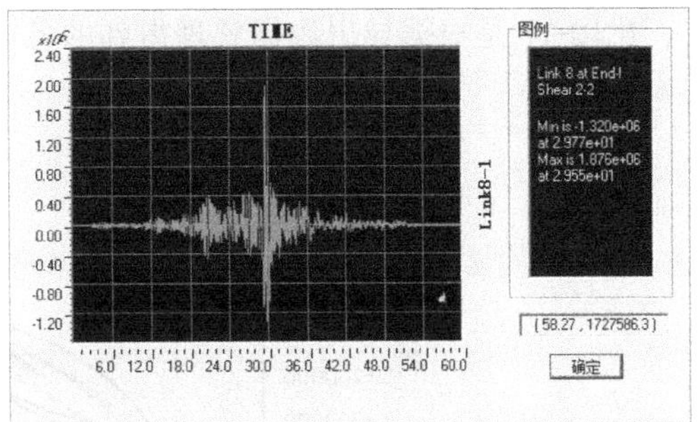


图 10-14　首层主体结构剪力时程（N）

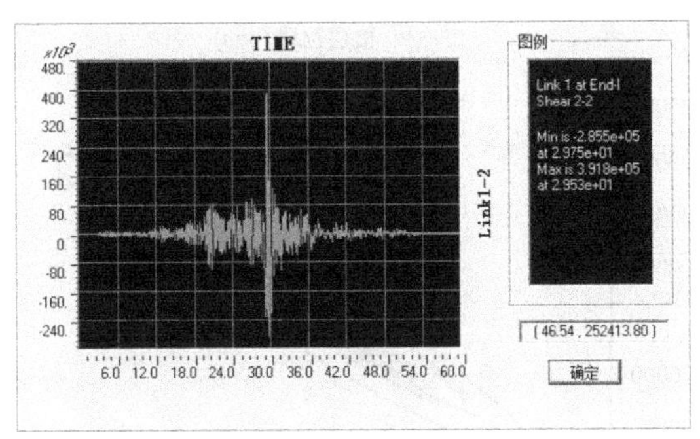


图 10-15　首层阻尼器剪力时程（N）

图 10-16 是根据导出数据整理得到的各层剪力-位移滞回曲线。

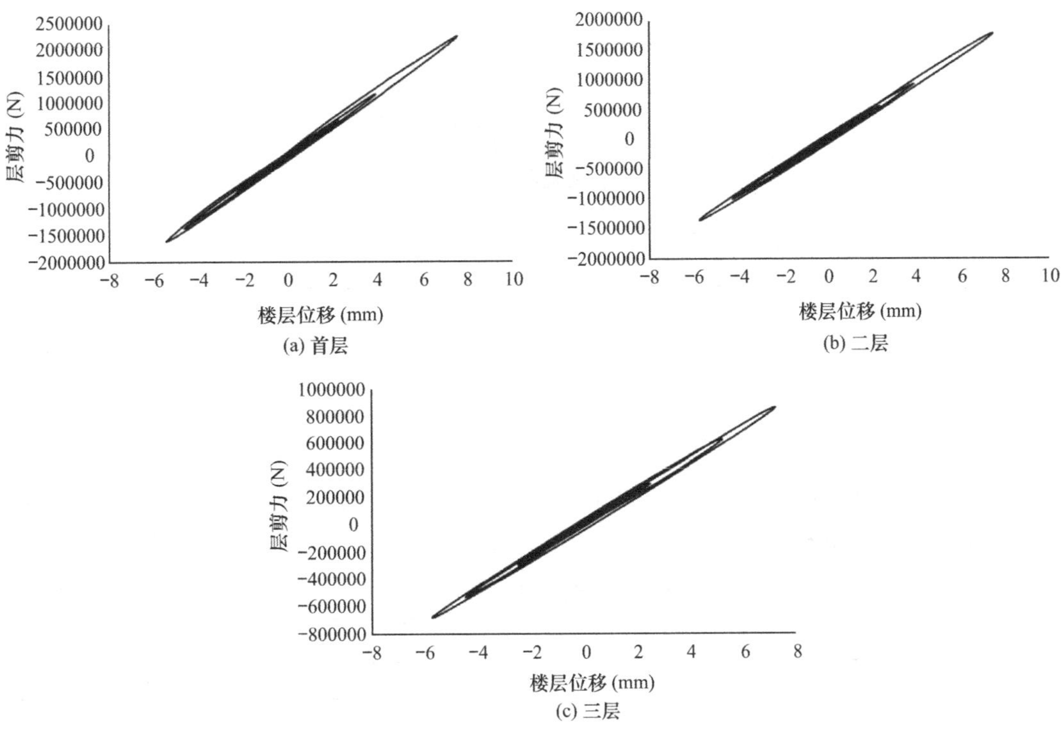


图 10-16　楼层剪力-位移滞回曲线

图 10-17 是根据导出数据整理得到的各层阻尼器的力-变形滞回曲线。

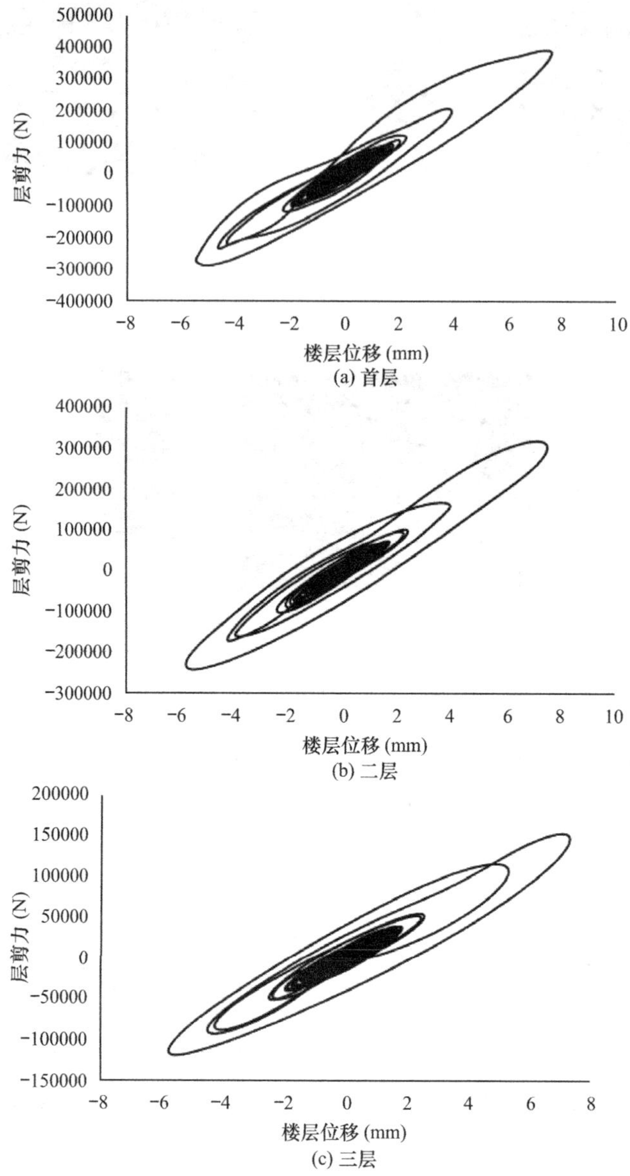


图 10-17　各层阻尼器力-变形滞回曲线

#### 10.2.2.3　结果对比

表 10-1～表 10-4 是 MATLAB 计算的楼层位移包络、楼层加速度包络、楼层总剪力包络以及主体结构楼层剪力包络结果与 SAP2000 结果的对比。由表可知，两者计算结果吻合很好。

**楼层位移包络值对比**（mm）　　**表 10-1**

| 楼层 | MATLAB | SAP2000 | 相对误差（%） |
|---|---|---|---|
| 1 | 7.7 | 7.7 | 0.0000 |
| 2 | 15.2 | 15.2 | 0.0000 |
| 3 | 22.0 | 22.0 | 0.0000 |

楼层加速度包络值对比（$mm/s^2$） 表 10-2

| 楼层 | MATLAB | SAP2000 | 相对误差（%） |
|---|---|---|---|
| 1 | 3473.9 | 3473.9 | 0.0000 |
| 2 | 4655.3 | 4655.2 | −0.0013 |
| 3 | 5849.3 | 5849.3 | −0.0007 |

楼层总剪力包络值对比（N） 表 10-3

| 楼层 | MATLAB | SAP2000 | 相对误差（%） |
|---|---|---|---|
| 1 | 2267828.5 | 2267810.3 | −0.0008 |
| 2 | 1785496.2 | 1785449.6 | −0.0026 |
| 3 | 859957.9 | 859956.1 | −0.0002 |

主体结构楼层剪力包络值对比（N） 表 10-4

| 楼层 | MATLAB | SAP2000 | 相对误差（%） |
|---|---|---|---|
| 1 | 1876000.0 | 1875982.3 | −0.0009 |
| 2 | 1468500.0 | 1468453.9 | −0.0031 |
| 3 | 708918.9 | 708917.4 | −0.0002 |

### 10.2.3 midas Gen 分析

#### 10.2.3.1 建立模型

本节 midas Gen 模型可基于第 4 章的模型修改得到，此处仅给出黏弹性阻尼器的定义及建模方法。midas Gen 中有自带的“黏弹性消能器”连接单元，可以在【边界】-【一般连接】-【一般连接特性值】中定义，作用类型为“内力”；也可以采用【边界】-【一般连接】-【一般连接特性值】下作用类型为“单元 1”的“弹簧和线性阻尼器”连接单元来近似模拟。由于本节黏弹性阻尼器的阻尼系数为常量，即线性阻尼，同时为方便与 MATLAB 分析结果对比，在 midas Gen 中采用“弹簧和线性阻尼器”连接单元来模拟黏弹性阻尼器。

（1）以首层阻尼器定义为例，点击【边界】-【一般连接】-【一般连接特性值】，添加一般连接特性，作用类型为“单元 1”，特性值类型为“弹簧和线性阻尼器”，命名为“VisElas1”，激活 Dz 方向自由度，输入刚度为 50000N/mm，阻尼为 1000N·s/mm，如图 10-18 所示。

（2）点击【边界】-【一般连接】，选择一般连接的连接特性值为“VisElas1”，连接的两个端点节点编号为“1，3”，如图 10-19 所示。点击适用，则在节点 1、节点 3 之间新添加一般连接到模型中。同时 midas Gen 中也允许两点之间存在重复连接单元，因此同一层的表示阻尼器的连接单元与表示主体结构的连接单元是重合的。

建模完成后，运行分析。

#### 10.2.3.2 分析结果

分析完成后，可在【结果】-【时程图表/文本】-【时程图形】下选择绘制结果曲线，同时可将图形对应的数据输出到文本文件中。图 10-20～图 10-22 分别是软件直接绘制的顶点位移时程曲线、首层主体结构剪力时程曲线、首层阻尼器剪力时程曲线。

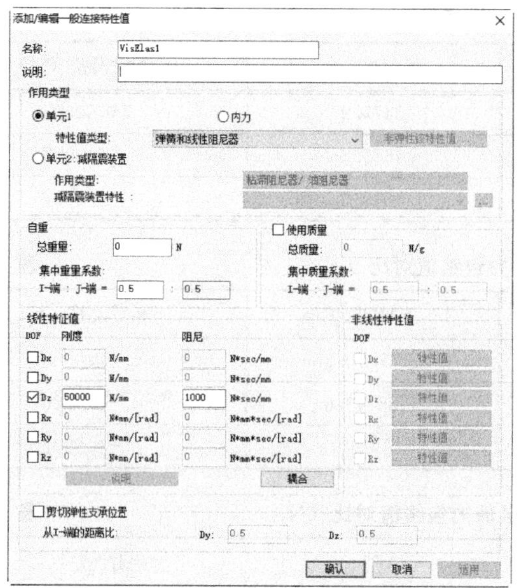


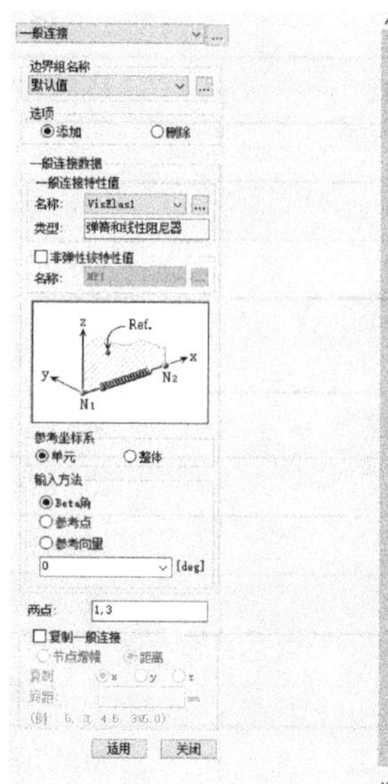


图 10-18　一般连接特性定义界面　　　　图 10-19　添加连接单元到模型中

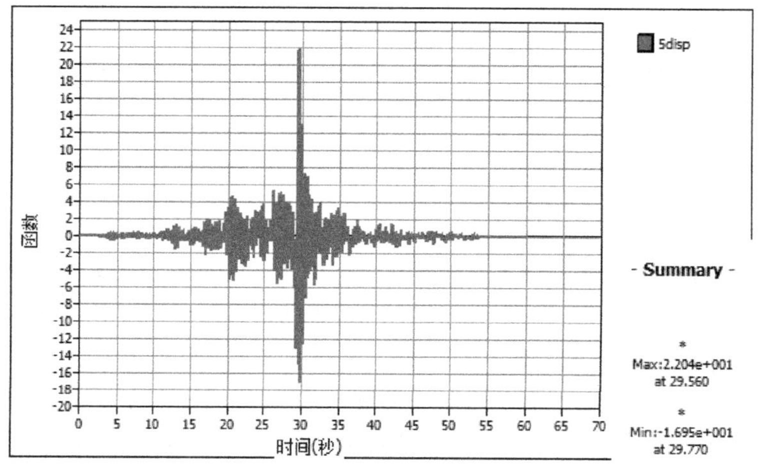


图 10-20　顶点位移时程（mm）

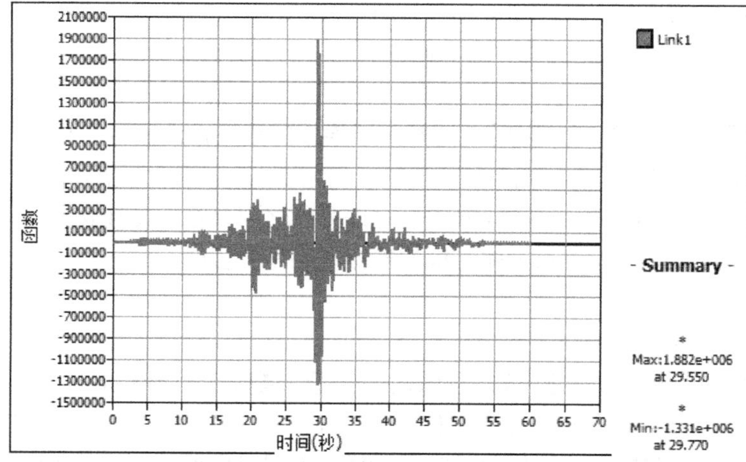


图 10-21　首层主体结构剪力时程（N）

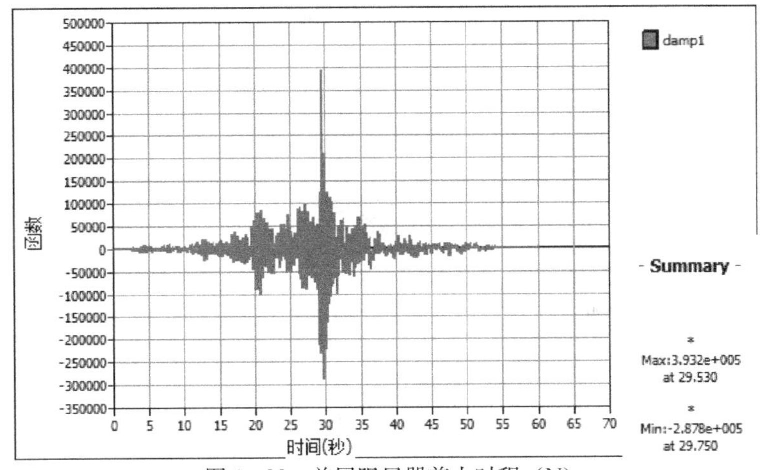


图 10-22 首层阻尼器剪力时程（N）

图 10-23 是根据导出数据整理得到的各层剪力-位移滞回曲线。

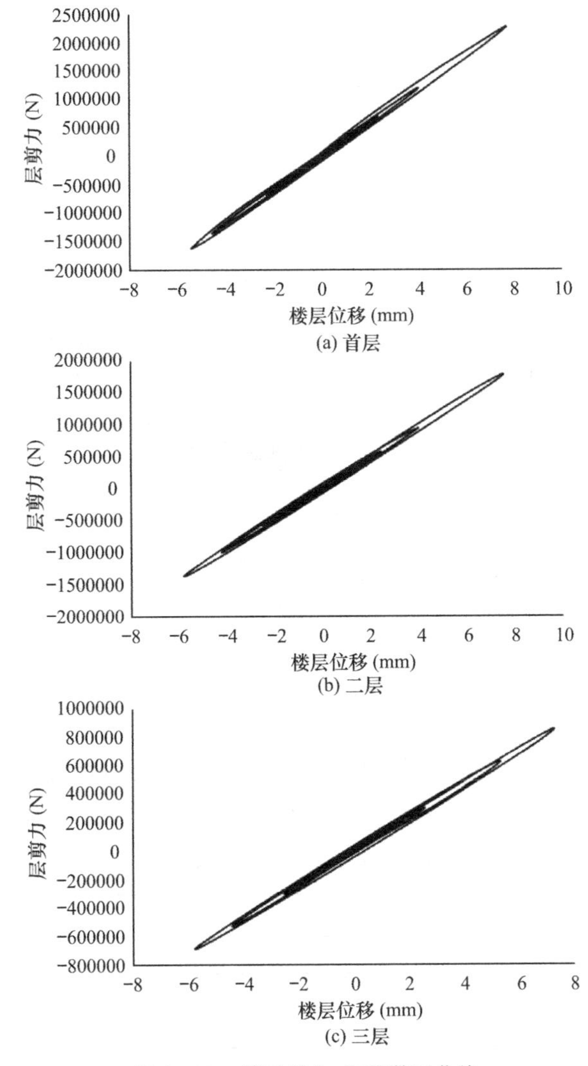


图 10-23 楼层剪力-位移滞回曲线

图 10-24 是根据导出数据整理得到的各层阻尼器力-变形滞回曲线。

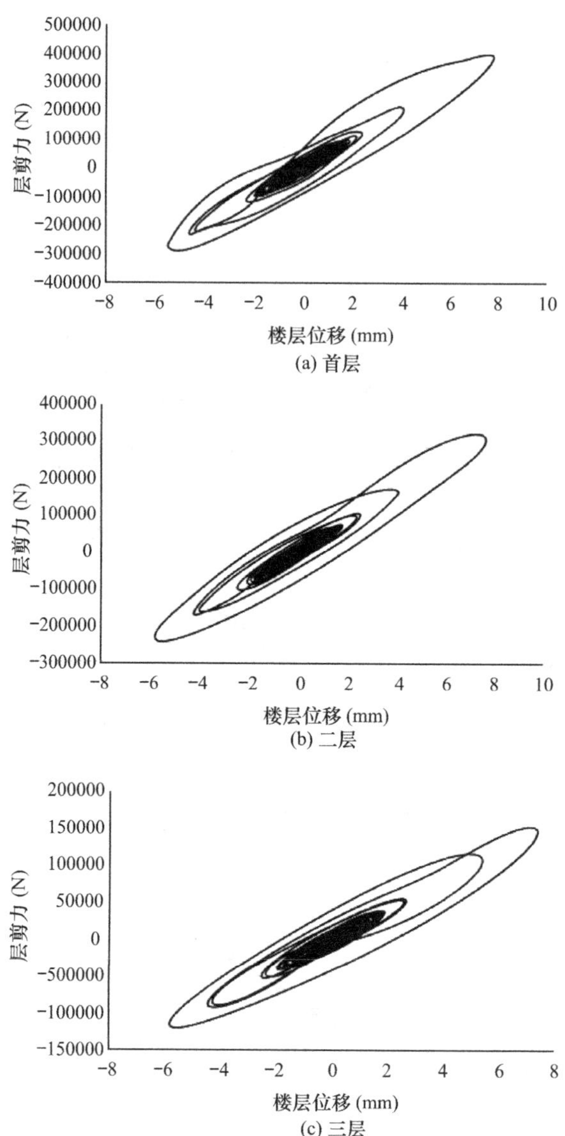


图 10-24　各层阻尼器力-变形滞回曲线

#### 10.2.3.3　结果对比

表 10-5～表 10-8 是 MATLAB 计算的楼层位移包络、楼层加速度包络、楼层总剪力包络以及主体结构楼层剪力包络结果与 midas Gen 结果的对比。由表可知，两者计算结果吻合很好。

**楼层位移包络值对比**（mm）　　**表 10-5**

| 楼层位移 | | | |
|---|---|---|---|
| 楼层 | MATLAB | midas Gen | 相对误差（%） |
| 1 | 7.7 | 7.7 | 0.0000 |
| 2 | 15.2 | 15.2 | 0.0000 |
| 3 | 22.0 | 22.0 | 0.0000 |

楼层加速度包络值对比（$mm/s^2$） 表 10-6

| 楼层加速度 | | | |
|---|---|---|---|
| 楼层 | MATLAB | midas Gen | 相对误差（%） |
| 1 | 3473.9 | 3477.0 | 0.0892 |
| 2 | 4655.3 | 4679.0 | 0.5091 |
| 3 | 5849.3 | 5890.0 | 0.6958 |

楼层总剪力包络值对比（N） 表 10-7

| 楼层总剪力 | | | |
|---|---|---|---|
| 楼层 | MATLAB | midas Gen | 相对误差（%） |
| 1 | 2267828.5 | 2275200.0 | 0.3250 |
| 2 | 1785496.2 | 1788500.0 | 0.1682 |
| 3 | 859957.9 | 861900.0 | 0.2258 |

主体结构楼层剪力包络值对比（N） 表 10-8

| 主体结构楼层剪力 | | | |
|---|---|---|---|
| 楼层 | MATLAB | midas Gen | 相对误差（%） |
| 1 | 1876000.0 | 1882000.0 | 0.3198 |
| 2 | 1468500.0 | 1471000.0 | 0.1702 |
| 3 | 708918.9 | 710500.0 | 0.2230 |

### 10.2.4 与非减震结构对比

图 10-25 和图 10-26 分别是减震结构与非减震结构的顶点位移和基底剪力时程曲线对比，由图可见，减震结构的顶点位移和基底剪力相比非减震结构整体减小了。

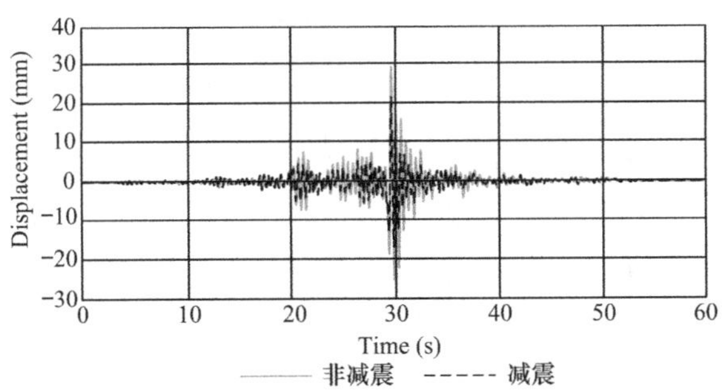


图 10-25 顶点位移时程对比

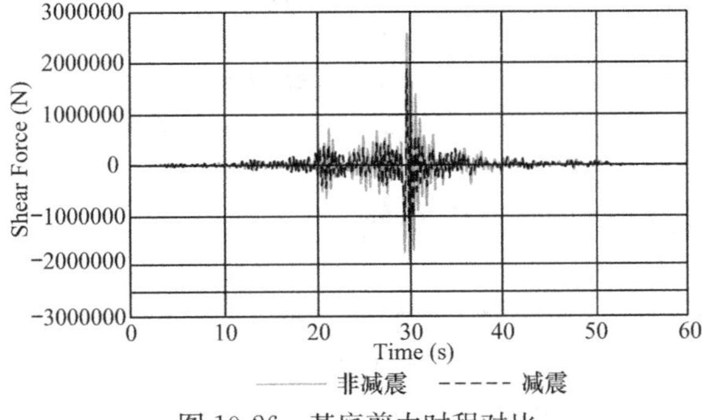


图 10-26 基底剪力时程对比

表 10-9～表 10-11 和图 10-27 是减震结构与非减震结构的楼层位移包络、楼层加速度包络、楼层总剪力包络以及主体结构楼层剪力包络结果的对比，根据计算结果，增设阻尼器后楼层位移减少约 25%，主体结构楼层剪力减少约 20%～30%，可见增设阻尼器能够有效减小主体结构地震反应，对保护主体结构起到一定的作用。

**楼层位移包络值对比**（mm）　　**表 10-9**

| 楼层 | 减震 | 非减震 | 增减幅度（%） |
|---|---|---|---|
| 1 | 7.7 | 10.6 | −27.7632 |
| 2 | 15.2 | 21.0 | −27.6781 |
| 3 | 22.0 | 29.5 | −25.5231 |

**楼层加速度包络值对比**（$mm/s^2$）　　**表 10-10**

| 楼层 | 减震 | 非减震 | 增减幅度（%） |
|---|---|---|---|
| 1 | 3473.9 | 4065.7 | −14.5559 |
| 2 | 4655.3 | 5432.4 | −14.3049 |
| 3 | 5849.3 | 7721.4 | −24.2456 |

**主体结构层剪力包络值对比**（N）　　**表 10-11**

| 楼层 | 减震 | 非减震 | 增减幅度（%） |
|---|---|---|---|
| 1 | 1876000.0 | 2589008.2 | −27.5398 |
| 2 | 1468500.0 | 2044102.9 | −28.1592 |
| 3 | 708918.9 | 902227.0 | −21.4257 |

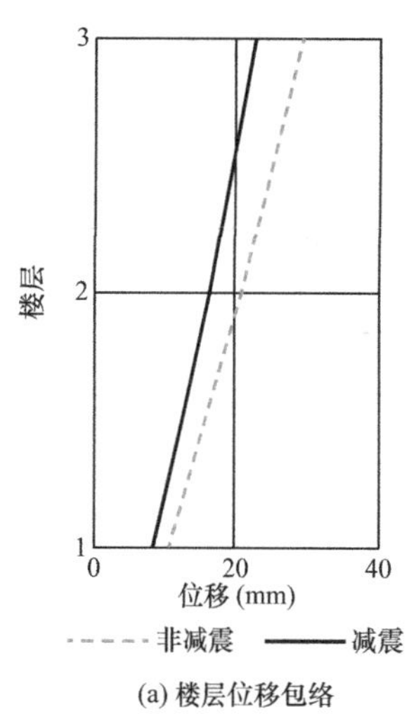

(a) 楼层位移包络

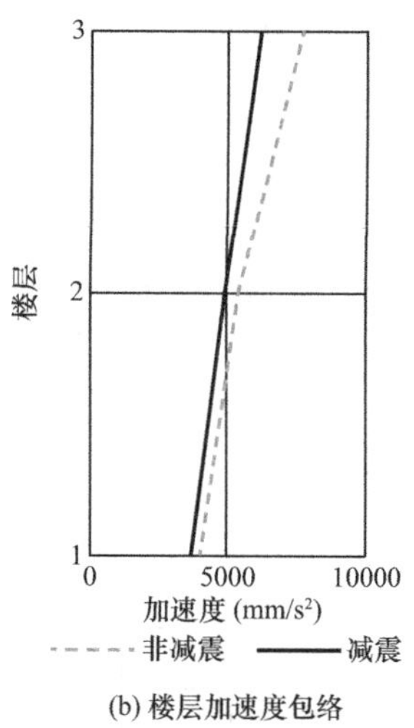

(b) 楼层加速度包络

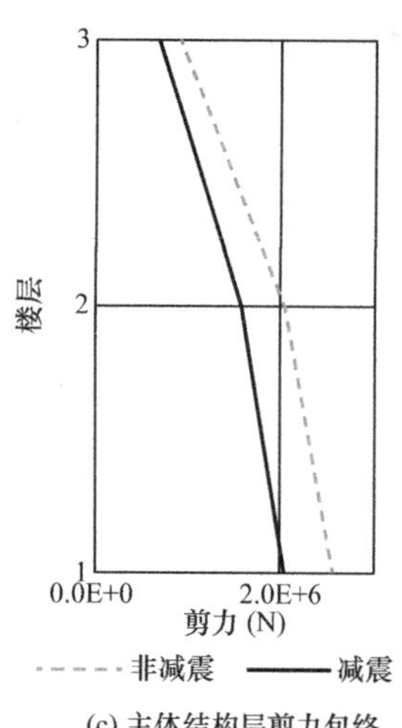

(c) 主体结构层剪力包络

图 10-27　减震结构与非减震结构结果对比

## 10.3　金属阻尼器减震结构分析实例

本节采用的实例主体结构模型与上节相同，通过在结构中添加金属阻尼器，获得减震结构，通过 MATLAB 编程对减震结构进行地震动力时程分析，并将编程计算结果与 SAP2000、midas Gen 软件的分析结果进行对比验证。结构及阻尼器参数如图 10-28 所示。

主体结构假设为弹性，金属阻尼器采用双线性本构，则减震结构的层本构关系为线弹性模型与双线性模型的并联，并联后依然是双线性模型，因此，只需对第 9 章的多自由度非线性动力分析代码进行局部调整，便可用于金属阻尼器减震结构的分析。

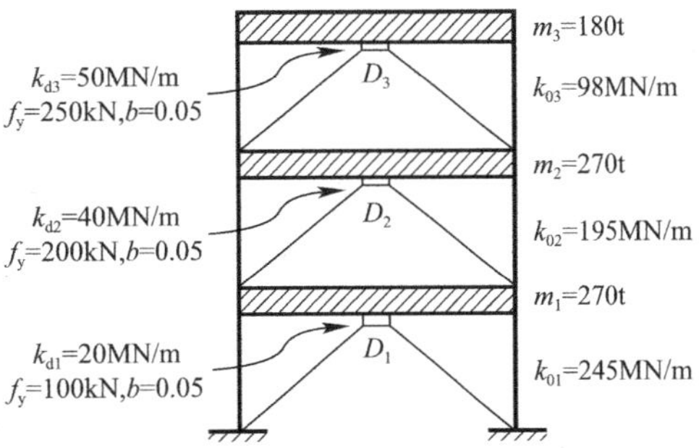

图 10-28　模型示意图

## 10.3.1　MATLAB 编程

### 10.3.1.1　编程代码

```
%金属阻尼器减震结构动力时程分析：Newmark-β法
%Author:JiDong Cui(崔济东)
%Website:www.jdcui.com
clear;clc;
format shortEng

%主体结构参数输入(质量、初始刚度)
m=[270,270,180];        %楼层质量:t
ks=1e3*[245,195,98];  %主体结构层间刚度:N/mm
freedom=length(m);
%金属阻尼器参数输入
fyd=1e3*[250,200,100];          %Damper:yield strength,N
kd0=1e3*[50,40,20];             %Damper:intial stiffness,N/mm
%导入地震波,获得时间步数和步长
data=load('chichi.txt');
ug=9800*data(:,1)';
n1=length(ug);
dt=0.01;

%定义弹塑性分析相关参数
global fy k0 b  %story yield strength、story initial stiffness、屈服强化系数
b=[0.05,0.05,0.05];          %Damper:strain-hardening ratio
```

该段代码给出结构基本参数及金属阻尼器相关参数。

```
%计算等效层间刚度、屈服力、屈服强化系数
k0=ks+kd0;                       %楼层初始刚度
fy=(ks+kd0)./kd0.*fyd;              %楼层屈服强度
b=(b.*kd0+ks)./(kd0+ks);            %各层屈服强化系数
%初始化质量、刚度矩阵
M=zeros(freedom,freedom);
for i=1:freedom
    M(i,i)=m(i);
```

```
end
Ks=FormKMatric(ks,freedom);
K0=FormKMatric(k0,freedom);
```

该段代码用于形成结构的质量矩阵、刚度矩阵。

```
%初始模态分析
[eig_vec,eig_val]=eig(inv(M) * K0);%求 inv(M) * K 的特征值 w^2
[w,w_order]=sort(sqrt(diag(eig_val)));%求解自振频率和振型
mode=eig_vec(:,w_order);%求解振型
%振型归一化
for i=1:freedom
    mode(:,i)=mode(:,i)/mode(freedom,i);
end
%求解周期
T=zeros(1,freedom);
for i=1:freedom
    T(i)=2 * pi/w(i);
end
%求瑞利阻尼系数
A=2 * 0.05/(w(1)+w(2)) * [w(1) * w(2);1];     %求系数 a0 和 a1,假设第一阶和第二阶振型阻
尼比均为 0.05
C=A(1) * M+A(2) * K0;
```

该段代码对结构进行模态分析，通过求取瑞利阻尼系数求得主体结构的阻尼矩阵。

```
%指定 Newmark-β法控制参数 γ 和 β,定义积分常数
gama=0.5;beta=0.25;
AA1=M/(beta * dt)+(gama/beta) * C;
AA2=M/(2 * beta)+dt * (gama/2/beta-1) * C;

%求解结构反应
%初始条件
n2=6000;
Time(1,1)=0;
u=zeros(freedom,n2);
u(:,1)=0;
v=zeros(freedom,n2);
v(:,1)=0;
P=zeros(freedom,n2);
P(:,1)=-ug(1,1) * m';
Rs=zeros(freedom,n2);
Rs(:,1)=0;
k=zeros(freedom,n2);
k(:,1)=k0';
```

```
aa=zeros(freedom,n2);
aa(:,1)=inv(M)*(P(:,1)-C*v(:,1)-Rs(:,1));
utrial0=zeros(freedom,1);
utrial=zeros(freedom,1);
Rtrial=zeros(freedom,1);
ktrial=zeros(freedom,1);
%逐步积分
for j=2:n2
    Time(1,j)=(j-1)*dt;
    %求等效刚度矩阵KK
    K0=FormKMatric(k(:,j-1),freedom);
    KK=K0+1/(beta*dt^2)*M+gama/(beta*dt)*C;
    %求等效荷载增量dltPP
    if j<=n1
        P(:,j)=-ug(1,j)*m';
    else
        ug(1,j)=0;
        P(:,j)=0;
    end
    dltP(:,j-1)=P(:,j)-P(:,j-1);
    dltPP(:,j-1)=dltP(:,j-1)+AA1*v(:,j-1)+AA2*aa(:,j-1);
    %开始积分步内迭代
    %初始化数据
    utrial0=u(:,j-1);
    Rtrial0=Rs(:,j-1);
    dltR_0=dltPP(:,j-1);
    KKt_0=KK;
    while sum(abs(dltR_0))>1e-5
        dltu=inv(KKt_0)*dltR_0;   %求解迭代步位移增量
        utrial=utrial0+dltu;       %进而求得迭代后位移
        [Rtrial,ktrial]=stateDetermineNMDOF (Rtrial0,utrial0,utrial);
                                   %调用状态确定函数,获取本次迭代后的恢复力和刚度
        K=FormKMatric(ktrial,freedom);              %更新刚度和等效刚度
        KKt_0=K+1/(beta*dt^2)*M+gama/(beta*dt)*C;
        dltF=Rtrial-Rtrial0+((gama/beta/dt)*C+(1/beta/dt/dt)*M)*dltu;%更新等效残余力
        dltR_0=dltR_0-dltF;
        utrial0=utrial;
        Rtrial0=Rtrial;
    end
    u(:,j)=utrial;
    Rs(:,j)=Rtrial;
    k(:,j)=ktrial;
    dltv=(gama/beta/dt)*(u(:,j)-u(:,j-1))-(gama/beta)*v(:,j-1)+(1-gama/2/beta)*dt*aa
```

```
(:,j-1);
        dltaa=(1/beta/dt/dt)*(u(:,j)-u(:,j-1))-(1/beta/dt)*v(:,j-1)-(1/2/beta)*aa(:,j-1);
        v(:,j)=v(:,j-1)+dltv;
        aa(:,j)=aa(:,j-1)+dltaa;
    end
```

该段代码对减震结构进行时程分析，分析方法采用 Newmark-β 法。

```
    %结果整理
    for i=1: freedom
        Story (i, 1) =i;
    end
    %楼层位移
    StoryDisp=zeros (freedom, 1);
    for i=1: freedom
        StoryDisp (i, 1) =max (abs (u (i,:)));
    end
    figure (1)
    plot (StoryDisp, Story)
    xlabel ('Displacement (mm) '), ylabel ('Story')
    title ('Displacement vs Story')
    %楼层加速度
    StoryAcc=zeros (freedom, 1);
    for i=1: freedom
        StoryAcc (i, 1) =max (abs (aa (i,:)));
    end
    figure (2)
    plot (StoryAcc, Story)
    xlabel ('Acceleration (mm/s^2) '), ylabel ('Story')
    title ('Acceleration vs Story')
    %楼层剪力：主体+阻尼器
    thirdShear=Rs (3,:);
    secondShear=Rs (2,:) +Rs (3,:);
    BaseShear=sum (Rs);
    maxStoryShear=[max(abs(BaseShear)),max(abs(secondShear)),max(abs(thirdShear))]';
    figure (3)
    plot (maxStoryShear, Story)
    xlabel ('ShearForce (N) '), ylabel ('Story')
    title ('ShearForce vs Story')
    %层间剪力：主体结构
    for i=1: n2
        StoryForceS (:, i) =Ks*u (:, i);
        for j=freedom: -1: 1
            shear=0;
```

```
        for k=freedom: -1: j
            shear=shear+StoryForceS (k, i);
        end
        StoryShear0 (j, i) =shear;
    end
end
for i=1: freedom
    maxStoryShearS (i, 1) =max (abs (StoryShear0 (i,:)));
end
figure (4)
plot (maxStoryShearS, Story)
xlabel ('ShearForce (N) '), ylabel ('Story')
title ('ShearForce vs Story')
%阻尼器内力
StoryShearD (1,:) =BaseShear-StoryShear0 (1,:);
StoryShearD (2,:) =secondShear-StoryShear0 (2,:);
StoryShearD (3,:) =thirdShear-StoryShear0 (3,:);
%顶点位移时程
figure (5)
plot (T2, u (3,:))
xlabel ('Time (s) '), ylabel ('Displacement (mm) ')
title ('Displacement vs Time')
%基底剪力时程
figure (6)
plot (T2, BaseShear)
xlabel ('Time (s) '), ylabel ('Base Shear Force (N) ')
title ('Base Shear Force vs Time')
%首层滞回曲线
figure (7)
plot (u (1,:), BaseShear (1,:))
xlabel ('Displacement (mm) '), ylabel ('Shear Force (N) ')
title ('Story 1 Hysteritic Curve')
%二层滞回曲线
figure (8)
plot (u (2,:) -u (1,:), secondShear (1,:))
xlabel ('Displacement (mm) '), ylabel ('Shear Force (N) ')
title ('Story 2 Hysteritic Curve')
%三层滞回曲线
figure (9)
plot (u (3,:) -u (2,:), thirdShear (1,:))
xlabel ('Displacement (mm) '), ylabel ('Shear Force (N) ')
title ('Story 3 Hysteritic Curve')
%首层阻尼器滞回曲线
```

```
figure (10)
plot (u (1,:), StoryShearD (1,:))
xlabel ('Displacement (mm) '), ylabel ('Shear Force (N) ')
title ('Story 1 Hysteritic Curve')
%saveas (gcf, 'StoryShearForce. png');
%二层阻尼器滞回曲线
figure (11)
plot (u (2,:) -u (1,:), StoryShearD (2,:))
xlabel ('Displacement (mm) '), ylabel ('Shear Force (N) ')
title ('Story 2 Hysteritic Curve')
%saveas (gcf, 'StoryShearForce. png');
%三层阻尼器滞回曲线
figure (12)
plot (u (3,:) -u (2,:), StoryShearD (3,:))
xlabel ('Displacement (mm) '), ylabel ('Shear Force (N) ')
title ('Story 3 Hysteritic Curve')
%saveas (gcf, 'StoryShearForce. png');
```

该段代码用于求取楼层位移、加速度、剪力等参数包络值，求取顶点位移时程曲线、基底剪力时程曲线、楼层剪力-位移滞回曲线，并绘制图形。

#### 10.3.1.2　分析结果

图 10-29 和图 10-30 分别是计算得到的顶点位移时程和基底剪力时程。

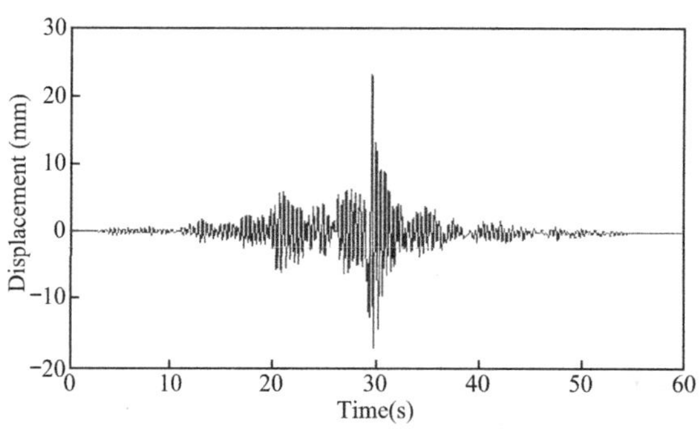


图 10-29　顶点位移时程曲线

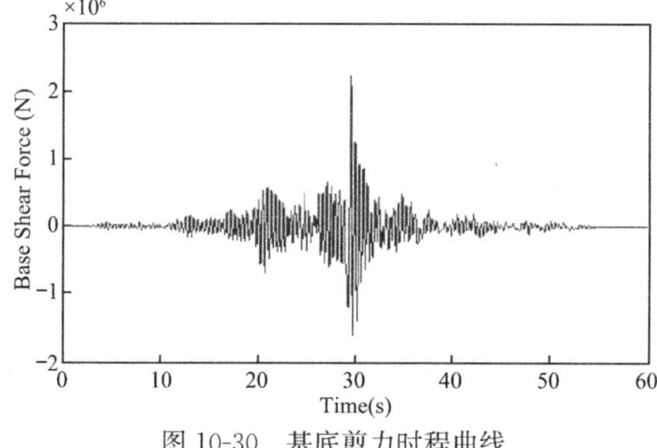


图 10-30　基底剪力时程曲线

图 10-31 是结构各层地震反应包络值。

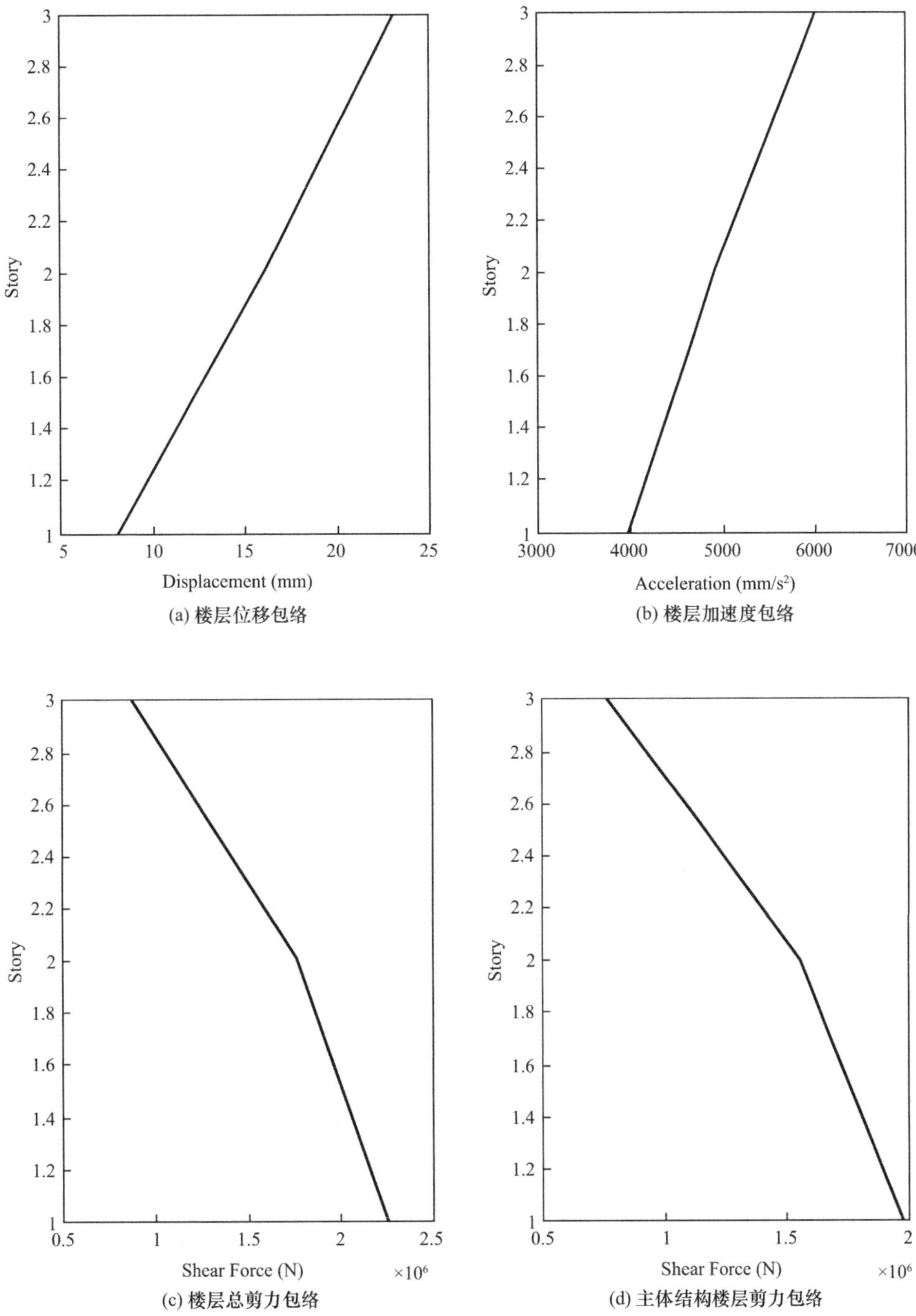

(a) 楼层位移包络
(b) 楼层加速度包络
(c) 楼层总剪力包络
(d) 主体结构楼层剪力包络

图 10-31 地震反应包络

图 10-32 是计算得到的各层剪力-位移滞回曲线。

图 10-33 是计算得到的各层阻尼器的力-变形滞回曲线。

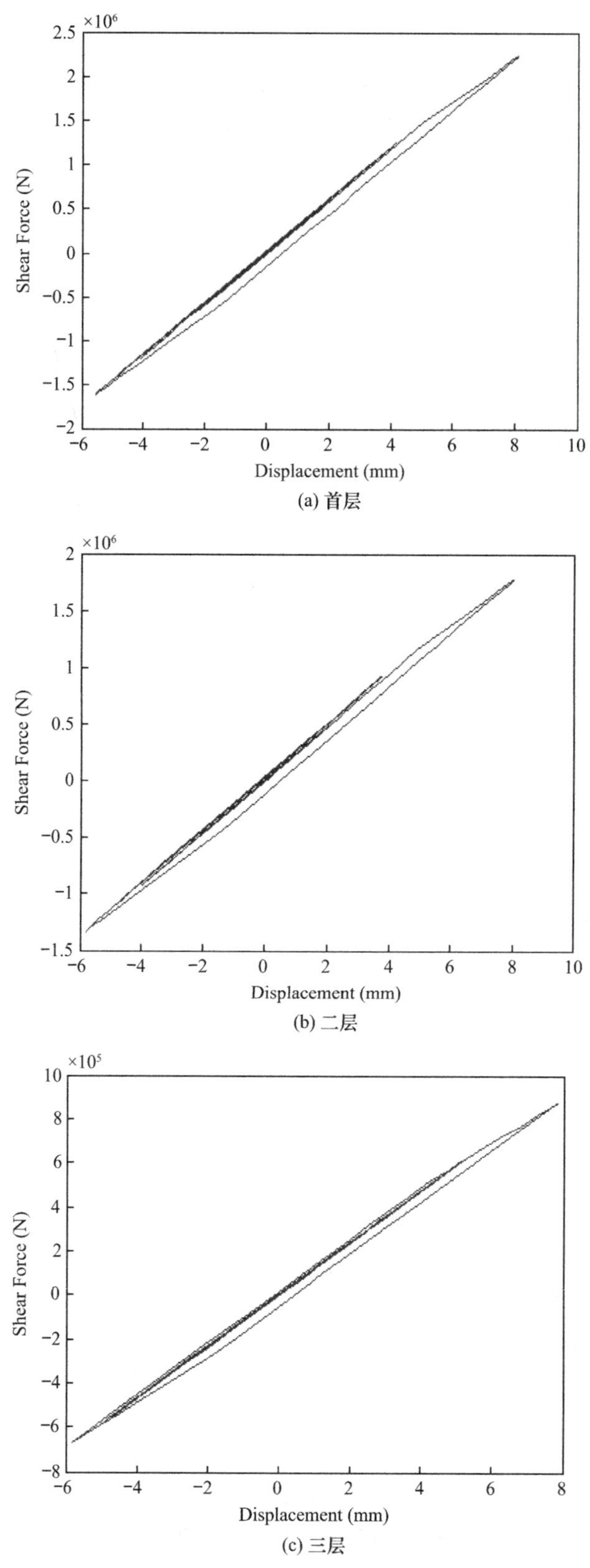


图 10-32　楼层剪力-位移滞回曲线

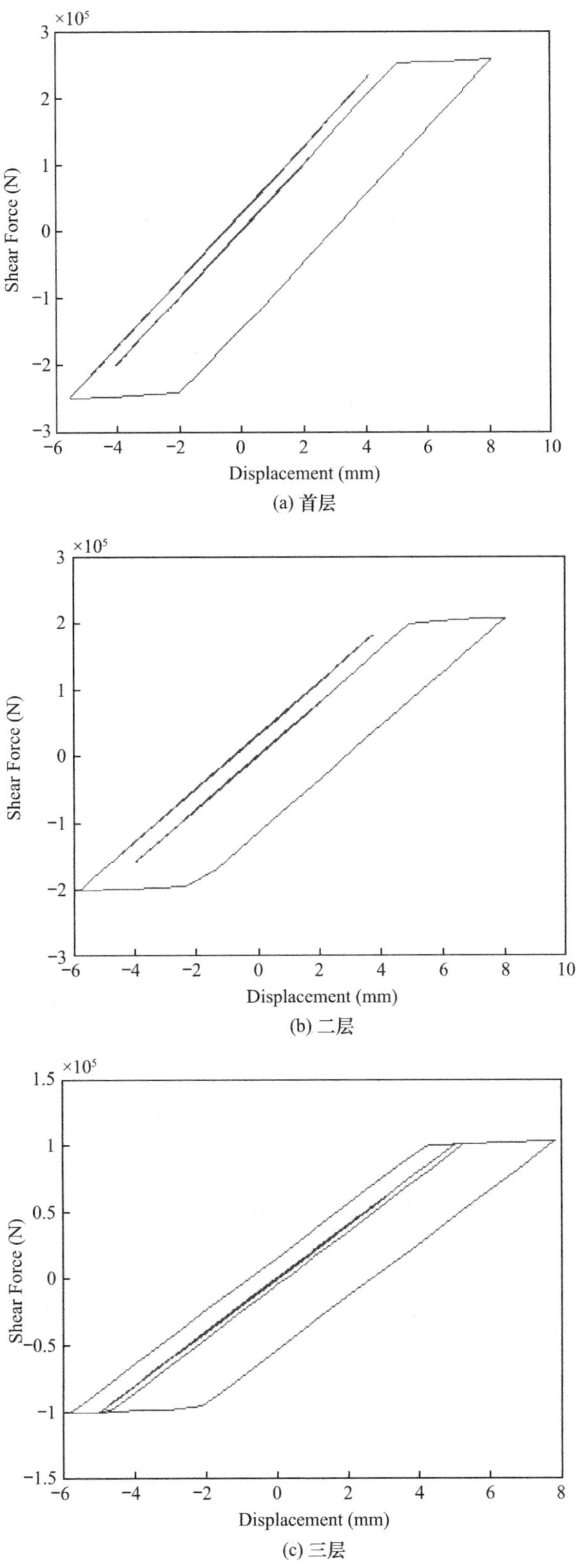


图 10-33　各层阻尼器力-变形滞回曲线

### 10.3.2　SAP2000 分析

#### 10.3.2.1　建立模型

根据金属阻尼器的特性，在 SAP2000 中仍采用非弹性二折线连接单元进行模拟，本节模型可基于上述章节的模型修改得到，此处仅给出金属性阻尼器的定义及建模方法。

(1) 以首层阻尼器为例，点击【定义】-【截面属性】-【连接/支座属性】-【添加新属性】，打开连接/支座属性定义界面，连接/支座类型选择"MultiLinear Plastic"，属性名称输入"DAMP1"，如图 10-34 所示。

(2) 激活 U2 方向自由度，其余方向自由度选择"固定"，点击【修改/显示全部】，打开连接/支座参数定义界面。在"多线性力-变形定义"中，输入阻尼器的力-变形关系，参数栏右侧可实时显示阻尼器的力-变形曲线，其他按默认，如图 10-35 所示。

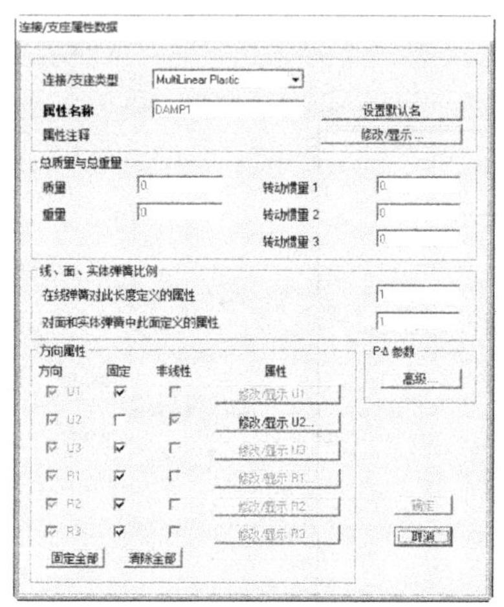


图 10-34　连接/支座属性定义界面

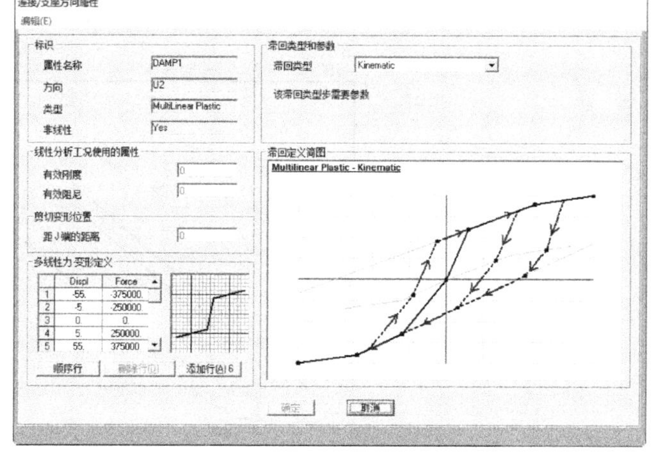


图 10-35　阻尼器参数定义

可按与上节黏弹性阻尼器相同的建模方法，将金属阻尼器添加到模型中。

需要注意的是，由于算例中的金属阻尼器的力-变形关系是弹塑性的，因此在荷载工况定义中，应将荷载工况数据中的分析类型设为"非线性"，如图 10-36 所示。同时由于金属阻尼器为结构提供初始刚度，因此整体结构的自振特性发生改变，在假定第一、第二阶振型阻尼比为 0.05 不变时，瑞利阻尼的质量比例系数和刚度比例系数均发生改变，需要根据 MATLAB 计算得到的质量比例系数和刚度比例系数重新定义阻尼，如图 10-37 所示。

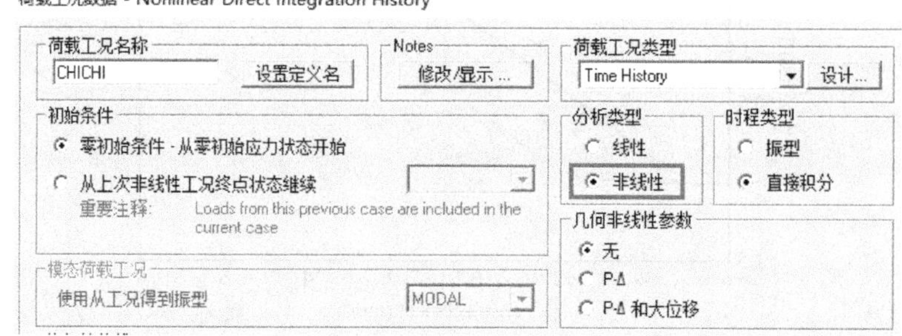


图 10-36　非线性荷载工况定义

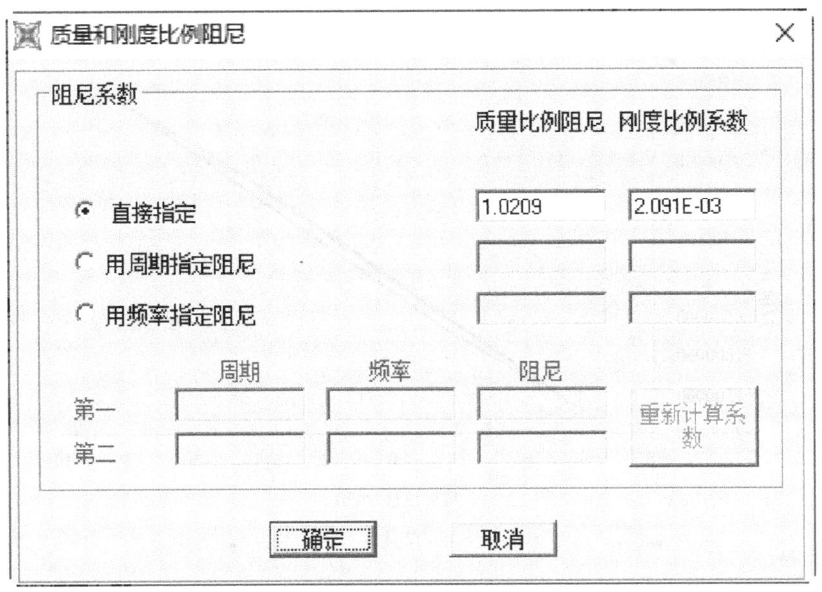


图 10-37　定义阻尼

### 10.3.2.2　分析结果

图 10-38～图 10-40 分别是软件直接绘制的顶点位移时程曲线、首层主体结构剪力时程曲线、首层阻尼器剪力时程曲线。

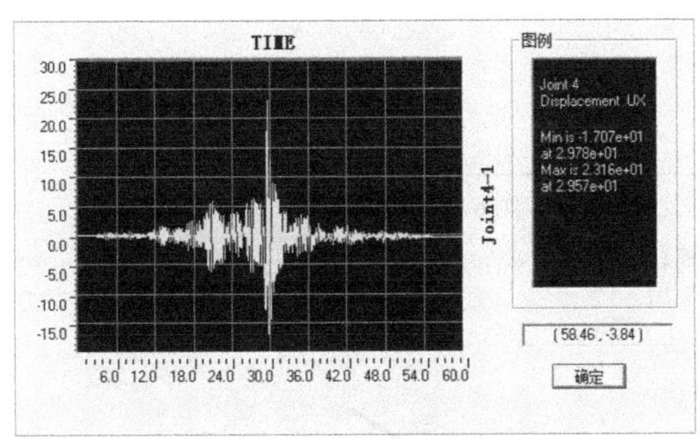


图 10-38　顶点位移时程（mm）

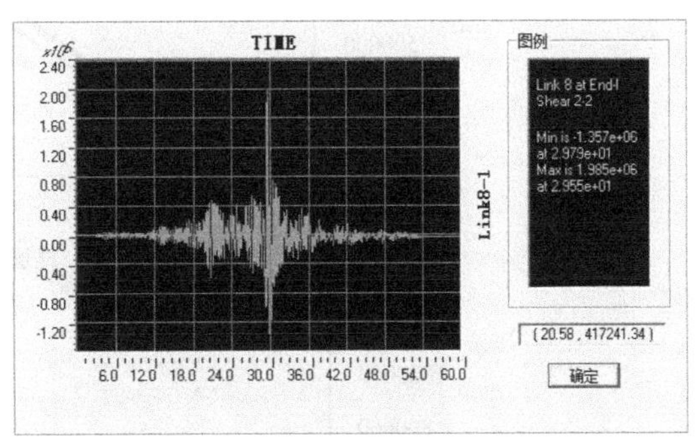


图 10-39　首层主体结构剪力时程（N）

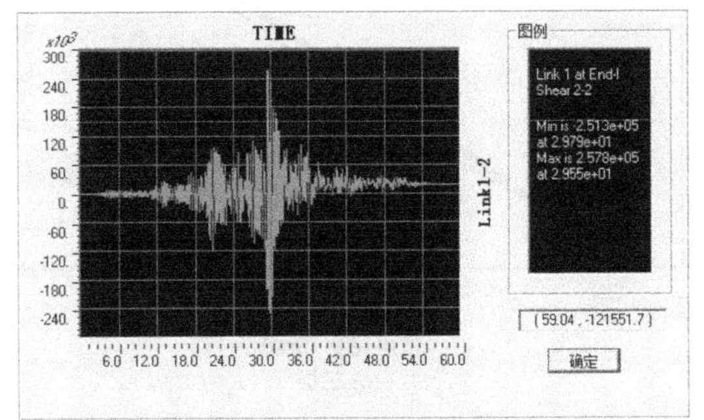


图 10-40　首层阻尼器剪力时程（N）

图 10-41 是根据导出数据整理得到的各层剪力-位移滞回曲线。

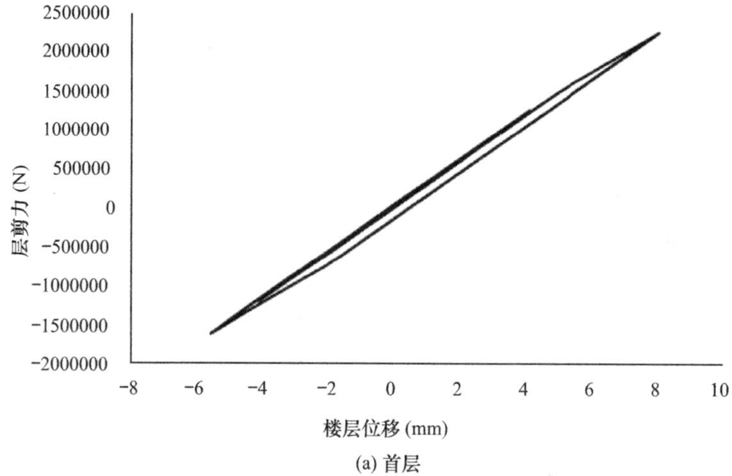


(a) 首层

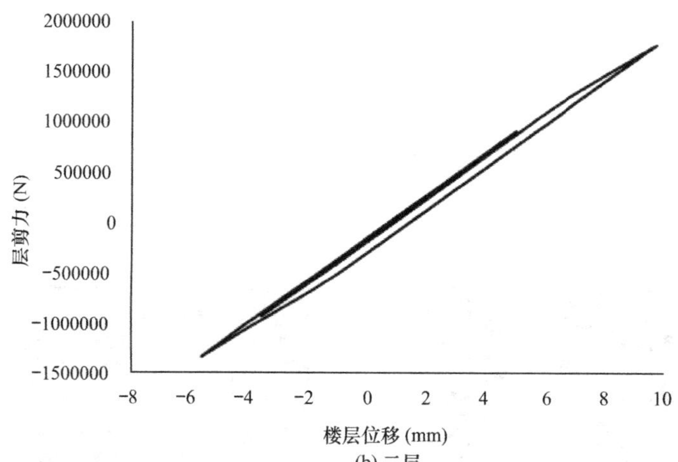


(b) 二层

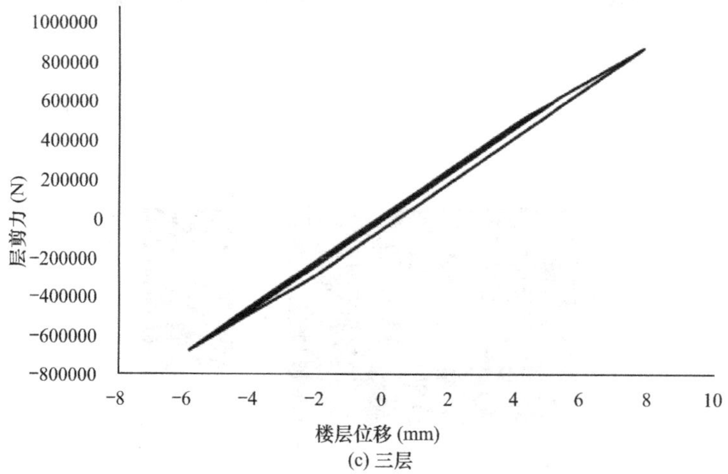


(c) 三层

图 10-41　楼层剪力-位移滞回曲线

图 10-42 是根据导出数据整理得到的各层阻尼器力-变形滞回曲线。

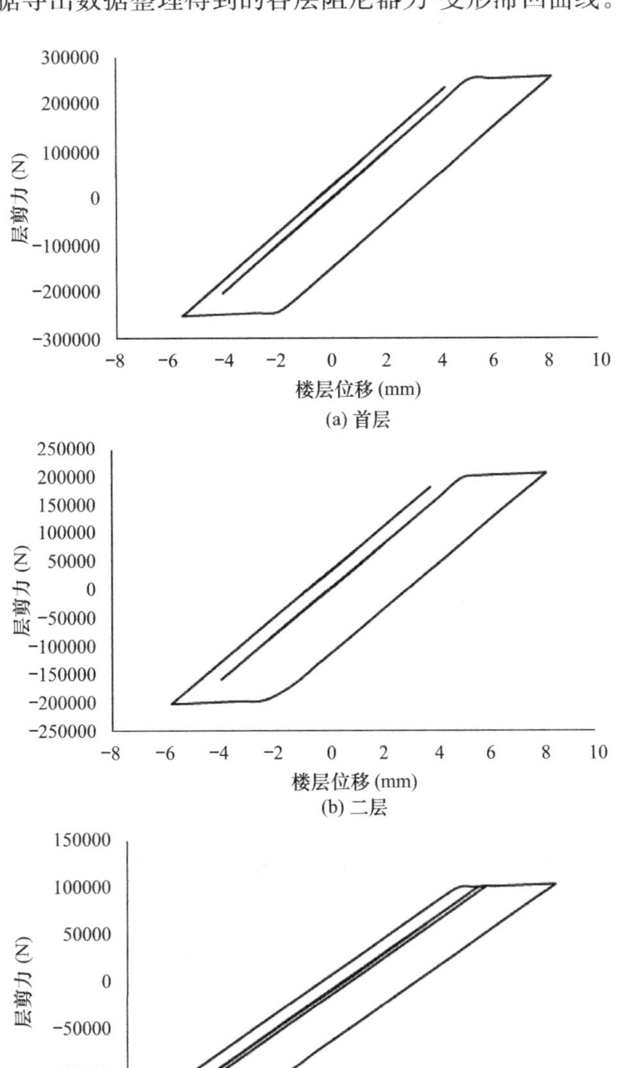


(a) 首层

(b) 二层

(c) 三层

图 10-42 各层阻尼器力-变形滞回曲线

#### 10.3.2.3 结果对比

表 10-12～表 10-15 是 MATLAB 计算的楼层位移包络、楼层加速度包络、楼层总剪力包络以及主体结构楼层剪力包络结果与 SAP2000 结果的对比。由表可知，两者计算结果吻合很好。

**楼层位移包络值对比**（mm） **表 10-12**

| 楼层 | MATLAB | SAP2000 | 相对误差（%） |
|---|---|---|---|
| 1 | 8.1 | 8.1 | 0.0000 |
| 2 | 16.1 | 16.1 | 0.0000 |
| 3 | 23.2 | 23.2 | 0.0000 |

楼层加速度包络值对比（$mm/s^2$）　　表 10-13

| 楼层 | MATLAB | SAP2000 | 相对误差（%） |
|---|---|---|---|
| 1 | 3981.3 | 3981.3 | −0.0013 |
| 2 | 4915.5 | 4915.5 | 0.0002 |
| 3 | 6004.8 | 6004.9 | 0.0008 |

楼层总剪力包络值对比（N）　　表 10-14

| 楼层 | MATLAB | SAP2000 | 相对误差（%） |
|---|---|---|---|
| 1 | 2242550.0 | 2242506.4 | −0.0019 |
| 2 | 1771050.0 | 1771031.6 | −0.0010 |
| 3 | 871330.0 | 871339.9 | 0.0011 |

主体结构楼层剪力包络值对比（N）　　表 10-15

| 楼层 | MATLAB | SAP2000 | 相对误差（%） |
|---|---|---|---|
| 1 | 1984800.0 | 1984753.8 | −0.0023 |
| 2 | 1565000.0 | 1564980.5 | −0.0012 |
| 3 | 768490.0 | 768498.0 | 0.0010 |

## 10.3.3　midas Gen 分析

### 10.3.3.1　建立模型

根据金属阻尼器的特性，在 midas Gen 中仍采用二折线型一般连接单元进行模拟，本节模型可基于上述章节的模型修改得到，此处仅给出金属性阻尼器的定义及建模方法。midas Gen 中有自带的“钢阻尼器”连接单元，可以在【边界】-【一般连接】-【一般连接特性值】中定义，作用类型为“单元 2：减隔震装置”；也可以采用【边界】-【一般连接】-【一般连接特性值】下作用类型为“单元 1”的“弹簧”连接单元来近似模拟。为方便与 MATLAB 分析结果对比，本节算例采用第二种模拟方法。

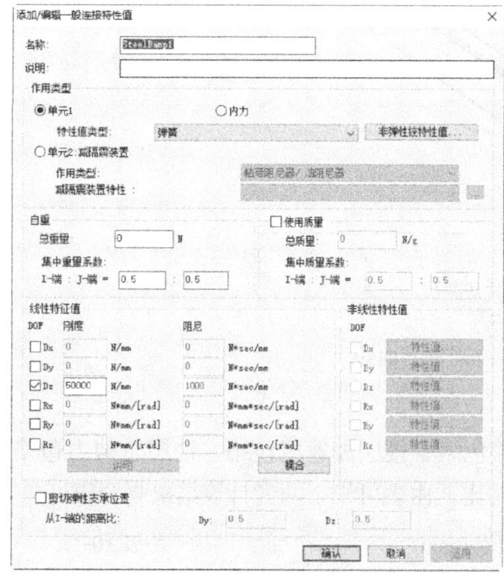


图 10-43　一般连接特性定义界面

（1）以首层阻尼器为例，点击【边界】-【一般连接】-【一般连接特性值】，添加一般连接特性，作用类型为“单元 1”，特性值类型为“弹簧”，命名为“SteelDamp1”，激活 Dz 方向自由度，输入刚度为 50000N/mm，与阻尼器初始刚度相同，如图 10-43 所示。

（2）由于金属阻尼器为非弹性，因此需要点击【非弹性铰特性】，添加相应的非弹性铰，非弹性铰单元类型为“一般连接”，激活 Fz 自由度，滞回模型选择“随动硬化”，点击【特性值】，根据图 10-28 中的阻尼器参数输入铰特性值，如图 10-44 所示。

(3) 点击【边界】-【一般连接】，选择一般连接的连接特性值为“SteelDamp1”，勾选“非弹性铰特性值”，选择非弹性铰特性为上面定义的“damp1”，输入连接的两个端点节点编号为“1，3”，点击适用，则在节点 1、节点 3 之间新添加一般连接到模型中，如图 10-45 所示。

同样地，在荷载工况定义中，应将荷载工况数据中的分析类型设为“非线性”，并输入新的质量比例阻尼系数和刚度比例阻尼系数，如图 10-46 所示。

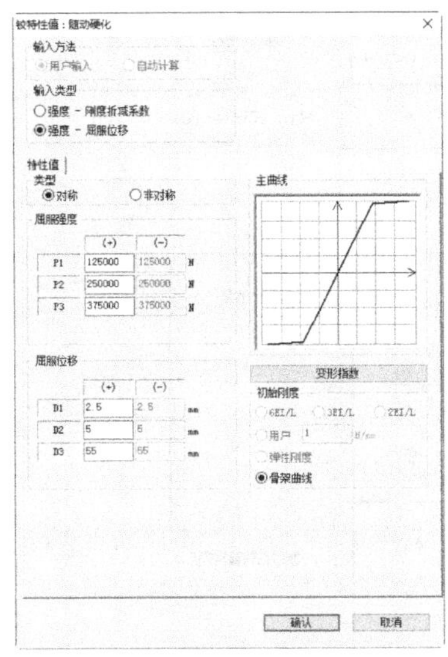

图 10-44　阻尼器参数定义

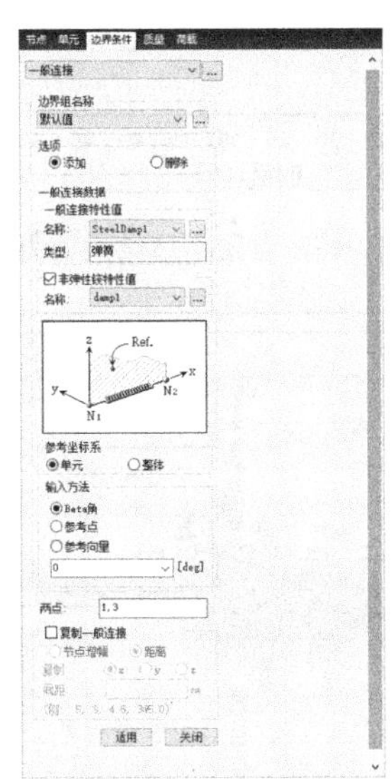

图 10-45　添加连接单元到模型中

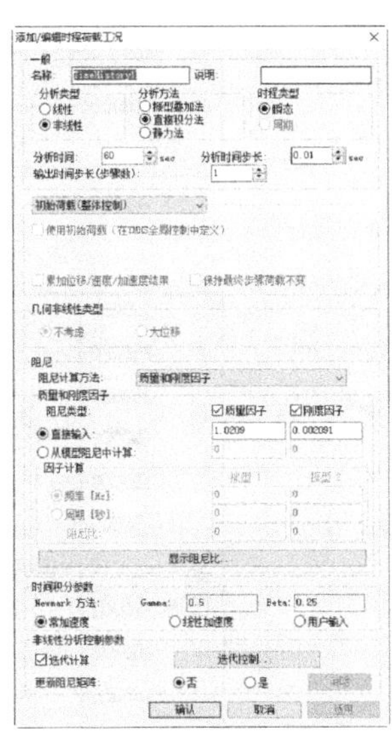

图 10-46　非线性荷载工况定义

#### 10.3.3.2　分析结果

图 10-47～图 10-49 分别是软件直接绘制的顶点位移时程曲线、首层主体结构剪力时程曲线、首层阻尼器剪力时程曲线。

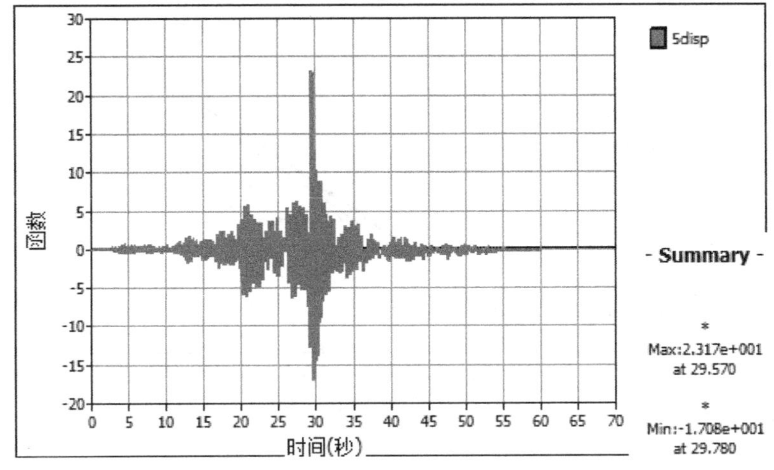


图 10-47　顶点位移时程（mm）

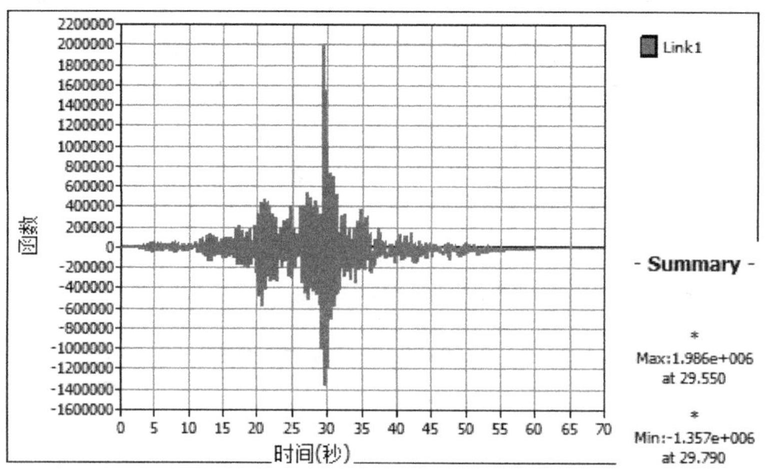


图 10-48　首层主体结构剪力时程（N）

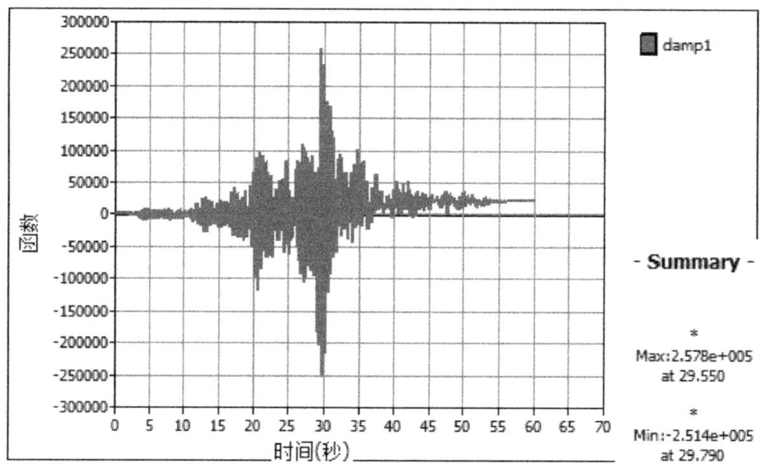


图 10-49　首层阻尼器剪力时程（N）

图 10-50 是根据导出数据整理得到的各层剪力-位移滞回曲线。

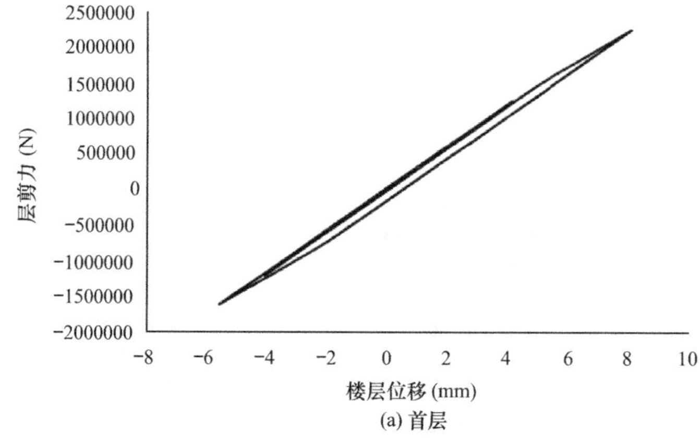


图 10-50　楼层剪力-位移滞回曲线（一）

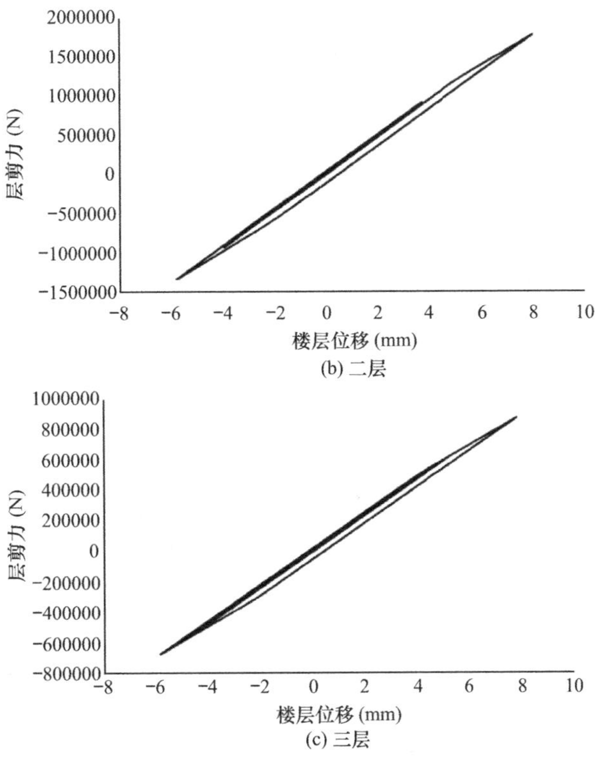


图 10-50 楼层剪力-位移滞回曲线（二）

图 10-51 是根据导出数据整理得到的各层阻尼器力-变形滞回曲线。

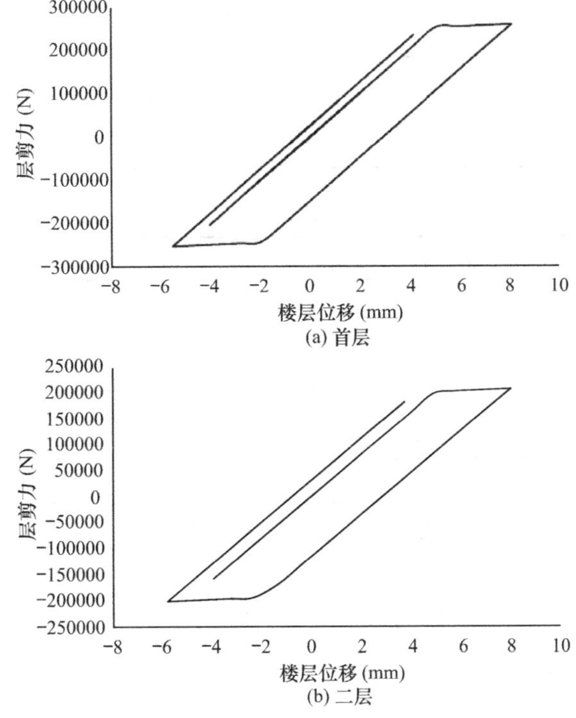


图 10-51 各层阻尼器力-变形滞回曲线（一）

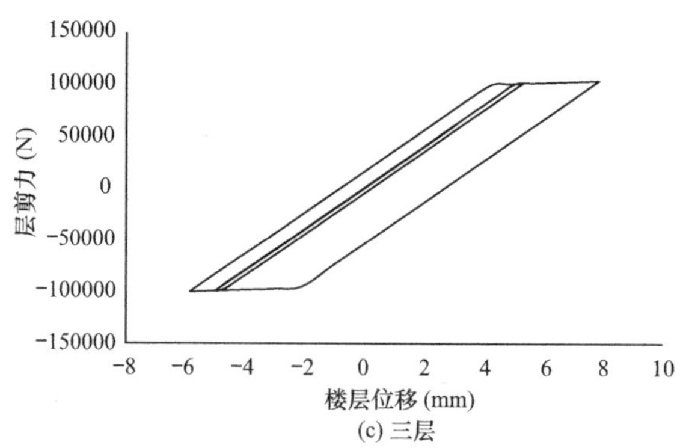

(c) 三层

图 10-51　各层阻尼器力-变形滞回曲线（二）

#### 10.3.3.3　结果对比

表 10-16～表 10-19 是 MATLAB 计算的楼层位移包络、楼层加速度包络、楼层总剪力包络以及主体结构楼层剪力包络结果与 midas Gen 结果的对比。由表可知，两者计算结果吻合很好。

楼层位移包络值对比（mm）　　表 10-16

| 楼层 | MATLAB | SAP2000 | 相对误差（%） |
|---|---|---|---|
| 1 | 8.1 | 8.1 | 0.0000 |
| 2 | 16.1 | 16.1 | 0.0000 |
| 3 | 23.2 | 23.2 | 0.0000 |

楼层加速度包络值对比（$mm/s^2$）　　表 10-17

| 楼层 | MATLAB | midas Gen | 相对误差（%） |
|---|---|---|---|
| 1 | 3981.3 | 3985.0 | 0.0929 |
| 2 | 4915.5 | 4917.0 | 0.0305 |
| 3 | 6004.8 | 6008.0 | 0.0533 |

楼层总剪力包络值对比（N）　　表 10-18

| 楼层 | MATLAB | midas Gen | 相对误差（%） |
|---|---|---|---|
| 1 | 2242523.0 | 2243800.0 | 0.0569 |
| 2 | 1771032.0 | 1772100.0 | 0.0603 |
| 3 | 871331.7 | 871800.0 | 0.0537 |

主体结构楼层剪力包络值对比（N）　　表 10-19

| 楼层 | MATLAB | midas Gen | 相对误差（%） |
|---|---|---|---|
| 1 | 1984800.0 | 1986000.0 | 0.0605 |
| 2 | 1565000.0 | 1566000.0 | 0.0639 |
| 3 | 768490.0 | 769000.0 | 0.0664 |

### 10.3.4　与非减震结构对比

图 10-52、图 10-53 是减震结构与非减震结构的顶点位移及基底剪力时程曲线对比，

由图可见，减震结构的顶点位移和基底剪力相比非减震结构整体有所减小。

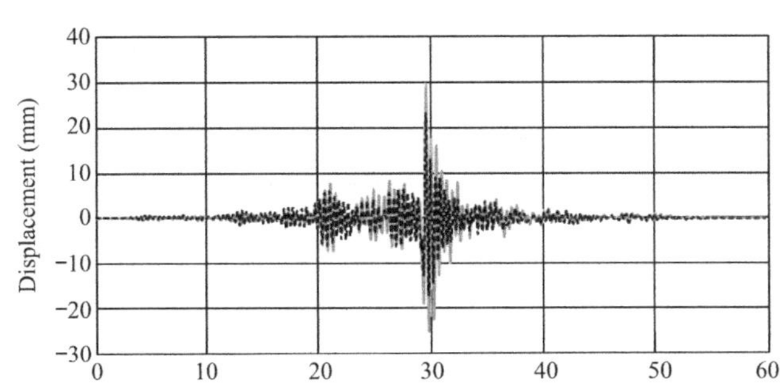


图 10-52 顶点位移时程对比

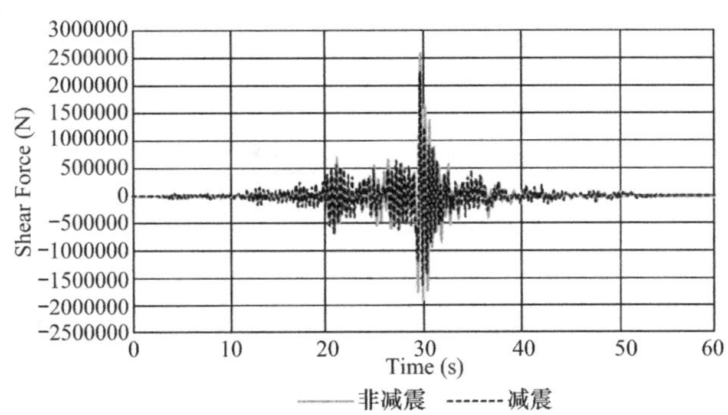


图 10-53 基底剪力时程对比

表 10-20～表 10-22 和图 10-54 是减震结构与非减震结构的楼层位移包络、楼层加速度包络以及主体结构楼层剪力包络结果的对比，根据计算结果，增设阻尼器后楼层位移减少约 20%～25%，主体结构楼层剪力减少约 15%～25%，可见增设阻尼器能有效减小主体结构地震反应，对保护主体结构起到一定的作用。

**楼层位移包络值对比**（mm） **表 10-20**

| 楼层 | 减震 | 非减震 | 增减幅度（%） |
|---|---|---|---|
| 1 | 8.1 | 10.6 | −23.5745 |
| 2 | 16.1 | 21.0 | −23.3190 |
| 3 | 23.2 | 29.5 | −21.4949 |

**楼层加速度包络值对比**（$mm/s^2$） **表 10-21**

| 楼层 | 减震 | 非减震 | 增减幅度（%） |
|---|---|---|---|
| 1 | 3981.3 | 4065.7 | −2.0759 |
| 2 | 4915.5 | 5432.4 | −9.5151 |
| 3 | 6004.8 | 7721.4 | −22.2317 |

主体结构楼层剪力包络值对比（N）　　表 10-22

| 楼层 | 减震 | 非减震 | 增减幅度（%） |
|---|---|---|---|
| 1 | 1984800.0 | 2589008.2 | −23.3374 |
| 2 | 1565000.0 | 2044102.9 | −23.4383 |
| 3 | 768490.0 | 902227.0 | −14.8230 |

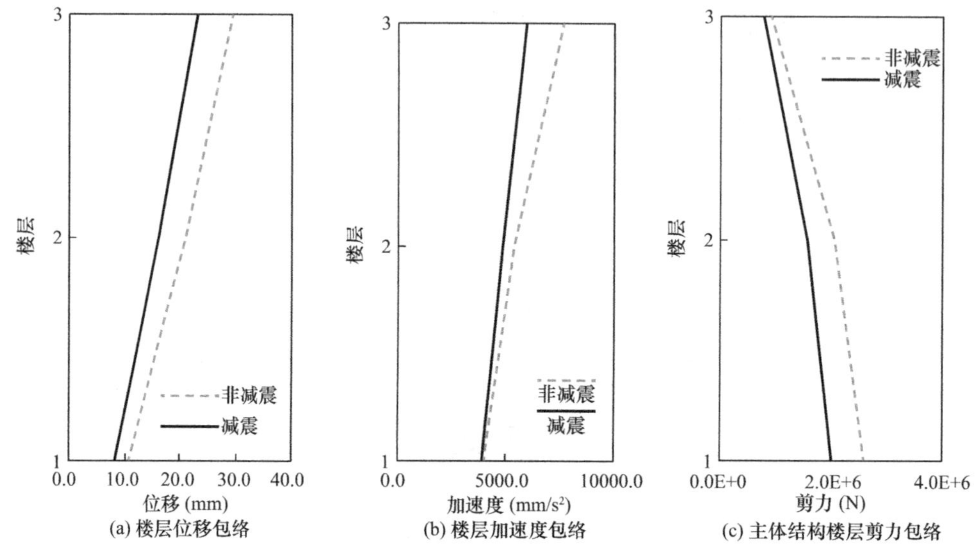


图 10-54　减震结构与非减震结构结果对比

## 10.4　小结

（1）以剪切层模型为例，重点讨论了黏弹性阻尼器减震结构、金属阻尼器减震结构地震动力时程分析的基本原理及编程实现方法。

（2）通过具体算例分别给出黏弹性阻尼器减震结构、金属阻尼器减震结构地震动力分析的 MATLAB 代码，代码可获得减震结构的顶点位移时程、基底剪力时程、楼层结果包络以及层间剪力-变形滞回曲线和阻尼器滞回曲线等分析结果。

（3）采用 SAP2000、midas Gen 软件对两个减震结构算例进行分析，将软件分析结果与 MATLAB 编程计算结果进行对比，结果显示，三者计算结果吻合较好。

## 参考文献

[1] 周云. 粘弹性阻尼减震结构设计理论及应用［M］. 武汉：武汉理工大学出版社，2006.

[2] 周云. 金属耗能减震结构设计理论及应用［M］. 武汉：武汉理工大学出版社，2013.

[3] 黄镇，李爱群. 建筑结构金属消能器减震设计［M］. 北京：中国建筑工业出版社，2015.

# 第 11 章　隔震结构地震动力时程分析

隔震结构一般是指在结构基础、底部或下部结构与上部结构之间设置由隔震支座和阻尼器等部件组成具有整体复位功能的隔震层而形成的结构体系。隔震层的设置延长了整体结构的周期，进而减小了输入上部结构的水平地震作用，当隔震层含有阻尼装置时，还可耗散一定的地震输入能量，从而进一步减小上部结构的地震作用。隔震层一般由隔震支座和阻尼器（耗能装置）组成，常见的隔震支座主要有橡胶支座、滑动支座和滚动支座等，耗能装置则包括常见的黏滞阻尼器、金属阻尼器、黏弹性阻尼器等，铅芯叠层橡胶支座则兼具隔震支座和耗能装置的作用[1]。本章以叠层橡胶支座＋黏弹性阻尼器隔震结构及铅芯橡胶支座隔震结构为例，介绍基于剪切层模型的隔震结构地震动力非线性分析的编程实现与软件应用。

## 11.1　原理分析

### 11.1.1　叠层橡胶支座＋黏弹性阻尼器隔震

叠层橡胶隔震支座由钢板与橡胶片叠合而成，具有很好的水平变形能力，但几乎不能消耗能量（滞回曲线近似为直线），一般需与其他阻尼装置配合使用，本节以叠层橡胶支座＋黏弹性阻尼器的组合为例进行介绍。叠层橡胶支座＋黏弹性阻尼器隔震结构中，叠层橡胶支座主要用于支撑结构的竖向荷载及提供隔震层侧向刚度，黏弹性阻尼器主要用于耗散地震能量，组合后隔震层的荷载变形特征整体上与黏弹性阻尼器的荷载变形特征是类似的[2]，如图 11-1 所示。对于本章采用的剪切层模型，其分析模型示意如图 11-2 所示，图中 $k_d$ 表示隔震层的刚度，包括隔震支座的刚度和黏弹性阻尼器的刚度，$c_d$ 表示黏弹性阻尼器的阻尼系数。

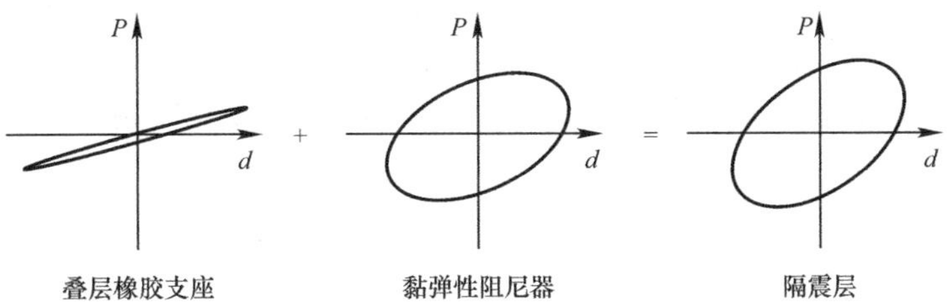


图 11-1　叠层橡胶支座＋黏弹性阻尼器隔震层性能

当上部结构为弹性时，采用剪切层模型的叠层橡胶支座＋黏弹性阻尼器隔震结构的刚度矩阵可表示为

$$[K]=\begin{bmatrix} k_d+k_2 & -k_2 & & & 0 \\ k_2 & k_2+k_3 & -k_3 & & \\ & \ddots & \ddots & \ddots & \\ & & -k_{n-1} & k_{n-1}+k_n & -k_n \\ 0 & & & -k_n & k_n \end{bmatrix} \tag{11-1}$$

由于隔震层有黏弹性阻尼器，叠层橡胶支座+黏弹性阻尼器隔震结构的阻尼矩阵，需要在原弹性结构阻尼矩阵的基础上叠加黏弹性阻尼器的附加阻尼矩阵，如下

$$C_{\mathrm{d}}=\begin{bmatrix} c_{\mathrm{d}} & & 0 \\ & 0 & \ddots \\ & \ddots & \ddots \\ 0 & & 0 \end{bmatrix} \tag{11-2}$$

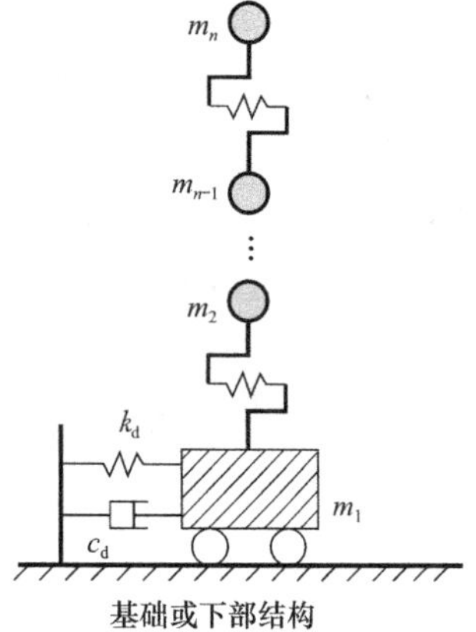


图 11-2　叠层橡胶支座+黏弹性阻尼器隔震结构示意

可见除隔震层外，其他各层由阻尼器提供的附加阻尼均为 0。

隔震结构模型由上部主体结构模型和隔震层模型串联得到。当上部结构为弹性时，隔震结构整体上可认为是弹性的，隔震结构整体刚度矩阵按公式（11-1）组装，同时按公式（11-2）考虑隔震层的附加阻尼矩阵（处理方式与 10.2 节黏弹性阻尼器减震结构的附加阻尼矩阵的处理方法类似），隔震结构地震动力分析的编程可参考第 7 章弹性多自由度体系动力分析代码修改得到。当上部结构为非弹性时，主体结构的恢复力需通过非线性本构确定，无法直接表示为刚度矩阵与位移向量的乘积，此时隔震结构地震动力分析编码可参考第 9 章非弹性多自由度体系动力分析的 MATLAB 代码，按公式（11-2）考虑隔震层的附加阻尼矩阵，隔震层的侧向刚度则按线弹性本构提供，本章算例的处理方式是将隔震层一并设为非线性二折线本构，但设置一个较大的屈服力，同时指定屈服强化系数为 1.0，具体详见本章算例的 MATLAB 代码。

### 11.1.2　铅芯叠层橡胶支座隔震

铅锌叠层橡胶隔震支座具有塑性变形耗能能力，除了可以提供刚度，还可以通过滞回耗能提供附加阻尼，铅锌叠层橡胶支座的水平向恢复力模型可近似为一个双线性模型[2]，如图 11-3 所示。对于本章采用的剪切层模型，铅锌叠层橡胶支座隔震结构的分析模型示意如图 11-4 所示。

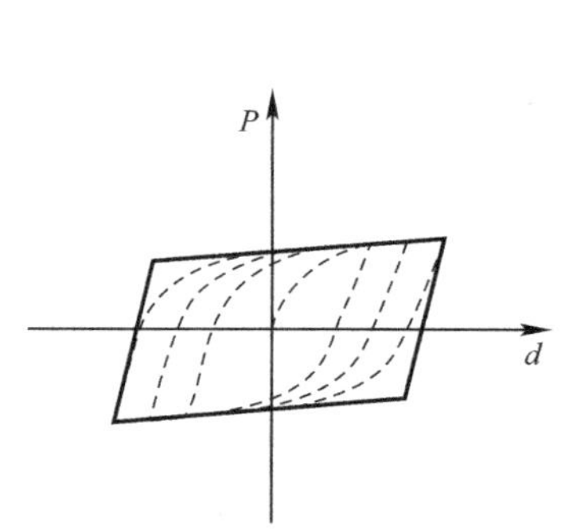


图 11-3　铅锌叠层橡胶支座水平向滞回曲线

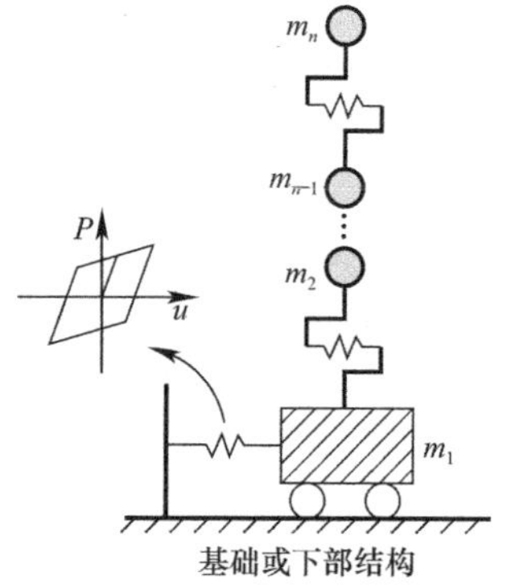


图 11-4　铅锌叠层橡胶支座隔震结构示意

由于铅锌叠层橡胶隔震支座水平向荷载变形关系为非弹性，因此无论上部结构按弹性或非弹性，整体结构的表现是非线性的，本章隔震结构地震动力分析算例中，上部结构与隔震层均采用单轴二折线非线性本构，动力分析 MATLAB 代码可参考第 9 章非弹性多自由度体系动力分析代码。

## 11.2 叠层橡胶支座隔震结构分析实例

本节算例仍基于第 9 章的非弹性多自由度体系，通过在结构底部设置叠层橡胶支座+黏弹性阻尼器组成隔震层，采用 MATLAB 编程分析隔震结构在地震作用下的反应，并与 SAP2000、midas Gen 计算结果进行对比，同时将隔震结构的分析结果与非隔震结构分析结果进行对比。模型示意图、结构参数及隔震层参数如图 11-5 所示。

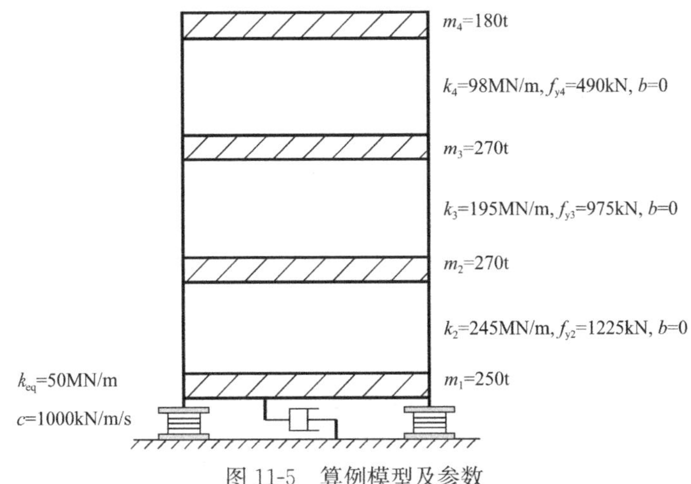


图 11-5 算例模型及参数

图中 $k_2 \sim k_4$ 表示结构层初始刚度，$f_{y2} \sim f_{y4}$ 表示楼层屈服承载力，$b$ 表示屈服后刚度强化系数，$k_{eq}$ 表示隔震层弹性隔震支座与黏弹性阻尼器的刚度之和，$c$ 表示黏弹性阻尼器的阻尼。结构的阻尼矩阵采用瑞利阻尼模型，求解用于计算瑞利阻尼系数的结构自振频率时，隔震层的刚度按其初始刚度考虑。隔震层附加阻尼矩阵按公式（11-2）求解，并与结构阻尼矩阵叠加。

分析采用的地震动加速度时程曲线如图 11-6 所示。分析时将加速度值统一放大，使得峰值加速度等于 400cm/s²，相当于《建筑抗震设计规范》中 8 度大震的峰值加速度要求。

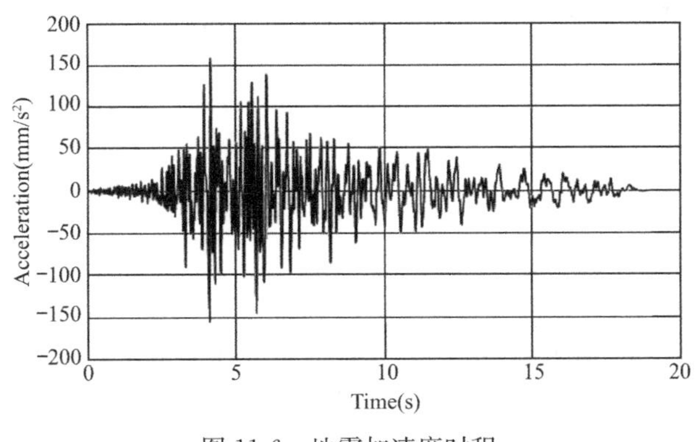


图 11-6 地震加速度时程

## 11.2.1　MATLAB 编程

### 11.2.1.1　编程代码

```
%弹性橡胶支座+黏弹性阻尼器隔震结构分析
%Author:JiDong Cui(崔济东)
%Website:www.jdcui.com
clear;clc;
format shortEng

%结构参数输入
m=[250,270,270,180];
freedom=length(m);

%导入地震波,获得时间步数和步长
data=load('Northridge_01_NO_968.txt');
ug=25.27*data(:,1)';
n1=length(ug);
dt=0.01;

%定义非线性单元本构
global fy k0 b
fy=1e3*[5000,1225,975,490];%yield strength
k0=1e3*[50,245,195,98];%initial stiffness,刚度 N/m
cd=[1000,0,0,0]
b=[1,0,0,0];%strain-hardening ratio
```

隔震层与上部结构楼层串联，该段代码给出了含隔震层在内的结构各层屈服力 $f_y$、刚度 $k_0$ 和阻尼器附加阻尼 $c_d$，各向量的第一个元素表示的是隔震层的参数。实际上采用黏弹性阻尼器的隔震层是弹性的，因此这里赋予隔震层的屈服力为一个较大值，且屈服强化系数 $b$ 为 1，意味着隔震层始终保持弹性，其他层仍按合理的屈服力赋值，以便整体套用本构状态确定函数。此外可以看出，附加阻尼向量中，除了隔震层阻尼外，其他层均为 0。

```
%初始化质量、刚度矩阵
M=zeros(freedom,freedom);
for i=1:freedom
    M(i,i)=m(i);
end
K=FormKMatric(k0,freedom);
Cd=FormKMatric(cd,freedom);

%初始模态分析
[eig_vec,eig_val]=eig(inv(M)*K);          %求 inv(M)*K 的特征值 w^2
[w,w_order]=sort(sqrt(diag(eig_val)));    %求解自振频率和振型
mode=eig_vec(:,w_order);                  %求解振型
```

```
%振型归一化
for i=1:freedom
    mode(:,i)=mode(:,i)/mode(freedom,i);
end
%求解周期
T=zeros(1,freedom);
for i=1:freedom
    T(i)=2*pi/w(i);
end

%求瑞利阻尼系数
A=2*0.05/(w(1)+w(2))*[w(1)*w(2);1];  %求系数a0和a1,假设第一阶和第二阶振型阻尼
比均为0.05
C=A(1)*M+A(2)*K+Cd;

%指定Newmark-β法控制参数γ和β,定义积分常数
gama=0.5;beta=0.25;
AA1=M/(beta*dt)+(gama/beta)*C;
AA2=M/(2*beta)+dt*(gama/2/beta-1)*C;

%求解结构反应
%初始条件
n2=3500;
Time(1,1)=0;
u=zeros(freedom,n2);
u(:,1)=0;
v=zeros(freedom,n2);
v(:,1)=0;
P=zeros(freedom,n2);
P(:,1)=-ug(1,1)*m';
Rs=zeros(freedom,n2);
Rs(:,1)=0;
k=zeros(freedom,n2);
k(:,1)=k0';
aa=zeros(freedom,n2);
aa(:,1)=inv(M)*(P(:,1)-C*v(:,1)-Rs(:,1));
utrial0=zeros(freedom,1);
utrial=zeros(freedom,1);
Rtrial=zeros(freedom,1);
ktrial=zeros(freedom,1);
%逐步积分
for j=2:n2
    Time(1,j)=(j-1)*dt;
```

```
    %求等效刚度矩阵 KK
    K=FormKMatric(k(:,j-1),freedom);
    KK=K+1/(beta*dt^2)*M+gama/(beta*dt)*C;
    %求等效荷载增量 dltPP
    if j<=n1
        P(:,j)=-ug(1,j)*m';
    else
        ug(1,j)=0;
        P(:,j)=0;
    end
    dltP(:,j-1)=P(:,j)-P(:,j-1);
    dltPP(:,j-1)=dltP(:,j-1)+AA1*v(:,j-1)+AA2*aa(:,j-1);
    %开始积分步内迭代
    %初始化数据
    utrial0=u(:,j-1);
    Rtrial0=Rs(:,j-1);
    dltR_0=dltPP(:,j-1);
    KKt_0=KK;
    while sum(abs(dltR_0))>1e-5
        dltu=inv(KKt_0)*dltR_0;  %求解迭代步位移增量
        utrial=utrial0+dltu;          %进而求得迭代后位移
        [Rtrial,ktrial]=stateDetermineNMDOF(Rtrial0,utrial0,utrial);
                          %调用状态确定函数,获取本次迭代后的恢复力和刚度
        K=FormKMatric(ktrial,freedom);               %更新刚度和等效刚度
        KKt_0=K+1/(beta*dt^2)*M+gama/(beta*dt)*C;
        dltF=Rtrial-Rtrial0+((gama/beta/dt)*C+(1/beta/dt/dt)*M)*dltu;   %更新等效残余力
        dltR_0=dltR_0-dltF;
        utrial0=utrial;
        Rtrial0=Rtrial;
    end
    u(:,j)=utrial;
    Rs(:,j)=Rtrial;
    k(:,j)=ktrial;
    dltv=(gama/beta/dt)*(u(:,j)-u(:,j-1))-(gama/beta)*v(:,j-1)+(1-gama/2/beta)*dt*aa
(:,j-1);
    dltaa=(1/beta/dt/dt)*(u(:,j)-u(:,j-1))-(1/beta/dt)*v(:,j-1)-(1/2/beta)*aa(:,j-1);
    v(:,j)=v(:,j-1)+dltv;
    aa(:,j)=aa(:,j-1)+dltaa;
end

%结果处理
for i=1:freedom
    Story(i,1)=i;
```

```
end
%楼层位移
StoryDisp=zeros(freedom,1);
for i=1:freedom
    StoryDisp(i,1)=max(abs(u(i,:)));
end
%楼层加速度
StoryAcc=zeros(freedom,1);
for i=1:freedom
    StoryAcc(i,1)=max(abs(aa(i,:)));
end
%楼层剪力
for i=1:n2
    StoryForce(:,i)=Rs(:,i)+Cd*v(:,i);
    for j=freedom:-1:1
        shear=0;
        for k=freedom:-1:j
            shear=shear+StoryForce(k,i);
        end
        StoryShear(j,i)=shear;
    end
end
for i=1:freedom
    maxStoryShear(i,1)=max(abs(StoryShear(i,:)));
end

%绘图
%楼层位移包络
figure(1)
plot(StoryDisp,Story)
xlabel('Displacement(mm)'),ylabel('Story')
title('Displacement vs Story')
%saveas(gcf,'StoryDisplacement.png');
%楼层加速度包络
figure(2)
plot(StoryAcc,Story)
xlabel('Acceleration(mm/s^2)'),ylabel('Story')
title('Acceleration vs Story')
%saveas(gcf,'StoryAcceleration.png');
%楼层剪力包络
figure(3)
plot(maxStoryShear,Story)
xlabel('ShearForce(N)'),ylabel('Story')
```

```
title('ShearForce vs Story')
%saveas(gcf,'StoryShearForce.png');
%顶点位移时程
figure(4)
plot(T2(1,:),u(4,:))
xlabel('Time(s)'),ylabel('Displacement(mm)')
title('Displacement of 3rd Story')
%saveas(gcf,'StoryShearForce.png');
%基底剪力时程
figure(5)
%plot(T2(1,:),BaseShear(1,:))
plot(T2(1,:),StoryShear(1,:))
xlabel('Time(s)'),ylabel('Base Shear Force(N)')
title('Base Shear Force')
%saveas(gcf,'StoryShearForce.png');
%隔震层滞回曲线
figure(6)
%plot(u(1,:),BaseShear(1,:))
plot(u(1,:),StoryShear(1,:))
xlabel('Displacement(mm)'),ylabel('Shear Force(N)')
title('Isolator Hysteritic Curve')
%saveas(gcf,'StoryShearForce.png');
%首层滞回曲线
figure(7)
%plot(u(2,:)-u(1,:),secondShear(1,:))
plot(u(2,:)-u(1,:),StoryShear(2,:))
xlabel('Displacement(mm)'),ylabel('Shear Force(N)')
title('Story 1 Hysteritic Curve')
%saveas(gcf,'StoryShearForce.png');
%二层滞回曲线
figure(8)
%plot(u(3,:)-u(2,:),thirdShear(1,:))
plot(u(3,:)-u(2,:),StoryShear(3,:))
xlabel('Displacement(mm)'),ylabel('Shear Force(N)')
title('Story 2 Hysteritic Curve')
%saveas(gcf,'StoryShearForce.png');
%三层滞回曲线
figure(9)
%plot(u(4,:)-u(3,:),fourthShear(1,:))
plot(u(4,:)-u(3,:),StoryShear(4,:))
xlabel('Displacement(mm)'),ylabel('Shear Force(N)')
title('Story 3 Hysteritic Curve')
%saveas(gcf,'StoryShearForce.png');
```

#### 11.2.1.2　分析结果

图 11-7 和图 11-8 分别是计算得到的顶点位移时程曲线和基底（隔震层）剪力时程曲线。

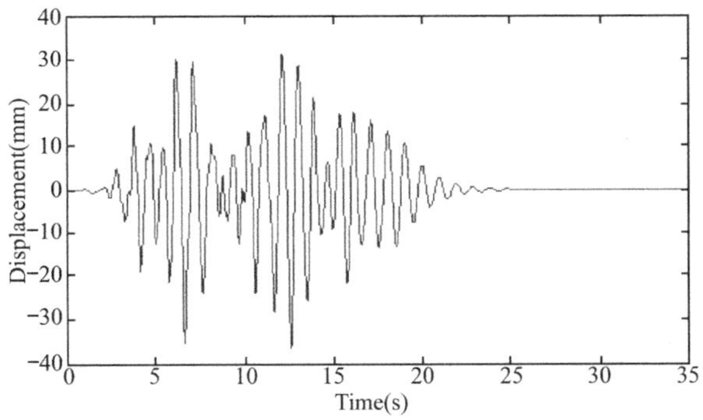


图 11-7　顶点位移时程曲线

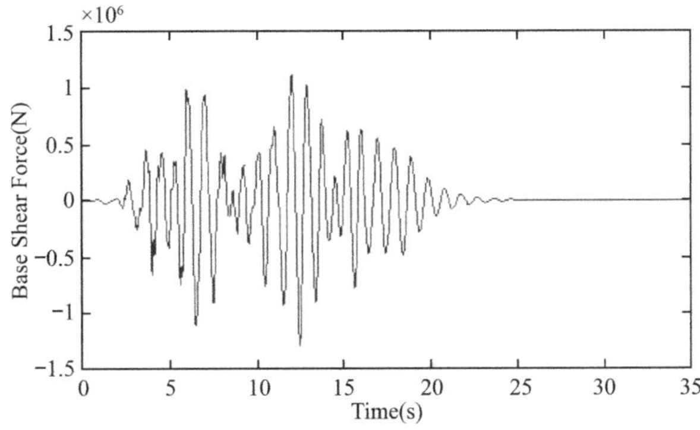


图 11-8　隔震层剪力时程曲线

图 11-9 是结构各层地震反应包络值。

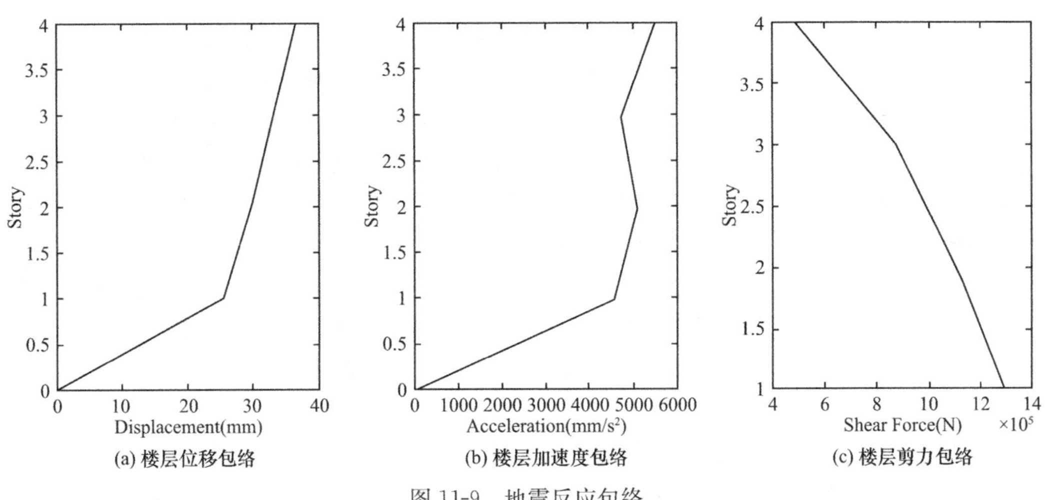


(a) 楼层位移包络　(b) 楼层加速度包络　(c) 楼层剪力包络

图 11-9　地震反应包络

图 11-10 是计算得到的各层剪力-层间位移滞回曲线。由图可见，上部结构的滞回曲线基本是一条直线，表明上部楼层仍处于弹性阶段。

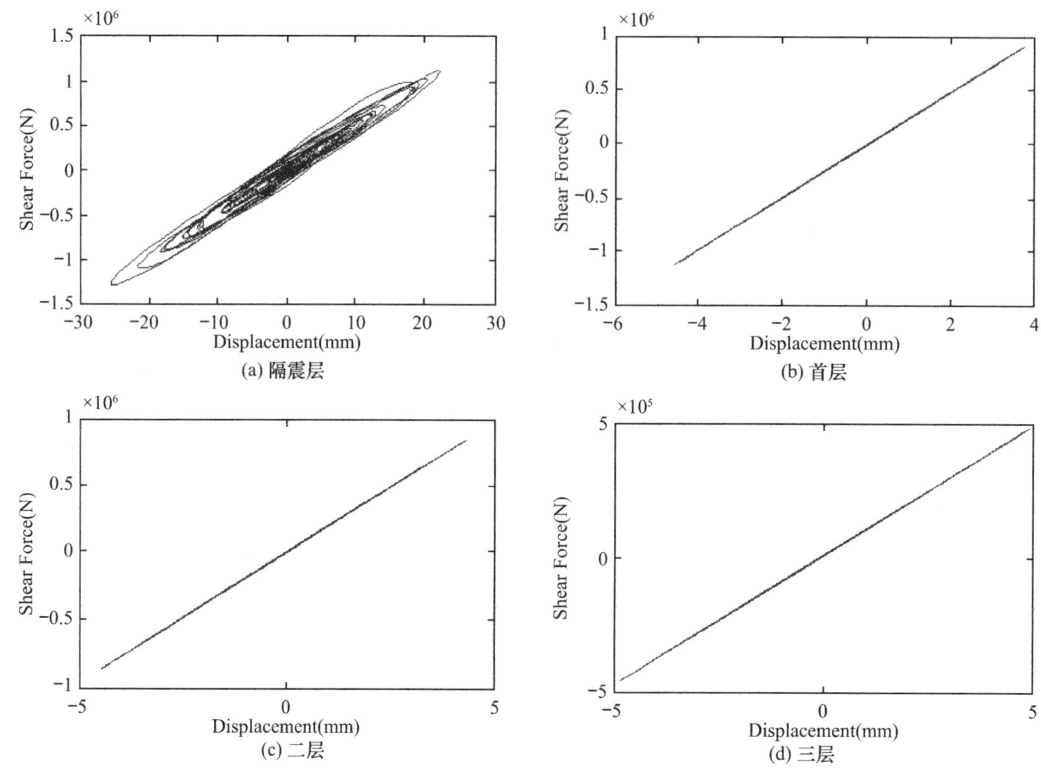


图 11-10　楼层剪力-位移滞回曲线

## 11. 2. 2　SAP2000 分析

### 11. 2. 2. 1　建立模型

SAP2000[3]中有专门的隔震单元 Rubber Isolator（橡胶隔震单元）和 Friction Isolator（摩擦隔震单元）。由于本节算例的隔震层由弹性隔震支座和黏弹性阻尼器组成，其等效刚度为常数，且黏弹性阻尼器可提供阻尼，隔震层恢复力模型近似为图 11-11 所示的形状，因此可在 SAP2000 中用一个 Linear 类型的单元来模拟隔震层，单元的刚度和阻尼参数按图 11-5 取值。

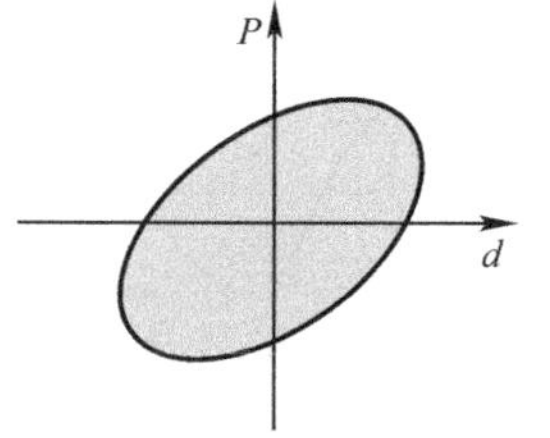


图 11-11　隔震层滞回环形状示意

在上部结构模型的基础上，稍加修改即可完成相应隔震结构的建模，具体如下。

（1）建立模拟隔震层的 Linear 类型的单元。点击【定义】-【截面属性】-【连接/支座属性】-【添加新属性】，打开连接/支座属性定义界面，连接/支座类型选择“Linear”，属性名称输入“Isolator0”。如图 11-12 所示。

（2）激活 U2 方向自由度，其余方向自由度选择“固定”，点击【修改/显示全部】，打开连接/支座参数定义界面。在刚度一栏中输入 U2 方向刚度为 50000N/mm，在阻尼一栏中输入 U2 方向阻尼为 1000N · s/mm，如图 11-13 所示。

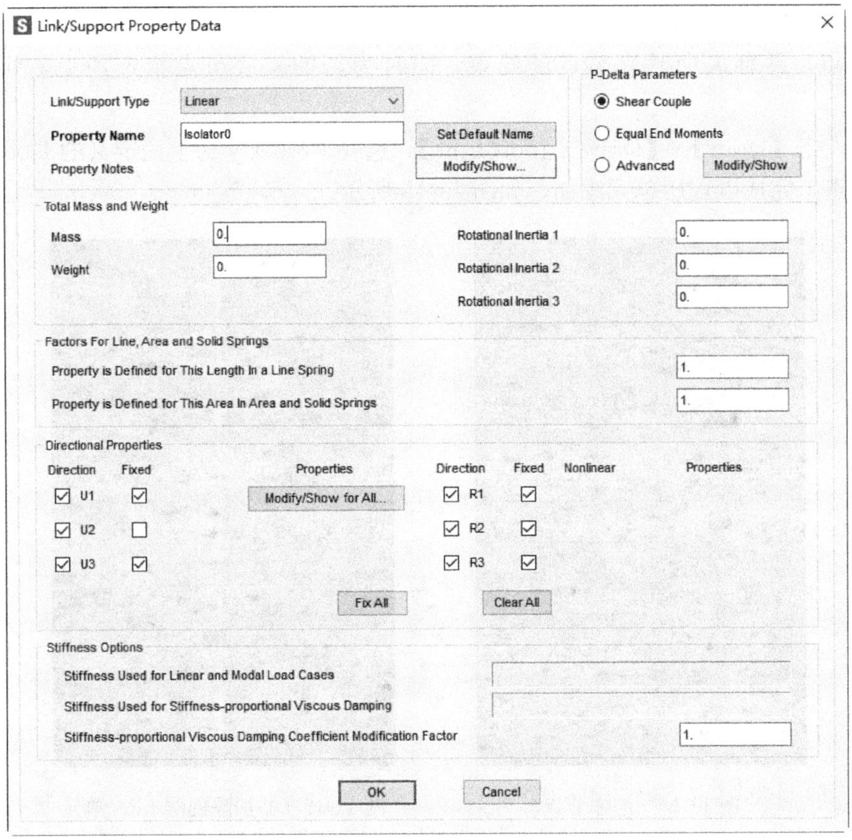

图 11-12 连接/支座属性定义界面

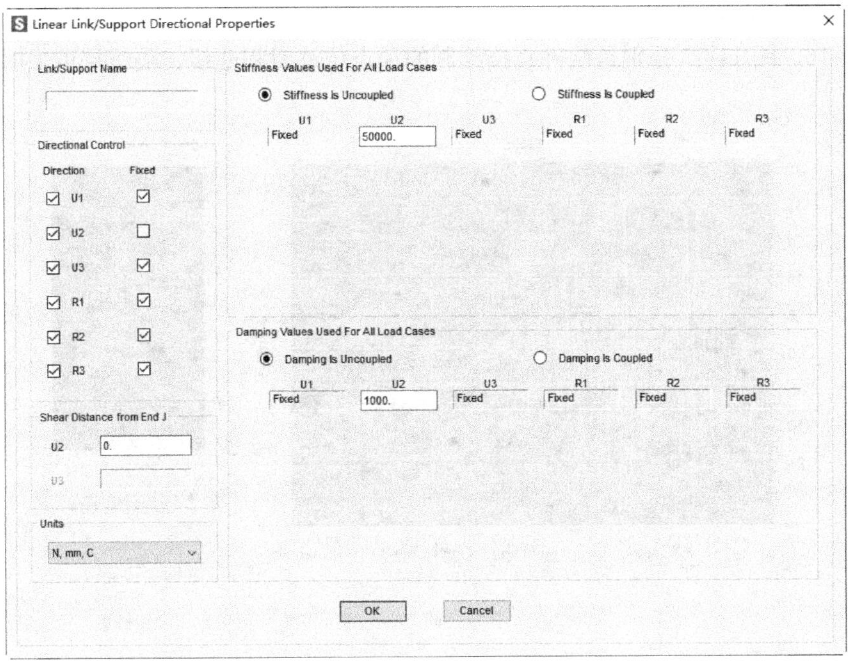

图 11-13 Linear 单元参数定义

（3）在原模型底部节点下新建节点，作为新的基底节点，原模型基底节点作为隔震层的等效质点，并释放原基底节点的约束，同时为新的基底节点指定约束，如图 11-14 所示。

（4）点击【Draw】-【Draw 2 Joint Link】，选择 Property 为上面定义的 Isolator0，连接底部两点，完成隔震层单元添加，如图 11-15 所示。

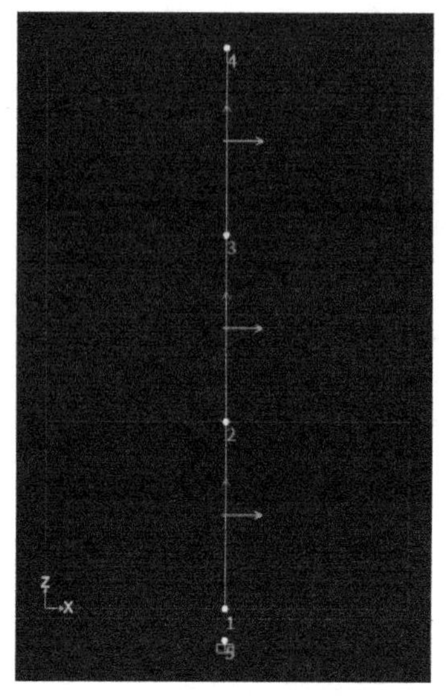


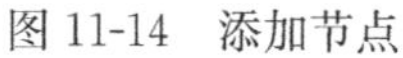

图 11-14　添加节点

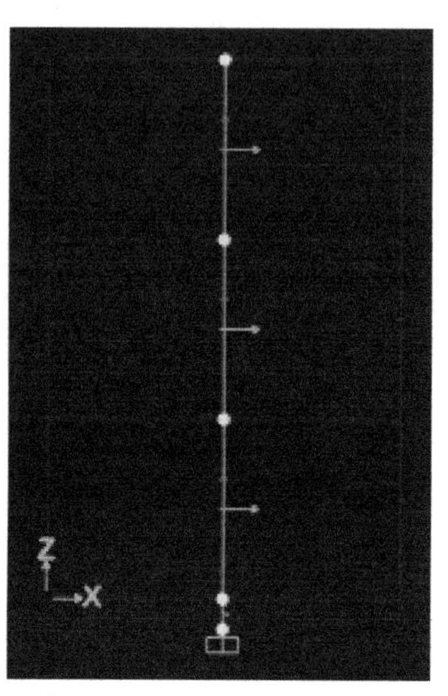


图 11-15　添加隔震层 Link 单元

本例隔震支座为黏弹性，上部结构为非弹性，因此定义分析工况时需选择非线性分析。

### 11.2.2.2　分析结果

图 11-16、图 11-17 分别是软件直接绘制的顶点位移时程曲线、隔震层剪力时程曲线。

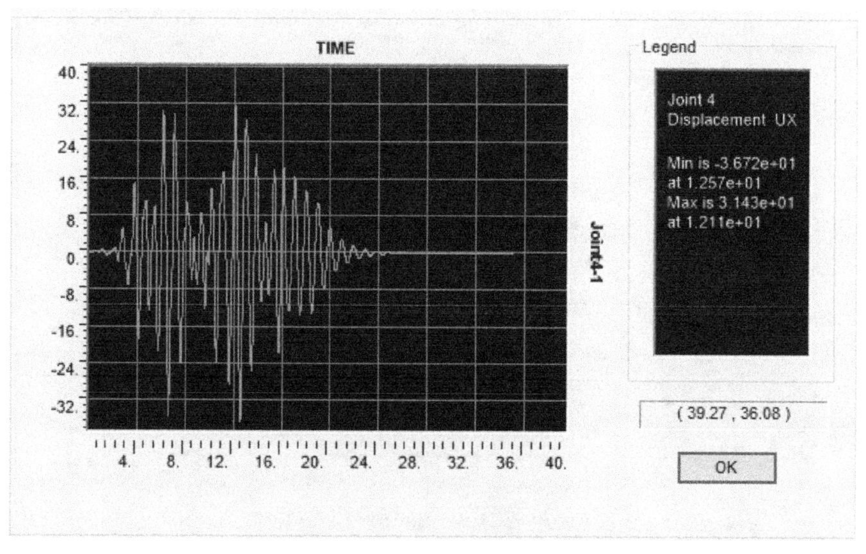


图 11-16　顶点位移时程曲线（mm）

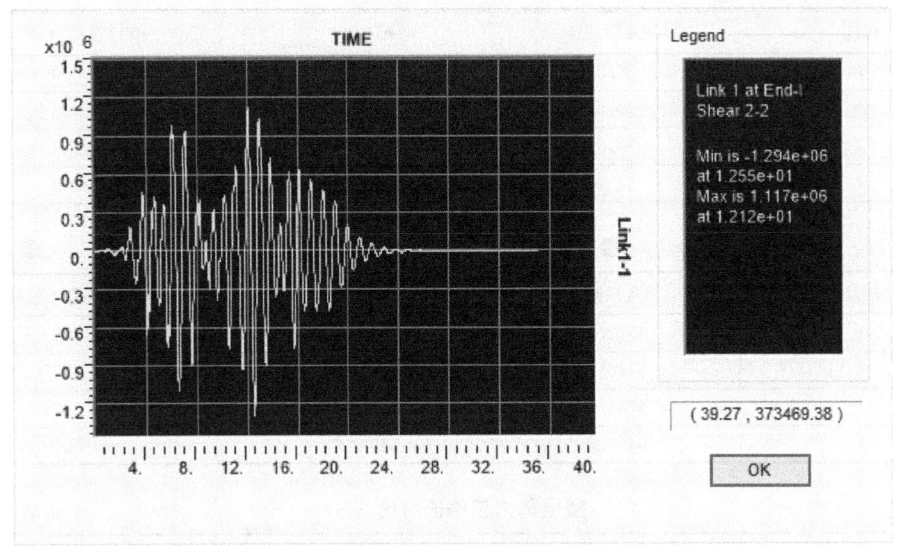


图 11-17　隔震层剪力时程曲线（N）

图 11-18 是根据导出数据整理得到的各层剪力-位移滞回曲线。由图可见，上部结构的滞回曲线基本是一条直线，表明上部楼层仍处于弹性阶段。

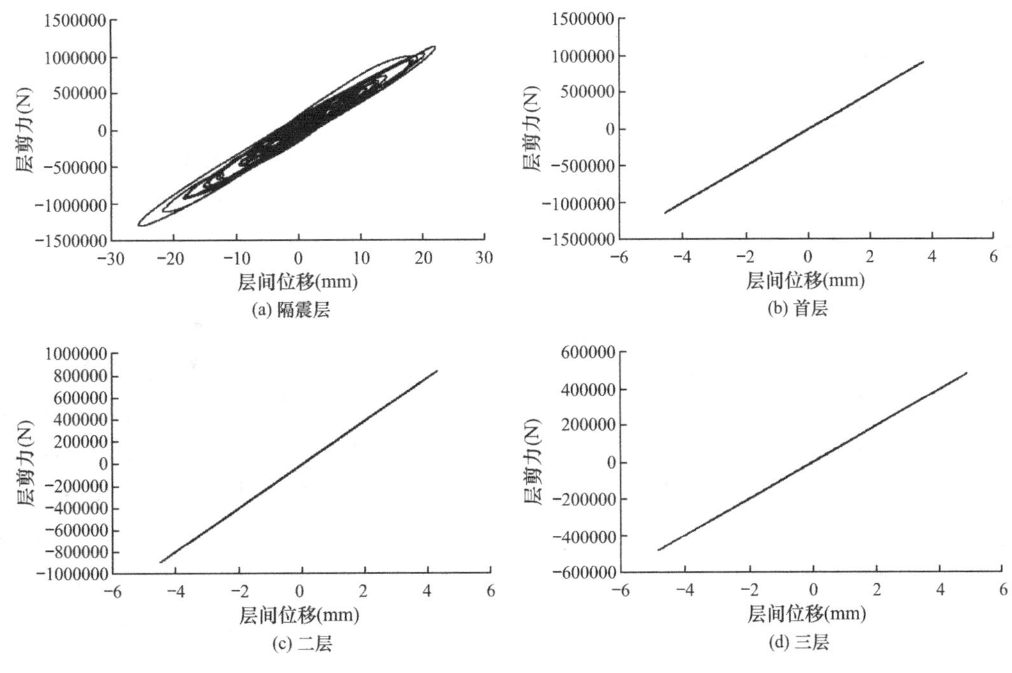


图 11-18　楼层剪力-层间位移滞回曲线

#### 11.2.2.3　结果对比

表 11-1～表 11-3 是 MATLAB 计算的楼层位移包络、楼层加速度包络、楼层剪力包络结果与 SAP2000 结果的对比。由表可知，两者计算结果吻合很好。

**楼层位移包络值对比（mm）**　　**表 11-1**

| 楼层 | MATLAB | SAP2000 | 相对误差（%） |
|---|---|---|---|
| 1 | 25.5 | 25.5 | 0.0000 |
| 2 | 29.8 | 29.8 | 0.0000 |
| 3 | 33.5 | 33.5 | 0.0000 |
| 4 | 36.7 | 36.7 | 0.0000 |

**楼层加速度包络值对比（$mm/s^2$）**　　**表 11-2**

| 楼层 | MATLAB | SAP2000 | 相对误差（%） |
|---|---|---|---|
| 1 | 4572.7 | 4572.5 | −0.0050 |
| 2 | 5110.9 | 5110.7 | −0.0037 |
| 3 | 4745.4 | 4745.4 | −0.0004 |
| 4 | 5499.6 | 5499.4 | −0.0040 |

**楼层剪力包络值对比（N）**　　**表 11-3**

| 楼层 | MATLAB | SAP2000 | 相对误差（%） |
|---|---|---|---|
| 1 | 1294000.0 | 1293883.1 | −0.0090 |
| 2 | 1106500.0 | 1106418.6 | −0.0074 |
| 3 | 876760.4 | 876681.0 | −0.0091 |
| 4 | 478818.5 | 478714.6 | −0.0217 |

## 11.2.3　midas Gen 分析

### 11.2.3.1　建立模型

midas Gen 软件中也有自带的隔震装置单元，本节为方便与 MATLAB 计算结果对比，仍采用一般连接单元模拟算例中的隔震支座。上部结构模型与上节相同，此处给出一般连接单元的定义如下。

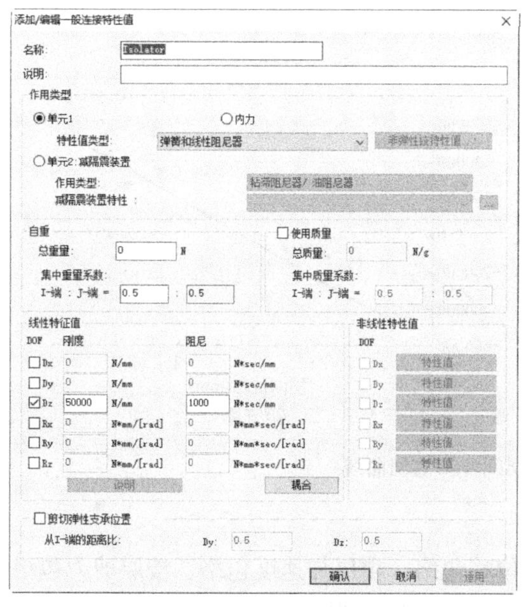


图 11-19　一般连接特性定义

（1）本例中的隔震支座是带附加阻尼的弹性支座，因此可用“弹簧和线性阻尼器”进行模拟。点击【边界】-【一般连接】-【一般连接特性值】，添加一般连接特性，作用类型为“单元 1”，特性值类型为“弹簧和线性阻尼器”，命名为“Isolator”，激活 Dz 方向自由度，输入刚度为 50000N/mm，阻尼为 1000N·s/mm。如图 11-19 所示。

（2）添加隔震层节点，指定隔震层质量，点击【边界】-【一般连接】，选择一般连接的连接特性值为“Isolator”，连接的两个端点节点编号为“1，3”，如图 11-20 所示，点击适用，则在节点 1、节点 3 之间新添加一般连接到模型中。

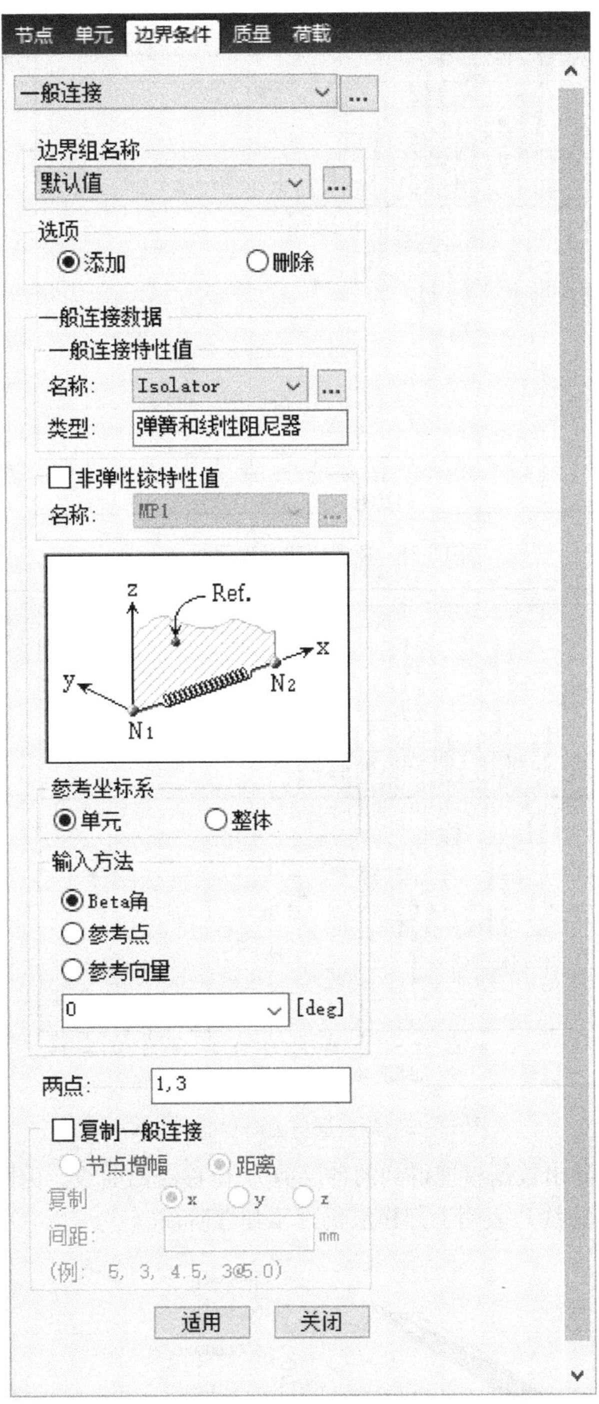


图 11-20　添加连接单元到模型中

本例隔震支座为黏弹性，上部结构为非弹性，因此定义分析工况时需选择非线性分析。

### 11.2.3.2　分析结果

图 11-21、图 11-22 分别是软件直接绘制的顶点位移时程曲线、隔震层剪力时程曲线。

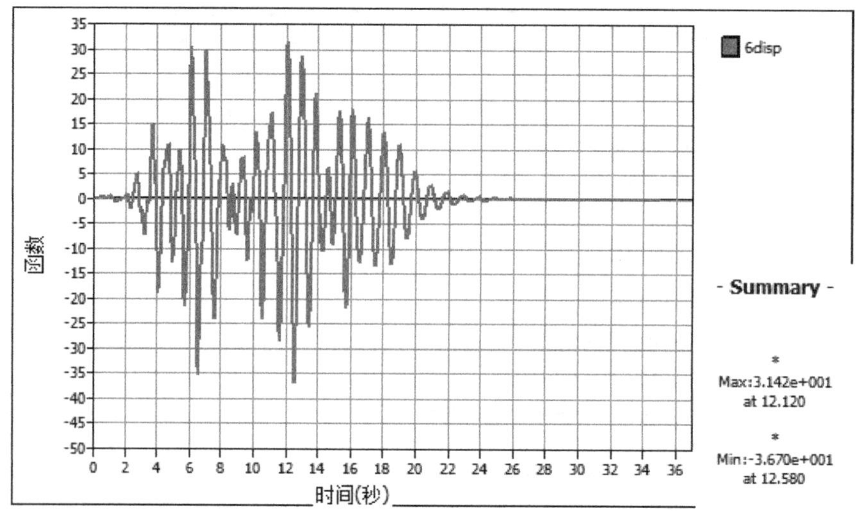


图 11-21　顶点位移时程曲线（mm）

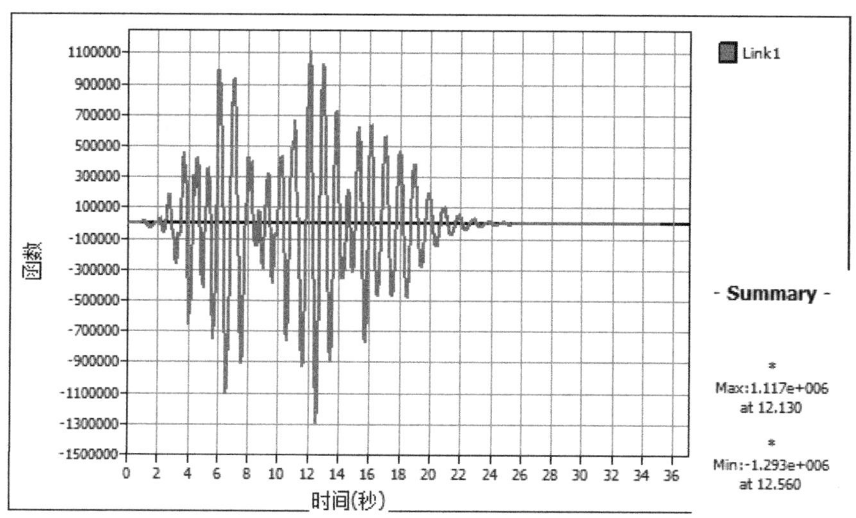


图 11-22　隔震层剪力时程曲线（N）

图 11-23 是根据导出数据整理得到的各层剪力-位移滞回曲线。由图可见，上部结构的滞回曲线基本是一条直线，表明上部楼层仍处于弹性阶段。

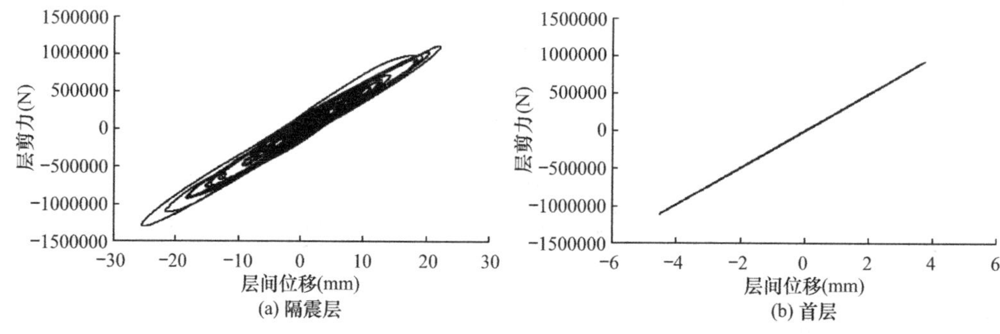


图 11-23　楼层剪力-层间位移滞回曲线（一）

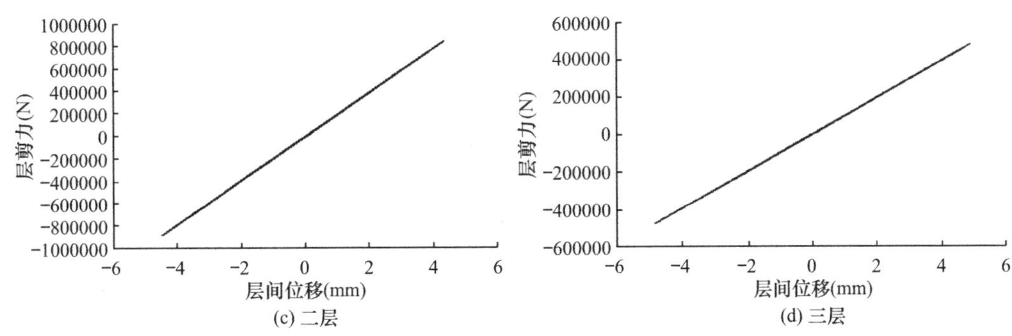


图 11-23 楼层剪力-层间位移滞回曲线（二）

#### 11.2.3.3 结果对比

表 11-4～表 11-6 是 MATLAB 计算的楼层位移包络、楼层加速度包络、楼层剪力包络结果与 midas Gen 结果的对比。由表可知，两者计算结果吻合很好。

**楼层位移包络值对比**（mm） **表 11-4**

| 楼层 | MATLAB | SAP2000 | 相对误差（%） |
|---|---|---|---|
| 1 | 25.5 | 25.5 | 0.0000 |
| 2 | 29.8 | 29.8 | 0.0000 |
| 3 | 33.5 | 33.5 | 0.0000 |
| 4 | 36.7 | 36.7 | 0.0000 |

**楼层加速度包络值对比**（$mm/s^2$） **表 11-5**

| 楼层 | MATLAB | midas Gen | 相对误差（%） |
|---|---|---|---|
| 1 | 4572.7 | 4571.0 | −0.0372 |
| 2 | 5110.9 | 5111.0 | 0.0020 |
| 3 | 4745.4 | 4745.0 | −0.0084 |
| 4 | 5499.6 | 5498.0 | −0.0291 |

**楼层剪力包络值对比**（N） **表 11-6**

| 楼层 | MATLAB | midas Gen | 相对误差（%） |
|---|---|---|---|
| 1 | 1294000.0 | 1293000.0 | −0.0773 |
| 2 | 1106500.0 | 1106000.0 | −0.0452 |
| 3 | 876760.4 | 876200.0 | −0.0639 |
| 4 | 478818.5 | 478100.0 | −0.1501 |

### 11.2.4 与非隔震结构对比

图 11-24 是隔震结构与非隔震结构的首层剪力时程曲线对比，由图可见，隔震结构的首层剪力相比非隔震结构整体减小。

表 11-7～表 11-9 和图 11-25 是隔震结构与非隔震结构的层间位移包络、楼层加速度包络、楼层剪力包络结果的对比，根据计算结果，隔震结构上述反应均有一定程度的减小。

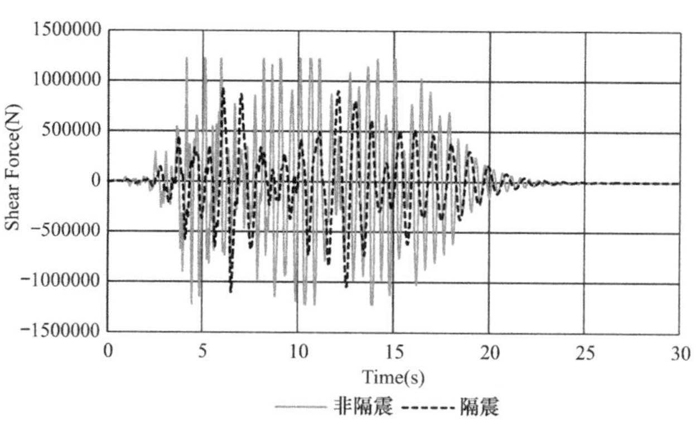


图 11-24　首层剪力时程曲线对比

层间位移包络值对比（mm）　　表 11-7

| 楼层 | 减震 | 非减震 | 增减幅度（%） |
|---|---|---|---|
| 1 | 4.3 | 13.9 | −69.1434 |
| 2 | 3.7 | 9.6 | −61.7515 |
| 3 | 3.2 | 3.4 | −5.7045 |

楼层加速度包络值对比（$mm/s^2$）　　表 11-8

| 楼层 | 减震 | 非减震 | 增减幅度（%） |
|---|---|---|---|
| 1 | 5110.9 | 6148.9 | −16.8805 |
| 2 | 4745.4 | 6084.38 | −22.0068 |
| 3 | 5499.6 | 5942.98 | −7.4606 |

楼层剪力包络值对比（N）　　表 11-9

| 楼层 | 减震 | 非减震 | 增减幅度（%） |
|---|---|---|---|
| 1 | 1106500.0 | 1225000.0 | −9.6735 |
| 2 | 876760.4 | 975000.0 | −10.0759 |
| 3 | 478818.5 | 490000.0 | −2.2819 |

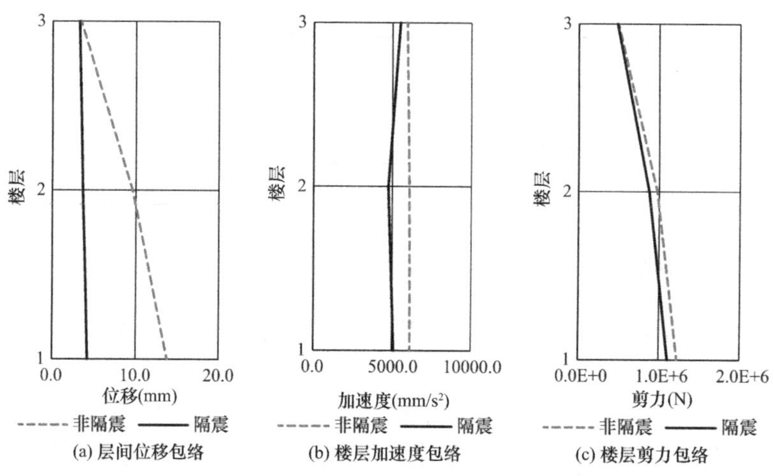


图 11-25　隔震结构与非隔震结构反应包络值对比

## 11.3 铅芯橡胶支座隔震结构分析实例

本节讨论采用 MATLAB 编程分析铅芯橡胶隔震结构在地震作用下的反应。采用的模型与上节相同，只是隔震层采用铅芯叠层橡胶支座，模型示意图、结构参数及隔震层参数如图 11-26 所示。图中 $k_2 \sim k_4$ 表示结构层初始刚度，$f_{y2} \sim f_{y4}$ 表示楼层屈服承载力，$k_1$ 表示隔震层初始刚度，$f_{y1}$ 表示隔震层屈服承载力，$b$ 表示屈服后刚度强化系数，其中上部结构按理想弹塑性本构，隔震层屈服强化系数取 0.05。分析采用的地震动加速度时程与上节相同。

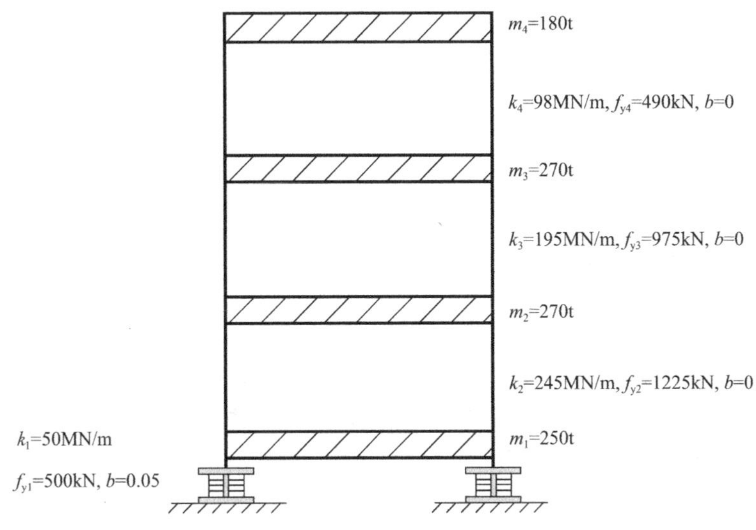


图 11-26 算例模型及参数

### 11.3.1 MATLAB 编程

#### 11.3.1.1 编程代码

```
%铅芯橡胶支座隔震结构分析
%Author:JiDong Cui(崔济东)
%Website:www.jdcui.com
clear;clc;
format shortEng

%结构参数输入(阻尼比、质量、初始刚度)
m=[250,270,270,180];
freedom=length(m);

%外荷载输入(时间间隔、时间步数)
data=load('Northridge_01_NO_968.txt');
ug=25.27*data(:,1)';
```

```
n1=length(ug);
dt=0.01;

%定义非线性单元本构
global fy k0 b
fy=1e3*[500,1225,975,490];%yield strength
k0=1e3*[50,245,195,98];%initial stiffness,刚度 N/m
b=[0.05,0,0,0];%strain-hardening ratio
```

该段代码给出了含隔震层在内的结构各层屈服力 $f_y$、刚度 $k_0$ 和屈服强化系数 $b$，对比非弹性多自由度体系地震动力分析代码可知，两者的形式是相同的，将隔震层参数作为非弹性多自由度体系的其中一层输入。

```
%初始化质量、刚度矩阵
M=zeros(freedom,freedom);
for i=1:freedom
    M(i,i)=m(i);
end
K=FormKMatric(k0,freedom);

%初始模态分析
[eig_vec,eig_val]=eig(inv(M)*K);%求 inv(M)*K 的特征值 w^2
[w,w_order]=sort(sqrt(diag(eig_val)));%求解自振频率和振型
mode=eig_vec(:,w_order);%求解振型
%振型归一化
for i=1:freedom
    mode(:,i)=mode(:,i)/mode(freedom,i);
end
%求解周期
T=zeros(1,freedom);
for i=1:freedom
    T(i)=2*pi/w(i);
end

%求瑞利阻尼系数
A=2*0.05/(w(1)+w(2))*[w(1)*w(2);1];%求系数 a0 和 a1,假设第一阶和第二阶振型阻尼比
均为 0.05
C=A(1)*M+A(2)*K;

%指定 Newmark-β 法控制参数 γ 和 β,定义积分常数
gama=0.5;beta=0.25;
AA1=M/(beta*dt)+(gama/beta)*C;
AA2=M/(2*beta)+dt*(gama/2/beta-1)*C;
```

```
%求解结构反应
%初始条件
n2=3500;
Time(1,1)=0;
u=zeros(freedom,n2);
u(:,1)=0;
v=zeros(freedom,n2);
v(:,1)=0;
P=zeros(freedom,n2);
P(:,1)=-ug(1,1)*m';
Rs=zeros(freedom,n2);
Rs(:,1)=0;
k=zeros(freedom,n2);
k(:,1)=k0';
aa=zeros(freedom,n2);
aa(:,1)=inv(M)*(P(:,1)-C*v(:,1)-Rs(:,1));
utrial0=zeros(freedom,1);
utrial=zeros(freedom,1);
Rtrial=zeros(freedom,1);
ktrial=zeros(freedom,1);
%逐步积分
for j=2:n2
    Time(1,j)=(j-1)*dt;
    %求等效刚度矩阵 KK
    K=FormKMatric(k(:,j-1),freedom);
    KK=K+1/(beta*dt^2)*M+gama/(beta*dt)*C;
    %求等效荷载增量 dltPP
    if j<=n1
        P(:,j)=-ug(1,j)*m';
    else
        ug(1,j)=0;
        P(:,j)=0;
    end
    dltP(:,j-1)=P(:,j)-P(:,j-1);
    dltPP(:,j-1)=dltP(:,j-1)+AA1*v(:,j-1)+AA2*aa(:,j-1);
    %开始积分步内迭代
    %初始化数据
    utrial0=u(:,j-1);
    Rtrial0=Rs(:,j-1);
    dltR_0=dltPP(:,j-1);
    KKt_0=KK;
    while sum(abs(dltR_0))>1e-5
        dltu=inv(KKt_0)*dltR_0;  %求解迭代步位移增量
```

```
            utrial=utrial0+dltu;        %进而求得迭代后位移
            [Rtrial,ktrial]=stateDetermineNMDOF(Rtrial0,utrial0,utrial);
                                    %调用状态确定函数,获取本次迭代后的恢复力和刚度
            K=FormKMatric(ktrial,freedom);                %更新刚度和等效刚度
            KKt_0=K+1/(beta * dt^2) * M+gama/(beta * dt) * C;
            dltF=Rtrial-Rtrial0+((gama/beta/dt) * C+(1/beta/dt/dt) * M) * dltu;    %更新等效残
余力
            dltR_0=dltR_0-dltF;
            utrial0=utrial;
            Rtrial0=Rtrial;
        end
        u(:,j)=utrial;
        Rs(:,j)=Rtrial;
        k(:,j)=ktrial;
        dltv=(gama/beta/dt) * (u(:,j)-u(:,j-1))-(gama/beta) * v(:,j-1)+(1-gama/2/beta) * dt * aa
(:,j-1);
        dltaa=(1/beta/dt/dt) * (u(:,j)-u(:,j-1))-(1/beta/dt) * v(:,j-1)-(1/2/beta) * aa(:,j-1);
        v(:,j)=v(:,j-1)+dltv;
        aa(:,j)=aa(:,j-1)+dltaa;
    end

    %结果整理
    for i=1:freedom+1
        Story(i,1)=i-1;
    end
    %楼层位移
    StoryDisp=zeros(freedom+1,1);
    for i=2:freedom+1
        StoryDisp(i,1)=max(abs(u(i-1,:)));
    end
    figure(1)
    plot(StoryDisp,Story)
    xlabel('Displacement(mm)'),ylabel('Story')
    title('Displacement vs Story')
    %楼层加速度
    StoryAcc=zeros(freedom+1,1);
    for i=2:freedom+1
        StoryAcc(i,1)=max(abs(aa(i-1,:)));
    end
    figure(2)
    plot(StoryAcc,Story)
    xlabel('Acceleration(mm/s^2)'),ylabel('Story')
    title('Acceleration vs Story')
```

```
%楼层剪力
fourthShear=Rs(4,:);
thirdShear=Rs(3,:)+Rs(4,:);
secondShear=Rs(2,:)+Rs(3,:)+Rs(4,:);
BaseShear=sum(Rs);
maxStoryShear=[max(abs(BaseShear)),max(abs(secondShear)),max(abs(thirdShear)),max(abs
(fourthShear))]';
figure(3)
plot(maxStoryShear,Story(2:5))
xlabel('ShearForce(N)'),ylabel('Story')
title('ShearForce vs Story')
%顶点位移时程
figure(4)
plot(T2,u(4,:))
xlabel('Time(s)'),ylabel('Displacement(mm)')
title('Displacement vs Time')
%基底剪力时程
figure(5)
plot(T2,BaseShear)
xlabel('Time(s)'),ylabel('Base Shear Force(N)')
title('Base Shear Force vs Time')
%隔震层滞回曲线
figure(6)
plot(u(1,:),BaseShear(1,:))
xlabel('Displacement(mm)'),ylabel('Shear Force(N)')
title('Isolator Hysteritic Curve')
%首层滞回曲线
figure(7)
plot(u(2,:)-u(1,:),secondShear(1,:))
xlabel('Displacement(mm)'),ylabel('Shear Force(N)')
title('Story 1 Hysteritic Curve')
%二层滞回曲线
figure(8)
plot(u(3,:)-u(2,:),thirdShear(1,:))
xlabel('Displacement(mm)'),ylabel('Shear Force(N)')
title('Story 2 Hysteritic Curve')
%三层滞回曲线
figure(9)
plot(u(4,:)-u(3,:),fourthShear(1,:))
xlabel('Displacement(mm)'),ylabel('Shear Force(N)')
title('Story 3 Hysteritic Curve')
```

#### 11.3.1.2 分析结果

图 11-27、图 11-28 分别是计算得到的顶点位移时程曲线和隔震层剪力时程曲线。

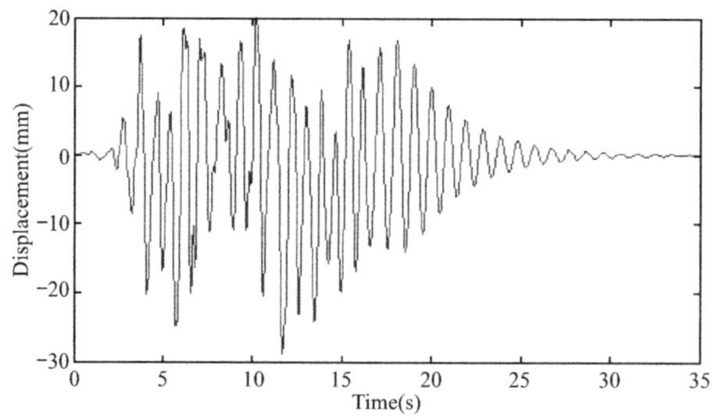


图 11-27　顶点位移时程曲线

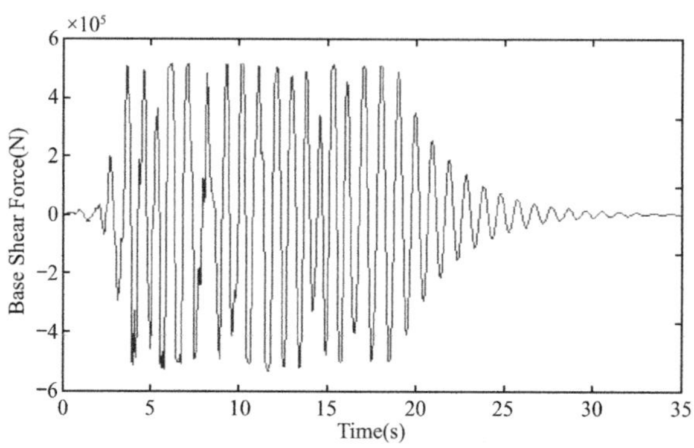


图 11-28　隔震层剪力时程曲线

图 11-29 是结构各层地震反应包络值。

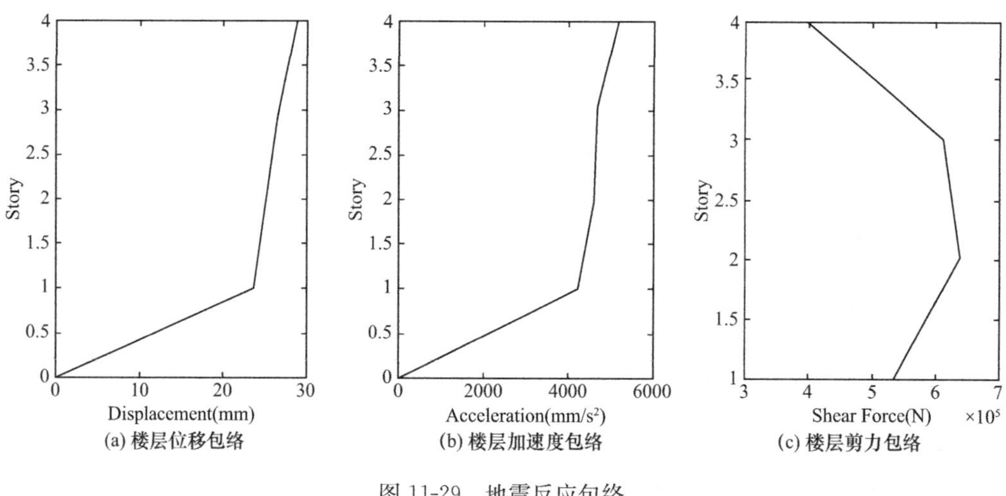


(a) 楼层位移包络　(b) 楼层加速度包络　(c) 楼层剪力包络

图 11-29　地震反应包络

图 11-30 是计算得到的各层剪力-层间位移滞回曲线。由图可见，上部结构的滞回曲线基本是一条直线，表明上部楼层仍处于弹性阶段。

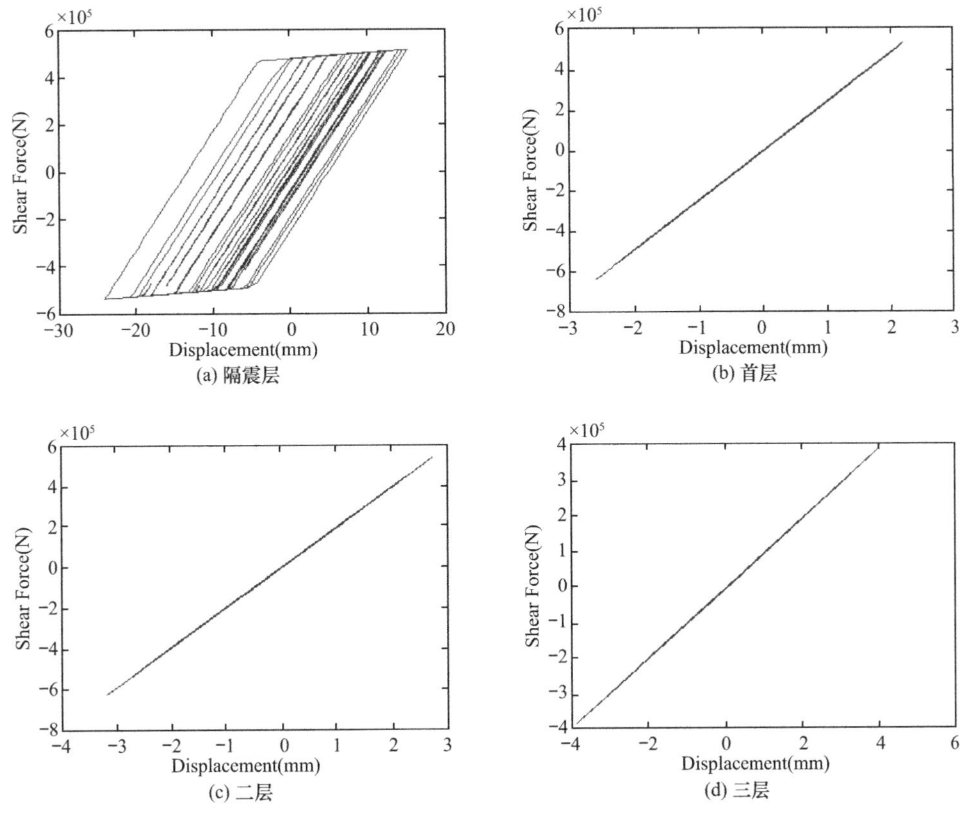


图 11-30　楼层剪力-位移滞回曲线

## 11.3.2　SAP2000 分析

### 11.3.2.1　建立模型

本节算例的隔震层由铅芯橡胶支座组成，隔震层恢复力模型近似为图 11-31 所示的形状，同时为方便与 MATLAB 分析结果对比，采用“Multilinear Plastic”类型的单元进行模拟。算例模型在 SAP2000 中的建模方法与上节基本相同，不同的只是“Multilinear Plastic”单元的定义。

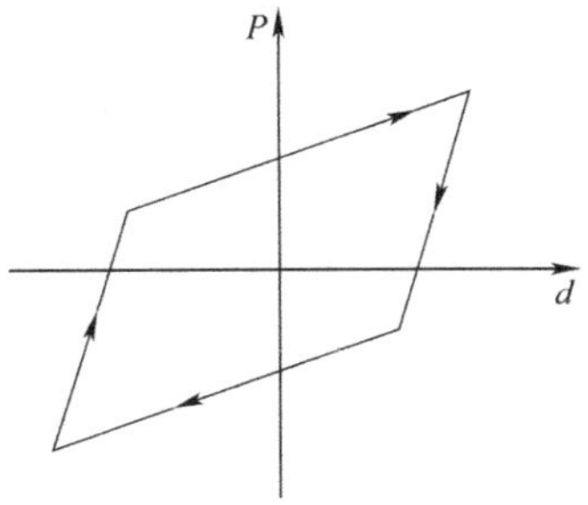

（1）点击【定义】-【截面属性】-【连接/支座属性】-【添加新属性】，打开连接/支座属性定义界面，连接/支座类型选择“Multilinear Plastic”，属性名称输入“Isolator0”，选择 Stiffness Used for Stiffness-proportional Viscous Damping 为“Initial Stiffness（K0）”，如图 11-32 所示。

$P$

$d$

图 11-31　隔震层滞回环形状示意

（2）激活 U2 方向自由度，其余方向自由度选择“固定”，点击【修改/显示全部】，打开连接/支座参数定义界面。在“多线性力-变形定义”中，输入阻尼器的力-变形关系，参数栏右侧可实时显示阻尼器的力-变形曲线，其他按默认，如图 11-33 所示。

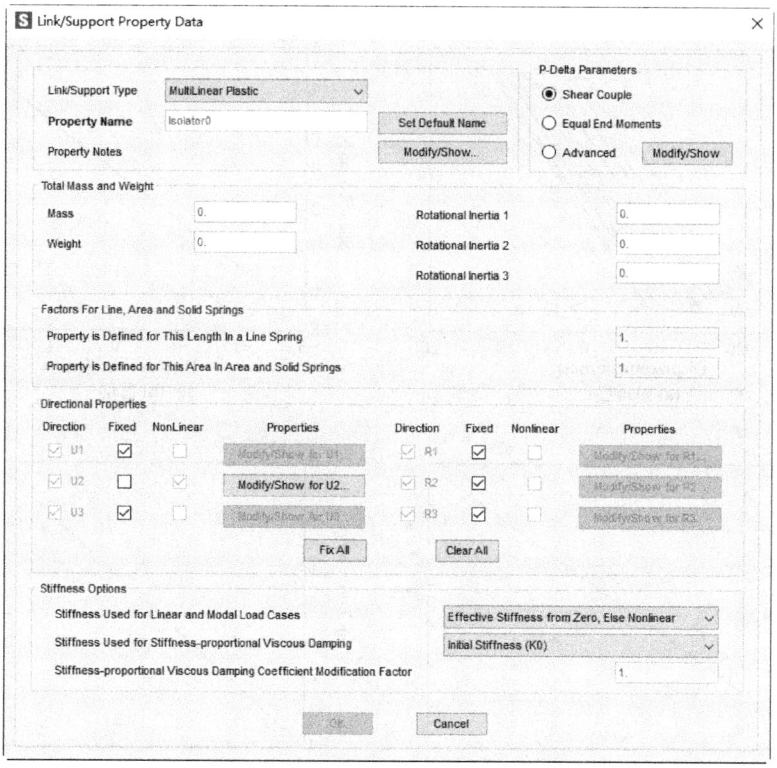

图 11-32　连接/支座属性定义界面

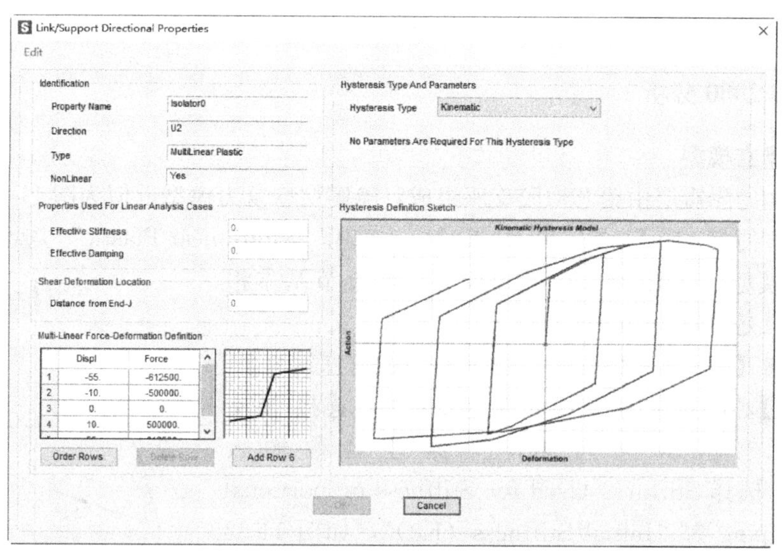


图 11-33　隔震层参数定义

可按与上节相同的建模方法，将模拟隔震层的 Multilinear Plastic 单元添加到模型中。本例隔震支座与上部结构均为非弹性，因此定义分析工况时需选择非线性分析。

#### 11.3.2.2　分析结果

图 11-34、图 11-35 分别是软件直接绘制的顶点位移时程曲线、隔震层剪力时程曲线。

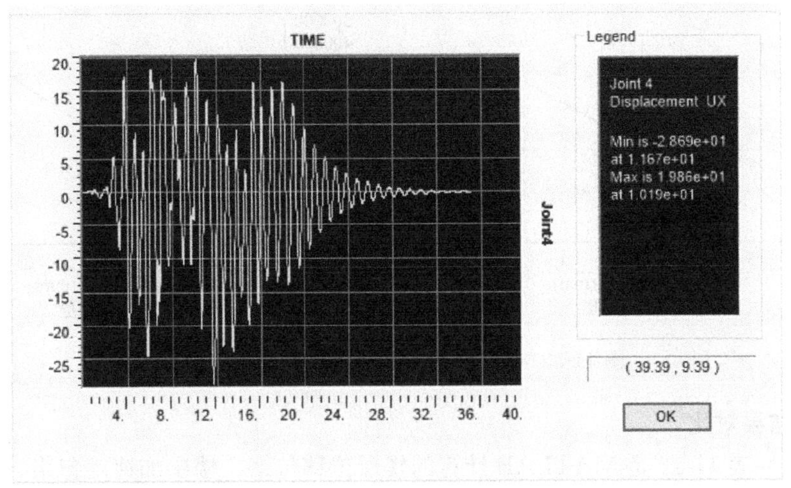


图 11-34 顶点位移时程曲线（mm）

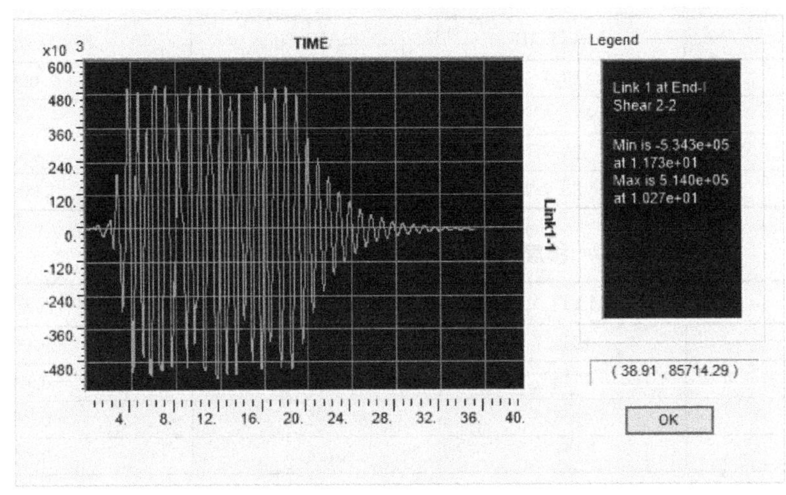


图 11-35 隔震层剪力时程曲线（N）

图 11-36 是根据导出数据整理得到的各层剪力-位移滞回曲线。由图可见，上部结构的滞回曲线基本是一条直线，表明上部楼层仍处于弹性阶段。

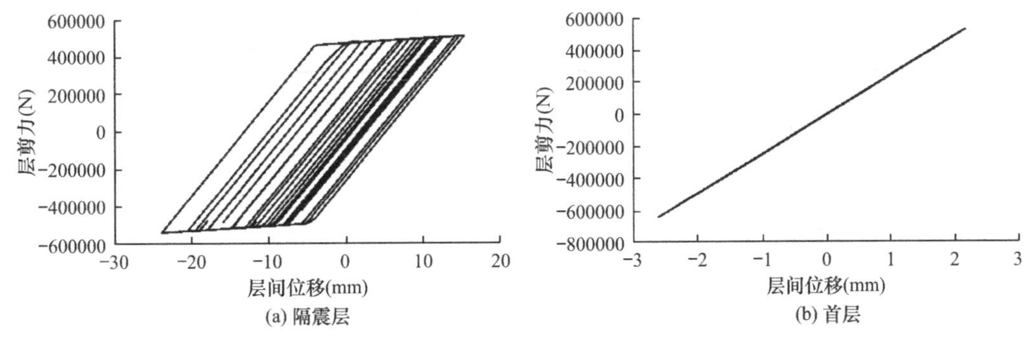


图 11-36 楼层剪力-层间位移滞回曲线（一）

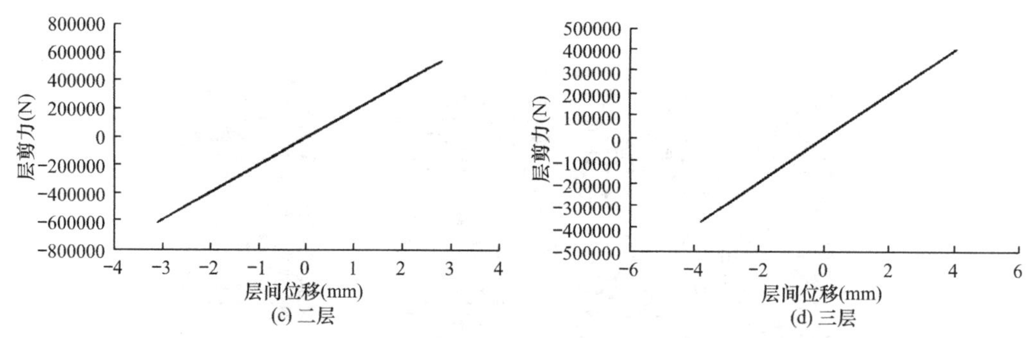


图 11-36 楼层剪力-层间位移滞回曲线（二）

#### 11.3.2.3 结果对比

表 11-10～表 11-12 是 MATLAB 计算的楼层位移包络、楼层加速度包络、楼层剪力包络结果与 SAP2000 结果的对比。由表可知，两者计算结果吻合很好。

楼层位移包络值对比（mm） 表 11-10

| 楼层 | MATLAB | SAP2000 | 相对误差（%） |
|---|---|---|---|
| 1 | 23.7 | 23.7 | 0.0000 |
| 2 | 25.3 | 25.3 | 0.0000 |
| 3 | 26.7 | 26.7 | 0.0000 |
| 4 | 28.7 | 28.7 | 0.0000 |

楼层加速度包络值对比（$mm/s^2$） 表 11-11

| 楼层 | MATLAB | SAP2000 | 相对误差（%） |
|---|---|---|---|
| 1 | 4265.7 | 4264.4 | −0.0312 |
| 2 | 4640.7 | 4640.2 | −0.0106 |
| 3 | 4703.3 | 4702.7 | −0.0125 |
| 4 | 5174.8 | 5174.3 | −0.0097 |

楼层剪力包络值对比（N） 表 11-12

| 楼层 | MATLAB | SAP2000 | 相对误差（%） |
|---|---|---|---|
| 1 | 534289.1 | 534323.2 | 0.0064 |
| 2 | 637208.2 | 636932.2 | −0.0433 |
| 3 | 611600.7 | 611068.3 | −0.0871 |
| 4 | 394071.6 | 393266.1 | −0.2044 |

### 11.3.3 midas Gen 分析

#### 11.3.3.1 建立模型

为方便与 MATLAB 计算结果对比，本节采用一般连接单元模拟算例中的隔震支座。上部结构模型与上节相同，此处给出一般连接单元的定义如下。

（1）本例中采用二折线非弹性单元模拟铅锌橡胶隔震支座。点击【边界】-【一般连接】-【一般连接特性值】，添加一般连接特性，作用类型为“单元 1”，特性值类型为“弹簧”，命名为“Isolator”，激活 Dz 方向自由度，输入刚度为 50000N/mm，如图 11-37 所示。

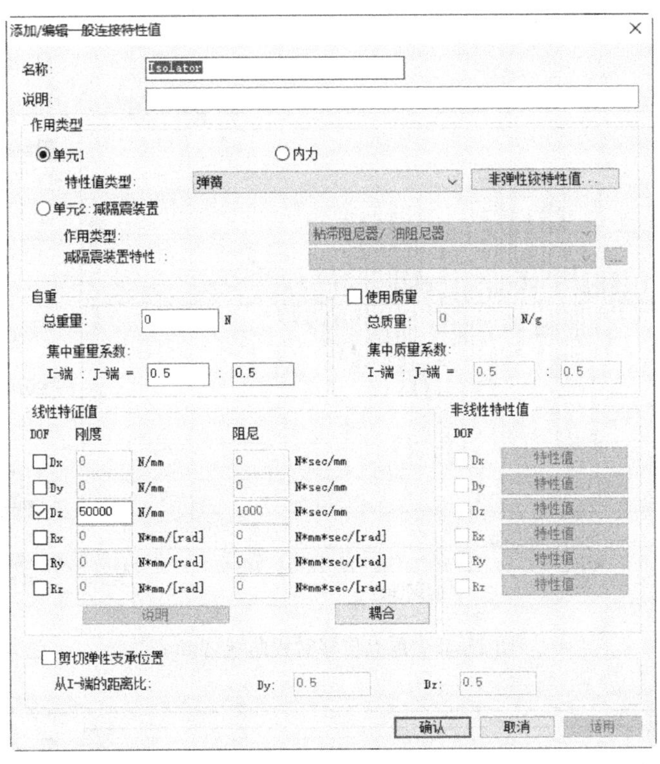


图 11-37　一般连接特性定义

(2) 点击【非弹性铰特性值】添加非弹性铰特性，选择单元类型为“一般连接”，激活 Fz 方向的特性，选择滞回模型为“随动硬化”，点击【特性值】，定义非弹性连接属性，如图 11-38 所示。

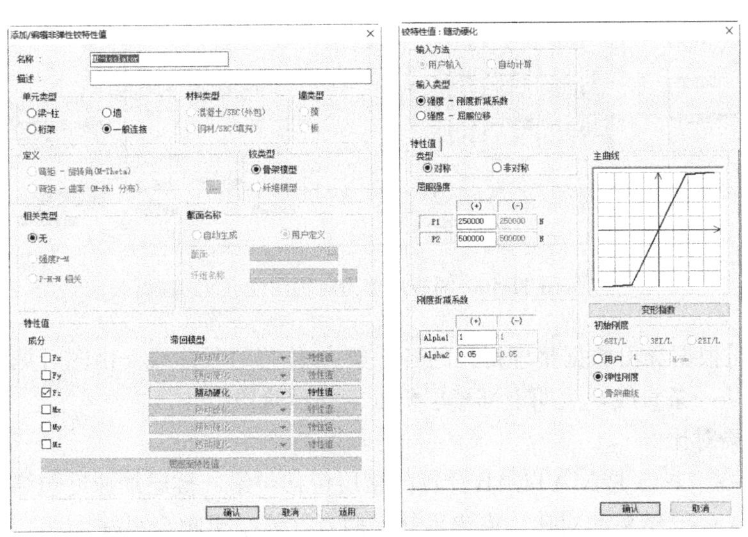


图 11-38　隔震层非弹性铰特性定义

本例隔震支座与上部结构均为非弹性，因此定义分析工况时需选择非线性分析。

#### 11.3.3.2 分析结果

图 11-39、图 11-40 分别是软件直接绘制的顶点位移时程曲线、隔震层剪力时程曲线。

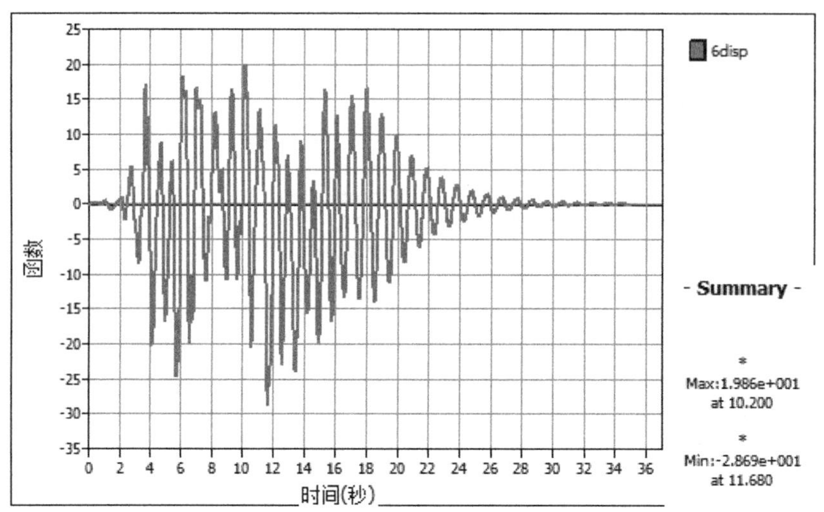


图 11-39 顶点位移时程曲线（mm）

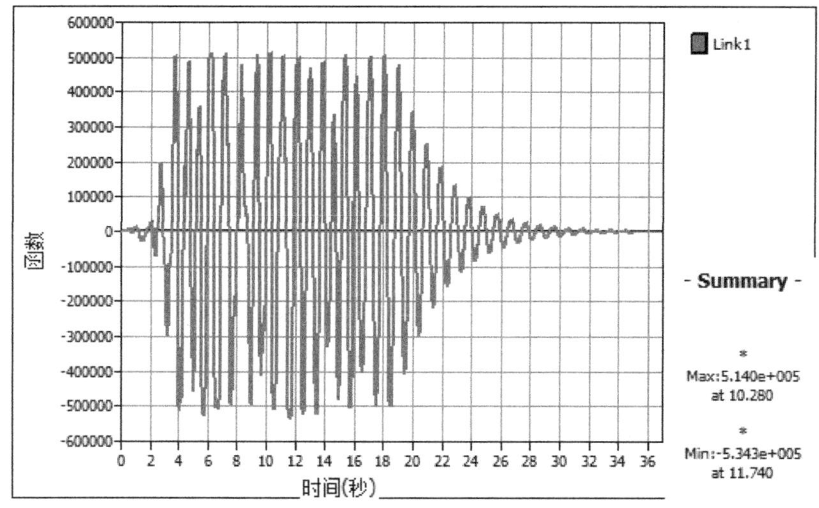


图 11-40 隔震层剪力时程曲线（N）

图 11-41 是根据导出数据整理得到的各层剪力-位移时程曲线。由图可见，上部结构的滞回曲线基本是一条直线，表明上部楼层仍处于弹性阶段。

#### 11.3.3.3 结果对比

表 11-13～表 11-15 是 MATLAB 计算的楼层位移包络、楼层加速度包络、楼层剪力包络结果与 midas Gen 结果的对比。由表可知，两者计算结果吻合很好。

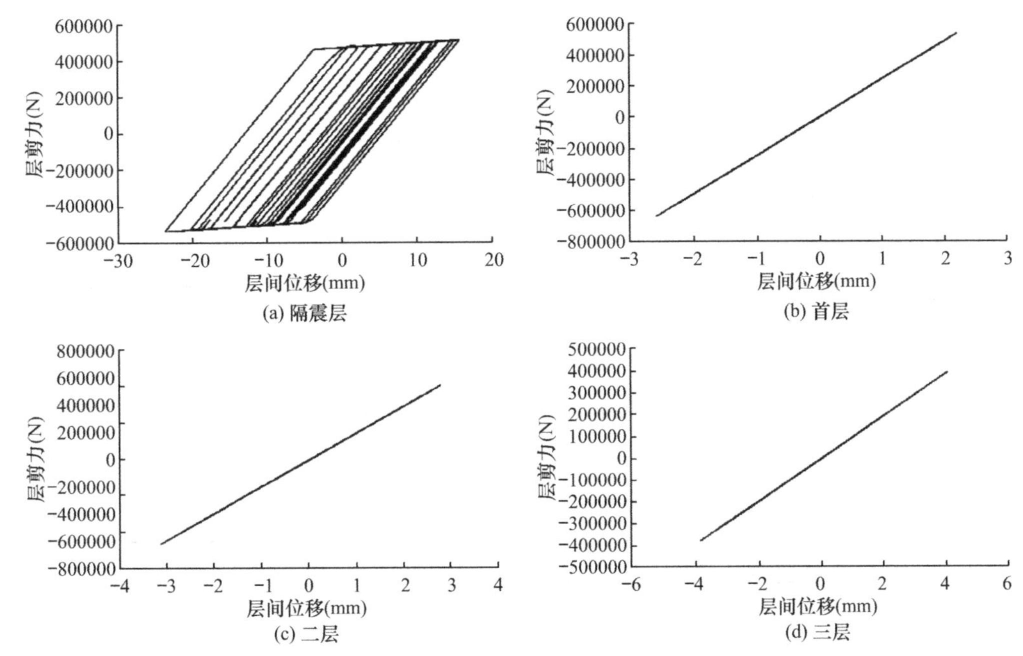


图 11-41 楼层剪力-层间位移滞回曲线

**楼层位移包络值对比**（mm） **表 11-13**

| 楼层 | MATLAB | SAP2000 | 相对误差（%） |
|---|---|---|---|
| 1 | 23.7 | 23.7 | 0.0000 |
| 2 | 25.3 | 25.3 | 0.0000 |
| 3 | 26.7 | 26.7 | 0.0000 |
| 4 | 28.7 | 28.7 | 0.0000 |

**楼层加速度包络值对比**（$mm/s^2$） **表 11-14**

| 楼层 | MATLAB | midas Gen | 相对误差（%） |
|---|---|---|---|
| 1 | 4265.7 | 4264.0 | −0.0399 |
| 2 | 4640.7 | 4640.0 | −0.0151 |
| 3 | 4703.3 | 4703.0 | −0.0064 |
| 4 | 5174.8 | 5174.0 | −0.0155 |

**楼层剪力包络值对比**（N） **表 11-15**

| 楼层 | MATLAB | midas Gen | 相对误差（%） |
|---|---|---|---|
| 1 | 534289.1 | 534300.0 | 0.0020 |
| 2 | 637208.2 | 636900.0 | −0.0484 |
| 3 | 611600.7 | 611100.0 | −0.0819 |
| 4 | 394071.6 | 393300.0 | −0.1958 |

### 11.3.4 与非隔震结构对比

图 11-42 是隔震结构与非隔震结构的首层剪力时程曲线对比，由图可见，隔震结构的首层剪力相比非隔震结构整体减小。

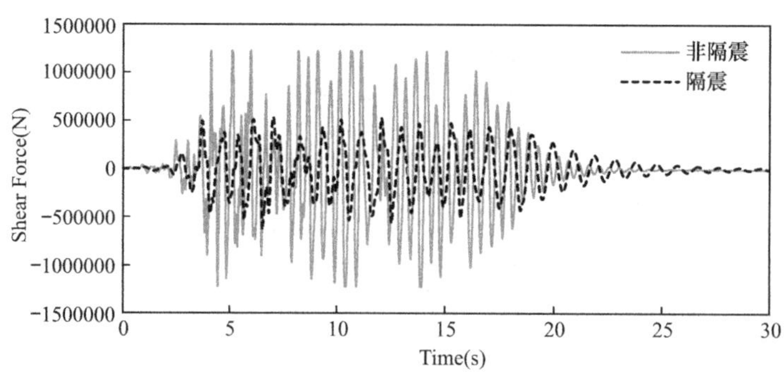


图 11-42　首层剪力时程曲线对比

表 11-16～表 11-18 和图 11-43 是隔震结构与非隔震结构的层间位移包络、楼层加速度包络、楼层剪力包络结果的对比，根据计算结果，隔震结构上述反应均有一定程度的减小。

**层间位移包络值对比**（mm）　　**表 11-16**

| 楼层 | 减震 | 非减震 | 增减幅度（%） |
|---|---|---|---|
| 1 | 1.6 | 13.9 | −88.7590 |
| 2 | 1.4 | 9.6 | −85.5123 |
| 3 | 2.0 | 3.4 | −41.4542 |

**楼层加速度包络值对比**（mm/s²）　　**表 11-17**

| 楼层 | 减震 | 非减震 | 增减幅度（%） |
|---|---|---|---|
| 1 | 4640.7 | 6148.9 | −24.5275 |
| 2 | 4703.3 | 6084.38 | −22.6988 |
| 3 | 5174.8 | 5942.98 | −12.9258 |

**楼层剪力包络值对比**（N）　　**表 11-18**

| 楼层 | 减震 | 非减震 | 增减幅度（%） |
|---|---|---|---|
| 1 | 637208.2 | 1225000.0 | −47.9830 |
| 2 | 611600.7 | 975000.0 | −37.2717 |
| 3 | 394071.6 | 490000.0 | −19.5772 |

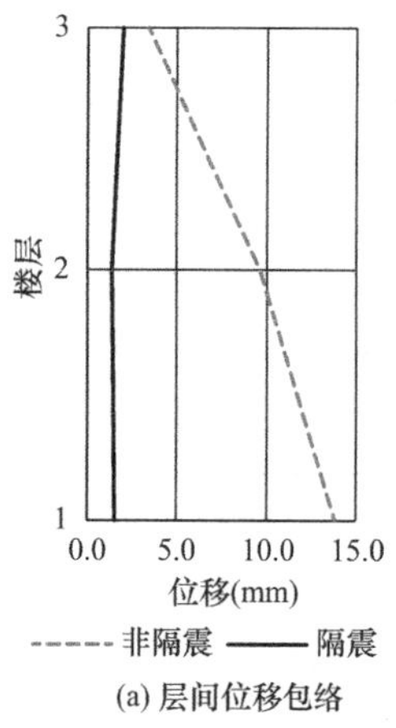


(a) 层间位移包络

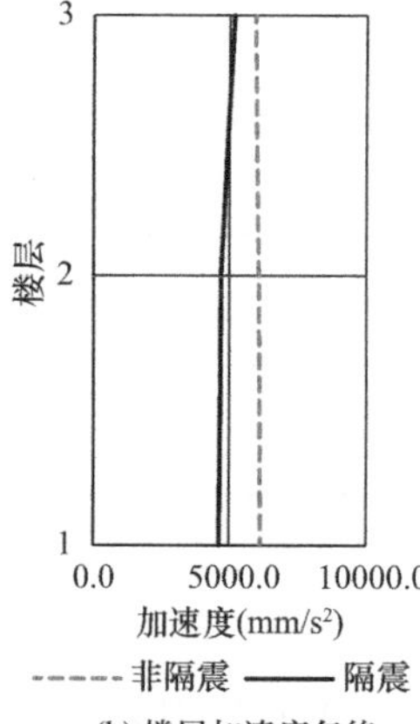


(b) 楼层加速度包络

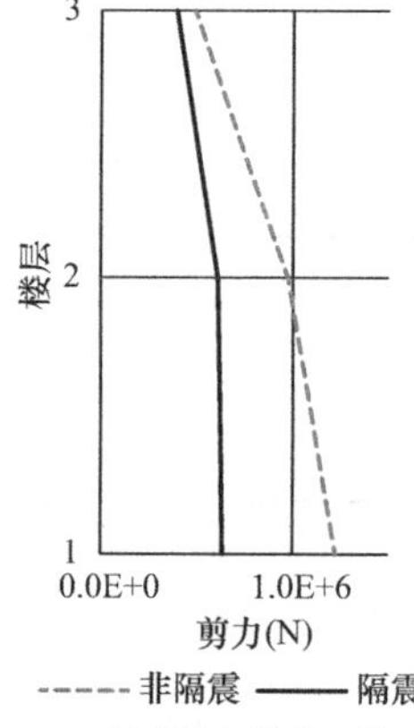


(c) 结构层剪力包络

图 11-43　隔震结构与非隔震结构楼层反应曲线对比

## 11.4 小结

（1）以剪切层模型为例，介绍了叠层橡胶支座加黏弹性阻尼器隔震结构、铅锌叠层橡胶支座隔震结构地震动力时程分析的基本原理和编程实现方法。

（2）通过算例分别给出叠层橡胶支座加黏弹性阻尼器隔震结构、铅锌叠层橡胶支座隔震结构地震动力分析的 MATLAB 代码，代码可获得隔震结构的顶点位移时程、基底剪力时程、楼层结果包络以及层间剪力-变形滞回曲线等分析结果。

（3）采用 SAP2000、midas Gen 软件对两个隔震结构算例进行分析，并将软件分析结果与 MATLAB 编程计算结果进行对比，结果显示，三者计算结果吻合很好。

## 参考文献

［1］ 薛彦涛，常兆中，等．隔震建筑设计指南［M］．北京：中国建筑工业出版社，2016．

［2］ 党育，杜永峰，等．基础隔震结构设计及施工指南［M］．北京：中国水利水电出版社，2007．

［3］ Computers and Structures，Inc. CSI Analysis Reference Manual for SAP2000，ETABS，SAFE and CsiBridge［R］．Computers and Structures，Inc.，2011．

# 第 12 章　不同地震反应计算方法算例对比

时程分析法：由结构基本运动方程输入地震加速度记录进行积分，求得整个时间历程内结构地震作用效应的一种结构动力计算方法。

振型分解法：根据振型分解和振型正交性原理，将多自由度体系的动力反应分解为多个独立的等效单自由度体系的动力反应，在分别求出各阶振型的动力反应后，按一定的效应组合计算得到多自由度体系的总动力反应。

振型分解反应谱法：基于设计反应谱进行计算的振型分解法，其基本原理是直接通过设计反应谱获取不同自振周期单自由度体系的最大反应，用于替代各等效单自由度体系的最大时程反应计算，再进行最大地震效应组合，从而求出结构的地震作用效应。

时程分析法（直接积分）、振型分解法（模态时程分析）及振型分解反应谱法均能计算结构的地震反应，三种方法的具体原理及差异已在前面章节具体介绍，并给出了相关的推导公式，对此本章不再赘述。本章主要通过算例对比的方式，帮助读者加深对上述几种分析方法的理解。设计了一个单自由度弹性体系和一个多自由度弹性体系，分别采用上述三种方法进行分析，并对分析结果进行展示和讨论。

## 12.1　单自由度体系分析算例

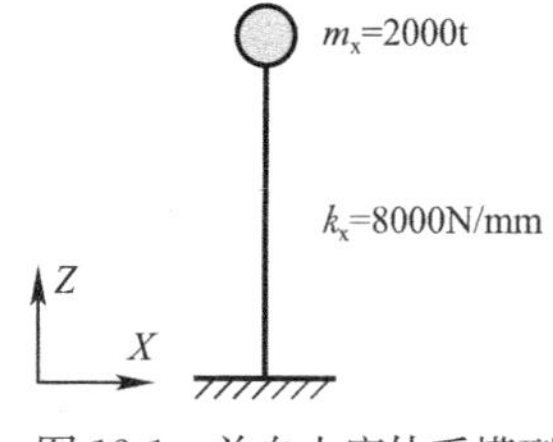


图 12-1　单自由度体系模型

本算例为一个弹性单自由度结构，模型及参数如图 12-1 所示。本节将采用上述三种方法对该模型进行 $XZ$ 平面内分析，分析采用的地震加速度时程如图 12-2 所示，采用 SPECTR 软件（下载地址：http://www.jdcui.com/? p=1875）绘制该加速度时程对应的两组加速度反应谱及位移反应谱，阻尼比分别取 0.05 和 0.3，如图 12-3 所示。

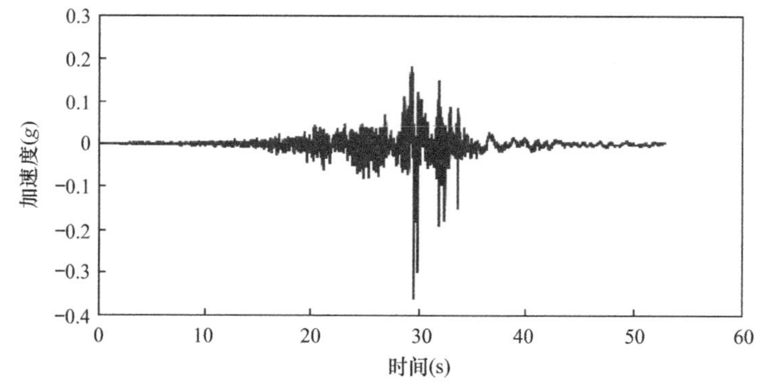


图 12-2　加速度时程曲线

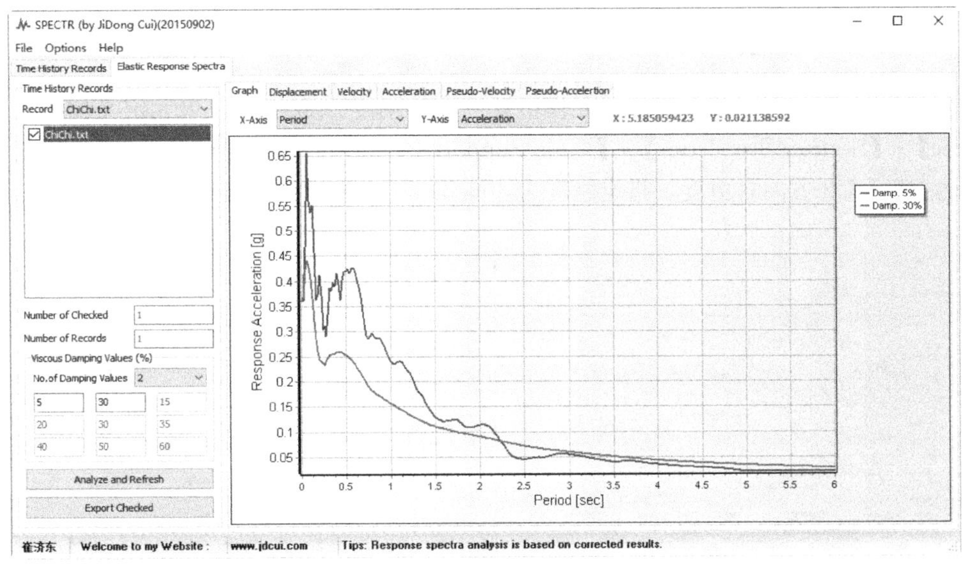


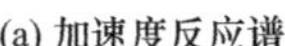
(a) 加速度反应谱

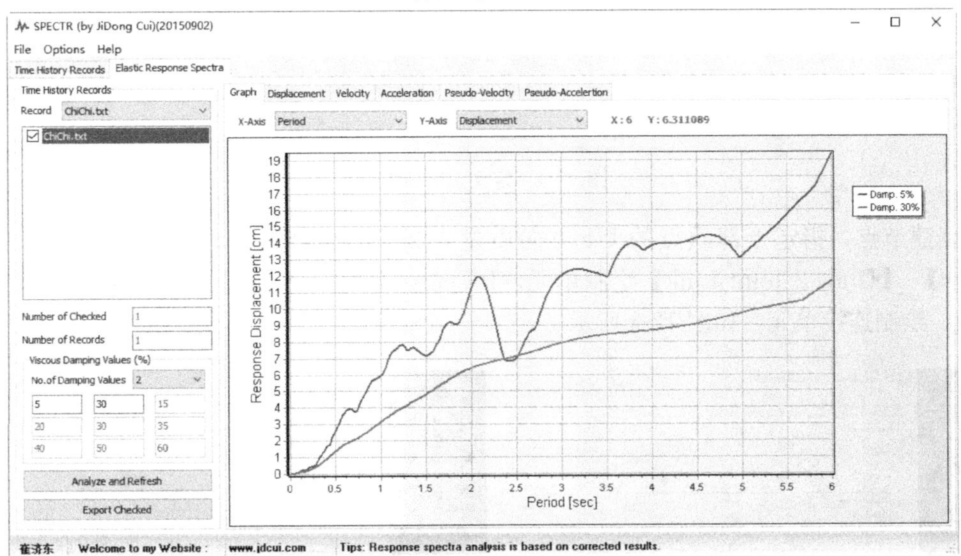


(b) 位移反应谱

图 12-3　地震加速度时程的加速度反应谱和位移反应谱

本节算例共考虑以下 6 种工况分析：

| 编号 | 工况名称 | 说明 |
| --- | --- | --- |
| 工况 1 | linearhistory-5% | 阻尼比 0.05，直接积分时程分析 |
| 工况 2 | linearhistory-30% | 阻尼比 0.3，直接积分时程分析 |
| 工况 3 | response-0.05 | 阻尼比 0.05，振型分解反应谱法分析 |
| 工况 4 | response-0.3 | 阻尼比 0.3，振型分解反应谱法分析 |
| 工况 5 | modal-5% | 阻尼比 0.05，模态时程分析 |
| 工况 6 | modal-30% | 阻尼比 0.3，模态时程分析 |

### 12.1.1 SAP2000 建模

本节采用 2 节点 Linear Link 单元模拟算例中的刚度弹簧，Link 单元定义如下：点击【Define】-【Section Properties】-【Link/Support Properties】，选择 Link/Support 类型为 Linear，激活 U2 方向自由度，指定刚度为 80000N/mm，如图 12-4 所示。

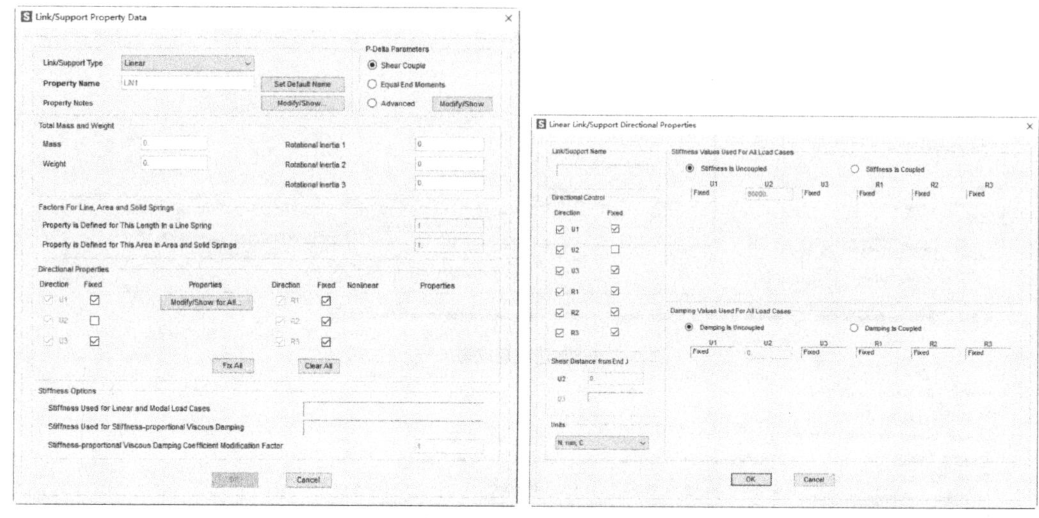


图 12-4 定义 Link 单元

新建节点，指定上部质点的 U1 方向质量为 2000t，指定底部节点约束情况。点击【Draw】-【Draw 2 Joint Link】绘制单元，Property 选择为上述定义的 Linear Link 单元 LIN1，绘制连接单元，如图 12-5 所示。

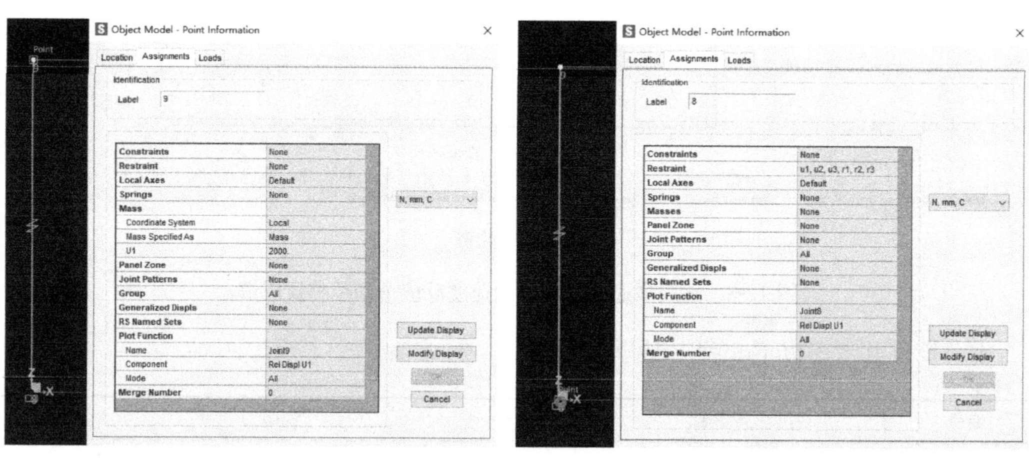


图 12-5 建立模型

添加加速度时程曲线。点击【Define】-【Functions】-【Time History】，选择 user 类型，加载上面给出的地震加速度文件，如图 12-6 所示。

添加反应谱曲线。点击【Define】-【Functions】-【Response Specturm】，选择 user 类型，输入图 12-3 给出的 2 条阻尼比分别为 0.05 和 0.3 的反应谱曲线。这里程序只能手动逐点输入数据，更快的方式是输出 s2k 文件将反应谱曲线数据写入其中，然后再导入到 SAP2000。另外，function damping ratio 均为 0。如图 12-7 所示。

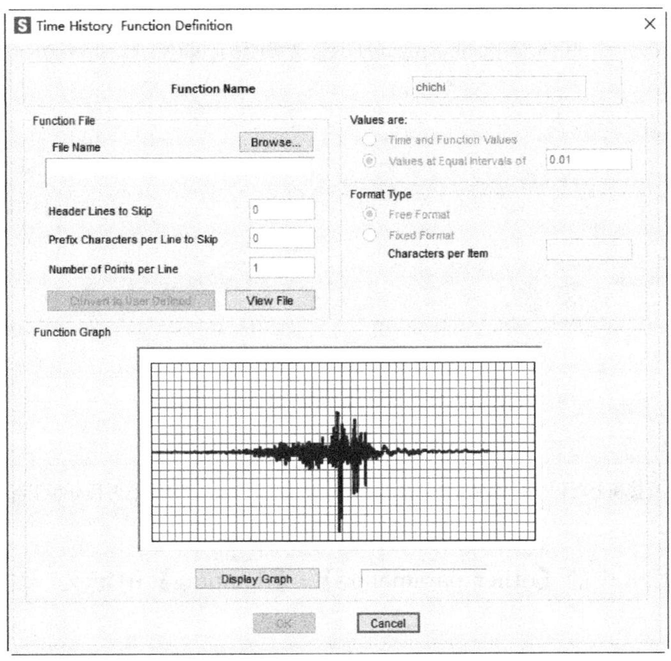


图 12-6 定义时程函数

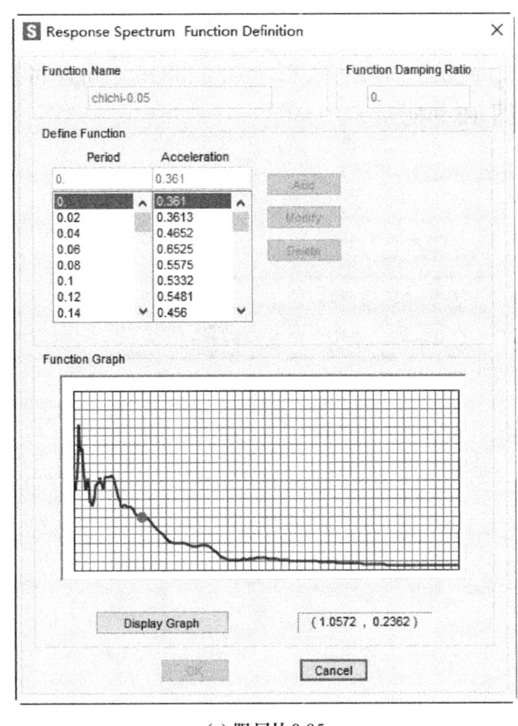


(a) 阻尼比0.05

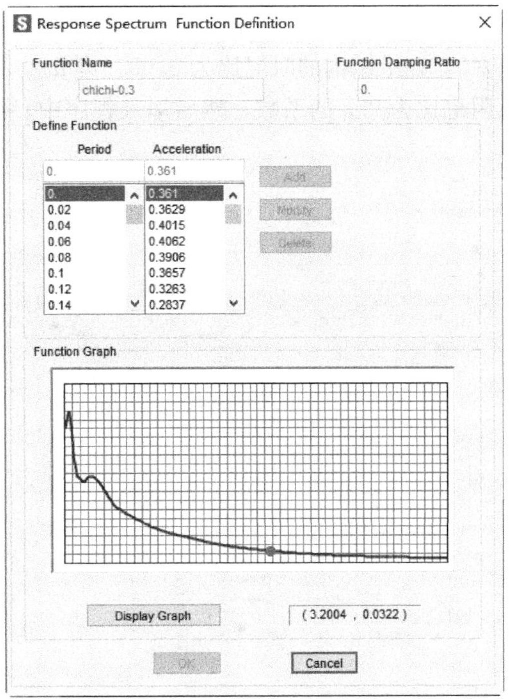


(b) 阻尼比0.3

图 12-7 定义反应谱曲线

定义时程分析工况。在【Define】-【Load Cases】中定义时程分析工况，其中有两种计算类型，即上面提到的直接积分时程分析和模态时程分析。荷载类型均选用【Accel】，同时选择地震波方向及作用的地震波名。由于地震波数据单位为 $g$，本算例中单位为 $mm/s^2$，需要设置比例系数为 9800 来调整地震波的加速度幅值。如图 12-8 所示。

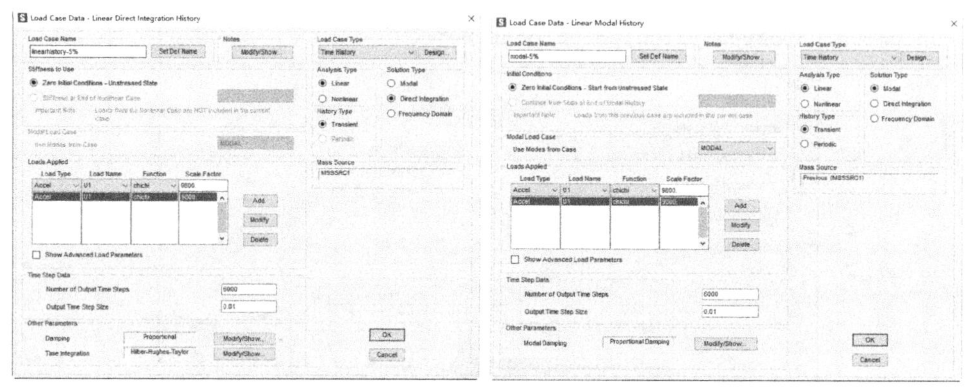

(a) 直接积分时程分析工况　　(b) 模态时程分析工况

图 12-8　定义时程分析工况

阻尼比在图 12-8 中的【other parameters】-【damping】中定义，对于瑞利阻尼的计算，有

$$\zeta_n = \frac{a_0}{2\omega_n} + \frac{a_1\omega_n}{2}, T_n = \frac{2\pi}{\omega_n}$$

给定任意两个振型的阻尼比 $\zeta$ 即可代入上式中求出瑞利阻尼的两个系数 $a_0$ 和 $a_1$。在本算例中，由于结构为单自由度体系，仅有第一周期 $T=1\text{s}$，仅有一个振型阻尼，此处取 $a_1=0$，如果结构的阻尼比为 0.05，则 $a_0=2\omega_1\zeta_1=2\times2\times\pi\times0.05=0.628319$。同理可计算阻尼比为 0.3 的系数，然后填入程序中。如图 12-9 所示。

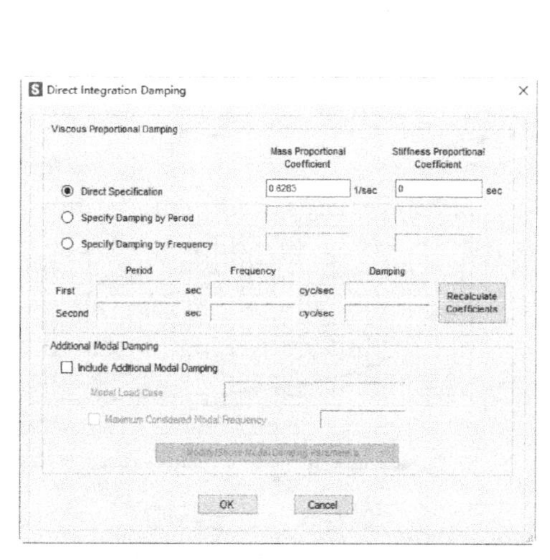



(a) 直接积分时程分析的阻尼（阻尼比0.05）

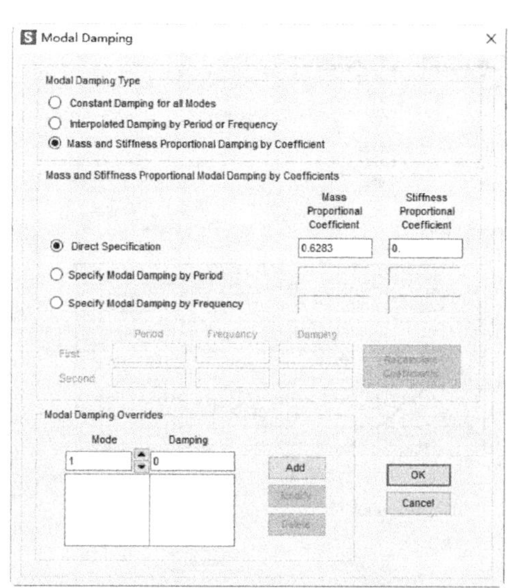



(b) 模态时程分析的阻尼（阻尼比0.05）

图 12-9　定义阻尼

定义反应谱分析工况。在【Define】-【Load Cases】中定义反应谱分析工况。如图 12-10 所示。

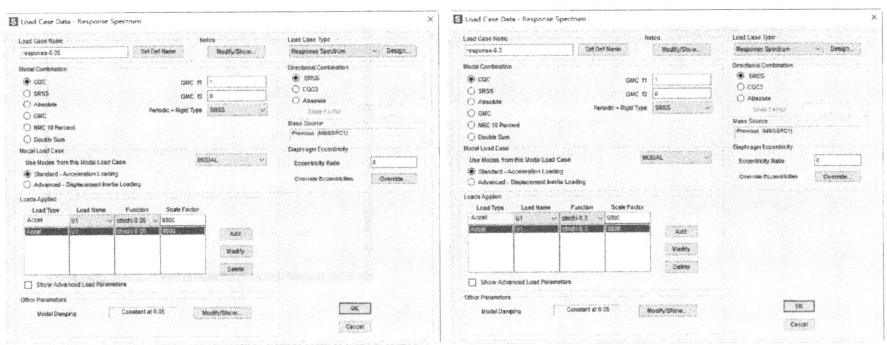

(a) 阻尼比0.05　　　　(b) 阻尼比0.3

图 12-10　定义反应谱分析工况

## 12.1.2　分析结果

### 12.1.2.1　层剪力结果

点击【Display】-【Show Plot Function】，选择时程分析工况（包括直接积分时程分析和模态时程分析），点击【Define Plot Functions】，选择 Function Type 为“Base Functions”，点击【Add Plot Function】，选择“Base shear X”，可以添加 $X$ 方向基底剪力绘图函数，从而输出 $X$ 方向基底剪力时程。操作如图 12-11 所示，基底剪力时程曲线如图 12-12 所示。

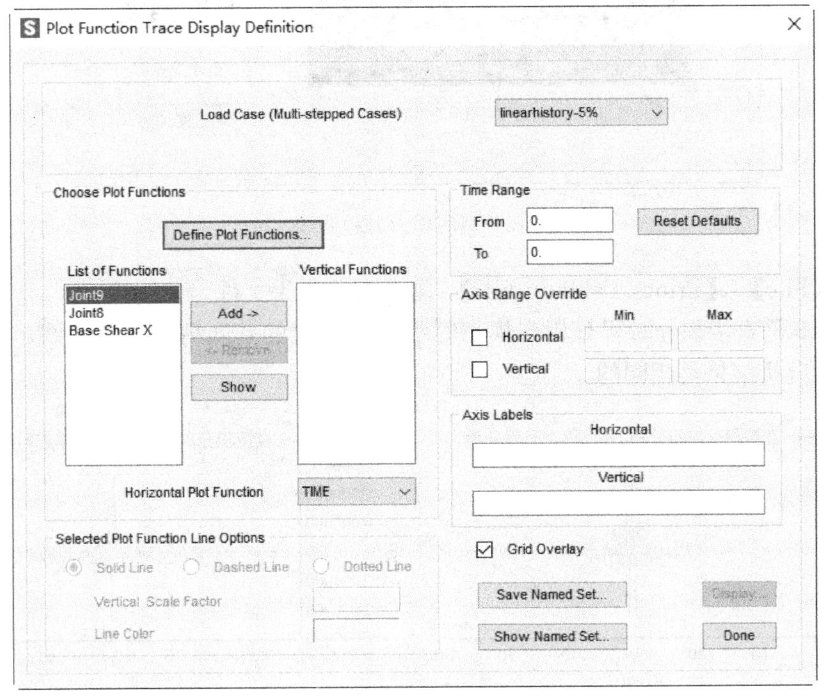


(a)

图 12-11　添加基底剪力时程绘图函数（一）

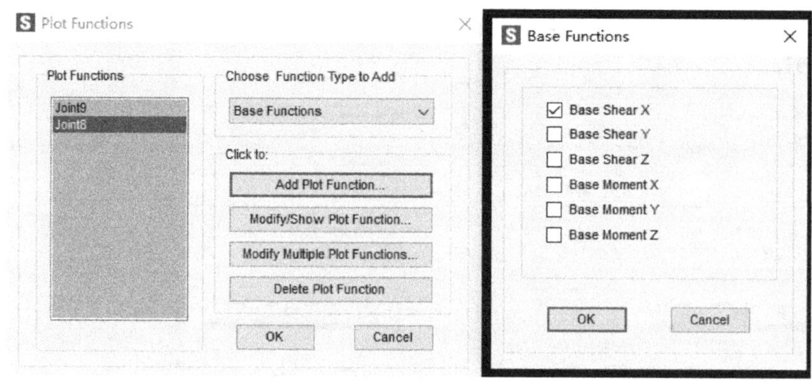


(b)

图 12-11　添加基底剪力时程绘图函数（二）

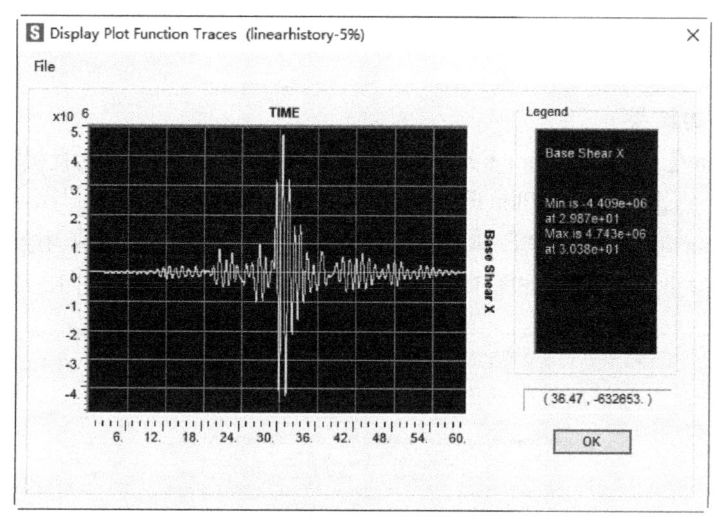


图 12-12　基底剪力时程曲线（N）

点击【File】-【Prints Table to File】，输出时程结果文件。

图 12-13 是直接积分时程分析与模态时程分析工况的基底剪力时程曲线，由图可知，两种工况的分析结果是相同的。

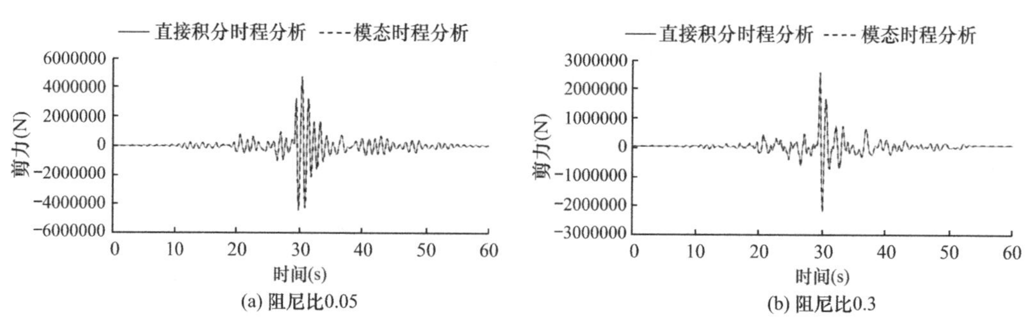


图 12-13　基底剪力时程曲线对比

表 12-1 是各工况下基底剪力的绝对最大值，由表可知，对于相同的阻尼比，直接积分时程分析、模态时程分析、振型分解反应谱法三种分析方法的结果吻合很好。

基底剪力最值　　表 12-1

| 编号 | 工况名称 | 剪力最值（N） |
|---|---|---|
| 工况 1 | linearhistory-5% | 4743480.28 |
| 工况 2 | linearhistory-30% | 2520401.55 |
| 工况 3 | response-5% | 4741710.38 |
| 工况 4 | response-30% | 2515740.7 |
| 工况 5 | modal-5% | 4746162.06 |
| 工况 6 | modal-30% | 2521163.78 |

根据分析结果，结构自振周期为 0.9935s，根据自振周期查得阻尼比为 0.05 的伪加速度反应谱值为 0.2419，阻尼比为 0.3 的伪加速度反应谱值为 0.1284，如图 12-14 所示，据此求得层剪力最值分别为 4741128N（$V=m\cdot PSA=2000\times0.2419\times9.8\times1000$）和 2516264N（$V=m\cdot PSA=2000\times0.1284\times9.8\times1000$），对比可知，与软件分析结果吻合很好。

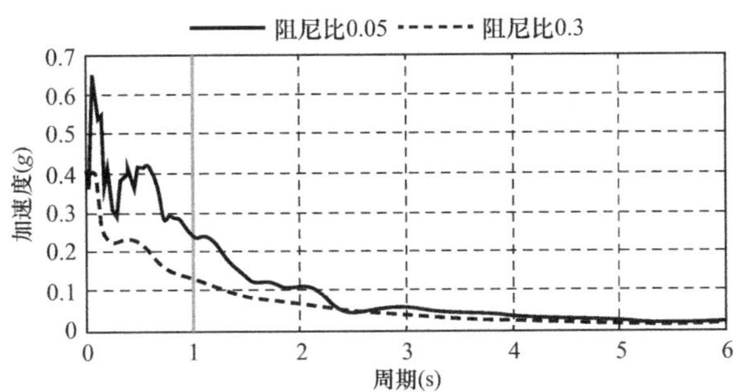


图 12-14　根据周期查伪加速度反应谱值

#### 12.1.2.2　顶点位移结果

定义顶点位移时程曲线绘图函数及导出时程数据的方法与上节相同。

图 12-15 是直接积分时程分析与模态时程分析工况的顶点位移时程曲线，由图可知，两种工况的分析结果是相同的。

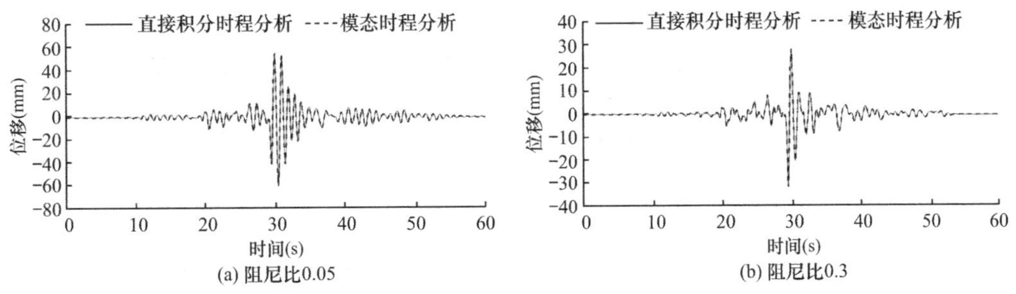


图 12-15　顶点位移时程曲线对比

表 12-2 是各工况下顶点位移的绝对最大值，由表可知，对于相同的阻尼比，直接积分时程分析、模态时程分析、振型分解反应谱法三种分析方法的结果吻合很好。

**顶点位移最值**　　**表 12-2**

| 编号 | 工况名称 | 位移最值（mm） |
|---|---|---|
| 工况 1 | linearhistory-5% | 59.293504 |
| 工况 2 | linearhistory-30% | 31.505019 |
| 工况 3 | response-5% | 59.27138 |
| 工况 4 | response-30% | 31.44676 |
| 工况 5 | modal-5% | 59.327026 |
| 工况 6 | modal-30% | 31.514547 |

根据自振周期查得阻尼比为 0.05 的位移反应谱值为 59.25mm，阻尼比为 0.3 的位移反应谱值为 31.45mm，如图 12-16 所示。对比可知，与软件分析结果吻合很好。

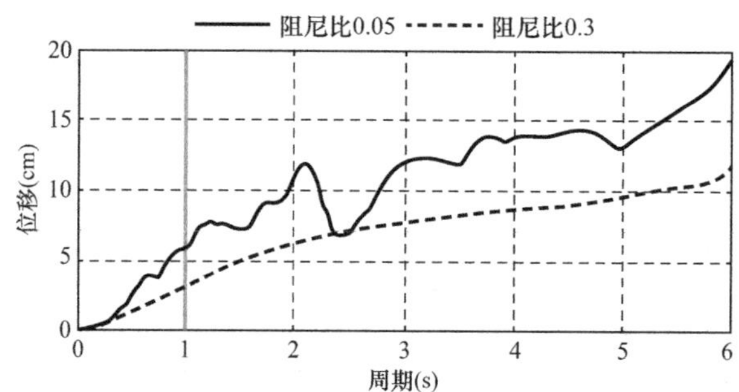


图 12-16　根据周期查位移谱值

## 12.2　多自由度体系分析算例

本算例为一个三层钢框架，材料为 Q345，模型示意及构件属性如图 12-17 所示。本节分别采用直接积分时程分析法、模态时程分析法和振型分解反应谱法对结构进行分析，分析采用的地震加速度时程与上节单自由度结构分析采用的地震加速度相同。

本节算例共考虑以下 8 种工况分析：

| 编号 | 工况名称 | 说明 |
|---|---|---|
| 工况 1 | linearhistory-5% | 阻尼比 0.05，直接积分时程分析 |
| 工况 2 | modal-5% | 阻尼比 0.05，模态时程分析 |
| 工况 3 | modal-5%-1 | 阻尼比 0.05，模态时程分析，其中只考虑第一阶振型 |
| 工况 4 | response-5% | 阻尼比 0.05，振型分解反应谱法分析 |
| 工况 5 | linearhistory-30% | 阻尼比 0.3，直接积分时程分析 |
| 工况 6 | modal-30% | 阻尼比 0.3，模态时程分析 |
| 工况 7 | modal-30%-1 | 阻尼比 0.3，模态时程分析，其中只考虑第一阶振型 |
| 工况 8 | response-30% | 阻尼比 0.3，振型分解反应谱法分析 |

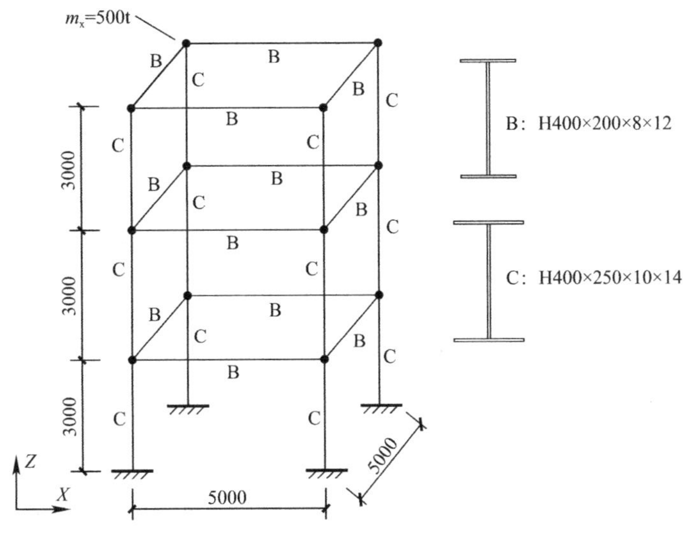


图 12-17　多自由度体系模型

## 12.2.1　SAP2000 建模

三维钢框架建模从略，模型分析工况定义与单自由度结构相似，不同的是工况 3 和工况 7 中进行模态时程分析时，仅取第一阶模态，因此需定义一个模态分析工况，指定 “Number of Modes” 的最大值为 1，如图 12-18 所示，且在工况 3 和工况 7 模态时程分析工况中，采用 MODAL-1 作为模态时程分析工况的 “Modal Load Case”。

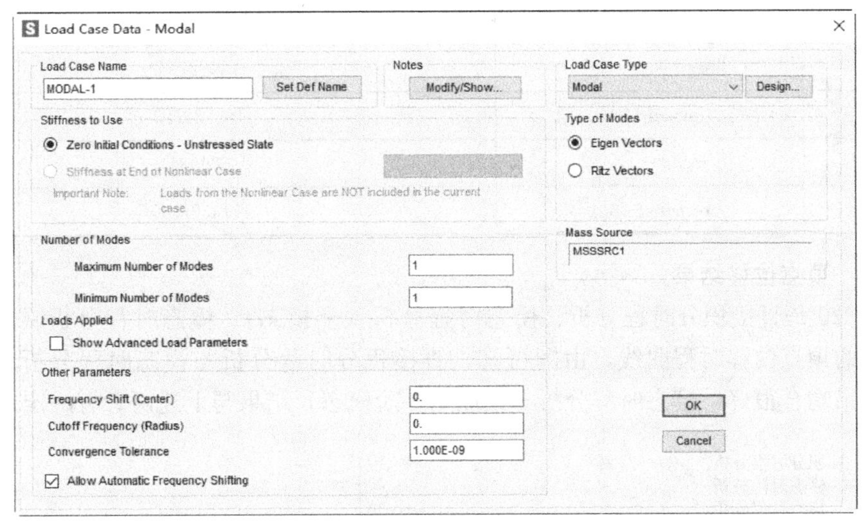


图 12-18　定义分析模态数为 1 的模态分析工况

## 12.2.2　分析结果

### 12.2.2.1　层间剪力结果

与上述单自由度体系类似，输出结构的基底剪力时程结果。图 12-19 是直接积分时程分析、模态时程分析（全模态）、模态时程分析（仅取第一阶模态）的基底剪力时程曲线，由图可知，直接积分时程分析与模态时程分析（全部模态）的结果吻合很好，模态时程分析（仅取第一阶模态）结果与上述两者有差别。

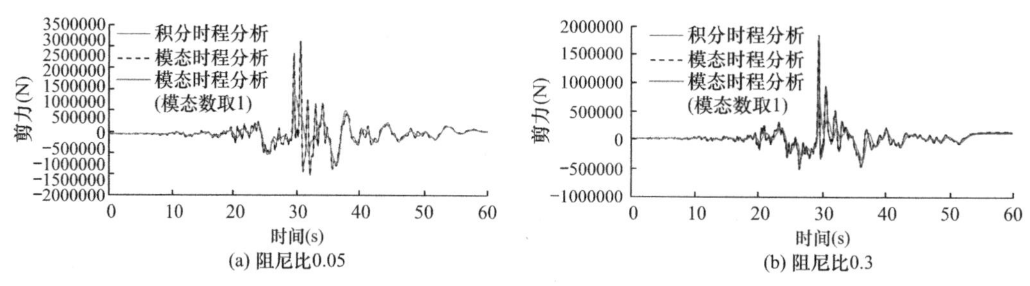


图 12-19　基底剪力时程曲线对比

表 12-3 是各工况下基底剪力的绝对最大值，由表可知，对于相同的阻尼比，直接积分时程分析、模态时程分析（全模态）、振型分解反应谱法三种分析方法的结果吻合较好，模态时程分析（仅取第一阶模态）结果与上述两者差别较大。

基底剪力最值　　表 12-3

| 编号 | 工况名称 | 剪力最值（N） |
|---|---|---|
| 工况 1 | linearhistory-5% | 2971467.62 |
| 工况 2 | modal-5% | 2975035.53 |
| 工况 3 | modal-5%-1 | 1214346.07 |
| 工况 4 | response-5% | 2728010.66 |
| 工况 5 | linearhistory-30% | 1759227.52 |
| 工况 6 | modal-30% | 1805387.5 |
| 工况 7 | modal-30%-1 | 679034 |
| 工况 8 | response-30% | 1714573.47 |

### 12.2.2.2　顶点位移结果

图 12-20 是直接积分时程分析、模态时程分析（全模态）、模态时程分析（仅取第一阶模态）的顶点位移时程曲线，由图可知，直接积分时程分析与模态时程分析（全部模态）的结果吻合很好，模态时程分析（仅取第一阶模态）结果与上述两者有一定差别。

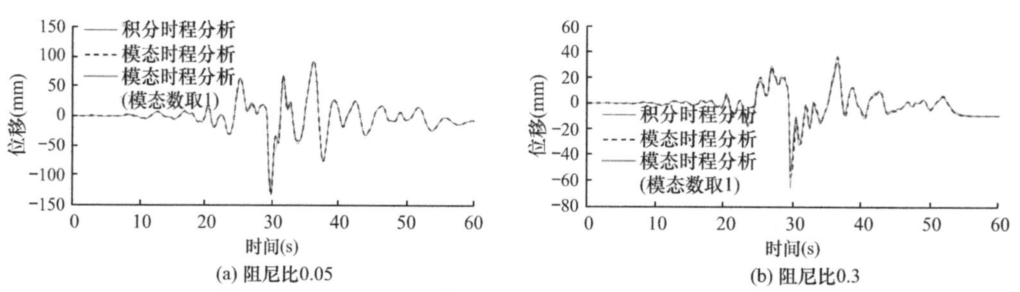


图 12-20　顶点位移时程曲线对比

表 12-4 是各工况下顶点位移的绝对最大值。由表可知，当阻尼比相同时，直接积分时程分析与模态时程分析（全模态）结果较为吻合，振型分解反应谱法分析结果与上述两者有一定差别。

**顶点位移最值** **表 12-4**

| 编号 | 工况名称 | 位移最值（mm） |
|---|---|---|
| 工况 1 | linearhistory-5% | 131.965545 |
| 工况 2 | modal-5% | 132.031514 |
| 工况 3 | modal-5%-1 | 117.537674 |
| 工况 4 | response-5% | 173.865481 |
| 工况 5 | linearhistory-30% | 50.042505 |
| 工况 6 | modal-30% | 56.86184 |
| 工况 7 | modal-30%-1 | 65.765913 |
| 工况 8 | response-30% | 107.78196 |

## 12.3 小结

本章设计了一个单自由度弹性结构体系和一个多自由度弹性结构体系，分别采用直接积分时程分析、模态时程分析和振型分解反应谱法对两个结构进行分析，结果显示：对于单自由度体系，三种分析方法得到的基底剪力和顶点位移一致；对于多自由度体系，直接积分时程分析与模态时程分析（全模态）结果吻合较好，模态时程分析（仅取第一阶模态）结果、振型分解反应谱法结果与上述两种方法的分析结果有差别。

# 第 13 章 三联反应谱的概念与绘制程序

## 13.1 三联反应谱的概念

根据 3.2 节的分析，相对位移反应谱、伪速度反应谱、伪加速度反应谱之间存在如下关系[1]

$$\frac{T_n}{2\pi}PSA = PSV = \frac{2\pi}{T_n}SD \tag{13-1}$$

对式（13-1）两边取对数，可以得到以下关系

$$\lg PSV = \lg T_n + \lg PSA - \lg 2\pi \tag{13-2}$$

$$\lg PSV = -\lg T_n + \lg SD + \lg 2\pi \tag{13-3}$$

其中，$T_n$ 为结构自振周期，$PSV$ 为伪速度反应谱值，$PSA$ 为伪加速度反应谱值，$SD$ 为位移反应谱值。

由式（13-2）可知，当谱加速度为常数时，在对数坐标系中谱速度和周期之间呈线性关系，为沿 45°斜直线方向，由式（13-3）可知，当谱位移为常数时，在对数坐标系中谱速度和周期之间呈线性关系，为沿－45°斜直线方向。对于给定的地面运动，将其位移反应谱、伪速度反应谱、伪加速度反应谱通过式（13-1）～式（13-3）建立联系，并绘制在四坐标对数图中，得到的反应谱曲线称为三联反应谱，如图 13-1 所示。

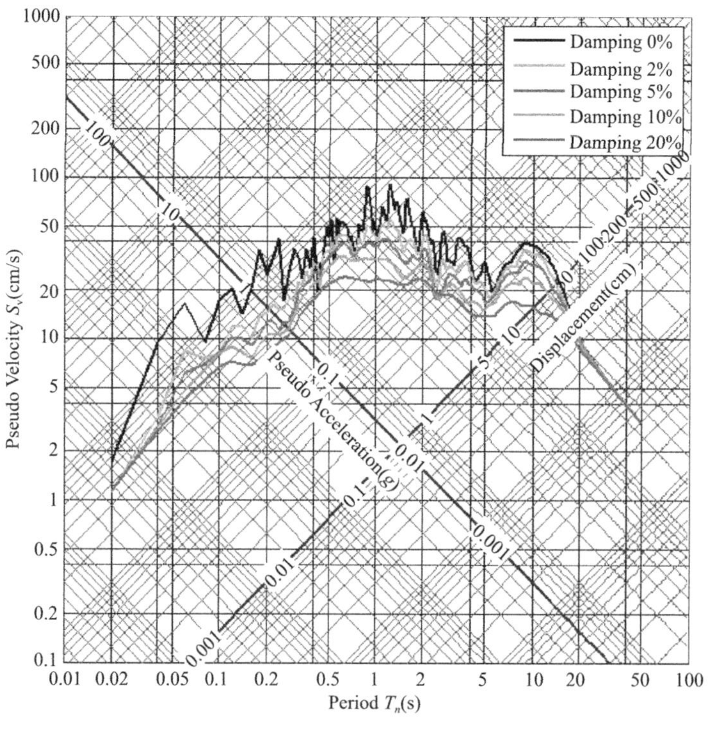


图 13-1 三联反应谱示意图

# 13.2 MATLAB 编程

通过 MATLAB 编程，将第 3 章计算得到的 Chi-Chi 地震波的位移反应谱、伪速度反应谱和伪加速度反应谱，绘制到四对数坐标系中。绘制三联反应谱前，需要计算地震波的伪速度反应谱，并将伪速度反应谱结果预先存放在格式为“.mat”的 MATLAB 数据文件中，供后续编程读取，如图 13-2 所示。其中“.mat”数据按以下方式存放，第 1 列为周期，2～5 列为不同阻尼比的伪速度反应谱。

SVData
2501x6 double

| | 1 | 2 | 3 | 4 | 5 | 6 | 7 | 8 |
|---|---|---|---|---|---|---|---|---|
| 1 | 0 | 0 | 0 | 0 | 0 | 0 | | |
| 2 | 0.0200 | 1.7422 | 1.1296 | 1.1271 | 1.1324 | 1.1369 | | |
| 3 | 0.0400 | 9.4461 | 3.2927 | 2.9023 | 2.8252 | 2.6649 | | |
| 4 | 0.0600 | 16.4803 | 8.4368 | 6.1065 | 4.8413 | 4.2281 | | |
| 5 | 0.0800 | 9.5391 | 7.5004 | 6.9560 | 6.4348 | 5.5600 | | |
| 6 | 0.1000 | 17.2781 | 8.0899 | 8.3172 | 8.0650 | 6.7186 | | |
| 7 | 0.1200 | 20.3559 | 11.8218 | 10.2576 | 8.9472 | 7.2005 | | |
| 8 | 0.1400 | 14.3752 | 12.0516 | 9.9563 | 8.2969 | 6.9854 | | |
| 9 | 0.1600 | 20.4700 | 9.9708 | 9.0198 | 7.5507 | 6.8364 | | |
| 10 | 0.1800 | 35.3123 | 13.5035 | 10.4575 | 9.1597 | 7.4323 | | |
| 11 | 0.2000 | 25.3843 | 14.5384 | 12.8331 | 10.5594 | 8.3137 | | |
| 12 | 0.2200 | 33.0478 | 16.3376 | 12.7280 | 10.7765 | 8.8881 | | |
| 13 | 0.2400 | 41.8816 | 15.1670 | 11.3443 | 10.5860 | 9.3760 | | |
| 14 | 0.2600 | 17.3233 | 15.4763 | 12.5338 | 10.9549 | 9.9153 | | |
| 15 | 0.2800 | 26.5839 | 17.6853 | 12.6688 | 11.6269 | 10.5195 | | |
| 16 | 0.3000 | 36.0412 | 17.6812 | 15.5126 | 14.0694 | 11.7922 | | |
| 17 | 0.3200 | 32.4164 | 22.4674 | 19.2151 | 16.3412 | 13.1652 | | |
| 18 | 0.3400 | 23.9352 | 21.6692 | 20.1909 | 17.9546 | 14.4573 | | |
| 19 | 0.3600 | 36.3234 | 26.3232 | 22.2287 | 19.4307 | 15.5927 | | |
| 20 | 0.3800 | 27.7544 | 22.2688 | 23.0706 | 20.7769 | 16.6454 | | |
| 21 | 0.4000 | 43.0035 | 29.6854 | 25.8009 | 22.0787 | 17.6031 | | |
| 22 | 0.4200 | 19.7927 | 27.6656 | 25.6860 | 22.9282 | 18.5125 | | |
| 23 | 0.4400 | 29.4231 | 21.3906 | 24.8541 | 23.8219 | 19.4081 | | |
| 24 | 0.4600 | [illegible] | [illegible] | [illegible] | [illegible] | [illegible] | | |

图 13-2 反应谱数据准备（.mat 格式）

## 13.2.1 编程代码

```
%三联反应谱绘制
%Author:JiDong Cui(崔济东)
%Website:www.jdcui.com
clc
cleara ll
closea ll
linecolor =[0.4,0.4,0.4];
%单位：Sv =cm/s,Sd =cm,Sa =g
g =980;%g =980cm/s2
figureSize =600
```

```
figure(1)
set(gcf,'Position',[100 100 figureSize figureSize]);
%绘制 4 对数坐标网格
for k=[0.00001:0.00001:0.0001,0.0001:0.0001:0.001,0.001:0.001:0.01,0.01:0.01:0.1,0.1:
0.1:1,1:1:10,10:10:100,100:100:1000,1000:1000:10000]
x=0.01:1:100
t=log(2*pi*k)-log(x)
y=exp(t)
loglog(x,y,'Color',linecolor )
hold on
t=log(k*g/(2*pi))+log(x)
y =exp(t)
loglog(x,y,'Color',linecolor)
hold on
end
%设置坐标轴范围
xmin =0.01;
xmax =100;
ymin =0.1;
ymax =1000;
axis([xmin xmax ymin ymax])
%设置坐标轴标签
set(gca,'XTick',[0.01 0.02 0.05 0.1 0.2 0.5 1 2 5 10 20 50 100])%设置 X 轴标签
set(gca,'YTick',[0.1 0.2 0.5 1 2 5 10 20 50 100 200 500 1000])%设置 Y 轴标签
%求解角度
angle =atan( (log(ymax)-log(ymin))/(log(xmax)-log(xmin))) * 180/pi;
%打开坐标网格
grid on
set(gca ,'gridlinestyle','-','minorgridlinestyle','-' )
%设置坐标轴标题
xlabel('Period T_n [s]','FontName','Times New Roman')
ylabel('Pseudo Velocity S_v [cm/sec]','FontName','Times New Roman')
%绘制 45°的斜线,假定绘制在加速度为 0.01g 上
tempa =0.01;
T=0.01:1:100;%周期范围
t=log(T)+log(tempa * g/(2 * pi))  %由式(13-2)可得,当给定一个加速度时,可以唯一地确定一条
45°斜线,在该斜线上,加速度均为定值。
y=exp(t)
loglog(x,y,'Color','b','linewidth',1 )
%将谱位移标注在 45°斜直线上
D =[ 0.001 0.01 0.1 1 5 10 50 100 200 500 1000];
nn =length(D)
for i =1:nn
```

```
        lgTi =(log(D(i) * 2 * pi)-log(tempa * g/(2 * pi)))/2 ;
        lgPv =lgTi+log(tempa * g/(2 * pi))
        text( exp(lgTi),exp(lgPv),num2str( D(i)),'rotation',angle,'BackgroundColor',[1 1 1] );
    end
    %绘制-45%的斜线,假定绘制在位移为 0.5cm 上
    tempd =0.5;
    t=log(tempd * 2 * pi)-log(T)%由式(13-3)可得,当给定一个位移时,可以唯一地确定一条-45°斜线,
在该斜线上,位移均为定值。
    y=exp(t)
    loglog(x,y,'Color','b','linewidth',1 )
    %将谱加速度标注在-45°斜直线上
    A=[0.001 0.01 0.1 1 10 100];
    nn =length(A)
    for i =1:nn
        lgTi =(log(tempd * 2 * pi)-log(A(i) * g/(2 * pi)))/2;
        lgPv =log(tempd * 2 * pi)- lgTi
        text( exp(lgTi),exp(lgPv),num2str( A(i)),'rotation',-angle,'BackgroundColor',[1 1 1] );
    end
    %绘制好 4 对数坐标系统后,开始绘图
    %第 1 列是周期,2~5 列为伪速度反应谱,此处采用上一章得到的 Chi-Chi 地震波计算结果
    load('SVData.mat')  %
    p1 =plot( SVData(:,1),SVData(:,2),'k','linewidth',1.5 );  %阻尼比 0%
    p2 =plot( SVData(:,1),SVData(:,3),'c','linewidth',1.5 );  %阻尼比 2%
    p3 =plot( SVData(:,1),SVData(:,4),'r','linewidth',1.5 );  %阻尼比 5%
    p4 =plot( SVData(:,1),SVData(:,5),'g','linewidth',1.5 );  %阻尼比 10%
    p5 =plot( SVData(:,1),SVData(:,6),'m','linewidth',1.5 );  %阻尼比 20%
    legend([p1 p2 p3 p4 p5],'Damping 0%','Damping 2%','Damping 5%','Damping 10%','Damping 20%')
    %绘制交叉斜线
    hold on
    %坐标轴
    text( 10,7,'Displacement [cm]','rotation',angle,'BackgroundColor',[1 1 1] );
    text( 0.2,8,'Pseudo Acceleration [g]','rotation',-angle,'BackgroundColor',[1 1 1] );
    %保存图片
    %saveas(gcf,'Tripartite Plot.png')
    print(gcf,'-dpng','-r300','Tripartite Plot')
```

### 13.2.2 计算结果

经上述 MATLAB 代码处理可得到该地震波的三联反应谱，如图 13-3 所示。

现查看在该地震波下，当阻尼比 $\zeta=0$，周期 $T_n=1s$ 时的反应谱，如图 13-4 所示，查得位移谱值 $SD=7.7917cm$，伪速度谱值 $PSV=48.956cm/s$，伪加速度谱值 $PSA=0.3138g$。

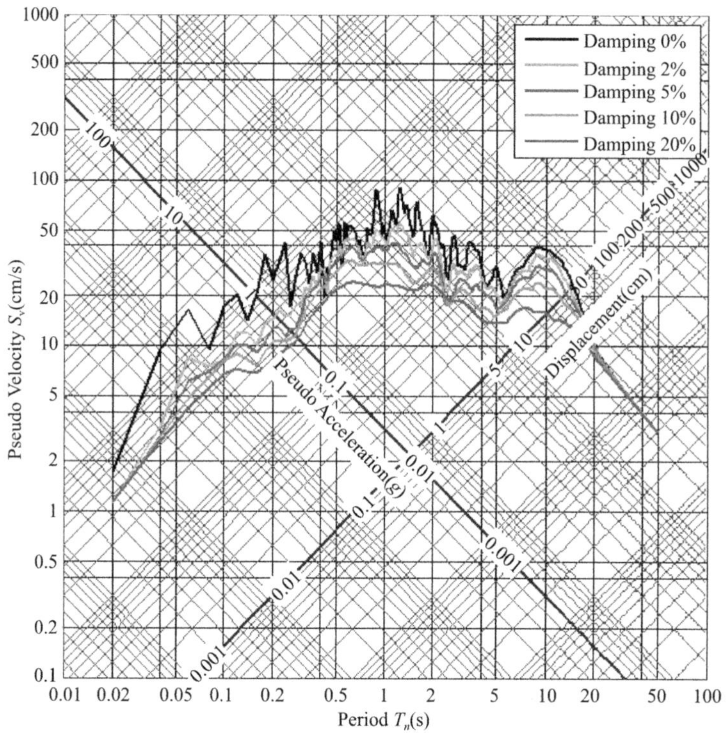


图 13-3　Chi-Chi 地震波三联反应谱

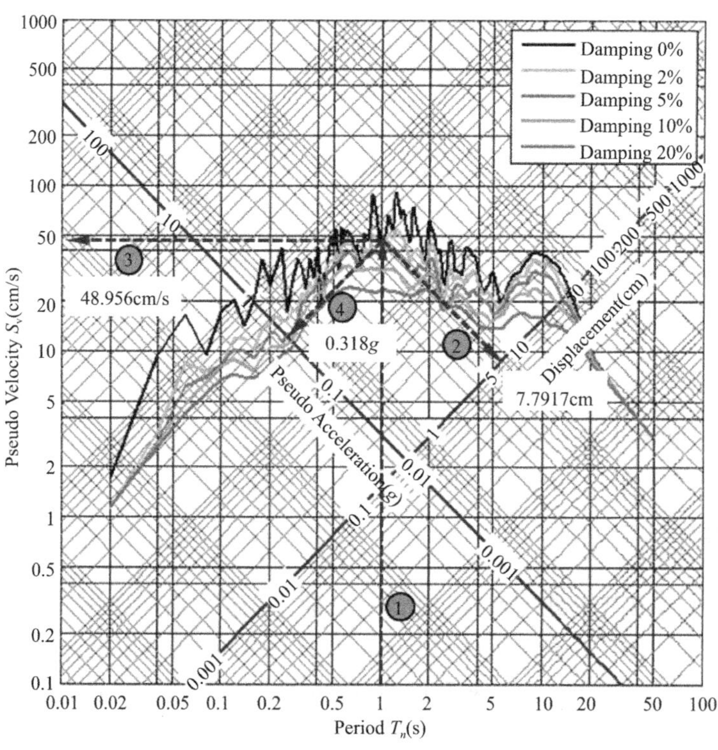


图 13-4　根据三联反应谱查询反应谱值

## 13.3 位移、速度和加速度敏感区

本节结合上述三联反应谱算例，介绍反应谱的位移、速度和加速度敏感区。分析得到本节算例地震加速度时程的峰值加速度 $\ddot{u}_{g,max}=0.361g$，峰值速度 $\dot{u}_{g,max}=21.53cm/s$，峰值位移 $u_{g,max}=21.86cm$，将 $PSA=0.361g$、$PSV=21.53cm/s$、$SD=21.86cm$ 三条直线（$ac$、$cd$、$df$）分别绘制在三联反应谱图，如图 13-5 中所示。

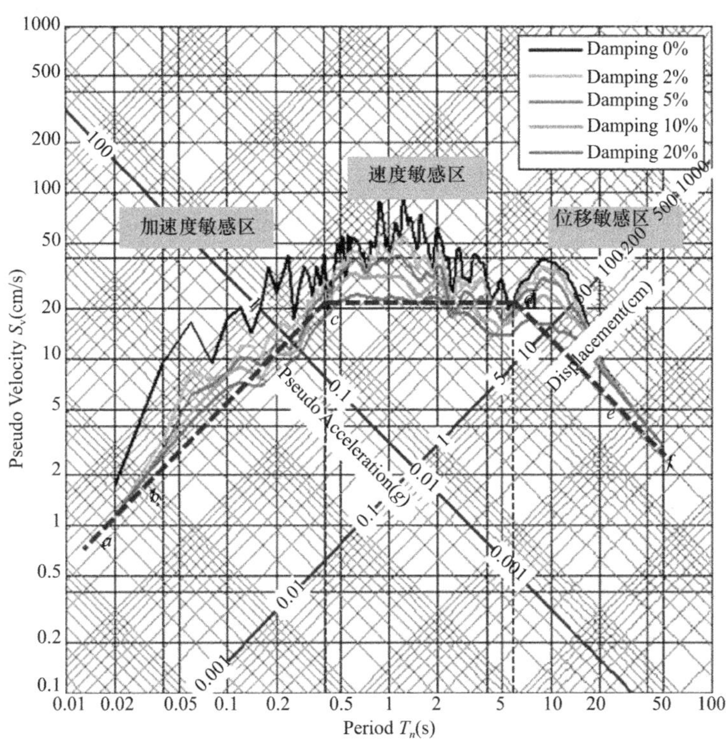


图 13-5 三联反应谱示意图

根据图 13-5，对于低阻尼比体系，可得以下信息：

对于周期非常短的体系（如图中趋近 $a$ 点），其相对位移反应谱值 $SD$ 趋近于 0，伪加速度反应谱值 $PSA$ 趋近于地面加速度峰值 $\ddot{u}_{g,max}$，周期非常短的体系已接近刚性，体系质点与地面一起做刚性运动，几乎不存在相对变形，体系绝对加速度约等于地面加速度（对于低阻尼体系，伪加速度反应谱与绝对加速度反应谱的差异较小，特别是阻尼趋近于 0 时，两者趋于相等，这个结论在 3.2.3 节已有证明）；对于一般短周期结构（如图中 $bc$ 段），其伪加速度反应谱值 $PSA$ 大于地面加速度峰值 $\ddot{u}_{g,max}$，且与体系周期 $T_n$ 和阻尼比 $\zeta$ 有关。综合 $abc$ 段，体系反应与地面加速度关系最为直接，因此该短周期区域称为加速度敏感区[1]。

对于周期很长的体系（如图中趋近 $f$ 点），其相对位移反应谱值 $SD$ 趋近于地面位移峰值 $u_{g,max}$，伪加速度反应谱 $PSA$ 值趋近于 0，这点也不难理解，周期很长的结构接近无限柔性，当地面运动时，体系质点基本保持静止，即体系绝对位移、绝对加速度（或伪加

速度）均趋近于 0，体系相对位移约等于地面位移；对于一般的长周期结构（如图中 $de$ 段），体系相对位移反应谱 $SD$ 大于地面位移峰值 $u_{g,max}$，且与体系周期 $T_n$ 和阻尼比 $\zeta$ 有关。综合 $def$ 段，体系反应与地面位移关系最为直接，因此该长周期区域称为位移敏感区[1]。

对于中等周期体系（如图中的 $cd$ 段），体系伪速度反应谱值 $PSV$ 大于地面速度峰值 $\dot{u}_{g,max}$，且与体系周期 $T_n$ 和阻尼比 $\zeta$ 有关。由于该周期范围的体系反应与地面速度的相关性更明显，因此该区域称为速度敏感区[1]。

反应谱的位移、速度和加速度敏感区又称为位移、速度和加速度控制段。

## 13.4　小结

本章对三联反应谱的概念及基本公式进行介绍，给出了绘制三联反应谱的 MATLAB 代码，并基于某具体地震波的三联反应谱，对位移敏感区、速度敏感区和加速度敏感区的划分原理进行讲解。

## 参考文献

[1]　Anil K. Chopra. 结构动力学理论及其在地震工程中的应用［M］. 4 版. 谢礼立，吕大刚，等. 译. 北京：高等教育出版社，2016.

# 第 14 章　地震作用下结构的能量分析

在地震作用下，地震能量不断输入到结构体系中，其中一部分能量以动能和可恢复弹性应变能的形式存储起来，另一部分能量则被结构体系的阻尼和结构构件产生的非弹性变形耗散掉。当结构停止振动时，体系动能和可恢复弹性应变能归零，地震输入到结构体系的能量全部被结构体系的阻尼和结构构件产生的非弹性变形耗散掉。结构在地震作用下的反应过程，是地震输入能量在结构体系中以多种形式不断转化和耗散的过程。本章从能量平衡方程出发，给出各类耗能的定义，在此基础上给出逐步积分法时程分析时各类能量的求解方法，并给出了具体的 MATLAB 编程代码。

## 14.1　能量平衡方程

在地震动持续过程中的任意时刻，结构体系储存和耗散的总能量等于地震动输入到结构体系中的能量[1]，即

$$E_{\mathrm{In}} = E_{\mathrm{k}} + E_{\mathrm{s}} + E_{\mathrm{d}} + E_{\mathrm{p}} \tag{14-1}$$

式中 $E_{\mathrm{In}}$ 表示地震输入的总能量，$E_{\mathrm{k}}$ 表示体系的动能，$E_{\mathrm{s}}$ 表示结构的可恢复弹性应变能，$E_{\mathrm{d}}$ 表示结构阻尼耗能，$E_{\mathrm{p}}$ 表示结构非弹性耗能。其中动能 $E_{\mathrm{k}}$ 和弹性应变能 $E_{\mathrm{s}}$ 是瞬时变量，阻尼耗能 $E_{\mathrm{d}}$ 和非弹性耗能 $E_{\mathrm{p}}$ 是累积的。

以下讨论上述公式中各项能量的计算公式。

### 14.1.1　单自由度体系能量平衡方程

水平地震作用下单自由度体系的地震动力方程

以相对位移表示的动力方程

$$m\ddot{u}(t) + c\dot{u}(t) + f_{\mathrm{s}}(u,\dot{u}) = -m\ddot{u}_{\mathrm{g}}(t) \tag{14-2}$$

以绝对位移表示的动力方程

$$m\ddot{u}_{\mathrm{a}}(t) + c\dot{u}(t) + f_{\mathrm{s}}(u,\dot{u}) = 0 \tag{14-3}$$

式中 $\ddot{u}_{\mathrm{a}}$ 是体系的绝对加速度，且有 $\ddot{u}_{\mathrm{a}}(t) = \ddot{u}_{\mathrm{g}}(t) + \ddot{u}(t)$，即体系的绝对加速度等于相对加速度加上地面加速度。

根据式（14-4）及式（14-5），可以分别得到基于相对位移定义的能量平衡方程及基于绝对位移表示的动力方程[1]。

（1）以相对位移定义的能量平衡方程

对方程（14-2）两端在地震动持时范围［0，$t$］积分，得到以相对位移定义的能量平衡方程

$$\int_0^t m\ddot{u}\mathrm{d}u + \int_0^t c\dot{u}\mathrm{d}u + \int_0^t f_{\mathrm{s}}\mathrm{d}u = -\int_0^t m\ddot{u}_{\mathrm{g}}\mathrm{d}u \tag{14-4}$$

将 $\mathrm{d}u = \dot{u}\mathrm{d}t$ 代入可得

$$\int_0^t m\ddot{u}\dot{u}\mathrm{d}t+\int_0^t c\dot{u}\dot{u}\mathrm{d}t+\int_0^t f_s\dot{u}\mathrm{d}t=-\int_0^t m\ddot{u}_g\dot{u}\mathrm{d}t \tag{14-5}$$

上式可简化为

$$E_k+E_d+E_s+E_p=E_{In} \tag{14-6}$$

式中 $E_k$ 为结构在相对坐标系下的动能，有 $E_k=\int_0^t m\ddot{u}\dot{u}\mathrm{d}t=\frac{m\dot{u}^2}{2}$；$E_d$ 为结构在相对坐标系下的阻尼耗能，有 $E_d=\int_0^t c\dot{u}^2\mathrm{d}t$；$E_s$、$E_p$ 为结构在相对坐标系下的弹性应变能和非弹性变形耗能，有 $E_s+E_p=\int_0^t f_s\dot{u}\mathrm{d}t$；$E_{In}$为地震动输入结构的能量，有 $E_{In}=-\int_0^t m\ddot{u}_g\dot{u}\mathrm{d}t$。

（2）以绝对位移定义的能量平衡方程

对方程（14-3）两端在地震动持时范围［0，$t$］积分，得到以绝对位移定义的能量平衡方程

$$\int_0^t m\ddot{u}_a\mathrm{d}u+\int_0^t c\dot{u}\mathrm{d}u+\int_0^t f_s\mathrm{d}u=0 \tag{14-7}$$

将 $u=u_a-u_g$ 代入上式可得

$$\int_0^t m\ddot{u}_a\dot{u}_a\mathrm{d}t+\int_0^t c\dot{u}\dot{u}\mathrm{d}t+\int_0^t f_s\dot{u}\mathrm{d}t=\int_0^t m\ddot{u}_a\dot{u}_g\mathrm{d}t \tag{14-8}$$

上式可简化为

$$E'_k+E_d+E_s+E_p=E'_{In} \tag{14-9}$$

式中 $E'_k$ 为结构在绝对坐标系下的动能，有 $E'_k=\int_0^t m\ddot{u}_a\dot{u}_a\mathrm{d}t=\frac{m\dot{u}_a^2}{2}$；$E'_{In}$ 为地震动输入结构的能量，有 $E_{In}=\int_0^t m\ddot{u}_a\dot{u}_g\mathrm{d}t$。

### 14.1.2　多自由度体系能量平衡方程

对于多自由度体系，由于能量是标量，因此只需将各自由度的能量项叠加即可，则相对坐标下多自由度体系的能量平衡方程为

$$\sum_{i=1}^{n}E_{ki}+\sum_{i=1}^{n}E_{di}+\sum_{i=1}^{n}E_{si}+\sum_{i=1}^{n}E_{pi}=\sum_{i=1}^{n}E_{Ini} \tag{14-10}$$

绝对坐标下多自由度体系的能量平衡方程为

$$\sum_{i=1}^{n}E'_{ki}+\sum_{i=1}^{n}E'_{di}+\sum_{i=1}^{n}E'_{si}+\sum_{i=1}^{n}E'_{pi}=\sum_{i=1}^{n}E'_{Ini} \tag{14-11}$$

式中 $n$ 是体系自由度数量。

### 14.1.3　相对与绝对能量平衡方程

对比方程（14-6）和方程（14-9），可知相对能量平衡方程与绝对能量平衡方程中的阻尼耗能、弹性应变能即非弹性变形耗能是相同的，两者中的动能、总输入能量是不同的。根据以下关系

$$\begin{cases}\ddot{u}_a=\ddot{u}+\ddot{u}_g\\ \dot{u}_a=\dot{u}+\dot{u}_g\end{cases} \tag{14-12}$$

可得相对坐标下和绝对坐标下的动能、地震动输入能量之间的关系[1]如下

$$\begin{cases} E'_{\rm In} - E_{\rm In} = \dfrac{1}{2}m\dot{u}_{\rm g}^2 - m\dot{u}\dot{u}_{\rm g} \\ E'_{\rm k} - E_{\rm k} = \dfrac{1}{2}m\dot{u}_{\rm g}^2 + m\dot{u}_{\rm g}\dot{u} \end{cases} \tag{14-13}$$

针对上式，当结构周期 $T\to 0$ 时，由于 $\ddot{u}_{\rm a}\to\ddot{u}_{\rm g}$，$u_{\rm a}\to u_{\rm g}$ 及 $u\to 0$，则有

$$\begin{cases} E_{\rm In}\to 0 \\ E'_{\rm k}\to \dfrac{1}{2}m\dot{u}_{\rm g}^2 \end{cases} \tag{14-14}$$

当结构周期 $T\to\infty$时，由于 $\dot{u}_{\rm a}\to 0$，$\ddot{u}_{\rm a}\to 0$ 及 $u\to -u_{\rm g}$，则有

$$\begin{cases} E_{\rm In}\to \dfrac{1}{2}m\dot{u}_{\rm g}^2 \\ E'_{\rm k}\to 0 \end{cases} \tag{14-15}$$

由此可以得到一个根据地震波最大速度值 $\dot{u}_{\rm g,max}$ 估计的地震输入能量上限值

$$E_{\rm In,max} = \frac{1}{2}m\dot{u}_{\rm g,max}^2 \tag{14-16}$$

### 14.1.4 逐步积分法中能量求解

当采用时域逐步积分法进行地震动力平衡分析求解时，根据上节公式，可得单自由度体系的动能、可恢复应变能、阻尼耗能、屈服耗能的求解公式如下

$$E_{{\rm k},i} = \frac{m\dot{u}_i^2}{2} \tag{14-17}$$

$$E_{{\rm s},i} = \frac{f_{{\rm s},i}^2}{2k} \tag{14-18}$$

$$E_{{\rm d},i} = E_{{\rm d},i-1} + \frac{1}{2}c(\dot{u}_i + \dot{u}_{i-1})(u_i - u_{i-1}) \tag{14-19}$$

$$E_{{\rm p},i} = E_{{\rm r},i} - E_{{\rm s},i} = E_{{\rm r},i-1} + \frac{1}{2}(f_{{\rm s},i} + f_{{\rm s},i-1})(u_i - u_{i-1}) - E_{{\rm s},i} \tag{14-20}$$

式中 $E_{{\rm r},i}$表示体系的可恢复应变能与屈服耗能之和，下标 $i$ 表示积分步。

对于多自由度体系，上述公式表示为

$$E_{{\rm k},i} = \frac{1}{2}\{\dot{u}_i\}^{\rm T}[M]\{\dot{u}_i\} \tag{14-21}$$

$$E_{{\rm s},i} = \frac{1}{2}\{f_{{\rm s},i}\}^{\rm T}[K]^{-1}\{f_{{\rm s},i}\} \tag{14-22}$$

$$E_{{\rm d},i} = E_{{\rm d},i-1} + \frac{1}{2}(\{\dot{u}_i\} + \{\dot{u}_{i-1}\})^{\rm T}[C](\{u_i\} - \{u_{i-1}\}) \tag{14-23}$$

$$E_{{\rm p},i} = E_{{\rm r},i} - E_{{\rm s},i} = E_{{\rm r},i-1} + \frac{1}{2}(\{f_{{\rm s},i}\} + \{f_{{\rm s},i-1}\})^{\rm T}(\{u_i\} - \{u_{i-1}\}) - E_{{\rm s},i} \tag{14-24}$$

## 14.2 单自由度体系能量分析算例

本节基于第 8 章的算例模型进行能量分析，连接单元本构采用强化系数为 0.2 的二折

线本构。通过 MATLAB 编程求取体系的各项能量，并与 SAP2000、midas Gen 计算结果进行对比。

### 14.2.1 MATLAB 编程

```
%弹塑性单自由度体系能量分析
%Author:JiDong Cui(崔济东)
%Website:www.jdcui.com
clear;clc;
format shortEng

%结构参数输入(质量 t、阻尼比)
m=1000;kesi=0.05;
%导入地震波,获得时间步数和步长
data=load('chichi.txt');
ug=9800*data(:,2)';
n1=length(ug);
dt=0.01;

%定义非线性单元本构
global fy k0 b
fy=1000000;%yield strength
k0=2e5;%initial stiffness,刚度 kN/m
b=0.2;%strain-hardening ratio

%计算自振频率阻尼系数
wn=sqrt(k0/m);
c=2*kesi*m*wn;

%指定控制参数 γ、β的值,定义积分常数
gama=0.5;beta=1/4;
AA1=m/(beta*dt)+(gama/beta)*c;
AA2=m/(2*beta)+dt*(gama/2/beta-1)*c;

%求解结构反应
%初始条件
n2=6000;        %分析步数
Time(1,1)=0;    %时间向量 Time,初始值为 0
u(1,1)=0;       %位移向量 u,初始值为 0
v(1,1)=0;       %速度向量 v,初始值为 0
Rs(1,1)=0;      %恢复力向量 Rs,初始值为 0
k(1,1)=k0;      %刚度向量 k,初始值为 k0
P(1,1)=-m*ug(1,1);   %外荷载向量 P
```

```
aa(1,1)=(P(1,1)-c*v(1,1)-Rs(1,1))/m;  %加速度向量 aa
Ek(1,1)=0.5*m*v(1,1)^2;      %动能
Es(1,1)=0.5*Rs(1,1)^2/k0;  %势能:弹性应变能
Ed(1,1)=0;  %阻尼耗能
Er(1,1)=0;  %总应变能
Ep(1,1)=0;  %塑性耗能
%逐步积分
for i=2:n2
    Time(1,i)=(i-1)*dt;
    %求等效刚度 kk
    kk(1,i-1)=k(1,i-1)+(1/beta/dt/dt)*m+(gama/beta/dt)*c;
    %求等效荷载增量 dltPP
    if i<=n1                  %激励中,P(1,i)非零
        P(1,i)=-m*ug(1,i);
    else                      %激励停止后自由振动,外荷载为零
        ug(1,i)=0;
        P(1,i)=0;
    end
    dltP(1,i-1)=P(1,i)-P(1,i-1);
    dltPP(1,i-1)=dltP(1,i-1)+AA1*v(1,i-1)+AA2*aa(1,i-1);
    %开始积分步内迭代
    %初始化数据
    utrial_0=u(1,i-1);        %迭代初始位移
    Rtrial_0=Rs(1,i-1);       %迭代初始恢复力
    dltR_0=dltPP(1,i-1);      %迭代初始残余力
    KKt_0=kk(1,i-1);          %迭代初始等效切线刚度
    dltU=1e-8;   %变量:各迭代步位移增量之和,初始假定为一个较小值
    dltu=1e-8;   %变量:单个迭代步位移增量,初始假定为一个较小值
    while (dltu/dltU)>1e-4  %判断迭代步位移增量相对值,是否满足精度要求,不满足则继续迭代
        dltu=dltR_0/KKt_0;        %求解迭代步位移增量
        utrial=utrial_0+dltu;   %进而求得迭代后位移
        [Rtrial,Ktrial]=stateDetermineNSDOF(Rtrial_0,utrial_0,utrial);
                                  %调用状态确定函数,获取本次迭代后的恢复力和刚度
        KKt_0=Ktrial+(gama/beta/dt)*c+(1/beta/dt/dt)*m;            %更新等效刚度
        dltF=Rtrial-Rtrial_0+((gama/beta/dt)*c+(1/beta/dt/dt)*m)*dltu;    %更新等效残
余力
        dltR_0=dltR_0-dltF;
        dltU=dltU+dltu;
        utrial_0=utrial;
        Rtrial_0=Rtrial;
    end
    u(1,i)=utrial;
    Rs(1,i)=Rtrial;
```

```
        k(1,i)=Ktrial;

        dltv=(gama/beta/dt)*(u(1,i)-u(1,i-1))-(gama/beta)*v(1,i-1)+(1-gama/2/beta)*dt*aa(1,i-1);
        dltaa=(1/beta/dt/dt)*(u(1,i)-u(1,i-1))-(1/beta/dt)*v(1,i-1)-(1/2/beta)*aa(1,i-1);
        v(1,i)=v(1,i-1)+dltv;
        aa(1,i)=aa(1,i-1)+dltaa;

        Ek(1,i)=0.5*m*v(1,i)^2;      %动能
        Es(1,i)=0.5*Rs(1,i)^2/k0;    %势能:弹性应变能
        Ed(1,i)=Ed(1,i-1)+c*0.5*(v(1,i)+v(1,i-1))*(u(1,i)-u(1,i-1));
        Er(1,i)=Er(1,i-1)+0.5*(Rs(1,i)+Rs(1,i-1))*(u(1,i)-u(1,i-1));
        Ep(1,i)=Er(1,i)-Es(1,i);
    end
    %绘制 Ek 时程
    figure(1)
    plot(Time,Ek)
    xlabel('Time(s)'),ylabel('Ek')
    title('Ek vs Time')
    saveas(gcf,'Ek vs Time.png');
    %绘制 Es 时程
    figure(2)
    plot(Time,Es)
    xlabel('Time(s)'),ylabel('Es')
    title('Es vs Time')
    saveas(gcf,'Es vs Time.png');
    %绘制 Ed 时程
    figure(3)
    plot(Time,Ed)
    xlabel('Time(s)'),ylabel('Ed')
    title('Ed vs Time')
    saveas(gcf,'Ed vs Time.png');
    %绘制 Ep 时程
    figure(4)
    plot(Time,Ep)
    xlabel('Time(s)'),ylabel('Ep')
    title('Ep vs Time')
    saveas(gcf,'Ep vs Time.png');
    %保存数据
    dlmwrite('Ek.csv',Ek,'delimiter','\n')
    dlmwrite('Es.csv',Es,'delimiter','\n')
    dlmwrite('Ed.csv',Ed,'delimiter','\n')
    dlmwrite('Ep.csv',Ep,'delimiter','\n')
```

求得动能 $E_k$、弹性应变能 $E_s$、阻尼耗能 $E_d$、非弹性变形耗能 $E_p$ 时程曲线如图 14-1 所示。

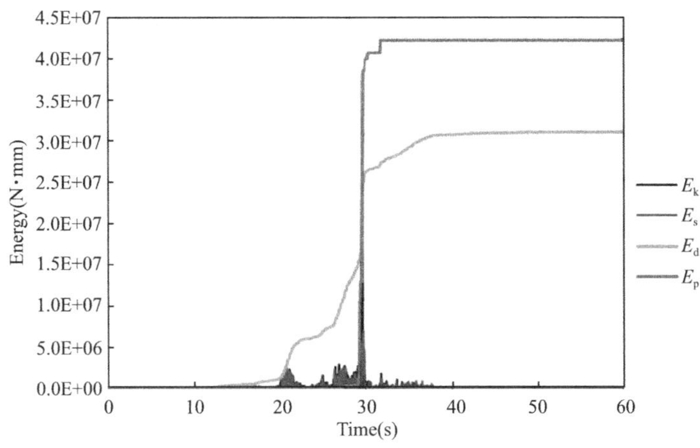


图 14-1 体系各耗能项

绘制能量叠加图，如图 14-2 所示。

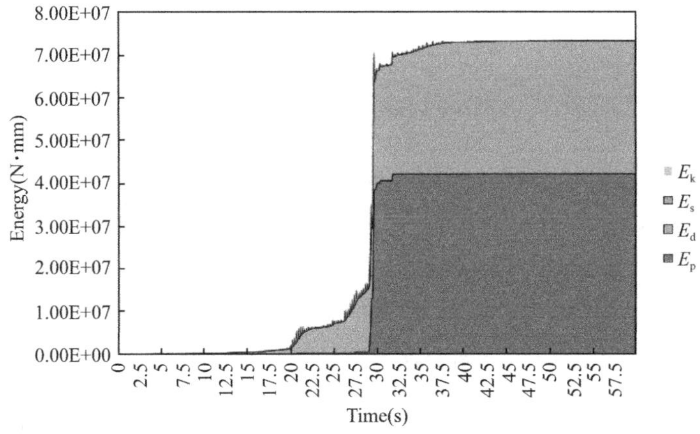


图 14-2 能量叠加图

### 14.2.2 SAP2000 分析

SAP2000 建模分析部分详见第 8 章，此处仅介绍能量图的查看方法。

从菜单栏选择【Display】→【Show Plot Functions】，打开绘图函数轨迹显示定义窗口，如图 14-3(a) 所示。点击【Define Plot Functions】，打开定义函数窗口，从下拉框中选择【Energy Functions】，点击【Add Plot Function】，如图 14-3(b) 所示。在弹出的"Energy Functions"窗口中勾选"Kinetic Energy"($E_k$)、"Potential Energy"($E_s$)、"Modal Damping Energy"($E_d$)、"Link Hysteretic"($E_p$) 复选框，如图 14-3(c) 所示。

将所需绘制的函数曲线从"List of Functions"列表框中加到"Vertical Functions"中，点击【Display】，显示各耗能项的曲线图如图 14-4 所示。

(a)

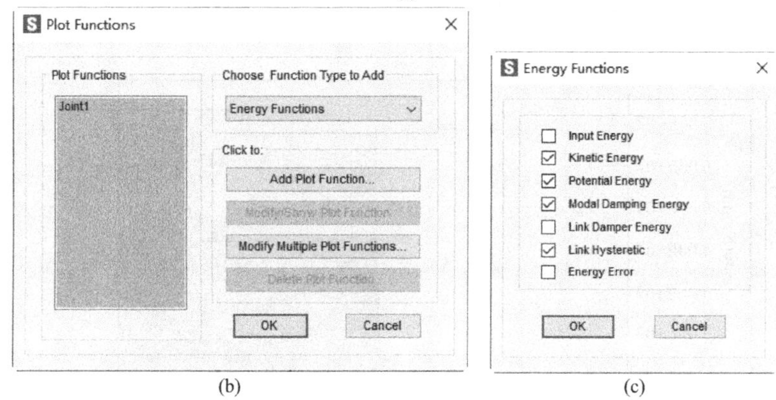


(b)　　　　(c)

图 14-3　定义绘图函数

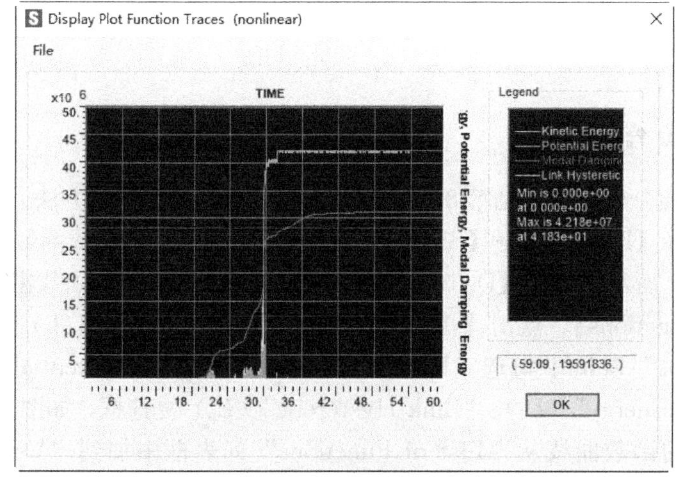


图 14-4　体系各耗能项

对比 MATLAB 计算结果与 SAP2000 计算结果，各项耗能及总输入能量如表 14-1 所示，由表可知，二者总输入耗能及各耗能项吻合很好。

**耗能对比（N·mm）**　　**表 14-1**

| 耗能项 | MATLAB | SAP2000 | 相对误差（%） |
|---|---|---|---|
| $E_{k,max}$ | 18915000 | 18915380.1 | −0.002 |
| $E_{s,max}$ | 7007700 | 7007681.5 | 0.0002 |
| $E_d$ | 31028000 | 31024469 | 0.01 |
| $E_p$ | 42143000 | 42180016 | −0.09 |
| Energy Input | 73171000 | 73168416 | 0.00 |

### 14.2.3　midas Gen 分析

本算例 midas Gen 模型建模方法见第 8 章，此处仅介绍能量图的查看方法。

在【结果】菜单下依次选择【时程】-【时程图表/文本】-【能量图】，打开能量图绘制参数界面，如图 14-5 所示，勾选需要绘图的能量项“非弹性耗能”（对应上文中的 $E_p$）、“动能”（$E_k$）、“弹性应变能”（$E_s$）、“阻尼耗能”（$E_d$），点击适用绘图，如图 14-6 所示。

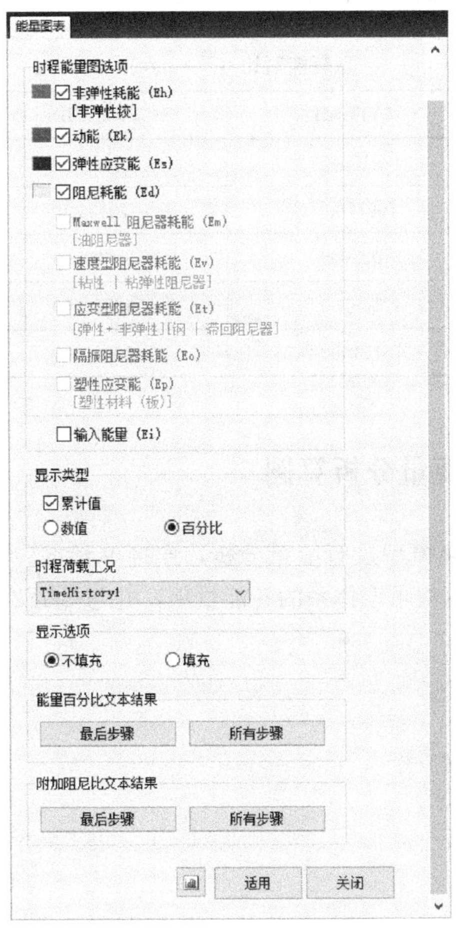


图 14-5　绘制能量图参数定义

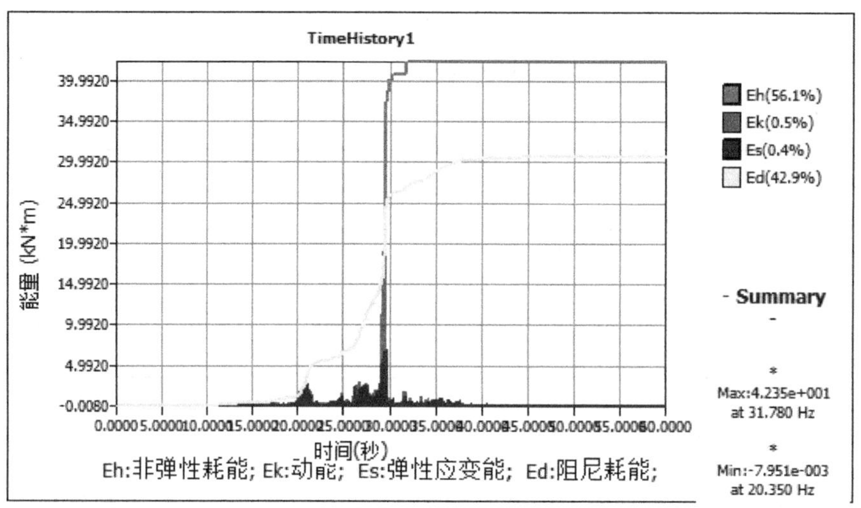


图 14-6　体系各耗能项

对比 MATLAB 计算结果与 midas Gen 计算结果，各项耗能及总输入能量如表 14-2 所示，由表可知，二者总输入耗能及各耗能项吻合很好。

**耗能对比**（N·mm）　　　**表 14-2**

| 耗能项 | MATLAB | midas Gen | 相对误差（%） |
|---|---|---|---|
| $E_{k,max}$ | 18915000 | 18960000 | 0.24 |
| $E_{s,max}$ | 7007700 | 7013000 | 0.08 |
| $E_d$ | 31028000 | 30690000 | −1.09 |
| $E_p$ | 42143000 | 42350000 | 0.49 |
| Energy Input | 73171000 | 73050000 | −0.17 |

## 14.3　多自由度体系能量分析算例

本节基于第 9 章的算例模型进行能量分析，连接单元本构采用理想弹塑性二折线本构。通过在 MATLAB 中编程求取体系的各能量项，并与 SAP2000、midas Gen 计算结果进行对比。

### 14.3.1　MATLAB 编程

```
%弹塑性多自由度体系能量分析
%Author:JiDong Cui(崔济东)
%Website:www.jdcui.com
clear;clc;
format shortEng
```

```
%结构参数输入(阻尼比、质量、初始刚度)
m=[270,270,180];
freedom=length(m);

%导入地震波,获得时间步数和步长
data=load('chichi.txt');
ug=9800*data(:,2)';
n1=length(ug);
dt=0.01;

%定义非线性单元本构
global fy k0 b
fy=1e3*[1225,975,490];%yield strength
k0=1e3*[245,195,98];%initial stiffness,刚度 N/m
b=[0,0,0];%strain-hardening ratio

%初始化质量、刚度矩阵
M=zeros(freedom,freedom);
for i=1:freedom
    M(i,i)=m(i);
end
K=FormKMatric(k0,freedom);

%初始模态分析
[eig_vec,eig_val]=eig(inv(M)*K);%求 inv(M)*K 的特征值 w^2
[w,w_order]=sort(sqrt(diag(eig_val)));%求解自振频率和振型
mode=eig_vec(:,w_order);%求解振型
%振型归一化
for i=1:freedom
    mode(:,i)=mode(:,i)/mode(freedom,i);
end
%求解周期
T=zeros(1,freedom);
for i=1:freedom
    T(i)=2*pi/w(i);
end

%求瑞利阻尼系数
A=2*0.05/(w(1)+w(2))*[w(1)*w(2);1];%求系数 a0 和 a1,假设第一阶和第二阶振型阻尼比均为 0.05
C=A(1)*M+A(2)*K;

%指定 Newmark-β法控制参数 γ 和 β,定义积分常数
```

```
gama=0.5;beta=0.25;
AA1=M/(beta*dt)+(gama/beta)*C;
AA2=M/(2*beta)+dt*(gama/2/beta-1)*C;

%求解结构反应
%初始条件
n2=6000;                    %分析步数
Time(1,1)=0;                %时间向量 Time,初始值为 0
u=zeros(freedom,n2);   %存放位移的矩阵 u,行为自由度数,列为分析步数,初始值为{0,0,0}'
u(:,1)=0;
v=zeros(freedom,n2);%存放速度的矩阵 u,行为自由度数,列为分析步数,初始值为{0,0,0}'
v(:,1)=0;
P=zeros(freedom,n2);%存放外荷载的矩阵 P,行为自由度数,列为分析步数
P(:,1)=-ug(1,1)*m';
Rs=zeros(freedom,n2);%存放恢复力的矩阵 Rs,初始值为{0,0,0}'
Rs(:,1)=0;
k=zeros(freedom,n2);%存放各层刚度的矩阵 k,初始值为 k0'
k(:,1)=k0';
aa=zeros(freedom,n2);%存放加速度的矩阵 aa,行为自由度数,列为分析步数
aa(:,1)=inv(M)*(P(:,1)-C*v(:,1)-Rs(:,1));
utrial0=zeros(freedom,1);   %freedom×1 列向量,存放 NB 迭代上一迭代步位移
utrial=zeros(freedom,1);   %freedom×1 列向量,存放 NB 迭代当前迭代步位移
Rtrial=zeros(freedom,1);   %freedom×1 列向量,存放 NB 迭代当前迭代步恢复力
ktrial=zeros(freedom,1);   %freedom×1 列向量,存放 NB 迭代当前迭代步各层刚度
Ek(1,1)=0.5*v(:,1)'*M*v(:,1);;                    %动能
Es(1,1)=abs(0.5*Rs(:,1)'*(inv(K)*Rs(:,1)));      %势能:弹性应变能
Ed(1,1)=0;   %阻尼耗能
Er(1,1)=0;   %总应变能
Ep(1,1)=0;   %塑性耗能
%逐步积分
for j=2:n2
    Time(1,j)=(j-1)*dt;
    %求等效刚度矩阵 KK
    K=FormKMatric(k(:,j-1),freedom);
    KK=K+1/(beta*dt^2)*M+gama/(beta*dt)*C;
    %求等效荷载增量 dltPP
    if j<=n1
        P(:,j)=-ug(1,j)*m';
    else
        ug(1,j)=0;
        P(:,j)=0;
    end
    dltP(:,j-1)=P(:,j)-P(:,j-1);
```

```
dltPP(:,j-1)=dltP(:,j-1)+AA1*v(:,j-1)+AA2*aa(:,j-1);
%开始积分步内迭代
%初始化数据
utrial0=u(:,j-1);        %迭代初始位移
Rtrial0=Rs(:,j-1);       %迭代初始恢复力
dltR_0=dltPP(:,j-1);     %迭代初始残余力
KKt_0=KK;                %迭代初始等效切线刚度
while sum(abs(dltR_0))>1e-5
    dltu=inv(KKt_0)*dltR_0;   %求解迭代步位移增量
    utrial=utrial0+dltu;      %进而求得迭代后位移
    [Rtrial,ktrial]=stateDetermineNMDOF(Rtrial0,utrial0,utrial);
                     %调用状态确定函数,获取本次迭代后的恢复力和刚度
    K=FormKMatric(ktrial,freedom);               %更新刚度和等效刚度
    KKt_0=K+1/(beta*dt^2)*M+gama/(beta*dt)*C;
    dltF=Rtrial-Rtrial0+((gama/beta/dt)*C+(1/beta/dt/dt)*M)*dltu;   %更新等效残余力
    dltR_0=dltR_0-dltF;
    utrial0=utrial;
    Rtrial0=Rtrial;
end
u(:,j)=utrial;
Rs(:,j)=Rtrial;
k(:,j)=ktrial;
dltv=(gama/beta/dt)*(u(:,j)-u(:,j-1))-(gama/beta)*v(:,j-1)+(1-gama/2/beta)*dt*aa
(:,j-1);
dltaa=(1/beta/dt/dt)*(u(:,j)-u(:,j-1))-(1/beta/dt)*v(:,j-1)-(1/2/beta)*aa(:,j-1);
v(:,j)=v(:,j-1)+dltv;
aa(:,j)=aa(:,j-1)+dltaa;

Ek(1,j)=0.5*v(:,j)'*M*v(:,j);                          %动能
Es(1,j)=abs(0.5*Rs(:,j)'*(inv(K)*Rs(:,j)));            %势能
Ed(1,j)=Ed(1,j-1)+abs(0.5*(v(:,j)+v(:,j-1))'*C*(u(:,j)-u(:,j-1)));   %阻尼耗能
Er(1,j)=Er(1,j-1)+0.5*(Rs(:,j)+Rs(:,j-1))'*(u(:,j)-u(:,j-1));       %总应变能
Ep(1,j)=Er(1,j)-Es(1,j);                                 %塑性耗能
end

%绘制Ek时程
figure(1)
plot(Time,Ek)
xlabel('Time(s)'),ylabel('Ek')
title('Ek vs Time')
saveas(gcf,'Ek vs Time.png');
%绘制Es时程
figure(2)
```

```
plot(Time,Es)
xlabel('Time(s)'),ylabel('Es')
title('Es vs Time')
saveas(gcf,'Es vs Time.png');
%绘制 Ed 时程
figure(3)
plot(Time,Ed)
xlabel('Time(s)'),ylabel('Ed')
title('Ed vs Time')
saveas(gcf,'Ed vs Time.png');
%绘制 Ep 时程
figure(4)
plot(Time,Ep)
xlabel('Time(s)'),ylabel('Ep')
title('Ep vs Time')
saveas(gcf,'Ep vs Time.png');
%保存数据
dlmwrite('Ek.csv',Ek,'delimiter','\n')
dlmwrite('Es.csv',Es,'delimiter','\n')
dlmwrite('Ed.csv',Ed,'delimiter','\n')
dlmwrite('Ep.csv',Ep,'delimiter','\n')
```

求得动能 $E_k$、弹性应变能 $E_s$、阻尼耗能 $E_d$、非弹性变形耗能 $E_p$ 如图 14-7 所示。

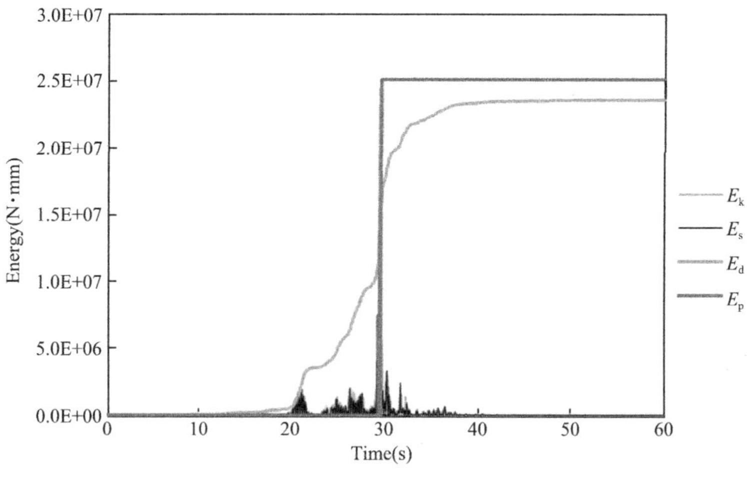


图 14-7 体系各耗能项

绘制能量叠加图，如图 14-8 所示。

### 14.3.2 SAP2000 分析

多自由度体系查看能量图的操作与上节单自由度实例相同，这里直接给出 SAP2000 分析得到的体系各耗能项如图 14-9 所示。

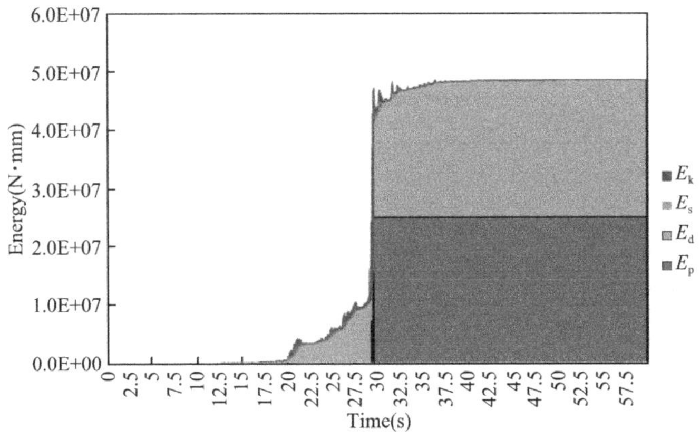


图 14-8 能量叠加图

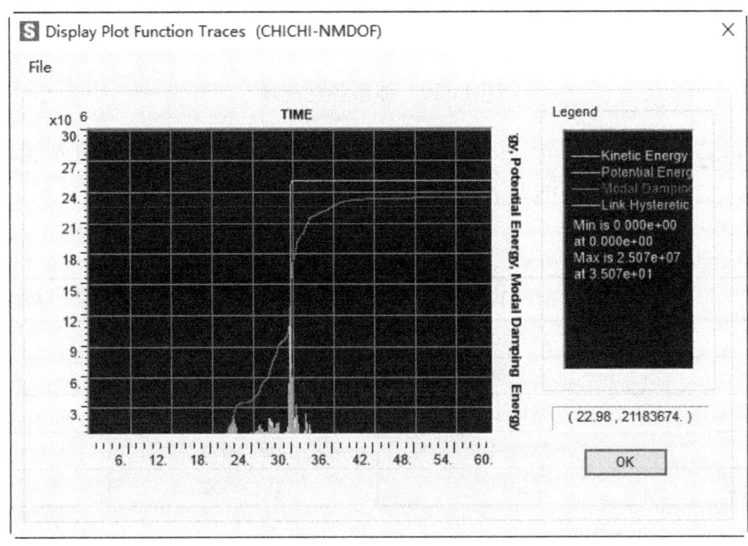


图 14-9 体系各耗能项

对比 MATLAB 计算结果与 SAP2000 计算结果，各项耗能及总输入能量如表 14-3 所示，由表可知，二者总输入耗能及各耗能项吻合很好。

**耗能对比（N·mm）** **表 14-3**

| 耗能项 | MATLAB | SAP2000 | 相对误差（%） |
|---|---|---|---|
| $E_k$ | 14324000 | 14322518.9 | 0.01 |
| $E_s$ | 6725000 | 6725000.0 | 0.00 |
| $E_d$ | 23498000 | 23499853.4 | −0.01 |
| $E_p$ | 25036000 | 25070677.3 | −0.14 |
| Energy Input | 48534000 | 48570530.7 | −0.08 |

### 14.3.3 midas Gen 分析

多自由度体系查看能量图的操作与上节单自由度的实例相同，这里直接给出 midas

Gen 分析得到的体系各耗能项如图 14-10 所示。

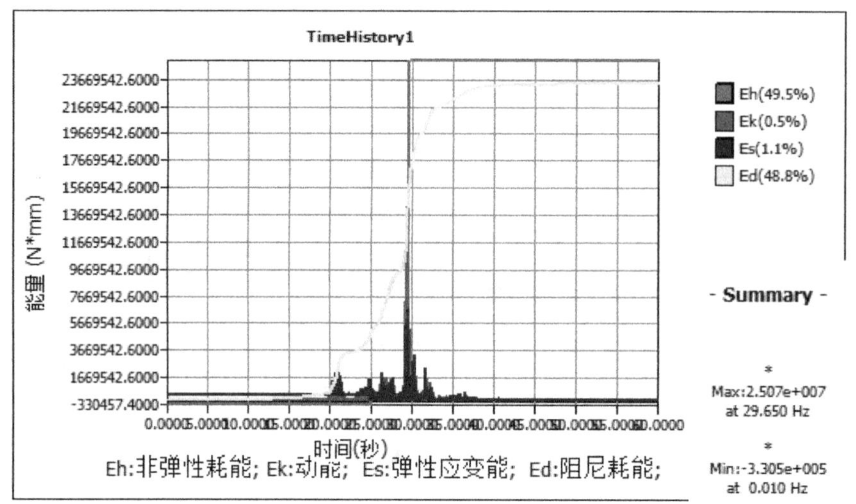


图 14-10　体系各耗能项

对比 MATLAB 计算结果与 midas Gen 计算结果，各项耗能及总输入能量如表 14-4 所示，由表可知，二者总输入耗能及各耗能项吻合很好。

**耗能对比（N・mm）**　　**表 14-4**

| 耗能项 | MATLAB | midas Gen | 相对误差（%） |
| --- | --- | --- | --- |
| $E_k$ | 14324000 | 14320000 | −0.03 |
| $E_s$ | 6725000 | 6725000 | 0.00 |
| $E_d$ | 23498000 | 23390000 | −0.46 |
| $E_p$ | 25036000 | 25070000 | 0.14 |
| Energy Input | 48534000 | 48480000 | −0.11 |

## 14.4　弹性与弹塑性结构耗能对比

本节对与 14.2 节的单自由度弹塑性模型和 14.3 节的多自由度弹塑性模型对应的弹性模型进行能量分析，并与弹塑性模型的耗能进行对比，让读者对弹性模型和弹塑性模型的耗能情况有直观了解。

### 14.4.1　单自由度体系算例

MATLAB 计算中，单自由度弹性体系的刚度取非弹性体系的初始刚度 $k_0=200000$N/mm，质量 $m$ 和阻尼比 $\zeta$ 均与非弹性体系相同，即 $m=1000$t，$\zeta=0.05$。SAP2000 建模时需修改 Link 单元的本构参数，将 Link 单元类型定义为 Linear，单元刚度为 200000N/mm。

求得弹性体系动能 $E_k$、弹性应变能 $E_s$、阻尼耗能 $E_d$、非弹性变形耗能 $E_p$ 如图 14-11(a) 所示，相应的非弹性体系各项耗能对比如图 14-11(b) 所示。

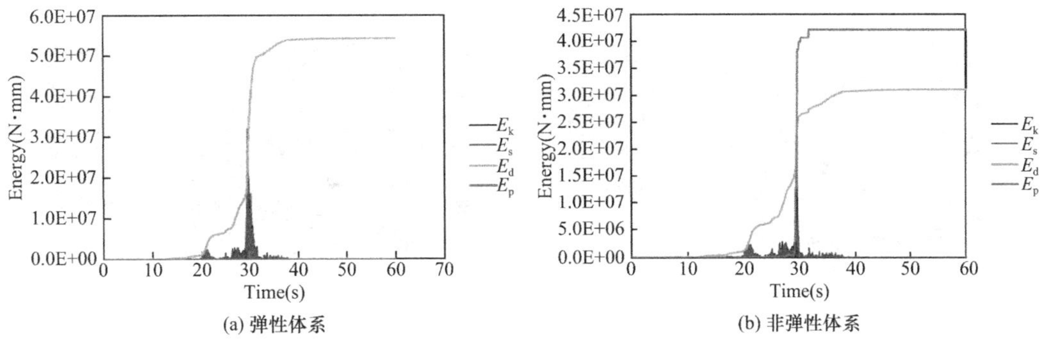

(a) 弹性体系　　(b) 非弹性体系

图 14-11　单自由度弹性体系与非弹性体系能量图（MATLAB）

对比弹性体系和非弹性体系的能量叠加图如图 14-12 所示。

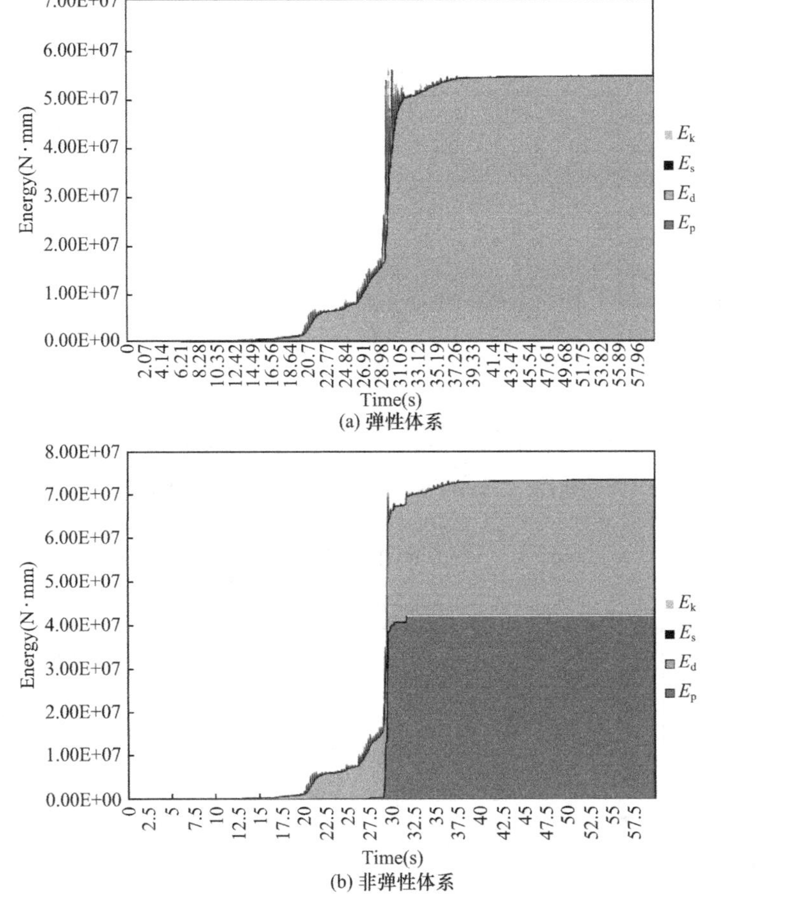

(a) 弹性体系

(b) 非弹性体系

图 14-12　单自由度弹性体系与非弹性体系能量叠加图（MATLAB）

由图 14-12 可知，弹性体系的非弹性变形耗能 $E_p$ 为 0，所有地震输入能量均由体系的阻尼耗散。

SAP2000 计算得到的弹性体系能量图与非弹性体系能量图对比如图 14-13 所示，由图可以看出，弹性结构的滞回耗能 $E_p$ 为 0，地震输入能量全部由阻尼耗散。

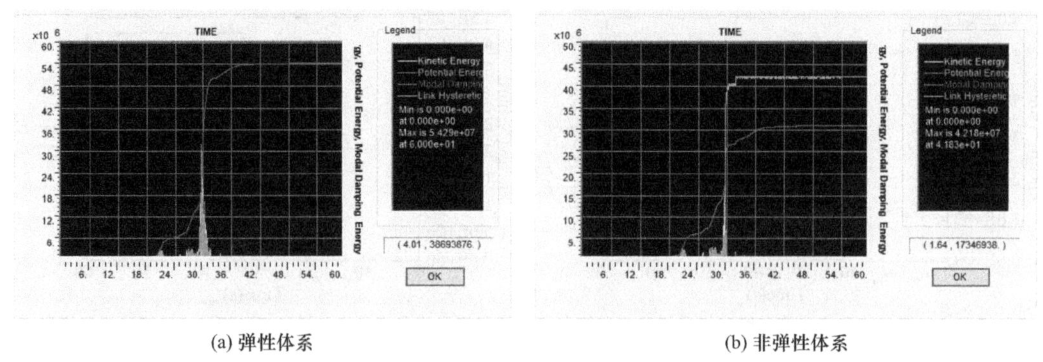


(a) 弹性体系　　　　(b) 非弹性体系

图 14-13　单自由度弹性体系与非弹性体系能量图（SAP2000）

midas Gen 计算得到的弹性体系能量图与非弹性体系能量图对比如图 14-14 所示，由图可以看出，弹性结构的滞回耗能 $E_h$ 为 0，地震输入能量全部由阻尼耗散。

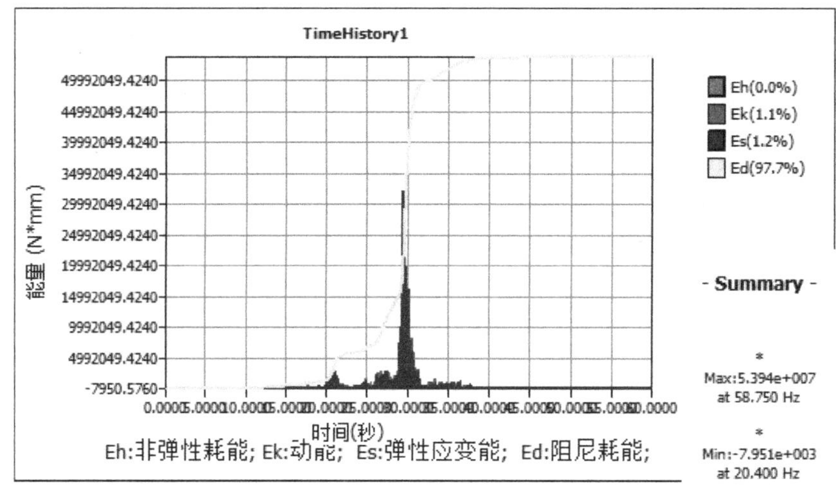


(a) 弹性体系

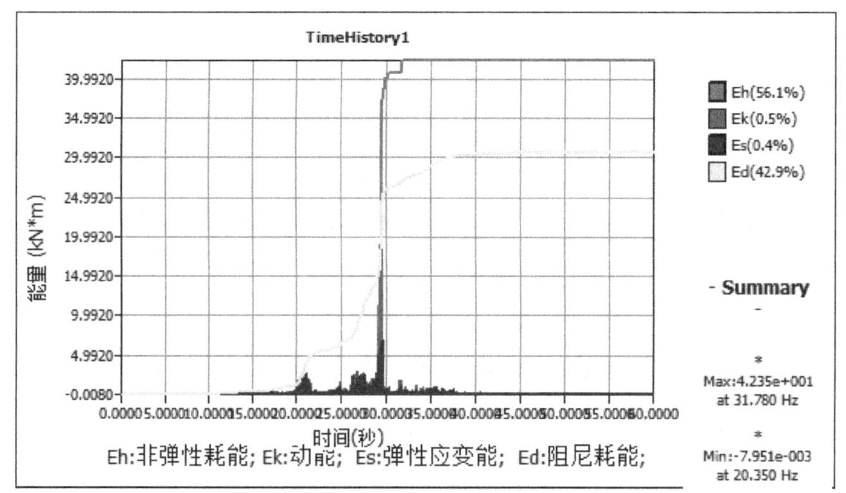


(b) 非弹性体系

图 14-14　单自由度弹性体系与非弹性体系能量图（midas Gen）

### 14.4.2　多自由度体系算例

多自由度弹性体系的质量、阻尼比参数与上述非弹性体系相同，弹性体系的刚度取非弹性体系的初始刚度。

MATLAB 计算求得的弹性体系动能 $E_k$、弹性应变能 $E_s$、阻尼耗能 $E_d$、非弹性变形耗能 $E_p$ 如图 14-15(a) 所示，相应的非弹性体系各项耗能对比如图 14-15(b) 所示。

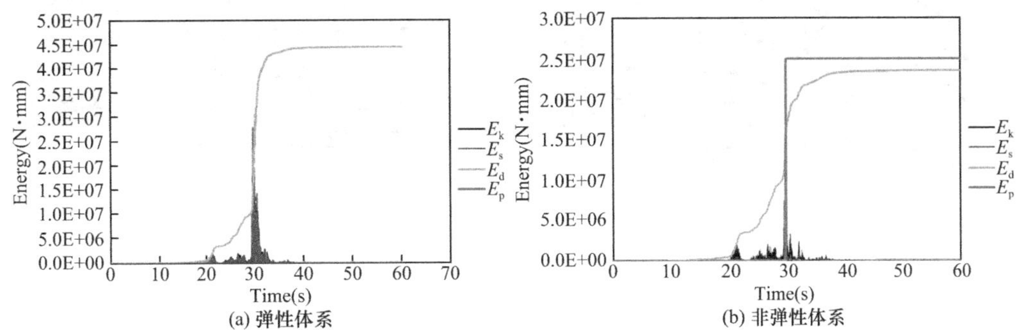


图 14-15　多自由度弹性体系与非弹性体系能量图（MATLAB）

对比弹性体系和非弹性体系的能量叠加图如图 14-16 所示。

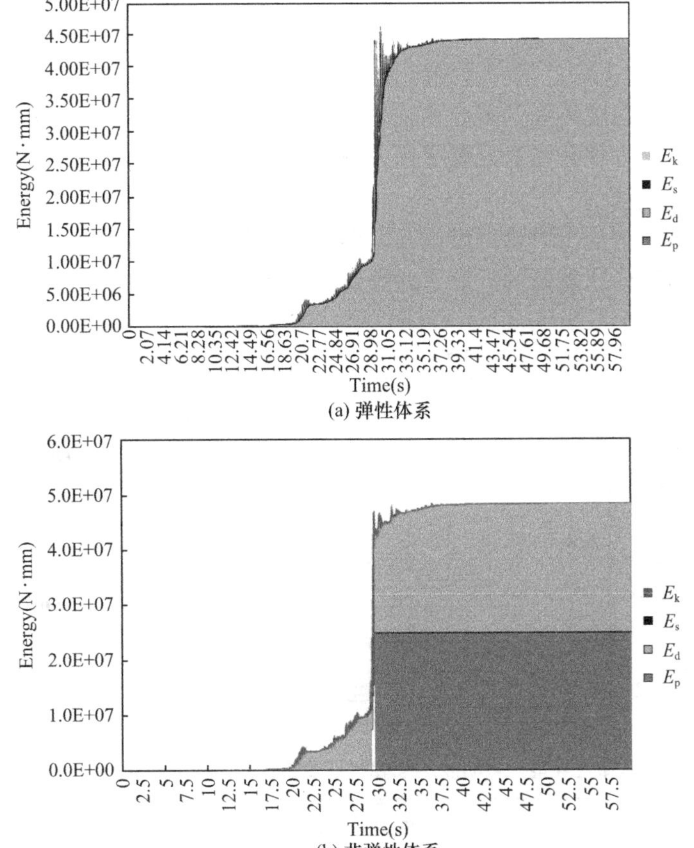


图 14-16　多自由度弹性体系与非弹性体系能量叠加图（MATLAB）

同样地，由图 14-16 可知，弹性体系的非弹性变形耗能 $E_p$ 为 0，所有地震输入能量均由体系的阻尼耗散。

SAP2000 计算得到的弹性体系能量图与非弹性体系能量图对比如图 14-17 所示，由图可以看出，弹性结构的滞回耗能 $E_p$ 为 0，地震输入能量全部由阻尼耗散。

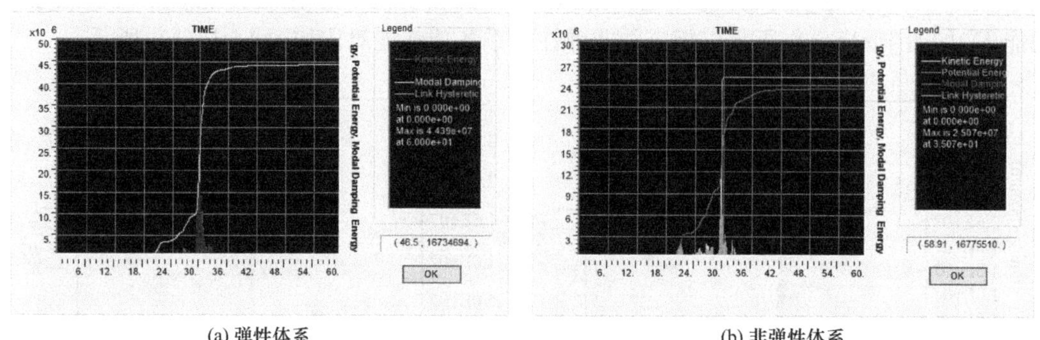


(a) 弹性体系　　(b) 非弹性体系

图 14-17　多自由度弹性体系与非弹性体系能量图（SAP2000）

midas Gen 计算得到的弹性体系能量图与非弹性体系能量图对比如图 14-18 所示，由图可以看出，弹性结构的滞回耗能 $E_h$ 为 0，地震输入能量全部由阻尼耗散。

## 14.5　小结

（1）介绍了单自由度体系、多自由度体系的能量平衡方程以及各项能量的理论公式，讨论了相对能量平衡方程与绝对能量平衡方程的区别与联系，并给出了逐步积分法时分析中各项能量的求解方法。

（2）通过具体算例给出单自由度体系、多自由度体系能量分析的 MATLAB 代码，代码可实现时程分析下各项能量的计算，并绘制能量图。

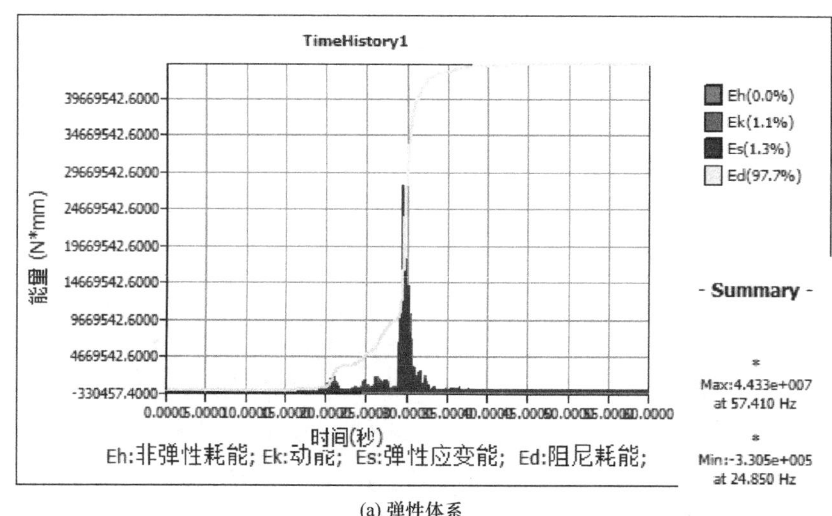


(a) 弹性体系

图 14-18　多自由度弹性体系与非弹性体系能量图（midas Gen）（一）

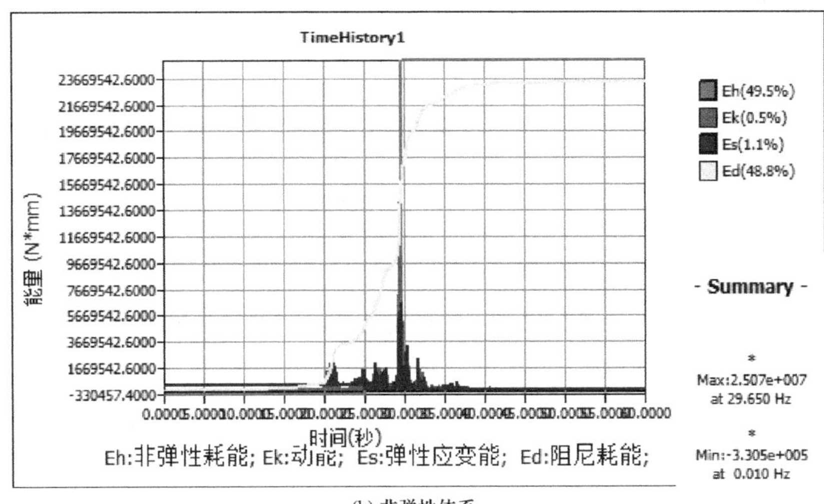


(b) 非弹性体系

图 14-18 多自由度弹性体系与非弹性体系能量图（midas Gen）(二)

(3) 采用 SAP2000、midas Gen 软件对单自由度体系、多自由度体系算例进行分析，将软件分析得到的结构能量指标与 MATLAB 编程计算结果进行对比，结果显示三者计算结果吻合很好。

(4) 针对单自由度体系、多自由度体系算例，讨论弹性分析和弹塑性分析的能量结果的差异。

## 参考文献

[1] 黄镇，李爱群. 建筑结构金属消能器减震设计 [M]. 北京：中国建筑工业出版社，2015.

# 第 15 章　阻尼矩阵的构造及分析实例

根据前面的章节可知，进行有阻尼多自由度体系的直接积分动力时程分析需要建立结构的阻尼矩阵。目前发展了很多阻尼理论和阻尼矩阵构造方法，本章以最常用的经典阻尼模型为例，讨论几种常用的经典阻尼矩阵的构造方式，并通过具体算例，分析不同阻尼矩阵的构造方法对结构动力反应的影响，加深读者对阻尼的理解。

## 15.1　阻尼模型分类

第 5 章介绍有阻尼多自由度体系振型分解反应谱法时，为使体系的整体运动方程解耦为多个单自由度体系运动方程，利用了阻尼矩阵与振型正交的假定，进而引出了经典阻尼与非经典阻尼的概念。如果阻尼矩阵 $[C]$ 能够被振型矩阵 $[\Phi]$ 对角化，亦即振型向量满足关于阻尼矩阵正交特性，这种阻尼称为经典阻尼，经典阻尼也常称为比例阻尼，如果阻尼矩阵 $[C]$ 不能被振型矩阵 $[\Phi]$ 对角化，则这种阻尼称为非经典阻尼，非经典阻尼也常称为非比例阻尼[1]，即

经典阻尼：$[\Phi]^{\mathrm{T}}[C][\Phi]\Rightarrow$ 对角矩阵

非经典阻尼：$[\Phi]^{\mathrm{T}}[C][\Phi]\Rightarrow$ 非对角矩阵

经典阻尼模型是一种理想化的阻尼模型，实际结构的阻尼机理非常复杂，通常也不是经典阻尼，尽管如此，由于采用经典阻尼模型通常使结构的动力分析较为简便，现阶段许多建筑结构分析中，将结构的阻尼假定为经典阻尼依然是常用的做法。因此，15.2 节主要介绍几种常用的经典阻尼矩阵的构造。对于非经典阻尼矩阵的构造，读者可查阅相关文献[2-4]。

## 15.2　经典阻尼矩阵

结构阻尼的机理非常复杂，与组成结构的材料、连接属性、耗能机制等因素均有关，因此往往无法直接给出阻尼矩阵，实测通常也只能测得某一振型的阻尼比。因此阻尼矩阵的构造通常讲的是如何通过振型阻尼比求解阻尼矩阵。常用的经典阻尼模型包括振型阻尼（Modal Damping）、瑞利阻尼（Rayleigh Damping）、柯西阻尼（Caughey Damping）。以下介绍这几种阻尼矩阵的构造方法及应用。

### 15.2.1　振型阻尼（Modal Damping）

由第 5 章的内容可知，设体系振型矩阵为 $[\Phi]$，体系阻尼矩阵为 $[C]$，对于经典阻尼模型，$[\Phi]^{\mathrm{T}}$ $[C]$ $[\Phi]$ 为对角阵，记为

$$[\Phi]^{\mathrm{T}}[C][\Phi]=\begin{bmatrix}C_1 & & & \\ & C_2 & & \\ & & \ddots & \\ & & & C_n\end{bmatrix}=[C_n] \tag{15-1}$$

式中 $[C_n]$ 是体系振型阻尼矩阵。

则体系阻尼矩阵 $[C]$ 可表示为

$$[C]=([\Phi]^{\mathrm{T}})^{-1}[C_n][\Phi]^{-1} \tag{15-2}$$

根据单自由度体系黏滞阻尼相关理论，见第 1 章公式（1-13），可知第 $n$ 阶振型阻尼 $C_n$ 为

$$C_n=2\zeta_n\omega_n M_n,(n=1,2,\cdots,N) \tag{15-3}$$

式中 $\zeta_n$、$\omega_n$ 和 $M_n$ 分别是第 $n$ 阶振型的振型阻尼比、圆频率和振型质量。根据各振型阻尼 $C_n$ 叠加可得到振型阻尼矩阵 $[C_n]$。

已知振型质量矩阵 $[M_n]$ 为

$$[M_n]=[\Phi]^{\mathrm{T}}[M][\Phi] \tag{15-4}$$

则将上式两端分别左乘 $[M_n]^{-1}$、右乘 $[\Phi]^{-1}$，可得

$$[M_n]^{-1}[\Phi]^{\mathrm{T}}[M]=[\Phi]^{-1} \tag{15-5}$$

将式（15-4）两端分别左乘（$[\Phi]^{\mathrm{T}})^{-1}$、右乘 $[M_n]^{-1}$，可得

$$[M][\Phi][M_n]^{-1}=([\Phi]^{\mathrm{T}})^{-1} \tag{15-6}$$

将式（15-5）、式（15-6）及 $[C_n]$ 代入式（15-2），即可求得阻尼矩阵 $[C]$

$$[C]=([M][\Phi][M_n]^{-1})[C_n]([M_n]^{-1}[\Phi]^{\mathrm{T}}[M]) \tag{15-7}$$

由于 $[M_n]$ 是对角阵，其逆矩阵 $[M_n]^{-1}$ 很容易求得，进一步展开式（15-7）可得

$$[C]=[M]\left(\sum_{n=1}^{N}\frac{2\zeta_n\omega_n}{M_n}\{\phi\}_n\{\phi\}_n^{\mathrm{T}}\right)[M] \tag{15-8}$$

用式（15-8）构造阻尼矩阵的阻尼称为振型阻尼或模态阻尼[2-4]（Modal Damping）。公式中采用了体系全部 $N$ 个振型进行叠加，在大型结构分析中，可以仅考虑部分主要振型的影响，忽略次要振型，以提高计算分析的效率。

### 15.2.2 瑞利阻尼（Rayleigh Damping）

瑞利阻尼假定结构的阻尼矩阵是质量矩阵和刚度矩阵的线性组合，即

$$[C]=a_0[M]+a_1[K] \tag{15-9}$$

根据第 4 章的介绍，结构的振型关于质量矩阵 $[M]$ 和刚度矩阵 $[K]$ 正交，因此振型也关于阻尼矩阵 $[C]$ 正交，将上式左乘 $\{\phi\}_n^{\mathrm{T}}$、右乘 $\{\phi\}_n$ 得

$$C_n=a_0M_n+a_1K_n \tag{15-10}$$

式中 $\{\phi\}_n$ 是第 $n$ 阶振型的振型向量，$C_n$、$M_n$、$K_n$ 分别是第 $n$ 阶振型的阻尼系数、振型质量和振型刚度，有

$$\begin{cases}C_n=\{\phi\}_n^{\mathrm{T}}[C]\{\phi\}_n\\M_n=\{\phi\}_n^{\mathrm{T}}[M]\{\phi\}_n\\K_n=\{\phi\}_n^{\mathrm{T}}[K]\{\phi\}_n\end{cases} \tag{15-11}$$

根据第 5 章振型分解法的相关推导，有

$$\begin{cases}C_n=2\zeta_n\omega_nM_n\\\omega_n^2=K_n/M_n\end{cases} \tag{15-12}$$

式中 $\zeta_n$ 是第 $n$ 阶振型的阻尼比。

将式（15-12）代入式（15-10）可得

$$\zeta_n=\frac{a_0}{2\omega_n}+\frac{a_1\omega_n}{2} \tag{15-13}$$

通过给定某两个振型（圆频率 $\omega_i$、$\omega_j$，$i<j$）的阻尼比 $\zeta_i$、$\zeta_j$，可以得到如下求解 $a_0$ 和 $a_1$ 的方程组

$$\frac{1}{2}\begin{bmatrix}\dfrac{1}{\omega_i} & \omega_i\\ \dfrac{1}{\omega_j} & \omega_j\end{bmatrix}\begin{Bmatrix}a_0\\ a_1\end{Bmatrix}=\begin{Bmatrix}\zeta_i\\ \zeta_j\end{Bmatrix} \tag{15-14}$$

解方程可得待定系数 $a_0$ 和 $a_1$

$$\begin{Bmatrix}a_0\\ a_1\end{Bmatrix}=\frac{2\omega_i\omega_j}{\omega_j^2-\omega_i^2}\begin{bmatrix}\omega_j & -\omega_i\\ -\dfrac{1}{\omega_j} & \dfrac{1}{\omega_i}\end{bmatrix}\begin{Bmatrix}\zeta_i\\ \zeta_j\end{Bmatrix} \tag{15-15}$$

当 $\zeta_i=\zeta_j=\zeta$ 时，上式简化为

$$\begin{Bmatrix}a_0\\ a_1\end{Bmatrix}=\frac{2\zeta}{\omega_i+\omega_j}\begin{Bmatrix}\omega_i\omega_j\\ 1\end{Bmatrix} \tag{15-16}$$

将 $a_0$ 和 $a_1$ 代入式（15-9）即可求得结构的瑞利阻尼矩阵［$C$］。

由式（15-9）可见，振型阻尼可分成两项，一项与质量矩阵成正比，一项与刚度矩阵成正比，相应的阻尼比［式（15-13）］也可以分为两项，即与质量成正比的项 $\zeta_M$ 和与刚度成正比的项 $\zeta_K$，即

$$\begin{cases}\zeta_n=\zeta_M+\zeta_K\\ \zeta_M=\dfrac{a_0}{2\omega_n},\zeta_K=\dfrac{a_1\omega_n}{2}\end{cases} \tag{15-17}$$

当 $a_0$ 和 $a_1$ 确定后，$\zeta_M$、$\zeta_K$ 及 $\zeta_n$ 只与 $\omega_n$ 有关。图 15-1 给出了瑞利阻尼中阻尼比随频率的变化规律曲线。由图 15-1 可见，刚度比例阻尼随着频率的增加而线性增加，质量比例阻尼在频率趋于零时，变得无穷大，随着频率的增加迅速减小。

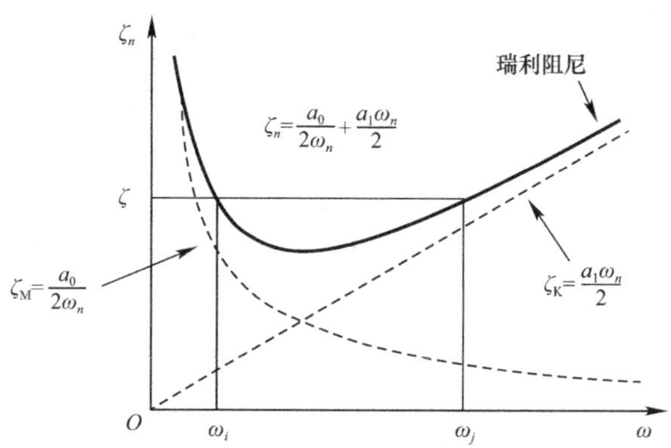


图 15-1　振型阻尼比与自振频率的关系

利用圆频率 $\omega_n$ 与周期 $T_n$ 的关系，式（15-7）可改写为用自振周期表示的形式

$$\begin{cases}\zeta_n=\zeta_M+\zeta_K\\ \zeta_M=\dfrac{a_0T_n}{4\pi},\zeta_K=\dfrac{a_1\pi}{T_n}\end{cases} \tag{15-18}$$

图 15-2 给出了瑞利阻尼中阻尼比随周期的变化规律曲线。由图可见，质量比例阻尼随着周期的增加而线性增加，刚度比例阻尼在周期趋于零时，变得无穷大，随着周期的增加迅速减小。

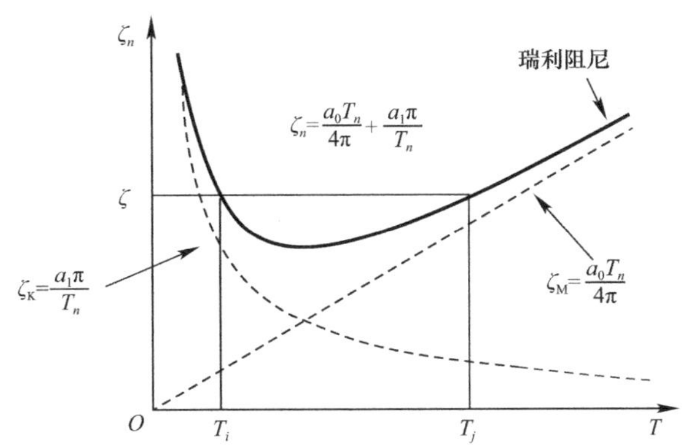


图 15-2　振型阻尼比与自振周期的关系

关于瑞利阻尼，还有以下几点说明：

(1) 由于振型向量关于质量矩阵 [$M$] 和刚度矩阵 [$K$] 正交，因此由质量矩阵及刚度矩阵线性组合而成的瑞利阻尼也是一种正交阻尼，即经典阻尼。

(2) 根据瑞利阻尼公式，结构的振型阻尼比 $\zeta_n$ 是自振频率（周期）的函数，$\zeta_n$ 在点 $\omega_i(T_i)$、$\omega_j(T_j)$ 处等于给定阻尼比 $\zeta_i$、$\zeta_j$。工程中常取 $\zeta_i=\zeta_j=\zeta$ 计算瑞利阻尼，则当振型圆频率（周期）位于 $\omega_i(T_i)$、$\omega_j(T_j)$ 之间时，振型阻尼比 $\zeta_n$ 接近且小于给定阻尼比 $\zeta$，当振型圆频率（周期）小于 $\omega_i(T_i)$ 或大于 $\omega_j(T_j)$ 时，振型阻尼比大于相应的给定阻尼比 $\zeta$[2]。

(3) 文献 [2] 指出，确定瑞利阻尼系数的两个频率（周期）点 $\omega_i(T_i)$、$\omega_j(T_j)$ 应覆盖结构分析中感兴趣的频段，而结构感兴趣频段的确定需要根据作用于结构上的外荷载的频率成分及结构的动力特性综合考虑。文献 [5] 指出，在动力时程分析中，一般可取 $T_i=0.25T_1$（$T_1$ 为结构基本周期）、$T_j=0.9T_1$、阻尼比 $\zeta_i=\zeta_j=\zeta$ 作为瑞利阻尼系数的计算依据。这样可使振型的阻尼比在 $T_1\sim0.2T_1$ 周期范围内大致为常量。

(4) 瑞利阻尼可通过图 15-3 进行更加直观的理解。图中 $\alpha M$ 阻尼器连接了质量点与某一固定点，与质量点的绝对速度相关，即与系统的动能相关；$\beta K$ 阻尼器与构件并联，与构件的相对变形速度相关，即与系统的应变能有关。$\alpha M$ 阻尼器及 $\beta K$ 阻尼器的这种布置方式显然不会引起振型的耦联。文献 [4] 指出，质量比例阻尼对于基底支撑结构来说在物理上是不可能的，此外刚度比例阻尼对结构高阶振型具有阻尼增加效应，也是没有经过物理论证的。

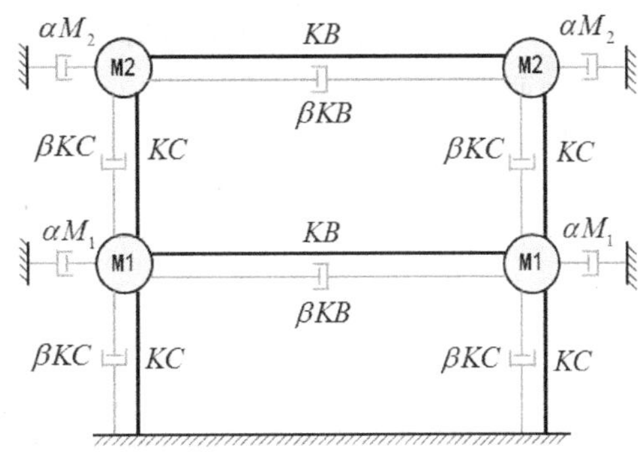


图 15-3　瑞利阻尼的物理意义[4]
（图中 $\alpha$ 与系数 $a_0$ 相同，$\beta$ 与系数 $a_1$ 相同）

### 15.2.3　柯西阻尼（Caughey Damping）

根据上节介绍，瑞利阻尼仅在两个频率点（$\omega_i$、$\omega_j$）上等于给定的阻尼比，如果希望在更多的频率点上满足等于给定的阻尼比，则需要将阻尼矩阵表示为更多项的线性组合，通过给定更多频率点处的振型阻尼比求得线性组合的系数，进而求得阻尼矩阵表达式。采用如下形式构造阻尼矩阵可实现上述目的[2]。

$$\begin{aligned}[C] &= a_0[M] + a_1[K] + a_2[K][M]^{-1}[K] + \cdots + [M]a_{L-1}([M]^{-1}[K])^{L-1} \\ &= [M]\sum_{l=0}^{L-1} a_l([M]^{-1}[K])^l \end{aligned} \tag{15-19}$$

式中 $a_0$，$a_1$，…，$a_{L-1}$是待定的 $L$ 个系数。当 $L=2$ 时，上式变为 $[C]=a_0[M]+a_1[K]$，即瑞利阻尼公式。

根据第 4 章的知识可得振型方程

$$[K]\{\phi\}_n = \omega_n^2[M]\{\phi\}_n \tag{15-20}$$

上式两端左乘 $[M]^{-1}$可得

$$[M]^{-1}[K]\{\phi\}_n = \omega_n^2\{\phi\}_n \tag{15-21}$$

将式（15-19）左乘 $\{\phi\}_n^{\mathrm{T}}$、右乘 $\{\phi\}_n$，可得

$$\{\phi\}_n^{\mathrm{T}}[C]\{\phi\}_n = \{\phi\}_n^{\mathrm{T}}[M]\sum_{l=0}^{L-1} a_l([M]^{-1}[K])^l\{\phi\}_n \tag{15-22}$$

考虑式（15-21），将式（15-22）展开得

$$C_n = M_n\sum_{l=0}^{L-1} a_l\omega_n^{2l} \tag{15-23}$$

又由

$$C_n = 2\zeta_n\omega_n M_n \tag{15-24}$$

得到

$$\zeta_n = \frac{1}{2}\sum_{l=0}^{L-1} a_l\omega_n^{2l-1} \tag{15-25}$$

将 $L$ 个已知的振型阻尼比 $\zeta_n$ 及其自振频率 $\omega_n$ 分别代入式（15-25），可得到 $L$ 个关于系数 $a_0$、$a_0$、…、$a_{L-1}$的代数方程组，求得方程组可得到待定系数 $a_0\sim a_{L-1}$，进而由式（15-19）求得结构的柯西阻尼矩阵 $[C]$。

柯西阻尼（Caughey Damping）的特性是在 $L$ 个给定的频率点上，阻尼比精确定于给定的阻尼比，当 $L$ 等于体系的振型数 $N$ 时，则所有的振型阻尼比将精确满足。图 15-4 形象地表示了 $L$ 取不同值时柯西阻尼（Caughey Damping）阻尼比与自振频率的关系。

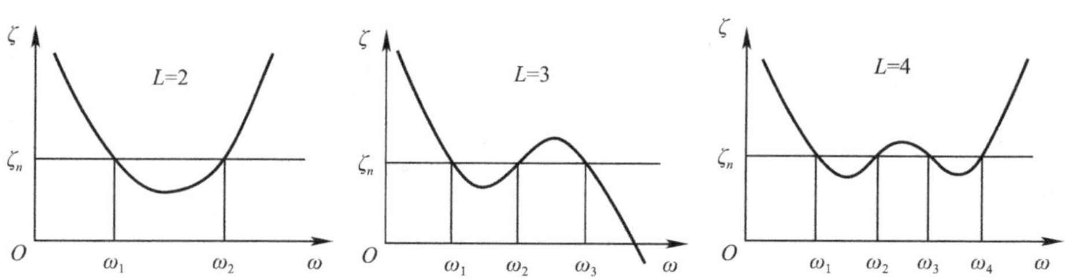


图 15-4　扩展的柯西阻尼比和频率点个数 $L$ 的关系[2]

## 15.3 4 层结构实例

本节算例采用一个 4 层的剪切层模型，通过构造不同形式的阻尼矩阵进行弹性时程分析，分析对比结构的楼层位移、楼层加速度和楼层剪力。楼层质量及层间刚度如表 15-1 所示。

**模型参数** **表 15-1**

| 楼层质量（t） | 1920 | 1890 | 1890 | 1890 |
|---|---|---|---|---|
| 层间刚度（kN/mm） | 1050 | 900 | 850 | 800 |

考虑以下几种阻尼矩阵：

（1）采用振型阻尼，结构所有振型的阻尼比为 0.05。

（2）采用刚度比例阻尼，取第 1 阶振型阻尼比为 0.05。

（3）采用瑞利阻尼，取第 1、2 阶振型阻尼比均为 0.05。

（4）采用瑞利阻尼，取 $0.9T_1$ 和 $0.2T_1$ 对应点处的阻尼比为 0.05。

（5）采用振型阻尼，仅取第 1、2 阶振型阻尼比为 0.05。

（6）采用振型阻尼与刚度比例阻尼的组合形式，其中振型阻尼取第 1、2 阶振型阻尼比为 0.05，刚度比例阻尼取第 4 阶振型阻尼比为 0.05。

用于时程分析的加速度时程如图 15-5 所示。时程分析时，将加速度时程曲线进行缩放，使得加速度峰值等于 350mm/s$^2$，即《建筑抗震设计规范》中 7 度小震对应的加速度峰值。

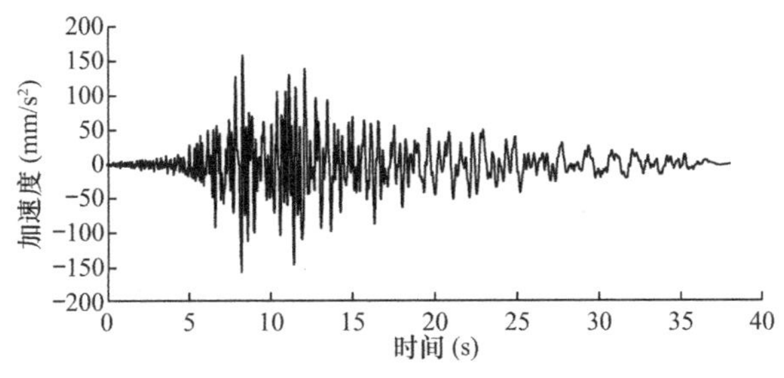


图 15-5 加速度时程

### 15.3.1 MATLAB 编程

```
%阻尼影响:数值积分采用 Newmark-β法
%Author:JiDong Cui(崔济东)
%Website:www.jdcui.com


clear;clc;
format shortEng


%质量矩阵、刚度矩阵
m=[1920,1890,1890,1890];%mass,t
k0=1e3*[1050,900,850,800];%stiffness,刚度 N/mm
```

```
%初始化质量矩阵【M】、刚度矩阵【K】
numDOF=length(m);
M=zeros(numDOF,numDOF);
for i=1:numDOF
    M(i,i)=m(i);
end
K=FormKMatric(k0,numDOF);

%初始模态分析
[eig_vec,eig_val]=eig(inv(M)*K);%求 inv(M)*K 的特征值 w^2
[w,w_order]=sort(sqrt(diag(eig_val)));%求解自振频率和振型
mode=eig_vec(:,w_order);%求解振型
%振型归一化
for i=1:numDOF
    mode(:,i)=mode(:,i)/mode(numDOF,i);
end
%求解周期
T=zeros(1,numDOF);
for i=1:numDOF
    T(i)=2*pi/w(i);
end
%求振型有效质量
%a. 振型参与系数
gamai=zeros(1,numDOF);
for i=1:numDOF          %循环各振型
    XG=0;
    X2G=0;
    for j=1:numDOF   %循环各质点
        XG=XG+m(j)*mode(j,i);
        X2G=X2G+m(j)*mode(j,i)^2;
    end
    gamai(1,i)=XG/X2G;
end
%b. 振型质量
Mi=zeros(1,numDOF);
for i=1:numDOF
    Mi(i)=mode(:,i)'*M*mode(:,i);
end

%构造阻尼矩阵
%%%%%%
%(1)振型阻尼,所有模态
```

```
zetaN=[0.05,0.05,0.05,0.05];
coef=zeros(numDOF,numDOF);
for i=1:numDOF
  coef=coef+(2*zetaN(i)*w(i)/Mi(1,i)*mode(:,i)*mode(:,i)');
end
C=M*coef*M;
%%%%%%
%%(2) 刚度比例阻尼:取第1阶振型阻尼比为0.05
%zetaN=[0.05];
%C=2*zetaN/w(1)*K;
%%%%%%
%%(3) 瑞利阻尼1:取第1、2阶振型阻尼比均为0.05
%A=2*0.05/(w(1)+w(2))*[w(1)*w(2);1];%求系数a0和a1
%C=A(1)*M+A(2)*K;
%%%%%%
%%(4) 瑞利阻尼2:取0.9T1和0.2T1振型阻尼比均为0.05
%A=2*0.05/(1.1*w(1)+5*w(1))*[1.1*w(1)*5*w(1);1];%求系数a0和a1
%C=A(1)*M+A(2)*K;
%%%%%%
%%(5) 振型阻尼,前2阶模态
%zetaN=[0.05,0.05,0.00,0.00];
%coef=zeros(numDOF,numDOF);
%for i=1:numDOF
%  coef=coef+(2*zetaN(i)*w(i)/Mi(1,i)*mode(:,i)*mode(:,i)');
%end
%C=M*coef*M;
%%%%%%
%%(6) 模态阻尼+刚度比例阻尼,其中取前2阶模态组合,刚度比例阻尼按第4阶模态的阻尼比0.05定义
%%a. 模态阻尼
%zetaN=[0.05,0.05,0.00,0.00];
%coef=zeros(numDOF,numDOF);
%for i=1:numDOF
%  coef=coef+(2*zetaN(i)*w(i)/Mi(1,i)*mode(:,i)*mode(:,i)');
%end
%C1=M*coef*M;
%%b. 刚度比例阻尼
%C2=2*0.05/w(4)*K;
%C=C1+C2;
%%%%%%

%逐步积分
%外荷载输入(时间间隔、时间步数、积分步数)
```

```
data=load('Northridge_01_NO_968.txt');
ug=2.211*data(:,1)';%加速度,缩放,绝对最大值取 350mm/s^2
n1=length(ug);        %加速度步数
dt=0.02;              %时间步
n2=3000;              %分析步数
%指定控制参数 γ(gama)、β(beta)的值、积分常数
gama=0.5;                %参数 γ
beta=0.25;               %参数 β
a0=1/(beta*dt^2);        %积分常数
a1=gama/(beta*dt);       %积分常数
a2=1/(beta*dt);          %积分常数
a3=1/(2*beta)-1;         %积分常数
a4=gama/beta-1;          %积分常数
a5=dt/2*(gama/beta-2);   %积分常数
a6=dt*(1-gama);          %积分常数
a7=gama*dt;              %积分常数
%初始条件
u0=zeros(numDOF,1);      %所有自由度初始位移为 0
v0=zeros(numDOF,1);      %所有自由度初始速度为 0
aa0=zeros(numDOF,1);     %所有自由度初始加速度为 0
%等效刚度矩阵[Keq]
KK=K+a0*M+a1*C;
%迭代分析开始
for j=1:n2
    t2=(j-1)*dt;
    T2(1,j)=t2;
    if j<=n1
        if j==1
          P(:,j)=-ug(1,j)*m';
          PP(:,j)=P(:,j);
          u(:,j)=u0;
          v(:,j)=v0;
          aa(:,j)=aa0;
      else
          P(:,j)=-ug(1,j)*m';
          PP(:,j)=P(:,j)+M*(a0*u(:,j-1)+a2*v(:,j-1)+a3*aa(:,j-1))+C*(a1*u(:,j-
1)+a4*v(:,j-1)+a5*aa(:,j-1));
          u(:,j)=KK\PP(:,j);
          aa(:,j)=a0*(u(:,j)-u(:,j-1))-a2*v(:,j-1)-a3*aa(:,j-1);
          v(:,j)=v(:,j-1)+a6*aa(:,j-1)+a7*aa(:,j);
      end
    else
      ug(1,j)=0;
```

```
            P(:,j)=0;
            PP(:,j)=P(:,j)+M*(a0*u(:,j-1)+a2*v(:,j-1)+a3*aa(:,j-1))+C*(a1*u(:,j-1)+
a4*v(:,j-1)+a5*aa(:,j-1));
            u(:,j)=KK\PP(:,j);
            aa(:,j)=a0*(u(:,j)-u(:,j-1))-a2*v(:,j-1)-a3*aa(:,j-1);
            v(:,j)=v(:,j-1)+a6*aa(:,j-1)+a7*aa(:,j);
        end
    end

    %数据处理
    for i=1:numDOF
        Story(i,1)=i;
    end
    %楼层位移
    StoryDisp=zeros(numDOF,1);
    for i=1:numDOF
        StoryDisp(i,1)=max(abs(u(i,:)));
    end
    %楼层加速度
    StoryAcc=zeros(numDOF,1);
    for i=1:numDOF
        StoryAcc(i,1)=max(abs(aa(i,:)));
    end
    %层间剪力
    for i=1:n2
        StoryForce(:,i)=K*u(:,i);
        for j=numDOF:-1:1
            shear=0;
            for k=numDOF:-1:j
                shear=shear+StoryForce(k,i);
            end
            StoryShear(j,i)=shear;
        end
    end
    for i=1:numDOF
        maxStoryShear(i,1)=max(abs(StoryShear(i,:)));
    end

    %绘图
    %楼层位移
    figure(1)
    plot(StoryDisp,Story)
    xlabel('Displacement(s)'),ylabel('Story')
```

```
title('Displacement vs Story')
%saveas(gcf,'StoryDisplacement.png');
%楼层加速度
figure(2)
plot(StoryAcc,Story)
xlabel('Acceleration(s)'),ylabel('Story')
title('Acceleration vs Story')
%saveas(gcf,'StoryAcceleration.png');
%楼层剪力
figure(3)
plot(maxStoryShear,Story)
xlabel('ShearForce(s)'),ylabel('Story')
title('ShearForce vs Story')
%saveas(gcf,'StoryShearForce.png');
```

## 15.3.2　结果分析

### 15.3.2.1　结构自振特性

根据计算结果，结构自振周期（s）为：

| | |
|---|---|
| $T_1$ | 0.81 |
| $T_2$ | 0.29 |
| $T_3$ | 0.19 |
| $T_4$ | 0.16 |

各阶振型的有效质量系数为：

| | |
|---|---|
| mode1 | 0.870 |
| mode2 | 0.096 |
| mode3 | 0.026 |
| mode4 | 0.008 |

### 15.3.2.2　分析结果

阻尼矩阵为（1）时，分析结果如图 15-6 所示。

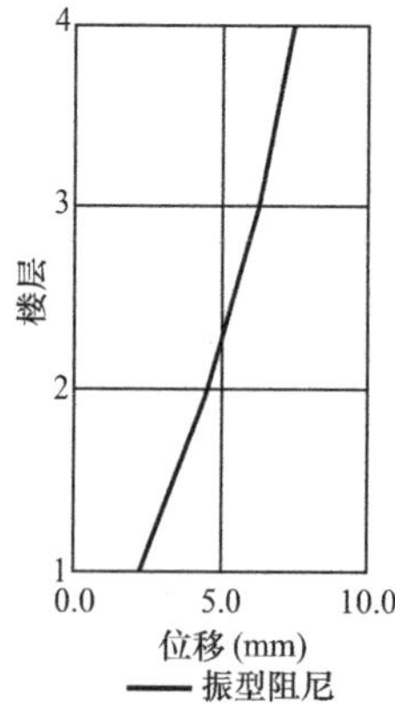

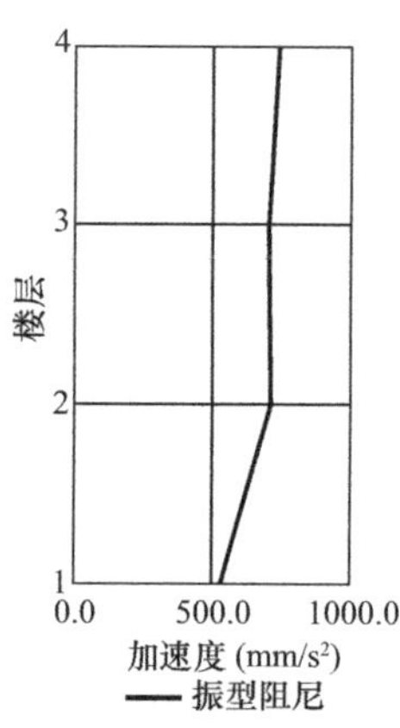

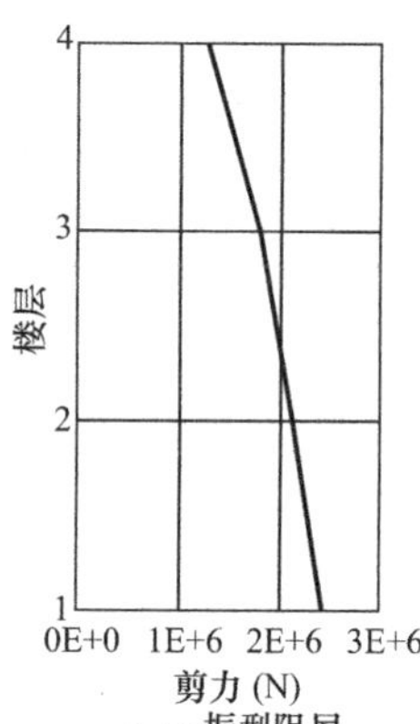


图 15-6　分析结果

以下分析中以（1）中的振型阻尼为参考进行对比。

当对比阻尼矩阵为（2）时，分析结果如图15-7所示。由图可知，对比阻尼模型各项指标分析结果整体小于参考阻尼模型。这是由于阻尼类型（2）是刚度比例阻尼，当取第1阶振型阻尼比为0.05时，意味着后续各高阶振型的阻尼比均大于0.05，因此分析结果整体偏小。

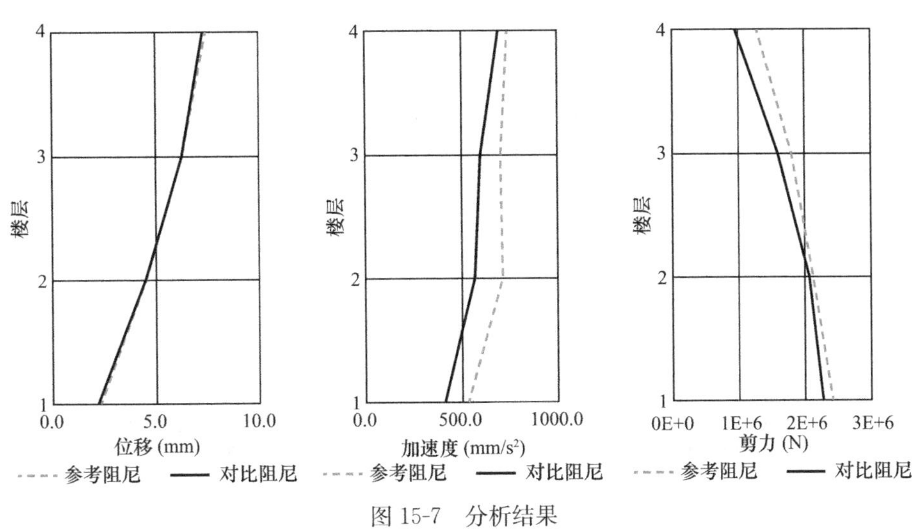


图15-7　分析结果

当对比阻尼矩阵为（3）时，分析结果如图15-8所示。由图可知，对比阻尼模型各项指标分析结果整体上与参考阻尼模型分析结果接近。这是由于阻尼类型（3）是瑞利阻尼，且取第1、2阶振型阻尼比为0.05，说明第3、4阶振型阻尼比大于0.05，但根据模态分析结果，本算例第1、2阶振型有效质量系数累计已接近1，说明高阶振型影响有限，因此阻尼类型（3）的分析结果与参考阻尼的分析结果较为接近。

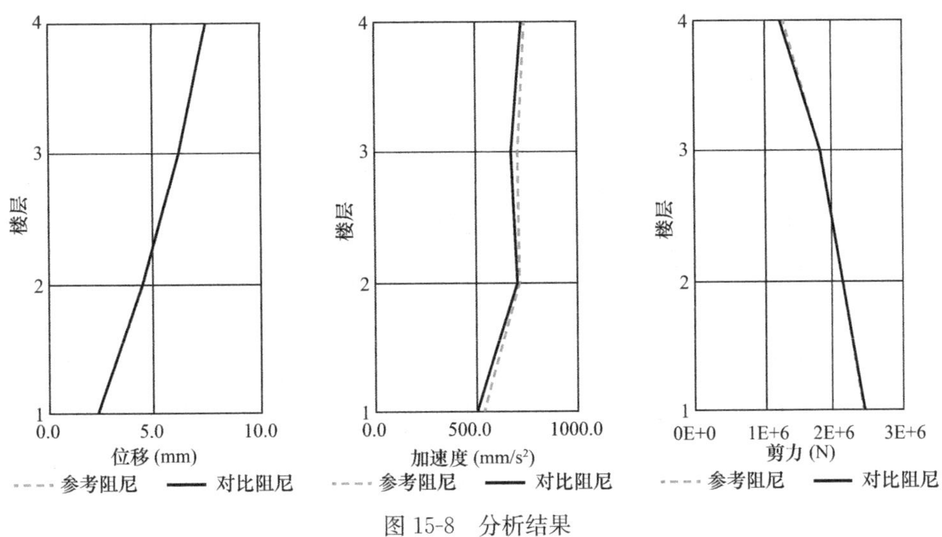


图15-8　分析结果

当对比阻尼矩阵为（4）时，分析结果如图15-9所示。由图可知，对比阻尼模型各项指标分析结果整体上与参考阻尼模型分析结果接近。这是由于阻尼类型（4）是瑞利阻尼，

且取 $0.9T_1$（略小于 $T_1$）和 $0.2T_1$（约等于 $T_4$）处阻尼比为 0.05，说明第 1 阶振型阻尼比大于 0.05，第 2、3 阶振型阻尼比小于 0.05，第 4 阶振型阻尼比约等于 0.05，各阶振型阻尼比相对参考阻尼模型有大有小，分析结果叠加后整体上与参考阻尼模型分析结果差别不大。

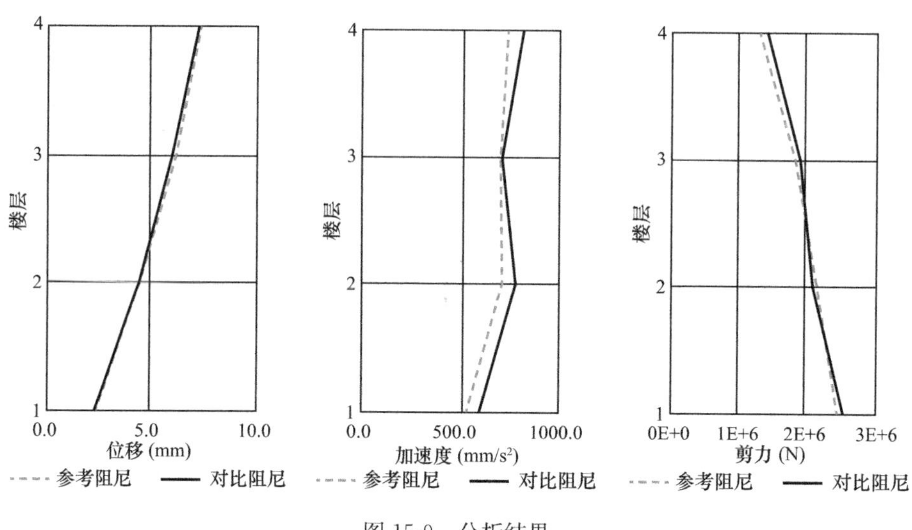


图 15-9　分析结果

当对比阻尼矩阵为（5）时，分析结果如图 15-10 所示。由图可知，对比阻尼模型各项指标分析结果整体上比参考阻尼模型分析结果大。这是由于阻尼类型（5）仅考虑了第 1、2 阶振型的阻尼，未考虑第 3、4 阶振型的阻尼，导致分析结果偏大，又由于高阶部分对加速度更加敏感，因此加速度分析结果偏差更大。

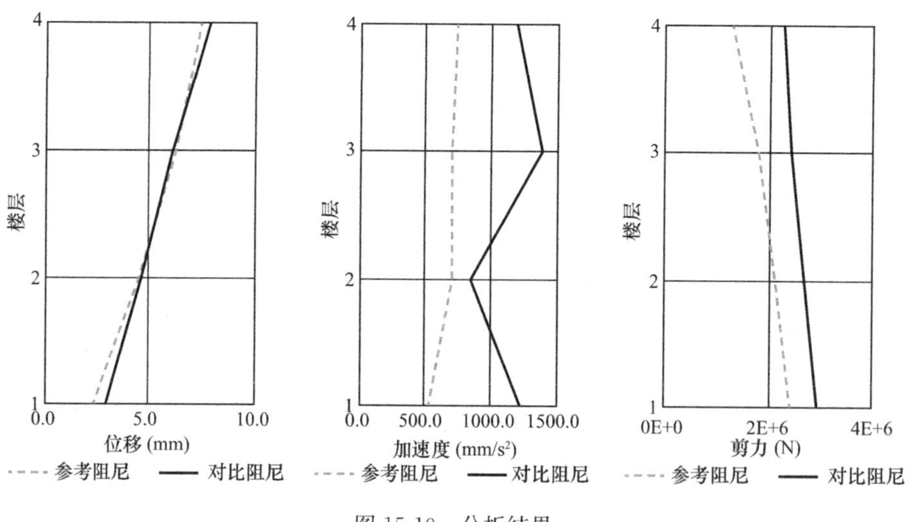


图 15-10　分析结果

当对比阻尼矩阵为（6）时，分析结果如图 15-11 所示。由图可知，对比阻尼模型各项指标分析结果整体上比参考阻尼模型分析结果偏小。这是由于阻尼类型（6）考虑了振型阻尼与刚度比例阻尼的叠加，其中振型阻尼考虑第 1、2 阶振型阻尼比为 0.05，则第 3、

4 阶振型阻尼比为 0，而刚度比例阻尼中考虑第 4 阶振型阻尼比为 0.05，则第 1、2、3 阶振型阻尼比小于 0.05，两者叠加导致第 1、2 阶振型阻尼比大于 0.05，第 3 阶振型阻尼比小于 0.05，第 4 阶振型阻尼比等于 0.05，由于第 1、2 阶振型贡献较大，且阻尼比大于 0.05，因此结构整体反应偏小。

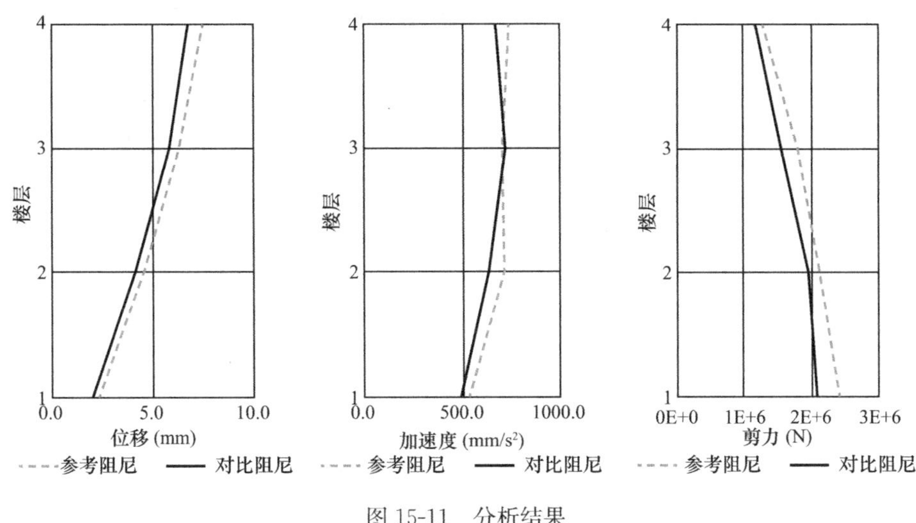


图 15-11　分析结果

## 15.4　15 层结构实例

本节算例采用 1 个 15 层的剪切层模型，通过构造不同形式的阻尼矩阵，分析对比结构的楼层位移、楼层加速度和楼层剪力。楼层质量及层间刚度如表 15-2 所示。

**模型参数**　　**表 15-2**

| 楼层质量（t） | 层间刚度（kN/mm） |
|---|---|
| 2355 | 2800 |
| 2285 | 1600 |
| 2285 | 1300 |
| 2225 | 1100 |
| 2225 | 1100 |
| 2225 | 1000 |
| 1975 | 1000 |
| 1975 | 1000 |
| 1975 | 1000 |
| 1935 | 900 |
| 1935 | 900 |
| 1935 | 900 |
| 1895 | 800 |
| 1895 | 800 |
| 1895 | 800 |

考虑以下几种阻尼矩阵：

（1）采用振型阻尼，结构所有振型的阻尼比为 0.05。

（2）采用刚度比例阻尼，取第 1 阶振型阻尼比为 0.05。

（3）采用瑞利阻尼，取第 1、2 阶振型阻尼比均为 0.05。

（4）采用瑞利阻尼，取 $0.9T_1$ 和 $0.2T_1$ 对应点处的阻尼比为 0.05。

（5）采用振型阻尼，取前 5 阶振型阻尼比为 0.05。

（6）采用振型阻尼，取前 10 阶振型阻尼比为 0.05。

（7）采用振型阻尼与刚度比例阻尼的组合形式，其中振型阻尼取前 10 阶振型阻尼比为 0.05，刚度比例阻尼取第 15 阶振型阻尼比为 0.05。

MATLAB 代码与 4 层模型类似，此处不再赘述，可参考上节代码。

### 15.4.1　结构自振特性

根据计算结果，结构自振周期（s）为：

| | |
|---|---|
| $T_1$ | 2.513 |
| $T_2$ | 0.899 |
| $T_3$ | 0.549 |
| $T_4$ | 0.399 |
| $T_5$ | 0.315 |
| $T_6$ | 0.263 |
| $T_7$ | 0.229 |
| $T_8$ | 0.203 |
| $T_9$ | 0.184 |
| $T_{10}$ | 0.172 |
| $T_{11}$ | 0.163 |
| $T_{12}$ | 0.154 |
| $T_{13}$ | 0.149 |
| $T_{14}$ | 0.144 |
| $T_{15}$ | 0.128 |

各阶振型的有效质量系数为：

| | |
|---|---|
| mode1 | 0.7563 |
| mode2 | 0.1111 |
| mode3 | 0.0440 |
| mode4 | 0.0247 |
| mode5 | 0.0168 |
| mode6 | 0.0098 |
| mode7 | 0.0075 |
| mode8 | 0.0046 |
| mode9 | 0.0047 |
| mode10 | 0.0039 |

| | |
|---|---|
| mode11 | 0.0022 |
| mode12 | 0.0015 |
| mode13 | 0.0024 |
| mode14 | 0.0003 |
| mode15 | 0.0102 |

### 15.4.2 分析结果

阻尼矩阵为（1）时，分析结果如图15-12所示。

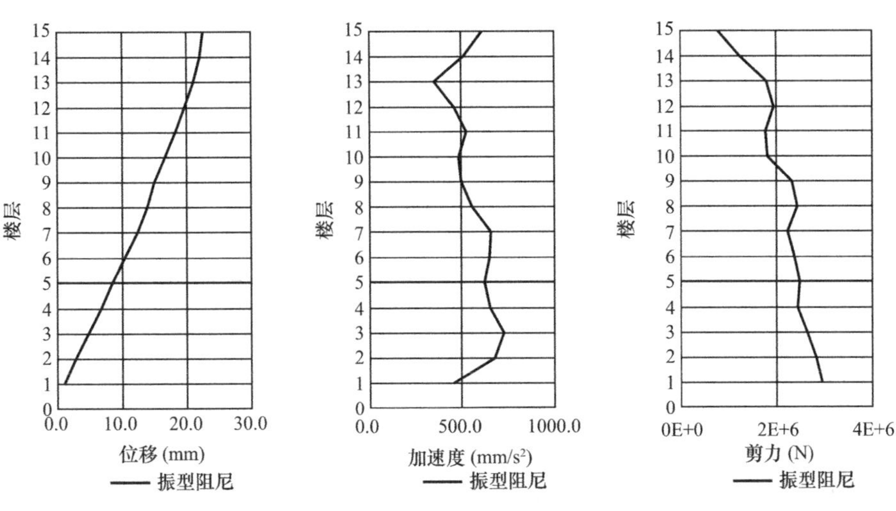


图15-12　分析结果

以下分析中以（1）中的振型阻尼为参考进行对比。

当对比阻尼矩阵为（2）时，分析结果如图15-13所示。由图可知，对比阻尼模型各项指标分析结果整体小于参考阻尼模型。这是由于阻尼类型（2）是刚度比例阻尼，当取第1阶振型阻尼比为0.05时，意味着后续各高阶振型的阻尼比均大于0.05，因此分析结果整体偏小。

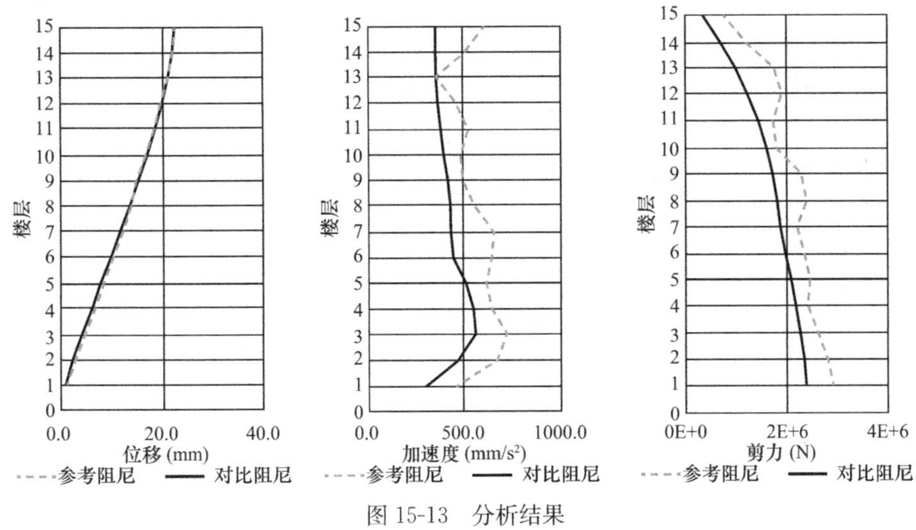


图15-13　分析结果

当对比阻尼矩阵为（3）时，分析结果如图 15-14 所示。由图可知，对比阻尼模型各项指标分析结果整体上与参考阻尼模型分析结果接近，略偏小。这是由于阻尼类型（3）是瑞利阻尼，且取第 1、2 阶振型阻尼比为 0.05，说明后续高阶振型阻尼比大于 0.05，但根据模态分析结果，本算例第 1、2 阶振型有效质量系数累计已达 0.87，说明高阶振型影响有限，因此阻尼类型（3）的分析结果与参考阻尼的分析结果较为接近。

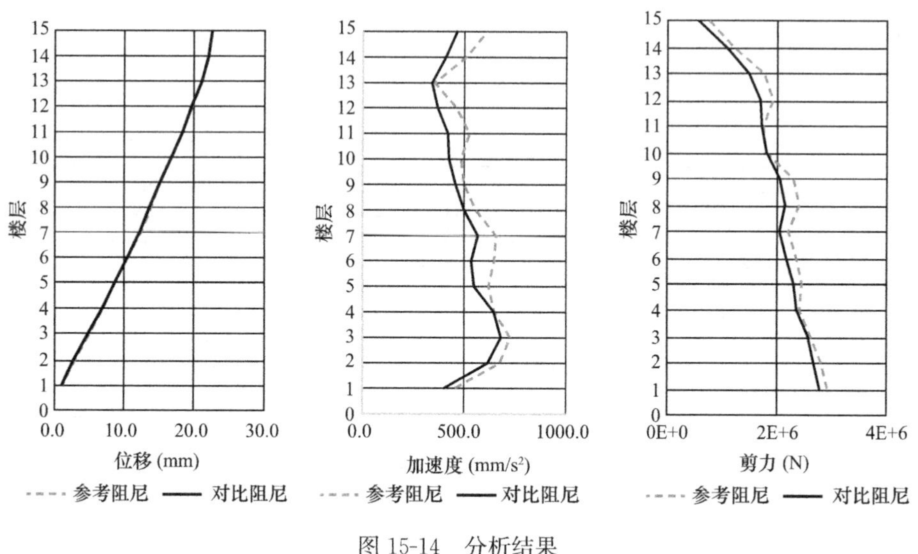


图 15-14　分析结果

当对比阻尼矩阵为（4）时，分析结果如图 15-15 所示。由图可知，对比阻尼模型各项指标分析结果整体上与参考阻尼模型分析结果接近。这是由于阻尼类型（4）是瑞利阻尼，且取 $0.9T_1$（略小于 $T_1$）和 $0.2T_1$（略小于 $T_3$）处阻尼比为 0.05，说明第 1 阶振型阻尼比大于 0.05，第 2、3 阶振型阻尼比小于 0.05，后续高阶振型阻尼比大于 0.05，各阶振型阻尼比相对参考阻尼模型有大有小，分析结果叠加后整体上与参考阻尼模型分析结果差别不大。

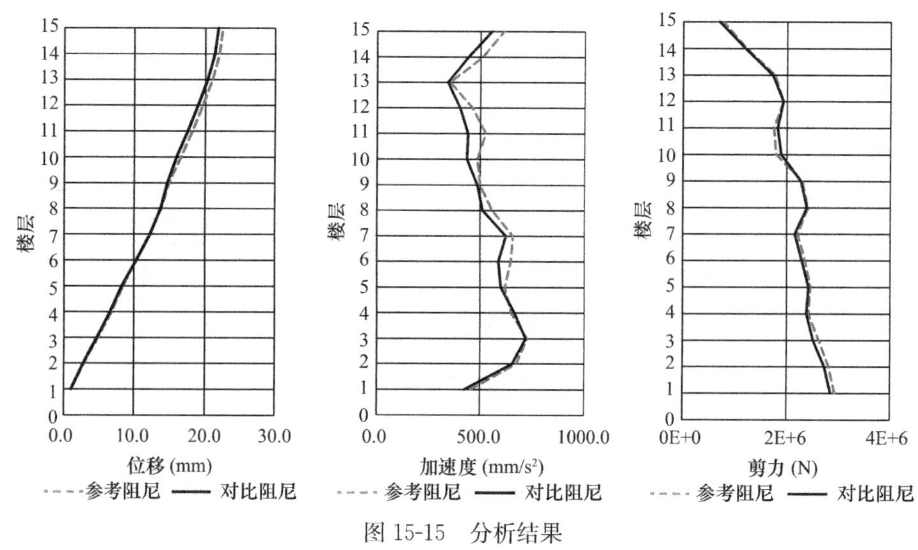


图 15-15　分析结果

当对比阻尼矩阵为（5）时，分析结果如图 15-16 所示。由图可知，对比阻尼模型各项指标分析结果整体上比参考阻尼模型分析结果大。这是由于阻尼类型（5）仅考虑了前 5 阶振型的阻尼，未考虑后续高阶振型的阻尼，导致分析结果偏大，又由于高阶部分对加速度更加敏感，因此加速度分析结果偏差更大。

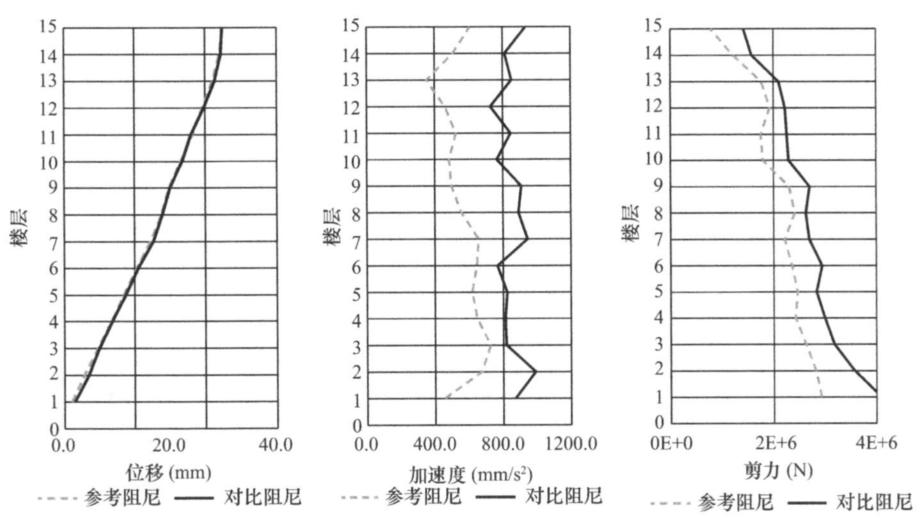


图 15-16 分析结果

当对比阻尼矩阵为（6）时，分析结果如图 15-17 所示。由图可知，对比阻尼模型各项指标分析结果整体上比参考阻尼模型分析结果大，但差别比阻尼矩阵为（5）时小。这是由于阻尼类型（6）考虑了前 10 阶振型的阻尼，相对于阻尼矩阵（5）考虑了更多阶振型的阻尼。

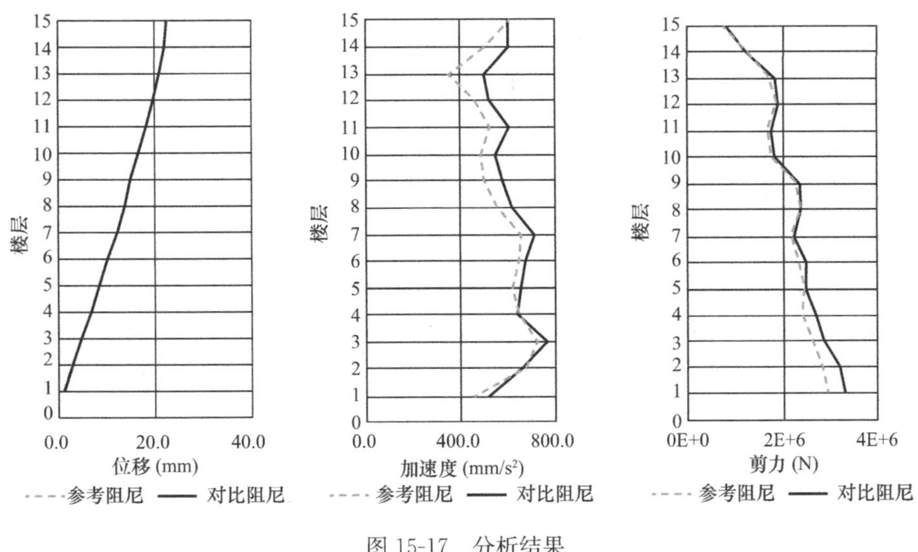


图 15-17 分析结果

当对比阻尼矩阵为（7）时，分析结果如图 15-18 所示。由图可知，对比阻尼模型各项指标分析结果整体上比参考阻尼模型分析结果偏小。这是由于阻尼类型（7）考虑了振型阻尼与刚度比例阻尼的叠加，其中振型阻尼考虑前 10 阶振型阻尼比为 0.05，则后 5 阶振型阻尼比为 0，而刚度比例阻尼中考虑第 15 阶振型阻尼比为 0.05，则前 14 阶振型阻尼比小于 0.05，两者叠加导致前 10 阶振型阻尼比大于 0.05，后 5 阶振型阻尼比小于等于 0.05，由于低阶振型贡献较大，且阻尼比大于 0.05，因此结构整体反应偏小。

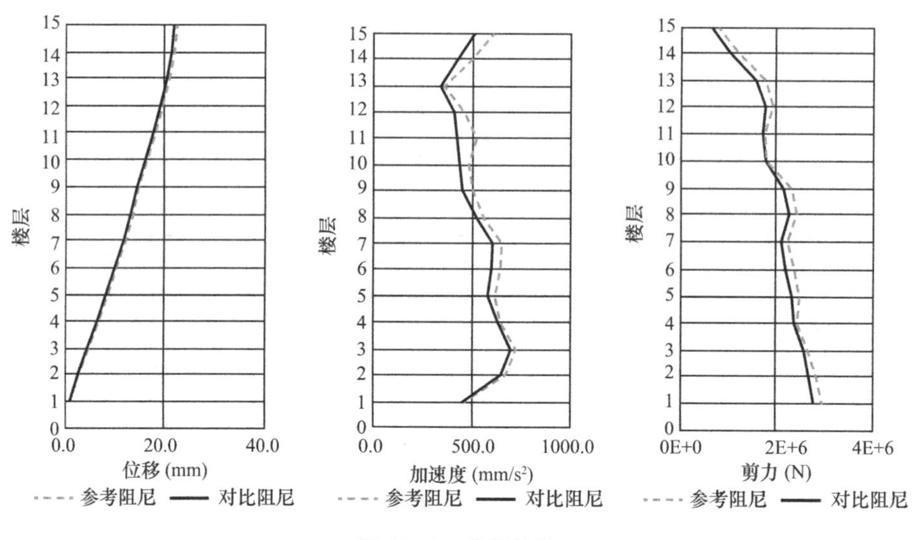


图 15-18　分析结果

## 15.5　小结

（1）阻尼可分为经典阻尼与非经典阻尼。经典阻尼满足对于体系无阻尼实模态的正交性，而非经典阻尼不满足对于体系无阻尼实模态的正交性。

（2）构造阻尼矩阵的目的是在时域逐步积分法或其他分析方法中使用，当采用振型叠加法分析经典阻尼体系时，由于整体平衡方程已解耦为多个单自由度体系运动方程，分析中无需直接使用阻尼矩阵，仅需指定振型的阻尼比。

（3）对三种常用的经典阻尼（振型阻尼、瑞利阻尼、柯西阻尼）进行介绍，并给出各类阻尼矩阵的具体构造方法及公式。从各类阻尼矩阵的构造过程可见，阻尼矩阵的构造最终均演变为以单个或多个振型的阻尼比作为已知条件求解阻尼矩阵的过程。

（4）以一个 4 层剪切层模型和一个 15 层剪切层模型为例，通过 MATLAB 编程实现不同阻尼矩阵构造时的地震动力时程计算，并将不同阻尼矩阵下的计算结果进行对比，由结果可知，对于文中算例，位移结果对阻尼模型最不敏感，加速度结果对阻尼模型最敏感。

## 参考文献

[1]　傅金华. 建筑抗震设计及实例——建筑结构的设计及弹塑性反应分析［M］. 北京：中国建筑工业出版社，2008.

[2]　刘晶波，杜修力. 结构动力学［M］. 北京：机械工业出版社，2011.

[3] Anil K. Chopra. 结构动力学：理论及其在地震工程中的应用［M］. 4 版. 谢礼立，吕大刚，等. 译. 高等教育出版社，2016.

[4] 爱德华·L·威尔逊. 结构静力与动力分析：强调地震工程学的物理方法［M］. 4 版. 北京：中国建筑工业出版社，2006.

[5] Computers and Structures，Inc. Nonlinear Analysis and Performance Assessment for 3D Structures User Guide［M］. Berkeley，California，USA：Computers and Structures，Inc.，2006.

# 附　　录

## 附录 1　剪切层模型刚度矩阵组装函数“FormKMatric”

```
function [ k_matric ] =FormKMatric( k_list,freedom )
%FormKMatric: To Form Stiffness Matric According to Stiffness List
%Transform Stiffness List(1 x n)to Stiffness Matric(n x n)
k_matric=zeros(freedom,freedom);
k_matric(1,1)=k_list(1)+k_list(2);
k_matric(1,2)=-k_list(2);
for i=2:freedom-1
    k_matric(i,i)=k_list(i)+k_list(i+1);
    k_matric(i,i-1)=-k_list(i);
    k_matric(i,i+1)=-k_list(i+1);
end
k_matric(freedom,freedom)=k_list(freedom);
k_matric(freedom,freedom-1)=-k_list(freedom);
end
```

## 附录 2　振型参与质量系数相关公式证明

考虑一般性，已知第 $j$ 阶振型质量 $M_j=\{\phi\}_j^{\mathrm{T}}[M]\{\phi\}_j$，第 $j$ 阶振型参与系数 $\gamma_j=\dfrac{\{\phi\}_j^{\mathrm{T}}[M]\{R\}}{\{\phi\}_j^{\mathrm{T}}[M]\{\phi\}_j}=\dfrac{\{\phi\}_j^{\mathrm{T}}[M]\{R\}}{M_j}$，其中 $\{\phi\}_j$ 是第 $j$ 阶振型向量，$\{R\}$ 是荷载指示向量。

定义第 $j$ 阶振型参与质量 $m_{\mathrm{E}j}=\gamma_j^2M_j=\dfrac{(\{\phi\}_j^{\mathrm{T}}[M]\{R\})^2}{\{\phi\}_j^{\mathrm{T}}[M]\{\phi\}_j}$

则各振型总的参与质量

$$\begin{aligned}\sum_{j=1}^{N}m_{\mathrm{E}j}&=\sum_{j=1}^{N}\gamma_j^2M_j=\sum_{j=1}^{N}\gamma_j\frac{\{\phi\}_j^{\mathrm{T}}[M]\{R\}}{M_j}M_j=\sum_{j=1}^{N}\gamma_j\{\phi\}_j^{\mathrm{T}}[M]\{R\}\\&=\sum_{j=1}^{N}\{R\}^{\mathrm{T}}[M]\gamma_j\{\phi\}_j=\{R\}^{\mathrm{T}}[M]\sum_{j=1}^{N}\gamma_j\{\phi\}_j=\{R\}^{\mathrm{T}}[M]\{R\}\end{aligned}$$

上式推导过程中用到了 $\{R\}=\sum\limits_{j=1}^{N}\gamma_j\{\phi\}_j$，关于该公式的证明见附录 3。

定义第 $j$ 阶振型参与质量系数

$$r_j=\frac{m_{\mathrm{E}j}}{\sum\limits_{j=1}^{N}m_{\mathrm{E}j}}=\frac{\gamma_j^2M_j}{\{R\}^{\mathrm{T}}[M]\{R\}}$$

可得 $\sum_{j=1}^{N} r_j = 1$

对于剪切层模型，有 $[M]=\begin{bmatrix} m_1 & & & \\ & m_2 & & \\ & & \ddots & \\ & & & m_N \end{bmatrix}$，此时地震波为单向加载，$\{R\}_{N\times 1}=\{1,1,\cdots,1\}^{\mathrm{T}}$，此时各振型总的参与质量为

$$\sum_{j=1}^{N} m_{\mathrm{E}j}=\{R\}^{\mathrm{T}}[M]\{R\}=\{1\quad 1\quad \cdots\quad 1\}\begin{bmatrix} m_1 & & & \\ & m_2 & & \\ & & \ddots & \\ & & & m_N \end{bmatrix}\begin{Bmatrix} 1 \\ 1 \\ \vdots \\ 1 \end{Bmatrix}=\sum_{j=1}^{N} m_j$$

即有 $\sum_{j=1}^{N} m_{\mathrm{E}j}=\sum_{j=1}^{N}\gamma_j^2 M_j=\sum_{j=1}^{N} m_j$ 。

第 $j$ 阶振型的振型参与系数

$$\gamma_j=\frac{\{\phi\}_j^{\mathrm{T}}[M]\{I\}}{\{\phi\}_j^{\mathrm{T}}[M]\{\phi\}_j}=\frac{\{\phi_{j1}\quad \phi_{j2}\quad \cdots\quad \phi_{jN}\}\begin{bmatrix} m_1 & & & \\ & m_2 & & \\ & & \ddots & \\ & & & m_N \end{bmatrix}\begin{Bmatrix} 1 \\ 1 \\ \vdots \\ 1 \end{Bmatrix}}{\{\phi_{j1}\quad \phi_{j2}\quad \cdots\quad \phi_{jN}\}\begin{bmatrix} m_1 & & & \\ & m_2 & & \\ & & \ddots & \\ & & & m_N \end{bmatrix}\begin{Bmatrix} \phi_{j1} \\ \phi_{j2} \\ \vdots \\ \phi_{jN} \end{Bmatrix}}=\frac{\sum_{i=1}^{N}\phi_{ji}m_i}{\sum_{i=1}^{N}\phi_{ji}^2 m_i}$$

则第 $j$ 阶振型参与质量

$$m_{\mathrm{E}j}=\gamma_j^2 M_j=\gamma_j\frac{\{\phi\}_j^{\mathrm{T}}[M]\{I\}}{M_j}M_j=\gamma_j\{\phi\}_j^{\mathrm{T}}[M]\{I\}=\gamma_j\sum_{i=1}^{N}\phi_{ji}m_i=\frac{\left(\sum_{i=1}^{N}\phi_{ji}m_i\right)^2}{\sum_{i=1}^{N}\phi_{ji}^2 m_i}$$

## 附录 3　公式 $\sum_{n=1}^{N}\gamma_n\{\phi\}_n=\{I\}$ 的证明

考虑一般性，第 $n$ 阶振型参与系数 $\gamma_n=\frac{\{\phi\}_n^{\mathrm{T}}[M]\{R\}}{\{\phi\}_n^{\mathrm{T}}[M]\{\phi\}_n}$，其中 $\{\phi\}_n$ 是第 $n$ 阶振型向量，$\{R\}$ 是荷载指示向量。则有

$$\begin{aligned}
[\Phi]^{\mathrm{T}}[M]\sum_{n=1}^{N}\gamma_n\{\phi\}_n &= [\Phi]^{\mathrm{T}}[M]\sum_{n=1}^{N}\frac{\{\phi\}_n^{\mathrm{T}}[M]\{R\}}{\{\phi\}_n^{\mathrm{T}}[M]\{\phi\}_n}\{\phi\}_n \\
&= \sum_{n=1}^{N}\frac{\{\phi\}_n^{\mathrm{T}}[M]\{R\}}{\{\phi\}_n^{\mathrm{T}}[M]\{\phi\}_n}[\Phi]^{\mathrm{T}}[M]\{\phi\}_n \\
&= \sum_{n=1}^{N}\frac{\{\phi\}_n^{\mathrm{T}}[M]\{R\}}{\{\phi\}_n^{\mathrm{T}}[M]\ \{\phi\}_n}\begin{Bmatrix} \{\phi\}_1^{\mathrm{T}}[M]\{\phi\}_n \\ \{\phi\}_2^{\mathrm{T}}[M]\{\phi\}_n \\ \vdots \\ \{\phi\}_n^{\mathrm{T}}[M]\{\phi\}_n \end{Bmatrix}
\end{aligned}$$

进一步利用振型的正交性，上式可转换为

$$[\Phi]^{\mathrm{T}}[M]\sum_{n=1}^{N}\gamma_n\{\phi\}_n=\sum_{n=1}^{N}\frac{\{\phi\}_n^{\mathrm{T}}[M]\{R\}}{\{\phi\}_n^{\mathrm{T}}[M]\{\phi\}_n}\begin{Bmatrix}\{\phi\}_1^{\mathrm{T}}[M]\{\phi\}_n\\\{\phi\}_2^{\mathrm{T}}[M]\{\phi\}_n\\\vdots\\\{\phi\}_n^{\mathrm{T}}[M]\{\phi\}_n\end{Bmatrix}$$

$$=\sum_{n=1}^{N}\frac{\{\phi\}_n^{\mathrm{T}}[M]\{R\}}{\{\phi\}_n^{\mathrm{T}}[M]\{\phi\}_n}\begin{Bmatrix}0\\\vdots\\\{\phi\}_n^{\mathrm{T}}[M]\{\phi\}_n\\\vdots\\0\end{Bmatrix}$$

$$=\begin{Bmatrix}\{\phi\}_1^{\mathrm{T}}[M]\{R\}\\\{\phi\}_2^{\mathrm{T}}[M]\{R\}\\\vdots\\\{\phi\}_n^{\mathrm{T}}[M]\{R\}\end{Bmatrix}=[\Phi]^{\mathrm{T}}[M]\{R\}$$

对比上式左右两端可得

$$\sum_{j=1}^{N}\gamma_j\{\phi\}_j=\{R\}$$

对于剪切层模型，地震波单向加载，此时 $\{R\}_{N\times1}=\{1,1,\cdots,1\}^{\mathrm{T}}$，相应有

$$\sum_{n=1}^{N}\gamma_n\{\phi\}_n=\{I\}$$

## 附录 4　stateDetermineNSDOF 状态确定函数

```
%%%本构状态确定函数，用于单自由度体系非线性分析，Newton-Raphson 迭代
function [ stress, tangent ] =stateDetermineNSDOF(lastStress, lastStrain, strain )
%stateDetermine: To determine the state variables for one step
%   Using dStrain to calculate stress, tangent and loading pattern for each
%   strain step.
global fy k0 b
fy1Minusb=fy * (1-b); %stress-intercept of harden part
Esh=b * k0;      %屈服后刚度
dStrain =strain-lastStrain;   %变形增量

%calculate the stress state
c1=Esh * strain;
c2=1.0 * fy1Minusb;
c3=1.0 * fy1Minusb;
c=lastStress+k0 * dStrain;
stress=max((c1-c2), min(c1+c3, c));
%denfine tangent at this step
```

```
    if stress==c
        tangent=k0;   %在弹性阶段，当前 stress 与 lastStress+k0 * dStrain 是相等的，仍处于弹性阶段，则有 tangent=k0
    else
        tangent=Esh;   %否则，tangent=屈服后刚度
    end

    end   %函数结束
```

# 附录 5　stateDetermineNSDOF _ ExpNewton 状态确定函数

```
%%%本构状态确定函数，用于单自由度体系非线性分析，极速牛顿法迭代
function [ stress ] =stateDetermineNSDOF_ExpNewton(lastStress,lastStrain,strain )
%stateDetermine: To determine the state variables for one step
%Using dStrain to calculate stress,tangent and loading pattern for each strain step.
global fy k0 b
fy1Minusb=fy * (1-b);%stress-intercept of harden part
Esh=b * k0;      %屈服后刚度
dStrain =strain-lastStrain;   %变形增量

%calculate the stress state
c1=Esh * strain;
c2=1.0 * fy1Minusb;
c3=1.0 * fy1Minusb;
c=lastStress+k0 * dStrain;
stress=max((c1-c2),min(c1+c3,c));

end   %函数结束
```

# 附录 6　stateDetermineNMDOF 状态确定函数

```
%%%本构状态确定函数，用于多自由度体系非线性动力分析，Newton-Raphson 迭代
function [ force,stiffness] =stateDetermineNMDOF(lastRs,lastDisp,disp )
%   stateDetermineNMDOF: To determine the state variables for one step
%   Using dDisp to calculate stress,tangent and loading pattern for each displacement step.
global fy k0 b
freedom=length(k0);
lastRelativeDisp=zeros(freedom,1);
relativeDisp=zeros(freedom,1);
shear=zeros(freedom,1);
lastShear=zeros(freedom,1);
```

```
force=zeros(freedom,1);

for i=1:freedom
    for j=i:freedom
        lastShear(i)=lastShear(i)+lastRs(j);
    end
end

for i=1:freedom
    if i==1
        lastRelativeDisp(i)=lastDisp(i);
        relativeDisp(i)=disp(i);
    else
        lastRelativeDisp(i)=lastDisp(i)-lastDisp(i-1);
        relativeDisp(i)=disp(i)-disp(i-1);
    end

    fy1Minusb=fy(i) * (1-b (i));%force-intercept of harden part
    ksh=b(i) * k0(i);
    dDisp =relativeDisp(i)-lastRelativeDisp(i);

    %Calculate the internal force
    c1=ksh * relativeDisp(i);
    c2=1.0 * fy1Minusb;
    c3=1.0 * fy1Minusb;
    c=lastShear(i)+k0(i) * dDisp;
    shear(i)=max((c1-c2),min(c1+c3,c));
    %denfine tangent at this step
    if abs(shear(i)-c)<1e-3
        stiffness(i)=k0(i);
    else
        stiffness(i)=ksh;
    end
end

for i=1:freedom
    if i==freedom
        force(i)=shear(i);
    else
        force(i)=shear(i)-shear(i+1);
    end
end

end
```

# 附录7　stateDetermineNMDOF _ ExpNewton 状态确定函数

```
%%%本构状态确定函数，用于多自由度体系非线性动力分析，极速牛顿法迭代
function [ force ] =stateDetermineNMDOF_ExpNewton(lastRs,lastDisp,disp )
%  stateDetermineNMDOF: To determine the state variables for one step
%  Using dDisp to calculate stress,tangent and loading pattern for each displacement step.
global fy k0 b
freedom=length(k0);
lastRelativeDisp=zeros(freedom,1);
relativeDisp=zeros(freedom,1);
shear=zeros(freedom,1);
lastShear=zeros(freedom,1);
force=zeros(freedom,1);

for i=1:freedom
    for j=i:freedom
        lastShear(i)=lastShear(i)+lastRs(j);
    end
end

for i=1:freedom
    if i==1
        lastRelativeDisp(i)=lastDisp(i);
        relativeDisp(i)=disp(i);
    else
        lastRelativeDisp(i)=lastDisp(i)-lastDisp(i-1);
        relativeDisp(i)=disp(i)-disp(i-1);
    end

    fy1Minusb=fy(i)*(1-b(i));%force-intercept of harden part
    ksh=b(i)*k0(i);
    dDisp =relativeDisp(i)-lastRelativeDisp(i);

    %Calculate the internal force
    c1=ksh*relativeDisp(i);
    c2=1.0*fy1Minusb;
    c3=1.0*fy1Minusb;
    c=lastShear(i)+k0(i)*dDisp;
    shear(i)=max((c1-c2),min(c1+c3,c));
end

for i=1:freedom
```

```
        if i==freedom
            force(i)=shear(i);
        else
            force(i)=shear(i)-shear(i+1);
        end
    end

    end
```